# デトネーション現象

John H. S. Lee 著
笠原次郎　前田慎市　遠藤琢磨　笠原裕子 訳

THE DETONATION PHENOMENON

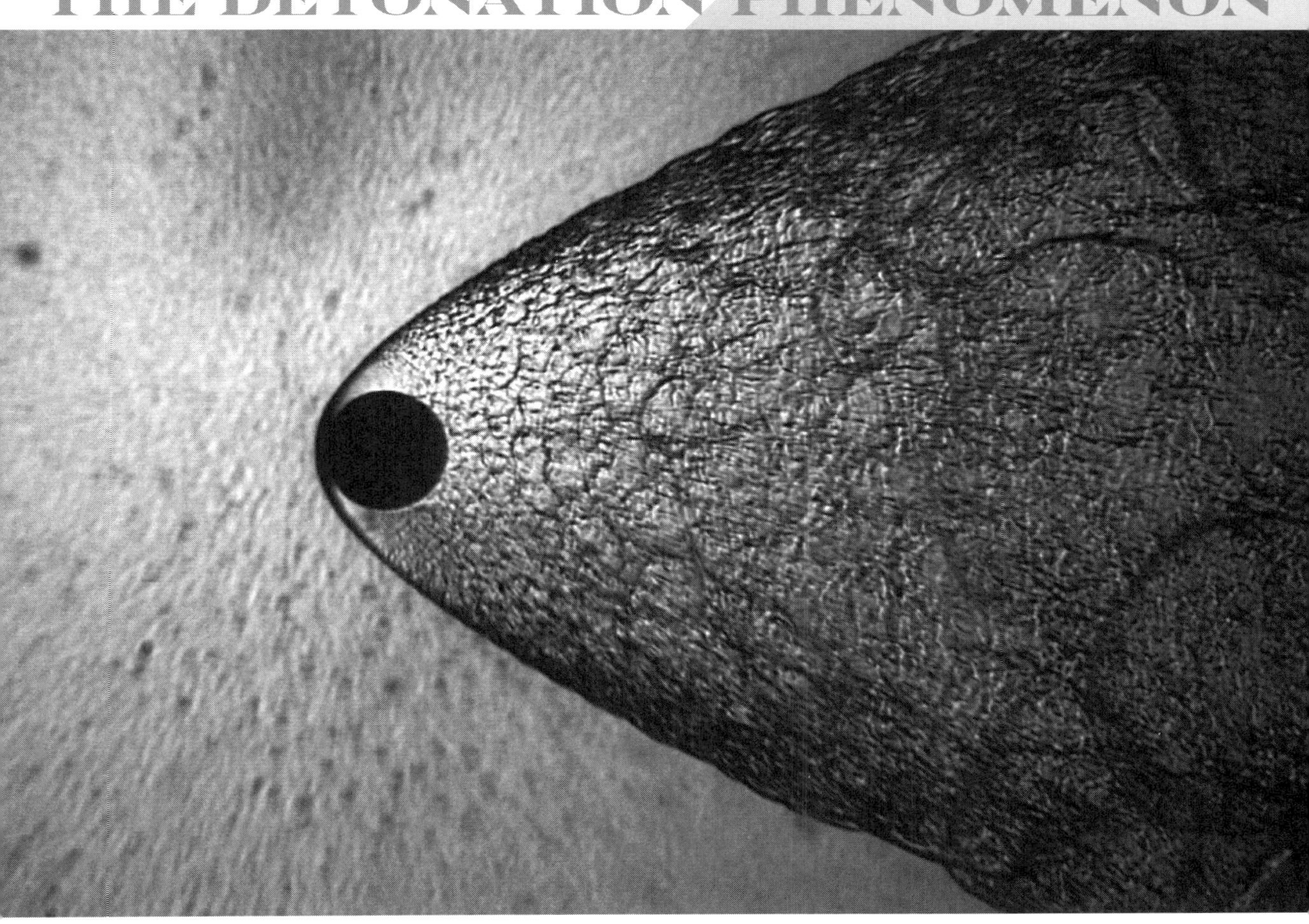

化学工業日報社

**THE DETONATION PHENOMENON**
**by John H. S. Lee**



Japanese translation rights arranged with
Cambridge University Press
through Japan UNI Agency, Inc., Tokyo

*Julie* に捧げる

# 訳者による序文

本書の著者のJohn H. S. Lee教授は、カナダのMcGill大学に勤め、デトネーションの実験・理論研究を展開されてきた。第一線でデトネーション研究を長年リードしてきた研究者であり、その業績は世界的に極めて高く評価されている。

本書の特徴は著者の序文にもあるとおり、デトネーション現象を定量的・定性的に記述し、理論、実験ともに物理的な側面を丁寧に説明している点だろう。特に、初めてデトネーションを学ぶ方にふさわしく、デトネーションとは何かを系統的に知るには適した構成となっている。具体的には、理想的な1次元・定常デトネーション波の理論的な取り扱いが説明されている。加えて、実際の複雑なデトネーション現象（デトネーション波面の構造やDDT、直接起爆）の定性的な「解釈」が詳しく述べられている。過去の膨大な実験データの蓄積に基づいて、その解釈が歴史的に発展していく様子を学ぶことができ、特にスピンデトネーションから多頭デトネーションにかけての解説部分は、デトネーションの3次元波面構造の理解には欠かせない内容となっている。Lee教授の長年の研究経験および、基礎研究を大事にする研究姿勢から、デトネーション現象の物理が一貫して述べられているため、デトネーション現象の全体像を把握するのに適した内容となっている。最近では、デトネーションの推進工学分野等への応用研究が活発であるが、本書に述べられている内容の理解は、それら応用研究に必須の基礎知識である。

なお、原書の第5章（Unstable Detonations: Numerical Description）、第7章（Influence of Boundary Conditions）は、総ページ数の関係で本邦訳版では割愛した。興味をお持ちの方はぜひ原書を手にとっていただきたい。

訳者の一人は若かりし時に、Lee教授と初めて出会うなり、長時間にわたって研究の方向性についてお説教を食らったことがある。その内容は、本書のエピローグでも語られる内容だったと記憶しているが、なにより、研究に対して明瞭に語る迫力と情熱に溢れたそのLee教授の姿に感動したことを覚えている。研究のある種の本質を伝えていただいたと、今も感謝している。

翻訳にあたっては、なるべく原文で、Lee教授が意図されたことそのものを損なうことのないよう努力した。しかしながら、内容を正しく理解して初めて本書の価値があるとの信念から、理解が容易になるように言葉を補っている。また、随所に訳者註を加え、訳者の解釈・説明図等を付加した。なお、原文の明らかな誤りはことわりなしに訂正を行った。

訳者らがこの仕事を成し得たのは、化学工業日報社の粘り強く真摯で丁寧なサポートのお陰であり、また共同で仕事ができたことは訳者にとって誇りでもある。心より感謝申し上げる。

２０１８年2月

**笠原次郎、前田慎市、遠藤琢磨、笠原裕子**

# 序

爆発性物質とは、高い反応速度を有する高エネルギー物質のことであり、気体、液体もしくは固体の状態をとりうる。その爆発性物質の中を化学反応はデトネーション波として、音速を大きく超えた速度で伝播することができる。デトネーション波では、温度、密度、圧力の急激な上昇を伴う圧縮衝撃波によって、反応物を生成物へと変化させる化学反応が行われる。本書はデトネーション現象、つまりデトネーション波の自律した伝播の原因となる物理過程および化学過程、デトネーション状態を決定づける流体力学理論、デトネーション伝播への境界条件の影響、さらにデトネーションが爆発性物質の中でどのようにして開始されるのかに関して記述する。

本書では、爆発性物質の中でも気体のデトネーションについてのみ記述する。なぜなら、凝縮相媒質におけるデトネーションより、気体のデトネーションの方がずっとよく理解されているからである。ただし、気体のデトネーションと凝縮相のデトネーションの間には多くの類似点がある。なぜなら、凝縮相のデトネーション圧力がその材料強度よりも高いので、気体デトネーションの流体力学理論を凝縮相デトネーションにも適用できるからである。しかしながら不均質性、多孔性、および結晶構造などの物性が、凝縮相の爆発性物質の起爆（したがって感度）において重要な役割を担うことがある。

個人的な感情を全く入れずに本を書くことは、たとえ科学の本であったとしても、おそらく不可能である。理論的および実験的な結果への解釈と同じように、取り上げる項目の選択、その並べ方、各項目で強調する箇所は、筆者の視点を反映する。本書では、初学者の方に読んでもらうために数学的に複雑な話題（例えば安定性理論）については、省くかまたは定性的な議論のみを提供するようにこころがけた。

本書は、流体力学および熱力学の大学学部レベルの知識のある方々に手にとってもらえるように意図されている。したがって、デトネーションの科学を包括的に取り扱っているわけではない。数多くの重要な話題について割愛したりちょっと触れるだけの扱いになっていたりする。また、完全な参考文献を与えることも控えた。インターネット時代の読者はいかなる話題であれ、深く知りたいと思う話題の文献をたやすく検索できるだろうから。

私は本分野の広範囲にわたる文献を精査していないし、また本主題に関してバランスの取れた見方で同僚の多くの業績に関して議論していないが、過去および現在の、この分野のすべての研究者から多くを学び、彼らに対し大きな恩義がある。特に、二度の世界大戦の間に世界中の最も優れた物理学者と化学者（Richard Becker、Werner Döring、G. I. Taylor、John von Neumann、George Kistiakowsky、John Kirkwood、Yakov Zeldovich、K. I. Shchelkin ほか多数）がデトネーション現象の研究に取り組んだことは、この現象にとって非常に幸運だったということに言及しておきたい。私が初めてデトネーションについて学んだのは、戦中戦後の出版物からである。また、とても感謝しているのは、私の人格形成期にあたる1960年代初めに、デトネーション研究者らの国際的なグループ（例えば Don White、Russel Duff、Gary Schott、Tony Oppenheim、Roger Strehlow、Numa Manson、Hugh Edwards、Rem Soloukhin、Heinz Wagner）に強い影響を受けたことである。彼らは私を年下の仲間として受け入れ、私の成長を助けてくれた。T. Y. Toong は私が科学研究を始めたときの指導教員である。彼の指導の下で過ごせた時間は限られていたが、キャリアを通じて見習うべき学者の手本となってくれた。

Jenny Chao は本書を書き上げる際の最大の恩人であり、おかげさまで出版に至ることができた。彼女は様々な段階の原稿を途方もない時間をかけて校正し、改訂してくれた。彼女の献身的協力なしでは、この本は出版に至らなかったかもしれない。Eddie Ng もまた、この本の作成に多大な貢献をしてくれた。デトネーション構造、不安定性、およびブラスト起爆などの部分で彼の博士論文から多くを引用した。私の原稿をこの本に変えてくれた Jenny と Eddie の献身的な努力に対し、通常の“ありがとう”を越えた謝意を捧げたい。Steven Murray と Paul Thibault はすべての下書き原稿を読んで間違いを指摘し、価値ある提案をしてくれた。Paul はまた、多大な時間をかけ丁寧に最終校正をしてくれた。Andrew Higgins と Matei Radulescu はいくつかの章を読んで有益なコメントをくれた。Jeff Bergthorson による校正段階での徹底的な見直しは、この本の著しい改善につながった。全員の提案を組み入れることはできなかったが、彼らのアドバイスを無視したわけではないことを約束する。原稿修正の回数には限度があった。

本書の執筆から出版に至る努力を始めるよう励ましてくれ、デトネーション現象にまつわる個人的な物語が出版物として受け入れられることを私に確信させてくれた Christian Caron にも感謝したい。最終段階の校閲と出版における Peter Gordon の情熱的なサポートと励ましにとても感謝している。本を書くということは謙虚な気持ちにさせてくれる体験であった。

最後に、科学の仕事から離れたときには楽しさと笑いで満ちた愛すべき環境を与えてくれた Julie、Julian、Leyenda、Heybye、Pogo の周囲からの欠くことのできない貢献に対して感謝する。

# 目　次

## 1 は じ め に



## 2 デトネーションとデフラグレーションの気体力学理論

## 3 デトネーション生成物の動力学



## 4 デトネーションの層流構造



## 5 不安定デトネーション:実験的観測

## 6 デフラグレーション・デトネーション遷移 (DDT:deflagration-to-detonation transition)



## 7 デトネーションの直接起爆

# 1 はじめに

まず、デフラグレーションとデトネーションを定義し、これら２種類の燃焼波を区別するための特徴を明らかにすることが重要である。本書はデトネーション現象の記述に終始するので、後の各章で詳しく記述する前に、デトネーションに関係する多様な話題を最初の章で紹介することは有意義だろう。これによって全体に対する展望を得ることができるし、またすでに内容に精通している読者らは読むべき章を選択できる。

物語を語る場合、事の起こりから始めるのが自然であり、したがって様々な項目は多かれ少なかれ歴史的な経緯に沿って記述されることになる。しかしながら、ここでは初期の文献を広く議論するつもりはない。1800 年代後半のデトネーションの最初の発見から 1950 年代中期の知見までをカバーするデトネーション研究の歴史的な年代記は Manson と協力者が文書として記録している（Bauer *et al.*, 1991; Manson and Dabora, 1993）。デトネーションの歴史をさらに学びたい人向けの、広範囲にわたる初期の参考文献は、これら２本の論文中に記載されている。この章は、いわば本書が扱う内容の大まかなまとめとなる。

## 1.1 デフラグレーションとデトネーション

点火すると、燃焼波は点火源から離れていくように伝播する。燃焼波は、反応物を生成物に変換し、その際に反応物分子の化学結合内に蓄えられていたポテンシャルエネルギーが放出され、そのエネルギーは燃焼生成物の内部（熱）エネルギーと運動エネルギーへと変換される。その放出されたエネルギーにより、物質が燃焼波を横切るときに熱力学的および気体力学的な状態の大きな変化が起こる。そして燃焼波を横切るような勾配場によって、燃焼波の自律的な伝播を生み出す物理的・化学的プロセスが駆動される。

一般的にいって、自律的に伝播する燃焼波には、デフラグレーションとデトネーションの２種類が存在する。「デフラグレーション」波は、前方にある反応物に対して、比較的低い亜音速領域の速度で伝播する。亜音速の波なので、下流の擾乱は上流へと伝播して反応物の初期状態を変えることができる。したがってデフラグレーション波の伝播速度は、爆発性混合物の特性や初期状態だけでなく、波の背後にある後方境界条件（例えば管の閉端や開端）にも依存する。デフラグレーションは、流体が反応面を横切る際に圧力が下がる膨張波であり、燃焼生成物は波の伝播と逆方向に、つまり波から離れるように加速される。生成物の膨張は、後方の境界条件（例えば閉端を有する管では生成物の流速が０）に依存して、反応面前方の反応物を押し退ける。したがって反応面は、伝播方向と同じ方向に流れている反応物の中を伝播する。そのため、（固定された実験室座標系に対する）デフラグレーション速度は、反応物が押し退けられて得た流速と、反応物に対する反応面の速度（すなわち燃焼速度）の和となる。また、反応物が押し退けられて流れる結果として、反応面の前方に圧縮波（もしくは衝撃波）も形成される。したがって、伝播しているデフラグレーション波は普通、先行する衝撃波とそれを追いかける反応面とからなる※1。先行する衝撃波の強さは反応物が押し退けられてできた流れの速度に依存し、それゆえに後方境界条件に依存する。

デフラグレーション波がその前方の反応物中へと伝播するメカニズムは、熱と物質の拡散による。反応面を横切る急激な温度と化学種濃度の勾配は、反応領域から前方の反応物への熱とラジカル種の輸送を引き起こし、点火をもたらす。それゆえデフラグレーションは本質的に拡散波であり、それゆえに拡散率の平方根と（勾配を支配する）反応速度の平方根とに比例する速度を有する※2。もしデフラグレーション面が乱流であったなら、１次元の文脈内では、輸送過程を記述するための乱流拡散率を定義してもさしつかえない。「火炎」は一般的に、（反応物が火炎に向かって流れる）バーナー上で安定化された、（実験室座標系に対して）静止したデフラグレーション波として定義される。しかしながら、「火炎」という用語はしばしば伝播するデフラグレーション波における反応面に対しても使用される。

「デトネーション」波は、物質が波を横切る際にその熱力学的状態（例えば圧力と温度）が急激に増加するような超音速の燃焼波である。反応性衝撃波として考えることができ、物質は衝撃波を横切る際に発熱を伴って反応物から生成物に変化する。超音速の波であるため、前方の反応物はデトネーションの到着前に乱されることはない。したがって反応物はその初期状態のままである。デトネーション波は圧縮衝撃波であるため、物質がデトネーション波を通過する際にその密度は増加し、生成物の流速は波の伝播方向と同方向になる。したがって質量保存則から、デトネーション背後にはデトネーションを追いかけるピストンか膨張波が存在しなければならない。ピストンに支持されたデトネーション（これは強いデトネーションまたは過駆動デトネーションとして知られる）の場合は、後方から追いかけてくる膨張波がないので、デトネーション後方の流れが亜音速となりうる。しかしながら、（後方から支持するピストンがないような）自由に伝播するデトネーションの場合は、デトネーション面の後方の膨張波が流体の圧力と流速を下げ（膨張波が流体を後方に向かって加速し）、後方の境界条件を満足させる。強いデトネーションの背後では流れが亜音速であるため、どんな膨張波であっても膨張波は（膨張波の波頭が音速で伝播するため）反応領域に進入し、デトネーションを弱める。したがって自由に伝播するデトネーションの後端は、音速もしくは超音速の条件を満たさなければならない。後端が音速条件を満たすデトネーションを「チャップマン-ジュゲ（Chapman－Jouguet：CJ）」デトネーションと呼び、後端が超音速条件を満たすデトネーションを「弱い」デトネー

※1：　一般的には、先行する衝撃波をデフラグレーションの一部だとはみなさない（先行する衝撃波は燃焼面から離れていくので、一緒にしてしまうと定常状態にならないため）。

※2：　参考文献として、「疋田強・秋田一雄（1982）『改訂 燃焼概論』コロナ社，Ch. 4.」を挙げる。

ションと呼ぶ。弱いデトネーションは特殊な性質のユゴニオ曲線（様々なデトネーション速度に対応するデトネーション生成物の熱平衡状態の軌跡を表現する曲線）を爆発性混合物に対して要求するため、通常は実現されない。それゆえに、自由に伝播するデトネーションは、一般的には後端が音速状態のCJデトネーションである。

反応物の点火は、デトネーション波の反応領域を先導する先頭衝撃波面の断熱圧縮によってもたらされる。通常は先頭衝撃波の後に、反応物の解離とフリーラジカル種の生成が起こる誘導領域が続く。誘導領域における熱力学的状態の変化は、普通は小さい。誘導領域の背後では急速な再結合反応が起こり、発熱反応による温度上昇を伴う。この反応領域を通じて、圧力と密度は低下する。したがってデトネーションの反応領域はデフラグレーション波と類似しており、点火が先頭衝撃波による断熱昇温で起こることを除けば、デトネーション波を衝撃波とデフラグレーションが密に結合した合体物とみなすことが多い。反応領域における急速な圧力の低下は、自由に伝播するデトネーションに続く膨張波におけるさらなる圧力低下とともに、先頭衝撃波面を支持する前方への力を生み出す[※3]。したがって、後方から支持されることのないデトネーションが伝播する古典的メカニズムは、先頭衝撃波による自発着火と燃焼反応によって衝撃波背後で膨張する反応生成物が衝撃波を前方に押す力との双方向的な助け合いである。

自律的に伝播するデフラグレーションは本質的に不安定であり、多くの不安定性メカニズムが存在して反応面を乱し、それによってデフラグレーションの伝播速度が増大する。このようにして自律的に伝播するデフラグレーションは加速し、境界条件が許せば、デフラグレーションは突然にデトネーションへと遷移する。デトネーションへの遷移に先立って、乱流のデフラグレーションは(実験室座標系に対して)十分な超音速域に達しうる。「高速」デフラグレーションという言葉は通常、このようにデトネーションへと遷移している途中の、加速中のデフラグレーションを意味する。デトネーションが非常に粗い壁面の管内を伝播するとき、デトネーションの伝播速度は通常のCJ速度よりもかなり遅くなりうる。こうした低速度デトネーションは「準デトネーション」と呼ばれている。高速デフラグレーションと準デトネーションの速度範囲は重なりを持つ。この２つの波の複雑な乱流構造が似ていることは、その２つの波の伝播メカニズムもまたおそらく似ているであろうことを示唆している。したがって、これらの２つの波の間に明確な区分けを設けることは困難である。

本節で記述した異なる形式の燃焼波は、異なる初期条件、境界条件の下で現れる。それらに関する考察が本書の主題である。

## 1.2　デトネーション現象の発見

ある種の化合物（例えば雷酸水銀）は力学的な衝撃あるいは打撃を受けたときに異常なほど激しい化学的な分解を起こすことが15世紀から知られていた。しかし、そうした高速の燃焼現象の観測や燃焼波の伝播速度の測定を可能にする診断装置が開発されるまでは、デトネー

※3：　CJ面より後ろで起こる膨張の影響は、CJ面より前には進めない。衝撃波を駆動する力を生み出すのは反応領域で起こる膨張だけである。

図1．1　Marcelin Berthelot（1827-1907）とPaul Vieille（1854-1934）

図1．2　Ernest Mallard（1833-1899）とHenry Le Châtelier（1850-1936）

ション現象が発見されたとはいえなかった。Abel（1869）は装薬として用いられる綿火薬のデトネーション速度を測ったおそらく最初の人物だろう。しかし、様々な気体燃料（例えば$H_2$, $C_2H_4$, $C_2H_2$）を様々な酸化剤（例えば$O_2$, NO, $N_2O_4$）と混合し、様々な分量の窒素（窒素は不活性）で希釈して、「体系的に」デトネーション速度を測定したのはBerthelotとVieille（Berthelot, 1881; Berthelot and Vieille, 1883）であり、彼らによって爆発性混合気中のデトネーションの存在が確認された。

Mallard and Le Châtelier（1883）はデフラグレーションからデトネーションへの遷移を観察するのにドラム式高速度カメラを使用し、同一の混合気でも２つの燃焼モードが可能であることを実証した。また彼らは、デトネーション波の中の化学反応はデトネーション面の断熱圧

図1．3　Donald Leonard Chapman（1869-1958）とEhrile Jouguet（1871-1943）

縮によって開始することも示唆した。こうして1800年代後期には、爆発性混合気内の超音速デトネーション波が、低速で伝播するデフラグレーション波とは明確に異なることの確証が得られた。初期のパイオニアたち（Berthelot and Vieille, 1883; Dixon, 1893, 1903）は皆、デトネーション波における化学反応の開始において、断熱衝撃波圧縮が一役買っていると認識していた。

## 1．3　チャップマン－ジュゲ理論

デトネーション現象が発見された直後、爆発性混合気のデトネーション速度を予測する定量的な理論がChapman（1889）とJouguet（1904, 1905）によって定式化された。

ChapmanとJouguetは２人とも、衝撃波における保存方程式を解析したRankine（1870）とHugoniot（1887, 1889）の研究に彼らの理論の基礎を置いた。デトネーション波では、物質が波面を横切る際の反応物から生成物への転換が化学エネルギーの放出をもたらす。波の後端での熱平衡を仮定すると、後端での熱力学的状態の関数として生成物の化学組成を決定することができ、よってデトネーションで放出される化学エネルギーを決定できる。非反応性衝撃波とは異なり、１つのデトネーション速度に対して、強いデトネーションと弱いデトネーションの２つの解が存在しうる。強いデトネーションの圧力と密度は弱いデトネーションのそれらよりも大きい。強いデトネーションの後端の流れは（波に対して）亜音速であるのに対し、弱いデトネーションでは超音速である。これら２つの解は、デトネーション速度が最小のときに一致し、この最小値よりも小さなデトネーション速度に対しては解が存在しない。そして、ある１つの爆発性混合気に対しては、その最小値以上のデトネーション速度であれば連続的に変化しても解は存在する。デトネーション理論に課せられているのは、ある爆発性混合気に対して初期条件が与えられたとき、適切なデトネーション速度を選択するための判定基準を提供することである。

Chapmanの判定基準は本質的に、最小速度の解を選択することである。彼の主張は単純に、「ある爆発性混合気に対してはただ1つのデトネーション速度が観察されるというのが実験事実であり、最小速度の解が正しい解に違いない」というものだった。他方、Jouguetは様々なデトネーション速度に対する熱力学的状態の軌跡（すなわちユゴニオ曲線）を研究した。彼はユゴニオ曲線に沿ったエントロピー変化を計算し最小値を発見した。さらに、彼は最小エントロピーの解がデトネーション後端における音速条件に対応することにも気づいた。そして、Jouguetは最小エントロピーの解（音速の解）が選ぶべき適切な解であると仮定した。後に、彼の共同研究者であるCrussard（1907）は、最小速度の解が最小エントロピーの解に対応し、そして同時に波の後端に音速流れの解も与えることを示した。こうしてChapmanとJouguetの両者が提案した、ある与えられた爆発性混合気に対する適切なデトネーション速度を選択するための判定基準（すなわち最小速度または最小エントロピー）は現在、CJ理論と呼ばれている。ただしChapmanとJouguetの双方とも、彼らの仮定に対して物理的または数学的な正当性を与えてはいない。

興味深いことに、ロシアのMikelson（1890）は、デトネーションに対する類似の理論をより早い時期に発展させていた。彼もまたデトネーション前後の保存方程式を解析し、デトネーション速度が最小のときに一致するような2つの定常解の存在を見出した。不運にも、彼の解析が記された博士論文は、ロシアの外では知られなかった。以上3名の研究者たちが、ほぼ同時期に独立してデトネーションの気体力学理論を定式化したが、その理論に関係づけられているのはChapmanとJouguetの名前のみである。

解の選択に対する判定基準を正当化する、より厳密な物理的または数学的な論拠が与えられるまではCJ理論が不完全であることに注意しよう。後続の何人かの研究者らはエントロピーに基づいて議論を行った（Becker, 1917; 1922a, 1922b; Scorah, 1935）。しかしZeldovich（1940/1950）は、「衝撃波においてエントロピーが増加するということだけでは衝撃波の存在を意味せず、背後のピストンの存在のような衝撃波生成メカニズムが必要である」と指摘することで、あらゆる熱力学的な議論を論駁した。初期の研究者たちが用いたCJ判定基準に対する正当性は、デトネーション面前後に対するランキン–ユゴニオ（Rankine – Hugoniot）方程式の解の特性（例えば最小速度、最小エントロピー、または音速条件）を基礎とした。G. I. Taylor（1950）は、デトネーション後方の燃焼生成物の動力学を研究し、初めて「デトネーション面における境界条件はデトネーション後方の燃焼生成物の非定常膨張流れに対して物理的に受け入れ可能な解を導くようなものでなければならない」と指摘した。平面デトネーションでは、リーマン（Riemann）解はCJデトネーションの音速条件と矛盾しない。しかし球状デトネーションでは、CJ条件を課した場合、無限大の膨張勾配という形で特異点が得られてしまう。このことは、定常CJ球状デトネーションの存在に関する論争を引き起こしてきた（例えばCourant and Friedrichs, 1948; Jouguet, 1917; Zeldovich and Kompaneets, 1960）。質量保存則によって、膨張波がデトネーション波を追いかけて密度を減少させることが要求されるので、自由に伝播するデトネーションに対しては、強いデトネーションの解を除去することができる。強いデトネーションの後端で流れは亜音速であるため、膨張波は反応領域に進入しデトネーションを減衰させる。しかし、弱いデトネーションの解を除去することはより困難である。von Neumann（1942）はデトネーション波の構造を調べることによって、弱いデトネーションの解を却下するための重要な論点を与えた。彼はまず、化学反応の進行度を決めると、それに対応した中間的ユゴニオ（Hugoniot）曲線が決まると仮定した。次に、様々な反応進行度に対応する様々な中間的ユゴニオ曲線が互いに交差しない場合には、弱いデトネーションの解には到達できないことを示した。しかし、もし適当な化学反応があって中間的ユゴニオ曲線同士が交差するならば、弱いデトネーションは可能であることも示した。そのようなデトネーションは「病的な（pathological）」デトネーションと呼ばれ、温度のオーバーシュート（行き過ぎ）を伴うある種の爆発物において、確かに現れる。結局、デトネーション面前後のランキン–ユゴニオ方程式のみを基礎とする気体力学的理論はCJ判定基準を正当化できないと結論づけられるだろう。ランキン–ユゴニオ方程式のふさわしい解を選択するにあたっては、デトネーション生成物の非定常流れに対する解と、デトネーション波の中の化学反応の性質との双方について考慮しなければならない。

## 1.4　デトネーション構造

CJ理論はデトネーション構造の詳細（すなわち反応物から生成物への転換過程）に関しては、完全に考察の対象外である。CJ理論は本質的に、デトネーションの上流における反応物の熱平衡状態と後端における生成物の熱平衡状態とを結びつける定常1次元保存方程式の存在しうる解についての考察である。デトネーションの構造を記述することなしには、デトネーション波の伝播機構を知ることはできない。衝撃圧縮による着火はデトネーション現象を発見した初期のパイオニアたちにも知られていたけれども、先頭衝撃波とその後に続く化学反応領域とからなるデトネーション構造のモデルを明示的に描いたのはZeldovich（1940）、von Neumann（1942）、Döring（1943）である。

1940年代前半の第2次世界大戦のため、この3名の研究者らは互いの研究を知らなかったと推定できる。Zeldovichは自らの論文の中で、デトネーション構造の中に熱損失と運動量損

図1.4　Yakov B. Zeldovich（1914–1987）、John von Neumann（1903–1957）とWerner Döring（1911–2006）

失を取り入れ、それらがデトネーション波の伝播に与える影響を研究した。それらの損失項によって起こる重要な結果とは、積分曲線が化学平衡に至る前に音速特異点に出くわすことである。音速特異点をうまく乗り越えるような正則解を探すと、それはある唯一のデトネーション速度を要求することになり、このような事情から最近の文献では固有値デトネーション(eigenvalue detonation)という用語がよく使われる。熱と運動量の損失を考慮すると、デトネーション速度は熱平衡 CJ 値よりも小さくなる。損失項には、デトネーション構造の定常解が得られなくなってしまうような臨界値が存在するが、これは実験的に観察される「デトネーション限界」の発現として解釈できる。壁への熱と運動量の損失は2次元的な影響であり、それらを1次元的なものとしてモデル化すると、それらのデトネーション構造への物理的影響を不正確に記述することになる。それにもかかわらず Zeldovich の解析は、デトネーションの解を決定する、すなわち音速特異点における正則性を決定するという重要な数学的判定基準に到達した。

von Neumann が行ったデトネーション構造内の詳細な反応過程の解析は、CJ 判定基準に対してより厳密な正当性を与える試みであり、とりわけ弱いデトネーション解を除去することに正当性を与える試みだった。彼は先頭衝撃波から最終生成物への化学反応の進行を表示するために変数$n$（$0 \leq n \leq 1$を満たす）を導入し、それぞれの$n$の値に対して平衡状態（$p(n), v(n)$）が定義できると仮定し、中間的なユゴニオ曲線（すなわち、ある$n$の固定値に対して保存方程式を満足する状態の軌跡）を描けるものとした。それから、これらの中間的なユゴニオ曲線の幾何学的配置から、中間的なユゴニオ曲線が互いに交差しない場合には、一般的に弱いデトネーションが存在しえないことを論証した。しかしユゴニオ曲線同士が交差するような何らかの反応に対しては、得られるデトネーションの速度は熱平衡 CJ 値より高く、その解自体は熱平衡（$n=1$）ユゴニオ曲線の弱いデトネーションの部分に存在する。von Neumann の解析の重要性は、熱平衡 CJ 値より高い速度を持つ病的なデトネーションの論証である。これらの病的なデトネーションは、実験的には、熱平衡に向かう化学反応過程の途中に温度のオーバーシュートが存在する場合に観測される。

Werner Döring は、Richard Becker の下で研究を行った。Becker は、1920 年代から 1930 年代にかけて衝撃波およびデトネーション波に関する重要な基礎研究を行った人物であり、デトネーション構造は本質的に、化学的な変換が起こる衝撃波であるという着想をすでに考えついていた。このことから、Becker は熱伝導と粘性の影響が重要であると考えた。しかし結論からいえば、化学反応はずっと後の下流で起こり、先頭衝撃波は反応領域からは分離して考えてよい。

デトネーション構造についての Döring の解析は von Neumann の解析と著しく類似している。Döring は、（反応物の濃度によって）反応進行変数$n$を定義し、化学反応が熱平衡に向かうにつれて0から1に変化するものとし、反応領域を横切るように保存方程式を積分し、デトネーション領域内の熱力学的状態の分布を得た。デトネーション構造の解析を行った3名の研究者たちに敬意を表し、化学反応が衝撃波に追従するモデルは現在、Zeldovich－von Neumann－Döring（ZND）モデルと呼ばれている。ZND モデルは、デトネーション波の伝播を維持する機構、すなわち先頭衝撃波が断熱圧縮によって燃焼反応を開始させ、その先頭衝撃波は燃焼反応領域における気体の膨張によって押されることで維持されるという機構を示してくれる※4。

最小速度の解を選択するというCJ判定基準は仮定でしかなく、デトネーション前後における保存則のみから解が得られるわけではないことに注意すべきである。最小速度の解が意味するのは、レイリー（Rayleigh）線が熱平衡ユゴニオ曲線に接するということ、また、それゆえ音速条件は平衡音速に基づいているということである。ZND方程式をデトネーションの構造を横切るように積分するという、もう1つの方法では、望ましいデトネーション速度を求める繰り返し計算で使用される判定基準は、音速特異点での正則条件である。この場合、その音速条件は凍結音速に基づいている。解はまだ熱平衡ユゴニオ曲線上にあるけれども、もはや最小速度（もしくは接線）の解ではなく、いまや熱平衡ユゴニオ曲線の弱いデトネーションの部分にある※5。解を求める方法と判定基準が異なるので、これら2つの解が同じになることは期待できない。CJ判定基準を使用すると反応領域の詳細を考慮しないので、より単純であり、デトネーションの速度は、熱平衡状態にある反応性混合気の熱力学的特性を用いた計算で求めることができる。他方、ZND構造を横切るような積分は、どちらかといえば複雑であり、反応の化学動力学に対する詳細な知識が必要とされる。しかし、病的なデトネーションに対する解を得ることはできる。2つのデトネーション速度の違いはわずかであり、ほんの数%の差でしかないので、どちらの解が現実の世界に対応しているのかを決定することは困難である。そのうえ、現実のデトネーションにおける非定常3次元セル構造とデトネーション波の伝播に対する境界条件の影響とは、おそらくデトネーション速度に対して（平衡音速と凍結音速の違いに比べて）もっと大きな影響を及ぼすだろう。平衡熱力学計算を実行することが比較的容易であるという見地から、ある与えられた爆発性混合気のデトネーション速度を求めるために一般的に使われているのは、レイリー線が熱平衡ユゴニオ曲線に接することに基づいて最小速度の解を選択するCJ判定基準である。

## 1.5 デトネーション生成物の動力学

デトネーション生成物の非定常流れの解析は、デトネーション面前後に対する保存方程式の研究と同じくらい重要である。平面および球面デトネーションの後方※6の流れに対する解は、最初にG.I. Taylor（1940※7/1950）によって得られ、また独立してZeldovich（1942）によっても得られた。Taylorが指摘したのは、CJデトネーション後端における定常状態の境界条件を満たすことができる生成物中の非定常流れの解を見つけ出すことができた場合にのみ定常デト

※4：　訳注※3にも書いたように、生成物の中で起こる膨張の影響は、CJ面の前には出られないことに注意する。

※5：　通常の反応では、凍結音速に等しい流出速度は、平衡音速よりも大きくなることに留意する。

※6：　「後方」はCJ面よりも後方を指す言葉とし、CJ面は「後端」か「後面」として、用語を使い分ける。

※7：　章末に1940年の文献は明示されないが、1950年の文献中（p.247）に「本論文は1941年1月に国家安全保障省で"Detonation Waves"の題目で回覧された。現在機密指定から解かれている」とあるので、1940年に研究が行われていたことが推定できる。

ネーションが可能であるという重要な事実である。平面デトネーションの場合、リーマン解[※8]はCJデトネーション後端の境界条件を満たすことができる。したがって、定常平面CJデトネーションが可能である。しかし発散する円筒面もしくは球面のデトネーションに対しては、CJ波後端の音速条件を仮に課したとすると、膨張する物理量の勾配が無限大になるという形の特異点がデトネーション後端に存在することが明らかとなった。そのような特異点は強いデトネーションあるいは弱いデトネーションに対しては存在しないが、強いデトネーションと弱いデトネーションは、他の理由により除外されうる。デトネーション後端に発生する無限大膨張の特異点は、定常な円筒面および球面デトネーションの存在に関する疑問を提起する。反応領域の厚みが有限であると考えると、定常で発散する（diverging）CJデトネーション[※9]が存在できないということは明らかである。これは反応領域中の流れへの曲率の影響のためであり、この影響によりデトネーション速度は熱平衡CJ速度より低くなる。曲率は半径とともに変化するので、デトネーションの速度は膨張するにつれ変化し、無限大半径でのみ漸近的にCJ値に達する。Lee *et al.*（1964）はまた、球面デトネーションの直接起爆には、かなりの量のエネルギーを点火源から与えることが必要であると指摘した（Laffitte, 1923; Manson and Ferrie, 1952; Zeldovich *et al.*, 1957）。仮に起爆エネルギーを考えると、小さな半径で強いブラスト波が作られ、無限大の半径でのみCJデトネーションが漸近的に得られるだろう。したがって反応領域の有限の厚みを考えることと起爆エネルギーを考えることは、どちらも定常CJ球面デトネーションは不可能であるという結論につながる。さらにデトネーション面の不安定性は、過渡的な3次元セル構造をもたらし、その構造はG.I.TaylorとZeldovichの解析で仮定された1次元構造とは異なる。ゆえに、デトネーション前後に対する保存則（すなわちランキン–ユゴニオ方程式）のみを考察して導き出したデトネーションの気体動力学理論は不完全である。デトネーション波の伝播を理論的に完璧に記述するためには、デトネーション生成物の非定常流れとデトネーション構造の中の流れとの両方を考慮しなければならない。

## 1.6　デトネーション面の安定性

ほとんどすべての爆発性混合気は、全体としてみれば、（デトネーション限界近傍ですら）理想的な1次元CJ速度に驚くほど近い定常平均伝播速度を維持しているのだが、デトネーション面は本質的に不安定であり、過渡的な3次元構造を有していることが明らかとなっている。1920年代から1930年代における高速度ストリークカメラ（流し撮りカメラ）の発展とともに、デトネーション面のこれらの非定常な変動が明らかとなり始めた。もしデトネーション限界の近傍なら、変動の周波数は低く、振幅は大きいので、非定常なデトネーションは簡単に観測できる。Campbell and Woodhead（1926）は、スピンデトネーションの現象を最初に報告した。

---

※8：　リーマン解とは自己相似希薄波のことを指している。大事な点は、非定常流れの前側の境界が特性曲線$C_-$と一致していることである。

※9：　ここでのCJデトネーションは、音速条件を満足するデトネーションというよりは、熱平衡CJ速度で伝播する定常デトネーションという意味であることに注意する。

またCampbell and Finch（1928）は、ストリークカメラのスリットを巧妙に配置することで、スピンデトネーションでは、管壁の近傍に位置する局所的に強く光る領域で化学反応が起こると結論づけることができた。デトネーションが伝播するにつれ、この反応領域は周方向に回転し、したがって螺旋軌道を描くことになる。また、デトネーション生成物の中を後方に広がっていく明るい光を発する帯も、スピンデトネーションのストリーク写真では観察された。もっと後の研究（Bone and Fraser, 1929, 1930; Bone *et al.*, 1935）では、Fraserによって設計されたより高速のストリークカメラが用いられ、スピンデトネーション構造の詳細な部分が明らかにされ、デトネーションの伝播限界から離れた（より安定して伝播する）領域での高いスピン周波数が正確に測定された。

Manson（1945）はスピンデトネーション現象を説明するための理論を展開した最初の人物だった。彼は、デトネーション生成物の中に長く伸びる周期的な発光帯が出現する原因は、デトネーション面において局所的に強く光る反応領域とともに回転しながら横方向に伝播する衝撃波による圧縮にあると認識していた。また、燃焼生成物中を伝わる音速が高いため、この横方向に伝播する衝撃波は弱く音波とみなせることも、彼は正しく仮定した。そして、横方向に伝播する音波の回転と、デトネーション後方の燃焼生成物の円柱状領域の横方向振動モードとを関連づけた。Rayleigh卿（1945）によって与えられた音波の方程式の解を適用することで、Mansonは横方向の振動周波数を計算することができた。そして、その周波数は、Boneと協力者によって測定された実験値と極めてよく一致した。Mansonは振動の横方向（周方向）の波のみが重要であると認識しており、半径方向と縦方向（軸方向）のモードは考慮しなかった。こうすることで、乱されたデトネーション面の境界条件と管後方の境界条件を決定するというわずらわしい仕事を回避したのである。

Mansonの理論は、スピンデトネーションの構造については何も明らかにしなかった。強く光る局所的な反応領域を、先頭衝撃波の「裂け目」（折り目、または襞）と関係づけることを提案したのはShchelkin（1945a, b）だった。折り目の隣り合った面に相当する衝撃波同士は、ある角度で交差する。したがって、交差する衝撃波の背後の境界条件を満足するためには第3の（横方向の）衝撃波が必要となる。こうしてShchelkinは、スピンデトネーションに対して三衝撃波マッハ形態のモデルを提案した。Zeldovich（1946）はこのモデルに従って三衝撃波の交差の詳細な解析を行い、螺旋経路の角度の計算を試みた。

このようにManson、Shchelkin、Zeldovichは、デトネーション面の不安定構造についての理論を展開した先駆者だった。また1950年代後半および1960年代前半には、ソビエト連邦のVoitsekhovskii *et al.*（1966）とアメリカ合衆国のDuff（1961）、White（1961）、Schott（1965）が実験を行い、不安定なデトネーション面の詳細な構造を明らかにした。

Mansonの音響理論によって記述されたように、デトネーションの伝播限界から離れると（より安定して伝播する領域では）スピンの周波数が増加し、高周波数の横方向の音響モードが励起されると考えられる。二組の横方向の波を考え、そのうちの1つは時計回りに回転し、他方は反時計回りに回転するとしたら、これら二組の横波の螺旋状の経路は交差し、ダイヤモンド状（または魚のウロコ状）の模様を描く。実際この模様は、デトネーション管の内壁に貼りつけたすす膜（smoked foil：薄い板やシートをすすでいぶして表面にすすを付着させたもの）の上に記録することができる。すす膜上に、そこを衝撃波三重点が通過することで軌跡を記録するテクニックは、Mach and Sommer（1877）による火花放電からの衝撃波相互作用の研究で使われたものである。このテクニックは Denisov and Troshin（1959）によって、不安定なデトネーション面の研究に初めて応用され、現在では不安定なデトネーション面のセルサイズを計測するための標準的なテクニックとなっている。

Manson の音響理論は、ある与えられた爆発性混合気に対して、スピン周波数（すなわち横方向の波の間隔）を予測しない。しかし Duff（1961）によって示されたように、スピン周波数が測定されれば、一般にそのスピン周波数は Manson の音響理論の横方向モードの１つに対応することがわかっている。これは、Manson の理論がデトネーション面の詳細と燃焼反応の化学動力学速度を完全に回避しているためである。管壁による閉じ込めが不安定現象に影響しなくなるとき（例えば球面デトネーションのとき）、不安定性の周波数分布を決定するのは、衝撃波と化学反応の間の非線形結合である。過去 25 年にわたりデトネーションの安定性理論が広範囲に研究されてきたにもかかわらず、定量的な理論はいまだ欠如している。また数値シミュレーションの進歩によって、スピンデトネーションの構造は２次元どころか３次元構造でさえ驚くほど詳細に再現可能となっているが、不安定なデトネーション構造についての大量の数値情報に対する適切な解析がいまだ欠如していることにも注意すべきである。

## 1.7　境界条件の影響

デトネーションの１次元気体力学理論とデトネーション構造の ZND モデルでは、デトネーション波の伝播に対する境界条件の影響は考慮されない。現実には、ほとんどのデトネーションが何かの中を伝播しており、デトネーションを閉じ込めている壁の影響を受けている。球面デトネーションの場合でさえ、「自らに閉じ込められている」と言い表すことができ、球面という幾何形状が曲率を持ち込んでいるが、その曲率の影響は管内を伝播するデトネーションに対する境界層の影響のようなものではない。管の直径がその中を伝播するデトネーションの速度に及ぼす影響は、十分な精度の速度測定技術が開発されるとすぐに初期の研究者たちによって注目された。また、壁への熱や運動量の過度な損失がデトネーションの伝播限界を招くことも、注意を引いた。

Zeldovich（1940）は、デトネーション構造に対する保存方程式の中に熱と運動量の損失を導入して、境界がデトネーション波の伝播に与える影響を考察したおそらく最初の人物だった。損失項が導入されると、もはやデトネーション速度を熱平衡 CJ 理論から得ることはできないが、音速特異点に到達したときに正則条件が満たされる伝播速度を繰り返し計算で求めることで、デトネーション速度を決めることはできる。また、運動量損失項のある１つの値に対し、デトネーション構造に対する定常１次元保存方程式が複数の解を持つということも注目すると興味深い。しかし現実には、１つの解だけが存在すべきである。それゆえ、与えられた初期条件を用いて時間発展を計算するとしたら、ただ１つの定常解だけが漸近的に得られるだろう。

つまり、定常流れの方程式を使うと複数の解が得られてしまうという問題には出くわさないだろう。管壁での損失は本質的には２次元的な効果であり、そういう管壁での損失の１次元モデルによるモデル化は、壁面の効果を管の断面全体に分散させてしまうため、何らかの非現実的な効果を作り出してしまう。

Fay（1959）は、境界層の（衝撃波に固定した座標系に対して）負方向の変位の影響が境界層の中への流れの広がりとそれによる波の湾曲をもたらすことに注目し、壁面上の境界層の影響に対するより正確なモデルを開発した。彼は１次元モデルの文脈内で、２次元的な壁の効果を正確にモデル化することができた。Fay のモデルは後に Dabora *et al.*（1965）、Murray and Lee（1985）により、柔軟で曲がりやすい境界を持った管の中におけるデトネーションの速度欠損を記述するために用いられた。デトネーションを横切る保存方程式に曲率項を入れ込むことによって、曲率項のある１つの値に対して再び複数の解が得られるようになるが、もし非定常方程式を使って漸近的に定常解を求めるなら、ただ１つの解だけが得られるだろう。また漸近解は不安定になりうるし、１次元理論の枠組み内ではパルス状（脈動）のデトネーションが得られることもありうるということは知っておくべきである。

デトネーション波の伝播に対する最も重要な壁の影響は、おそらく音響吸収多孔管壁がデトネーション構造の横波を減衰させることである。横波が減衰してしまい不安定なセル状構造が破壊されると、デトネーションの自律的伝播は不可能であることが示された（Dupré *et al.*, 1988; Teodorczyk and Lee, 1995）。このことは、デトネーション波の自律的伝播において不安定性が果たしている欠くことのできない役割を、決定的に実証した。

境界条件（閉じ込め）の突然の変化は、伝播機構の著しい破壊を引き起こしうる。剛体の管の中を伝播していた平面デトネーションが突然に開放された空間へ出る場合、管には臨界直径が存在し、それ以下の細い管のときは開管端の角から発生する膨張波が管の軸にまで到達し、デトネーション波が消失する。管の直径が臨界値を超えるときは、希薄扇が軸に達するときにデトネーション波の（局所的ではない）全体的な曲率が過大でなく新しいセルの発生が可能となり、その後デトネーションは球面波に発達する。

臨界管直径が、デトネーションセル幅のおおよそ 13 倍に対応すると最初に気づいた人物は Mitrofanov and Soloukhin（1964）だった。２次元の場合については、Benedick *et al.*（1985）により、２次元的な流路を伝播する平面デトネーションが開放された空間に出たときに円筒デトネーションに発展するための２次元流路の臨界幅が、円筒波と球面波の曲率の違いから期待される$6\lambda$（ここで$\lambda$はデトネーションセル幅である）ではなく、たったの$3\lambda$であることが見出された。この難問は、後に Lee（1995）によって説明された。彼は、デトネーションが安定であるか不安定であるかに依存して２つの消失機構が存在することを指摘した。安定なデトネーションに対しては、その構造は ZND モデルで記述され、その伝播において横波の役割は無視できる。一方、不安定なデトネーションに対しては、横波が支配的な役割を果たし、デトネーションの伝播にはセル構造が不可欠である。Lee の主張によれば、不安定なデトネーションでは、希薄波がデトネーション内部に進入したときに不安定性が新しいセルを生み出すことができなければデトネーションが消失し、一方、安定なデトネーションでは、希薄扇の消炎効果によって作られるデトネーション波面の最大曲率が消失を左右する。したがって安定なデトネーションに対しては、臨界流路幅は実際は6$\lambda$に対応すべきである。安定なデトネーションに対する臨界流路幅についての決定的な実験結果は現在に至るまで得られていない。

また、管の十分に粗い壁面がデトネーションの伝播に強烈な影響を与えることが実験によって示されている。Shchelkin（1945b）とGuénoche（1949）は、管内に螺旋状の針金のコイルを挿入し、管内混合気の通常のCJデトネーション速度の30%という低速の準定常的なデトネーション伝播速度を測定した。螺旋状コイルは、反応領域内に伝播する横方向の衝撃波、および乱流を発生させる。また螺旋状コイルのような障害物は、衝撃波の反射によってホットスポットも発生させる。これらはすべて、観測されたような準デトネーションの準定常伝播を持続させるための急速な燃焼を促進する傾向にある。したがって（拡散か衝撃点火かという）燃焼の機構は、観測されたような準デトネーションではもはや明確でなく、乱流デフラグレーションとデトネーションの間に明確な線引きをすることは難しい。滑らかな壁を持つ管内の不安定なセル状デトネーションの場合でさえ、衝撃点火と乱流の間の明確な区別はできないことが多い。与えられた境界条件と矛盾しない最高速度の自律的な燃焼波の伝播を維持できるだけの高い燃焼速度を助長するメカニズムをまとめあげるために自然が選んだ方法が、不安定性とセル構造であるようにみえる。

したがって理想的な後端に音速条件を課す1次元ZND理論とは違い、境界条件は、デトネーション波の伝播に影響するというだけにとどまらず燃焼機構を支配して、与えられた混合気の（与えられた境界条件と矛盾しない）燃焼波速度に連続的な値を与えることもできる。境界条件が強い影響を及ぼすときは、燃焼のデフラグレーションモードとデトネーションモードを明確に区別することは、もはや不可能である。

## 1.8　デフラグレーション・デトネーション遷移(DDT：deflagration-to-detonation transition)

いったん起爆されると一定速度で伝播する「デトネーション」とは異なり、自律的に伝播する「デフラグレーション」は本質的に不安定で、点火の後に連続的に加速する傾向にある。適切な境界条件の下では、デフラグレーションは高速（超音速）にまで加速し、その後デトネーション波に突然遷移することになる。突然の遷移というのは、2つの性質の異なる状態の間での転移を意味している。デトネーション状態は明確に定義されており、その伝播速度は爆発性混合気のCJ速度に対応している。しかしデトネーションが発現する前のデフラグレーション状態は、一般に明確には定義されていない。滑らかな管では、デトネーションの発現直前には、（固定された座標系に対して）ある最大速度にまで加速する現象がみられ、その最大速度は混合気のCJデトネーション速度の半分程度である。そのうえ、CJデトネーション速度の半分の速度で伝播するこの前駆デトネーション形態が、ときには管直径の何倍もの距離にわたって持続する現象がみられる。それゆえ、デトネーションが発現する前には準安定な準定常デフラグレーション形態が存在するようである。この準安定な形態の期間では、反応領域と先行する衝撃波の両方がほぼ同じ速度で伝播するが、それらはデトネーション波における燃焼領域と衝撃波のようには結合されていない。なぜなら先行する衝撃波による混合気の断熱昇温を原因とする自着火の誘導時間は、実験的に観察される時間※10よりも桁違いに長いからである。したがって、反応領域が伝播する機構は衝撃波による着火以外の機構である。先行する衝撃波によってすでに流速を与えられている混合気の中へ反応領域が伝播するということ、および反応領域の「前方の反応物に対する伝播速度」は「固定座標系に対して観測される移動速度」よりもずっと小さいということは、注意されるべきである。この準安定形態における反応領域の自律伝播を支配している機構は乱流だろう。（固定座標系における）CJ デトネーション速度の半分の速度というのは、混合気のCJ デフラグレーション速度に非常によく対応している。したがってデフラグレーションが加速してその最大速度（CJ デフラグレーション速度）に達し、その後にデトネーション形態へ遷移すると仮定することは理に適っている。

DDT 過程の火炎加速段階は、様々な火炎不安定機構（ランダウ-ダリウス［Landau－Darrieus］不安定性、熱・拡散不安定性など）と関係する。火炎はまた密度境界面であり、加速や圧力波との相互作用では不安定である（テイラー［Taylor］不安定性、リッヒトマイヤー－メシュコフ［Richtmyer－Meshkov］不安定性、レイリー［Rayleigh］不安定性など）。デフラグレーション前方の押し退けられてできる流れは、火炎における比体積の増加が原因で発生するものであるので、反応面は自分自身が作り出した流れ場の中に伝播していく。反応面における熱の放出速度が変動した結果として発生する圧力波は、境界で反射されて戻ってきて、火炎と相互作用することもある。このように自律伝播デフラグレーションを不安定にする正のフィードバック機構が存在し、その機構はデトネーションが発現するまで連続的に火炎を加速することになる。様々な火炎の加速機構の詳細な記述は Lee and Moen（1980）の総説論文に記載されている。

デトネーションの発現（すなわちデトネーション波が形成されて準安定形態が終わること）はただ１つの現象ではない。実験が示すところによれば、デトネーション波が発生する仕方には色々あり、それらは Urtiew and Oppenheim（1966）によって記述されている。例えば加速火炎によって生成されたいくつかの先行する衝撃波が合体すると、高温の境界面ができ、そこで自着火が起き、それに続いてデトネーション波の形成が起こる。局所的ホットスポットまたは爆発中心が乱流反応領域中に形成されることはしばしば観察される（これはおそらく乱流混合の結果である）。ある１つの爆発中心からのブラスト波はデトネーション「バブル」へと急速に発達し、そのデトネーションバブルが成長して先行する衝撃波に追いつき、オーバードリブン（過駆動）デトネーションを形成する。このブラスト波のうちの燃焼生成物の中へと後ろ向きに伝播する部分を「レトネーション」波と呼ぶ。球状のデトネーションバブルが管壁で反射するとき、横方向に伝播する圧力波が生成される。これらの横波はデトネーション面とレトネーション面によって挟まれた燃焼生成物の中で管壁によってあちこちに反射される。ときどき観察されるデトネーション発現のもう１つのモードは、反応領域から立ち上がってくる圧縮

※10：　この「時間」とは「流体粒子が先行する衝撃波を通過してから燃焼領域に達するまでの時間」のことで、誘導時間はこの「時間」の実験的な測定値よりも桁違いに長いから、燃焼の伝播は衝撃波とはカップルしていない、という論理展開になっている。

パルスが、先行する衝撃波に追いついてそれを増強し、結果的にデトネーションを形成するというものである。また、反応領域中を横方向に伝播する圧力波が管壁での反射によって次第に強まり、そこからデトネーションが発現するということもしばしば起こる。先行する衝撃波の背後で圧力が高まってきて、最終的にデトネーションが形成される。このように、デトネーションの発現を結果として生じさせる多数の機構が存在するため、デトネーション発現の一般的な理論というものはありえないのだということに注意しよう。

デトネーションの発現において乱流ブラシ状火炎（turbulent flame brush）の中でデトネーションが突然に形成されることを説明する機構が Lee *et al.*（1978）によって提案された。1つの爆発中心によって形成されるブラスト波の強さは一般的には弱く、ほとんどの場合、マッハ２程度である。しかし十分に発達した球状デトネーションバブルは、複数のそうした局所的爆発中心でほとんど自然に形成されるようにみえる。したがって、ここには非常に効率のよい衝撃波増幅機構が存在しているはずである。熱源と結合した周期的な振動の増幅に関する Rayleigh の判定基準を適用し、Lee は伝播する衝撃パルスに対する機構を提案した。もし衝撃パルス前方の媒質がそのパルスの伝播に同期して化学エネルギーを放出できるようにお膳立てされているとすると、その衝撃パルスは急速に増幅される。その機構は SWACER（[shock wave amplification by coherent energy release：同期したエネルギー放出による衝撃波の増幅] を略記）機構と呼ばれる。この機構が実現されるためには、衝撃パルス前方の媒質における誘導時間の勾配が必要である。誘導時間の勾配があれば、衝撃パルスの到着によって化学反応が誘発される。

デフラグレーション・デトネーション遷移には多くの面があるので、この現象を記述する一般的な理論は展開できそうにない。したがって、ある初期条件および境界条件における爆発性混合気が与えられたとしても、デフラグレーション・デトネーション遷移が起こるかどうか、そして起こるならいつなのかについては、いまだに予測することができない。

## 1.9 直接起爆

直接起爆というのは、デトネーションが生まれる前にデフラグレーションの状態を経ることなく、着火源によってデトネーションが自然発生的に形成されることである。したがって、着火源によって発生した流れ場がデトネーションの形成過程を支配している。直接起爆の機構は、使われる着火源の種類に固有である。直接起爆の方法ははじめ、球面デトネーションを作り出すために発達した。これは、開放された３次元空間においてデフラグレーションからデトネーションへと遷移させることは、もしできるとしても極めて難しいためである。その理由は、開放された３次元空間では、重要な火炎加速機構のほぼすべてが欠如しているからである。Laffitte（1925）は $CS_2-O_2$ 混合気内で球面デトネーションを起爆する試みにおいて、管内を伝播してきた平面デトネーションを球形容器の中心に飛び出させるという方法を初めて使った。しかし、この方法では球面デトネーションは起爆されなかった。その後、彼は 1 mg の雷酸水銀という強力な装薬を用い、球面デトネーション波の直接起爆に成功した。管から平面デトネーションを飛び出させて球面デトネーションを得ることに彼が失敗したのは、管直径が小さ過ぎたことが原因である。後に Zeldovich *et al.*（1957）の研究が実証したように臨界直径というものが存在し、その直径以下の細い管では、平面デトネーションが飛び出してくる際に消炎し、球面デトネーション波は形成できないのである。強力な装薬（または火花放電）を使用すると強いブラスト波がもたらされるが、このブラスト波は誕生の後に減衰していき、球面 CJ デトネーションになる。また Zeldovich らは、臨界ブラストエネルギーというものがあり、それ以下のエネルギーのブラスト波は連続的に音波にまで減衰し、球面デトネーション波は形成されないということも見出した。彼らはまた、ブラスト起爆に必要な臨界エネルギーに対する判定条件として、ブラスト波の減衰速度が満たすべき条件を与えた。その条件とは、ブラスト波が CJ デトネーション波の強さに減衰したときに、ブラスト波の半径がその爆発性混合気のデトネーションの誘導領域の厚み以上でなければならないというものである。この判定条件より、臨界ブラストエネルギーは誘導領域の厚みの3乗に比例することになり、これ以後のブラスト起爆理論はすべて、起爆エネルギーがデトネーションの厚みを記述する何らかの特性長さ（例えばデトネーションセルサイズ）の3乗に比例することを式で示す。

直接起爆に必要な臨界管直径に対する経験的な相関関係が、後に Mitrofanov and Soloukhin（1964）によって見出された。彼らによれば、たいていの混合気において臨界管直径はデトネーションセルサイズの約13倍（$d_c = 13\lambda$）であるが、この経験的な相関関係には例外がある。例えば高濃度のアルゴン希釈を伴う$C_2H_2-O_2$では、臨界管直径は大きくなって、$40\lambda$になる。$13\lambda$という相関関係の破綻は、安定なデトネーションと不安定なデトネーションで消失と再起爆の機構が異なっていることの結果である。なお、安定なデトネーションと不安定なデトネーションの違いは、デトネーションの自律的な伝播において不安定性が演じる役割によって定義される。安定なデトネーションでは ZND モデルと同様に先頭衝撃波による着火が化学反応の開始を支配しているのに対し、不安定なデトネーションでは衝撃波相互作用によるホットスポットと乱流がデトネーション領域での着火と燃焼プロセスにおいて支配的な役割を担っている。

試験気体中にデトネーションを起爆するために、強い衝撃波あるいはより爆発性の高い混合気中を伝播するデトネーションを使用することが、初期のデトネーション研究者たちによく知られていたことは注目に値する。デフラグレーションからの遷移が起こりえないデトネーション限界に近い比較的爆発性の低い混合気においては、デトネーションを起爆するために使われる標準的な方法は、デトネーション駆動器、すなわち試験気体よりも爆発性の高い爆発性混合気を封入したある長さの管である。もし駆動部と被駆動部を分割する隔膜がなければ、駆動部からのデトネーションが被駆動部に透過するときに、より容易にデトネーションを形成できるということもまた見出された。隔膜は駆動部からのデトネーションを破壊しがちであり、その場合は破膜した際に下流側に衝撃波のみが透過するだろう。そのときは、透過衝撃波によって開始する反応から被駆動部のデトネーションが形成されなければならないだろう。また、デトネーション管の閉端からの反射衝撃波によっても直接起爆は起こりうる。入射衝撃波が混合気を点火するには不十分でも、反射によって爆発性混合気は自着火し、デトネーションが形成され、そのデトネーションは反射衝撃波に追いつく。デトネーション波は、入射衝撃波によって事前に状態を変化させられた混合気の中を伝播し続ける。

おそらく最も興味深い直接起爆の方法は、光分解による起爆と乱流混合による起爆である。これらの起爆法では最初、起爆源は衝撃波を作らない。起爆源は単純に、デトネーションの発現に必要とされる化学的な臨界条件を作り、DDT の火炎加速段階を回避する。Norrish、Porter、Thrush は閃光光分解装置を使って大きな圧力スパイクを観察し、デトネーションが強烈な紫外光パルスを照射された混合気の光解離から直接的に形成されたと初めて結論した（Norrish *et al.*, 1955; Thrush, 1955; Norrish, 1965）。Wadsworth（1961）は後に、爆発性混合気を封入した石英円筒管をドーナツ状にフラッシュランプで囲んで紫外光パルスを照射することで、収束円筒デトネーションの直接起爆に成功した。Lee *et al.*（1978）は、光起爆過程のシュリーレン写真を撮影し、紫外光パルス照射後すぐには爆発性混合気中に衝撃波は形成されないが、短い誘導期間の後に光解離を起こした混合気中にデトネーションが発現することを観察した。閃光の強度とパルス幅を制御することによって、彼らは解離したラジカル種の濃度勾配がデトネーション起爆に不可欠であることを実証した。解離した化学種の濃度勾配は、自着火のための誘導時間の勾配を作り、誘導時間勾配の場において順々に起こる「爆発」によってデトネーションの形成に至る。Lee は、この直接起爆のモードを記述するために SWACER 機構を提唱し、Yoshikawa（Lee *et al.*, 1978）の行った数値シミュレーションによって臨界誘導時間勾配の必要性が確認された。

また Zeldovich *et al.*（1970）は、早い時期に、内燃機関におけるノッキングを調べる目的で温度勾配場におけるデトネーションの発展を数値計算した。また、適切な温度勾配の場において、非常に高い圧力スパイクが形成されうることも示した。しかし彼らは、エネルギーの放出と衝撃波の伝播とが同期することによる圧力波増幅の機構については議論しなかった。また、乱流混合によって作られる誘導時間の勾配がデトネーション波の直接起爆をもたらすということも、Knystautas *et al.*（1978）および Murray *et al.*（1991）によって示された。SWACER 機構については多数の研究が行われており、Bartenev and Gelfand（2000）によって包括的なレビューがなされている。

直接起爆では、デトネーション発現のための臨界条件が起爆源自体によって直接作られるということが重要である。しかし直接起爆という異なった方法によるデトネーションの発現機構も、火炎の加速を通して臨界条件が作られる DDT の場合のデトネーションの発現機構とよく似ているようである。例えばギリギリで起爆できるようなエネルギーのブラスト起爆においては、ブラスト波は最初に CJ デトネーション速度以下へと減速し、CJ 値の半分程度の速度になる。その後、準安定準定常伝播の時期がそれに続き、最後にデトネーションが発現する。このように、デトネーションの発現に先んじるこの臨界準安定形態が、火炎の加速を通じて作られるか、または起爆源によって直接作られるかにかかわらず、デトネーションの発現は同じ機構を伴っているようだ。

## 1.10　未解決の問題

未解決の問題およびデトネーション理論の現在と未来の研究の方向について意見を述べるのは興味深いことである。デトネーション構造は非定常で3次元的であるが、3次元的な変動が著しい限界近傍のスピンデトネーションに対してでさえ、平均伝播速度は定常1次元CJ理論と驚くほどよく一致する。しかし流体力学的な変動はやがては減衰するはずであり、下流のどこかに平衡面が存在するはずである。CJ理論では（デトネーションの構造を無視して）初期および最終状態に対する熱平衡ユゴニオ曲線だけを考慮するので、もし損失が無視できるならば、状態が落ち着いていない領域を挟むように定常1次元保存則を適用することで、やはりCJ速度が与えられるはずである。Soloukhin（Lee *et al.*, 1969）は、この状態が落ち着いていない領域の厚み（セル状デトネーション波の実効的な厚み）に「流体力学的厚み」という用語を最初に導入した。CJ理論によって支配されているので、この状態が落ち着いた面は音速条件を満たす面に対応しているはずである。Vasiliev *et al.*（1972）や、もっと最近ではWeber and Olivier（2004）によってこの流体力学的厚みを測定する試みがなされてきた。Weber and Olivier（2004）の実験では、デトネーション後端で音速条件を満たす流れの中にある障害物から弓状衝撃波が離れていく状況を観察することで、流体力学的厚みがセルサイズの数倍のオーダーであることが示された。しかし、この実験方法は、決定的な結論を得るには正確さが十分ではない。2次元セル状デトネーションの数値シミュレーションで得られた場のデータを平均するという代わりの方法がLee and Radulescu（2005）およびRadulescu *et al.*（2007）によって試みられた。（平均化された流れ場の音速条件に基づいて）得られた流体力学的厚みは、対応する1次元定常ZND構造よりも、はるかに大きかった。そのようにして得られた流体力学的構造を使い、平均化された1次元構造における化学的および力学的な緩和過程のモデル化に努力するのもよいだろう。流体力学的厚みは伝播方向のデトネーションの真の特性長を表し、この長さは、（熱平衡CJデトネーション状態よりむしろ）構造中の非平衡過程によって支配されている長さで決まるような種々の動的デトネーションパラメータの相関式において非常に重要である。したがって流体力学的厚みの研究およびデトネーションの平均化された1次元構造中の緩和過程についてのモデル化は、デトネーション理論の発展を次の段階へと進める有益な取り組みである。

ほぼすべての自律的なデトネーションが不安定であるという実験的事実は、デトネーションの自律的な伝播にとって不安定性が不可欠であるということを示唆している。デトネーションの発現はセル構造の自発的な進展によって証拠づけられ、横波が減衰しきってセル構造が壊されるならば自律的なデトネーションは消失する。このことは、デトネーション波の反応領域中で混合気が点火され急速に燃焼するための機構がセル構造によって提供されていることを決定的に示している。

1次元ZND構造では、着火機構は断熱的な衝撃波昇温によるものである。物理的に考えれば、衝撃波昇温が分子の熱解離によってラジカル種を生成することで着火手段となっていることは確かだろう。しかし1次元モデルでは、衝撃波の強さは衝撃波面における平均値を基礎としている。もし衝撃波同士が（３次元的なセル状波面の中の衝撃波として）交差する場合、ずっと高い局所温度がマッハステムで達成されうる。したがって、衝撃波同士が交差するこれらの局所高温領域において点火がおおいに促進されるだろうし、その後で不均一な反応領域中の低温領域に燃焼が広がっていくだろう。さらに、セル状デトネーションの３次元的な衝撃波相互作用領域や衝撃波三重点のせん断層において圧力勾配と密度勾配の相互作用によるバロクリニックトルクや横波と渦の相互作用によって生成される渦度により、反応領域中に非常に強い乱流混合が起こるだろう。この強い乱流混合により、反応生成物からだけでなく反応しつつある混合気からもフリーラジカルが未反応物質中に輸送され、衝撃波昇温による熱解離を必要とすることなく化学反応が始まる。

実際のデトネーション現象のより現実的な解釈を表しているのは、層流 ZND モデルの伝統的な見方よりもむしろ、デトネーションにおける乱流反応領域という物理的イメージである。したがって今後の研究は、不安定なセル状デトネーションの反応領域を記述するための「乱流モデル」の発展に向けられるべきである。しかしそのような乱流モデルは、反応領域中の高い圧縮性を有する乱流の不可欠な部分として、衝撃波同士の相互作用を組み入れなくてはならない。

デトネーションの形成がデフラグレーション・デトネーション遷移（DDT）を経るものか、もしくは直接起爆によるものかということに関係なく、デトネーション発現の最終段階が圧力波を急速に増幅してオーバードリブンデトネーションを形成することもまた、実験によって示されている。この急速な増幅（すなわち SWACER 機構）は、化学エネルギーの放出と伝播する衝撃波とが同期してカップルすることだと認識される。このカップリングは他の方法でも達成可能だが、連続的な爆発を発生させる誘導時間の勾配は、エネルギー放出と伝播衝撃波を適切な位相関係で結びつける有効な方法である。光パルスによる反応物の光解離が作り出す誘導時間勾配の場によって達成された衝撃波なしの直接起爆は、この SWACER 機構がデトネーションの発現を生み出すことを実証した。SWACER 機構は本質的に、定常振動系では、圧力波を適切な位相関係で化学的なエネルギー放出源に結びつけることによる自律的な振動に対する Rayleigh の判定基準である。誘導時間勾配の場における SWACER 機構の可能性を示した数多くの数値シミュレーションはあるが、ある与えられた爆発物において直接起爆に必要な勾配を予測する解析的な理論は、これまで１つも開発されてこなかった。これは、デトネーションの発現に必要な要件をさらに明らかにしていく上で解かれるべき重要な問題である。

デトネーション研究は CJ 理論の展開において初期の成功に恵まれたが、現象が定量的に理解されたとするにはほど遠く、そして３次元的なセル構造を予測するための理論の展開が手強い仕事として残っており、これは本質的には高速の圧縮性反応流の問題である。

## 参考文献

Abel, F.A. 1869. *Phil. Trans. R. Soc.* 159:489–516. Also 1869. *C. R. Acad. Sci. Paris* 69:105–121.

Bartenev, A.M., and B.E. Gelfand. 2000. Spontaneous initiation of detonations. *Prog. Energy Combust. Sci.* 26:29–55.

Bauer, P., E.K. Dabora, and N. Manson. 1991. Chronology of early research detonation waves. In: 3–18. Washington, D.C.: AIAA.

Becker, R. 1917. *Z. Electrochem.* 23:40–49, 93–95, 304–309. See also 1922. *Z. Tech. Phys.*, pp. 152–159, 249–256; *Z. Phys.*, pp. 321–362.

Benedick, W., R. Knystautas, and J.H.S. Lee. 1985. In *Progress astronautics and aeronautics: dynamics of shock waves, explosions and detonations.* J.R. Bower, N. Manson, A.K. Oppenheim, R.I. Soloukhin (Eds.) 546–555. NY: AIAA.

Berthelot, M. 1881. *C. R. Acad. Sci. Paris* 93:18–22.

Berthelot, M., and P. Vieille. 1883. *Ann. Chim. Phys. 5ème Sér.* 28:289.

Bone, W.A., and R.P. Fraser. 1929. *Phil. Trans. A.* 228:197–234.

Bone, W.A., and R.P. Fraser. 1930. *Phil. Trans. A.* 230:360–385.

Bone, W.A., R.P. Fraser, and W.H. Wheeler. 1935. *Phil. Trans. Soc. Lond. A.* 235:29–68.

Brinkley, S., and J. Richardson. 1953. In *4th Int. Symp. on Combustion,* 486–496.

Campbell, C., and A.C. Finch. 1928. *J. Chem. Soc.*, p. 2094.

Campbell, C., and D.W. Woodhead. 1926. *J. Chem. Soc.* 129:3010.

Chapman, D.L. 1889. *Phil. Mag.* 47:90–104.

Chue, R., J.F. Clarke, and J.H.S. Lee. 1993. *Proc. R. Soc. Lond. Ser. A* 441(1913):607–623.

Courant, R., and K.O. Friedrichs. 1948. *Supersonic Flow and Shock Waves*, Interscience Publishers.

Crussard, J.C. 1907. *C. R. Acad. Sci. Paris* 144:417–420.

Dabora, E.K., J.A. Nicholls, and R.B. Morrison. 1965. In *10th Int. Symp. on Combustion*, 817.

Denisov, Yu. N., and Ya. K. Troshin. 1959. *Dokl. Akad. Nauk SSSR* 125:110. See also: In *8th Int. Symp. on Combustion*, 600.

Dixon, H. 1893. *Phil. Trans. A* 184:97–188.

Dixon, H. 1903. *Phil. Trans. A* 200:315–351.

Döring, W. 1943. *Ann. Phys. 5e Folge* 43:421–436.

Duff, R. 1961. *Phys. Fluids* 4(11):1427.

Duff, R., H.T. Knight, and J.P. Rink. 1958. *Phys. Fluids* 1:393–398.

Dupré, G., O. Peraldi, J.H.S. Lee, and R. Knystautas. 1988. *Prog. Astronaout. and Aeronaut.* 114:248–263.

Erpenbeck, J.J. 1963. In *9th Int. Symp. on Combustion*, 442–453.

Erpenbeck, J.J. 1964. *Phys. Fluids* 7:684–696.

Erpenbeck, J.J. 1966. *Phys. Fluids* 9:1293–1306.

Fay, J. 1959. *Phys. Fluids* 2:283.

Fay, J. 1962. In *Progress in astronautics and rocketry*, vol. 6, 3–16. New York: Academic Press.

Fickett, W., and W.W. Wood. 1966. *Phys. Fluids* 9:903–916.

Guénoche, H. 1949. *Rev. Inst. Français Pétrole* 4:15–36, 48–69.

Hirschfelder, J.O., and C.F. Curtiss. 1958. *J. Chem. Phys.* 28:1130.

Hugoniot, H. 1887–1889. *J. Ecole Polytech.*, Cahiers 57, 58.

Jouguet, E. 1904. *C. R. Acad. Sci. Paris* 140:1211.

Jouguet, E. 1905–1906. *J. Math Pures Appl. 6th Seri.* 1:347, 2:5. See also 1917. *La Mécanique des Explosifs.* Paris: O. Doin.

Kirkwood, J.G., and W.W. Wood. 1954. *J. Chem. Phys.* 22:11, 1915–1919.

Kistiakowsky, G., and P. Kydd. 1955. *J. Chem. Phys.* 23(2):271–274.

Kistiakowsky, G., and E.B. Wilson. 1941. The hydrodynamic theory of detonation and shock waves. O.S.R.D. Rept. 114.

Knystautas, R., J.H.S. Lee, I. Moen, and H. Gg. Wagner. 1978. In *17th Int. Symp. on Combustion*, 1235.

Laffitte, P. 1923. Sur la propagation de l'onde explosive, CRAS: Paris 177:178–180.

Laffitte, P., 1925. *Ann. Phys. 10e Ser.* 4:487.

Lee, J.H.S. 1995. *Dynamics of exothermicity.* 321–335. Gordon and Breach.

Lee, J.H.S. 2003. The universal role of turbulence in the propagation of strong shocks and detonation waves. In *High pressure shock compression of solids*, Vol. V, ed. Y. Horie, L. Davidson, and N. Thadhani, 121–144. New York: Springer Verlag.

Lee, J.H.S., and I. Moen. 1980. *Prog. Energy Combust. Sci.* 16:359–389.

Lee, J.H.S., and M.I. Radulescu. 2005. *Combust. Explos. Shock Waves* 41(6):745–765.

Lee, J.H.S., B.H.K. Lee, and I. Shanfield. 1964. In *10th Int. Symp. on Combustion*, 805–814.

Lee, J.H.S., R.I. Soloukhin, and A.K. Oppenheim. 1969. *Acta Astronaut.* 14:564–584.

Lee, J.H.S., R. Knystautas, and N. Yoshikawa. 1978. *Acta Astronaut.* 5:971–982.

Mach, E., and J. Sommer. 1877. *Sitzungsber. Akad. Wien* 75.

Mallard, E., and H. Le Châtelier. 1883. *Ann. Mines* 8:274, 618.

Manson, N. 1945. *Ann. Mines Zémelivre*, 203.

Manson, N., and E.K. Dabora. 1993. Chronology of research on detonation waves: 1920–1950. In *Dynamic aspect of detonations*, ed. A.L. Kuhl *et al.*, 3–39. Washington, D.C.: AIAA.

Manson, N., and F. Ferrie. 1952. In *4th Int. Symp. on Combustion*, 486–494.

Mikelson, V.A. 1890. On the normal ignition velocity of explosive gaseous mixtures.Ph.D. dissertation, Moscow University.

Mitrofanov, V.V. 1991. Modern view of gas detonation mechanism. In *Dynamic structure of detonations in gaseous and dispersed media*, ed. A.A. Borisov, 327–340. Kluwer Academic.

Mitrofanov, V.V., and R.I. Soloukhin. 1964. *Dokl. Akad. Nauk SSSR* 159(5):1003–1007.

Meyer, J.W., and A.K. Oppenheim. 1971. *Combust. Flame* 14(1):13–20.

Murray, S.B., and J.H.S. Lee. 1985. *Progress in astronautics and aeronautics: dynamics of detona-*

*tions and explosions: detonations.* 80–103. New York: AIAA.

Murray, S.B., I. Moen, P. Thibault, R. Knystautas, and J.H.S. Lee. 1991. *Progress in astronautics and aeronautics: dynamics of shockwaves, explosions and detonations.* 91–117. Washington, D.C.: AIAA.

Norrish, R.G. 1965. In *10th Int. Symp. on Combustion.* 1–18.

Norrish, R.G., G. Porter, and B.A. Thrush. 1955. *Proc. R. Soc. Lond. A* 227:423.

Pukhanachev, V.V. 1963. *Dokl. Akad. Nauk SSR (Phys. Sect.).* 149:798–801.

Radulescu, M., G. Sharpe, C.K. Law, and J.H.S. Lee. 2007. *d. Fluid Mech.* 580:31–81.

Rakipova, Kh. A., Ya. Troshin, and K.I. Shchelkin. 1947. *Zh. Tekh. Fiz.* 17:1409–1410.

Rankine, W.J. 1870. *Phil. Trans.* 160:277–288.

Rayleigh, J.W.S. 1945. *Theory of sound*, Vol. II Dover Publications.

Romano, M., M. Radulescu, A. Higgins, J.H.S. Lee, W. Pitz, and C. Westbrook. 2003. *Proc. Combust. Inst.* 29(2):2833–2838.

Scorah, R.L. 1935. *V. Chem. Phys.* 3:425.

Schott, G. L. 1965. *Phys. Fluids* 8(1):850.

Shchelkin, K.I. 1940. *Zh. Eksp. Teor. Fiz.* 10:823–827.

Shchelkin, K.I. 1945a. *Dokl. Akad. Nauk SSSR* 47:482.

Shchelkin, K.I. 1945b. *Acta Phys. Chim. SSSR* 20:305–306.

Shepherd, J., and J.H.S. Lee. 1991. On the transition from deflagration to detonation. In *Major research topics in combustion*, ed. H.A. Kumar and R.G. Voigt, 439–490. Springer Verlag.

Sokolik, A.S. 1963. *Self ignition flame and detonation in gases.* Akad. Nauk SSSR; English translation, Jerusalem: I.P.S.T.

Taylor, G.I. 1950. *Proc. Soc. Lond. A* 200:235.

Teodorczyk, A., and J.H.S. Lee. 1995. *Shock Waves* 4:225–236.

Teodorczyk, A., J.H.S. Lee, and R. Knystautas. 1991. In *23rd Int. Symp. Combustion,* 735–742.

Thrush, B.A. 1955. *Proc. R. Soc. Lond. Ser. A* 233:147–151.

Urtiew, P., and A.K. Oppenheim. 1966. *Proc. R. Soc. Lond. Ser. A* 295:63–78.

Vasiliev, A.A., T.P. Gavrilenko, and M.E. Topchiyan. 1972. *Astron. Acta* 17:499–502.

Voitsekhovskii, B.V., V.V. Mitrofanov, and M. Ye. Topchiyan. 1966. The structure of a detonation front in gases. English transl., Wright Patterson AFB Rept. FTD-MT-64-527 (AD-633,821).

von Neumann, J. 1942. Theory of detonation waves. O.S.R.D. Rept. 549.

Wadsworth, J. 1961. *Nature* 190:623–624.

Weber, M., and H. Olivier. 2004. *Shock Waves* 13(5):351–365.

White, D.R. 1961. *Phys. Fluids* 4:465–480.

Wood, W.W., and F.R. Parker. 1958. *Phys. Fluids* 1:230–241.

Wood, W.W., and Z. Salzburg. 1960. *Phys. Fluids* 3:549–566.

Zaidel, R.M. 1961. *Dokl. Akad Nauk SSSR (Phys. Chem. Sect.)* 136:1142–1145.

Zaidel, R.M., and Ya. B. Zeldovich. 1963. *Zh. Prikl. Mekh. Tekh. Fiz.* 6:59–65.

Zeldovich, Ya. B. 1940. *Zh. Exp. Teor. Fiz.* 10(5):542–568. English translation, NACA TN No. 1261 (1950).

Zeldovich, Ya. B. 1942. *Zh. Eksp. Teor. Fiz.* 12:389–406.

Zeldovich, Ya. B. 1946. *Dokl. Akad. Nauk SSSR* 52:147.

Zeldovich, Ya. B., and A.A. Kompaneets. 1960. *Theory of Detonation*, NewYork: Academic. 284.

Zeldovich, Ya. B., and A.I. Roslovsky. 1947. *Dokl. Akad. Nauk SSSR* 57:365–368.

Zeldovich, Ya. B., S.M. Kogarko, and N.N. Simonov. 1957. *Sov. Phys. Tech. Phys.* 1:1689–1713.

Zeldovich, Ya. B., V.B. Librovich, G.M. Makhviladze, and G. I. Sivashinsky. 1970. *Astron. Acta* 15:313–321.

# 2 デトネーションとデフラグレーションの気体力学理論

## 2.1 はじめに

ある与えられた初期および境界条件に対し、実現可能※1な燃焼波は、その波面を横切る定常1次元保存方程式の解によって与えられる。（質量、運動量、エネルギーの）3つの保存方程式と、反応物と生成物（の両者に共通）の1つの状態方程式とは、5つの未知量（$p_1, \rho_1, u_1, h_1$と、波の速度$u_0$）に対して4つだけの方程式を構成する。つまり、この方程式系を閉じるためには、もう1つ方程式が必要である。非反応性気体に対しては、保存方程式の解は最初、Rankine（1870）とHugoniot（1887－1889）によって研究された。彼らは、ある指定された衝撃波伝播速度、あるいは衝撃波圧力、あるいは衝撃波下流の流速に対し、衝撃波の上流と下流の状態間の関係式を導出した。また、その保存方程式の解を解析することにより、衝撃波の安定性および、ありふれた流体における希薄衝撃波の不可能性について、重要な情報を得た。反応性混合気に対しては、保存則の同様な解析が最初、Chapman（1889）、Jouguet（1904）、Crussard（1907）によって独立に行われたが、彼らの中で、ロシアのMikelson（1890）によってなされた類似の研究に気がついていた者はいなかった。これらの保存則の解の特性に対するより徹底した研究は後に、Becker（1917, 1922a, 1922b）、Zeldovich（1940/1950）、Döring（1943）、Kistiakowsky and Wilson（1941）、von Neumann（1942）によってなされた。彼らの目的はChapman－Jouguet（CJ）判定基準に、より厳密な理論的正当性を与えることだった。

この章では、定常伝播する燃焼波の気体力学理論について議論しよう。なぜなら、定常伝播するデトネーションとデフラグレーションはすべて、これらの保存方程式を満たさなければならないからである。解の存在と一意性を研究することで、与えられた初期条件と境界条件の下でどのような種類の燃焼波が実現されうるのかについて、より深い洞察が得られる。

## 2.2 基礎方程式

最初に、基礎的な熱力学的な量と流体的な量を定義しよう。混合気中の第$i$化学種の単位体

※1：この「実現可能」というのは、本当に実現が可能なわけではなく、「数学的な1次元定常解が存在しうる」という意味なので要注意。つまり、「もし実現するとしたら、こういう波でなければならない」という意味。

積あたりのモル数※2（モル密度）を$n_i$で表す。このとき、第$i$化学種の部分質量密度は$\rho_i = n_i W_i$である。ここで、$W_i$は第$i$化学種のモル質量である。混合気の密度は、したがって$\rho = \sum \rho_i = \sum n_i W_i$である。第$i$化学種の質量分率は$X_i = \rho_i / \rho$であり、対応するモル分率は$Y_i = n_i / n$である※3。ここで$n = \sum n_i$は単位体積あたりの全モル数である。第$i$化学種の平均分子速度を$\vec{v}_i$とすると、混合気の質量平均速度（すなわち流速）は次のように定義される。

$$\vec{v} = \frac{\sum \rho_i \vec{v}_i}{\rho} = \sum X_i \vec{v}_i$$

完全気体の混合気に対しては、状態方程式は$p = \rho RT$と書ける。ここで、$p = \sum p_i$（$p_i$は分圧）は圧力、$T$は温度、$R$は混合気の気体定数であり、$R = \dfrac{\overline{R}}{W}$で与えられ、$\overline{R}$は普遍気体定数、$W$は混合気のモル質量：$W = \sum Y_i W_i$である。第$i$化学種の比エンタルピーは、

$$h_i = h^{\circ}_{\mathrm{f}_i} + \int_{298}^{T} c_{\mathrm{p}_i} dT$$

と書ける。ここで、$h^{\circ}_{\mathrm{f}_i}$は第$i$化学種の比生成エンタルピーで、$c_{\mathrm{p}_i}$はその定圧比熱である。混合気の比エンタルピーはそれゆえ、$h = \sum X_i h_i$となる。同様に、混合気の定圧比熱は$c_{\mathrm{p}} = \sum X_i c_{\mathrm{p}_i}$と書ける。

$p_0$, $\rho_0$, $h_0$ ― $u_0$ → | $u_1$ → ― $p_1$, $\rho_1$, $h_1$

上図で示す、波に固定された座標系における、燃焼波を横切る1次元定常流れに対する質量、運動量、エネルギーの基礎的な保存方程式は、それぞれ

$$\rho_0 u_0 = \rho_1 u_1 \quad (2.1)※4$$

$$p_0 + \rho_0 u_0^2 = p_1 + \rho_1 u_1^2 \quad (2.2)$$

$$h_0 + \frac{u_0^2}{2} = h_1 + \frac{u_1^2}{2} \quad (2.3)$$

と与えられる。ここで、添字0と1は反応物（初期）と生成物（最終）の状態をそれぞれ示している。

この章では、すべての速度は燃焼波に対し相対的に測定されることとする。燃焼波は必ずしも不連続面である必要はないことに注意してほしい。検査体積の上流および下流の境界において式（2.1）～（2.3）が妥当なくらいに物理量の勾配が小さければ、不連続面でなくてもかまわない。顕エンタルピーから生成エンタルピーを分離することができ、式（2.3）は次の

※2： 正しくはモル単位で表した物質量。

※3： 少なからぬ教科書で、$X$と$Y$の使い方が逆なので要注意。

※4： p.26の最初の式で流速をベクトル$\vec{v}$で表しているから、$u$は波面座標系における流速のこと。

ように書き直せる。

$$h_0 + q + \frac{u_0^2}{2} = h_1 + \frac{u_1^2}{2} \qquad (2.4)$$

ここで、

$$q = \sum_i^{\text{reactants}} X_i h^\circ_{f_i} - \sum_j^{\text{products}} X_j h^\circ_{f_j}$$

は、反応物と生成物の生成エンタルピーの差である。また、式（2．4）のエンタルピーは混合気の顕エンタルピーで、

$$h = \int_{298}^{T} c_p dT$$

である。ここで、$c_p$は（反応物あるいは生成物の）混合気の定圧比熱である。

便宜上、初期状態（反応物の状態）0を、生成エンタルピーが定義される標準参照状態（例えば$p_0 = 1\,\text{atm}$，$T_0 = 298\,\text{K}$）に対応するように選ぶ。生成物の化学種もそれらの濃度もはじめはわからないので、一般に放出される化学エネルギーは先験的にはわからない。さらに、生成物の化学種とその濃度は生成物の温度に依存するので、それらは保存則の解ごとに異なる。

燃焼波に対する保存方程式のより厳密な解析には、保存方程式と未知の生成物化学種に対する化学平衡方程式とを連立させた場合の解が必要である。これらの熱化学平衡計算の実行を容易に行ってくれる計算コードとして、STANJAN（Reynolds, 1986）やCEA（McBride and Gordon, 1996）などがある。便宜上、この後の解析においては、$q$は既知で、保存方程式のすべての異なる解（例えばすべてのデトネーションとデフラグレーション）に対して一定であると仮定しよう。

また、反応物と生成物の両方に対する（1つの）状態方程式$h(p, \rho)$を指定する必要があり、$h = c_p T$と仮定しよう。また、完全気体の状態方程式（$p = \rho RT$）と関係式 $c_p - c_v = R$ および $\gamma = c_p / c_v$ とを合わせ、顕エンタルピーに対する熱量的状態方程式を

$$h = \frac{\gamma}{\gamma - 1} \frac{p}{\rho} \qquad (2.5)$$

と書くことができる。

初期状態（すなわち$p_0, \rho_0, h_0$）が指定されれば、5つの未知量（$p_1, \rho_1, u_1, h_1$と、燃焼波伝播速度$u_0$）に対して4つの方程式（式2．1、2．2、2．4、2．5）を持つことになる。これらの連立方程式を閉じるためには、もう1つ追加の方程式が必要である。

## 2．3　レイリー線とユゴニオ曲線

燃焼波を横切って初期状態から最終状態へと状態変化する際に沿うべき熱力学的経路は、式（2．1）と式（2．2）から容易に得ることができる※5。

※5：　粘性の影響が大きいときは式（2．2）が成立しないので、燃焼波が衝撃波を含んでいるときは、衝撃波内部の状態は式（2．6）では記述されない。

$$\frac{p_1 - p_0}{v_0 - v_1} = \rho_0^2 u_0^2 = \rho_1^2 u_1^2 = \dot{m}^2 \tag{2.6}$$

ここで、$v = 1/\rho$は比体積※6であり、$\dot{m} = \rho u$は質量流束密度である。式（2．6）から、

$$\dot{m} = \sqrt{\frac{p_1 - p_0}{v_0 - v_1}} \tag{2.7}$$

であり、したがって$\dot{m}$が実数のとき、$v_0 > v_1$（または$\rho_0 < \rho_1$）ならば$p_1 > p_0$となり、$v_0 < v_1$（または$\rho_0 > \rho_1$）ならば$p_1 < p_0$となる。このように、式（2．7）は$p-v$面内に実数解の存在する領域を定める。領域$p_1 > p_0, v_0 > v_1$に対してはデトネーションに対応する圧縮解となり、領域$p_1 < p_0, v_0 < v_1$に対してはデフラグレーションに対応する膨張解となる。もし$x = \dfrac{v_1}{v_0} = \dfrac{\rho_0}{\rho_1}$, $y = \dfrac{p_1}{p_0}$と定義すると、式（2．7）は

$$\dot{m} = \sqrt{\left(\frac{y-1}{1-x}\right)\frac{p_0}{v_0}} \tag{2.8}$$

と書ける。$p-v$面内（または$x-y$面内）では、デトネーションとデフラグレーションの領域は図2．1のように示される。

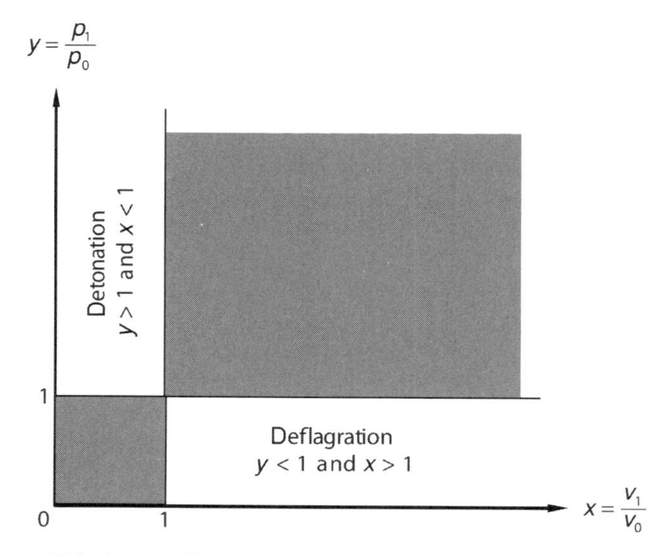


図2．1　$p-v$面でのデトネーションとデフラグレーションの領域

燃焼波上流における音速と燃焼波の伝播マッハ数はそれぞれ

$$c_0 = \sqrt{\frac{\gamma_0 p_0}{\rho_0}} = \sqrt{\gamma_0 p_0 v_0}$$

$$M_0 = \frac{u_0}{c_0}$$

で与えられる。式（2．8）は、ここで次のように書き換えられる。

$$\gamma_0 M_0^2 = \frac{y-1}{1-x}$$

※6：　ベクトル$\vec{v}$で表していた流速と混同しないよう注意したい。

この式はまた

$$y=\left(1+\gamma_0 M_0^2\right)-\left(\gamma_0 M_0^2\right)x \tag{2.9}$$

と書くこともでき、これは$x-y$面上における傾き“$-\gamma_0 M_0^2$”の直線の方程式である。式(２．９)は、$x-y$面上の状態（$1,1$）から燃焼波を横切って状態（$x,y$）へと状態変化が起こるときの熱力学的経路を定めるもので、レイリー（Rayleigh）線と呼ばれる。この方程式から、燃焼波の速度がレイリー線の傾きの平方根に比例することもわかる。さらに、レイリー線の傾きは次のようにも書ける。

$$\left(\frac{dy}{dx}\right)_R=-\frac{y-1}{1-x} \tag{2.10}$$

式（２．６）を

$$u_0^2=\frac{1}{\rho_0^2}\frac{p_1-p_0}{v_0-v_1}$$

または、

$$u_1^2=\frac{1}{\rho_1^2}\frac{p_1-p_0}{v_0-v_1}$$

と書くと、エネルギー方程式（すなわち式（２．４））の速度は消去され、その結果、

$$h_1-\left(h_0+q\right)=\frac{1}{2}\left(p_1-p_0\right)\left(v_0+v_1\right) \tag{2.11}$$

が得られる。

この方程式は、ユゴニオ（Hugoniot）曲線の式であり、ある与えられた上流（初期）状態に対して燃焼波の速度が様々に変化したときに下流（最終）状態がどう変化するかという軌跡を表す。また、定義$h=e+pv$（$e$は混合気の比内部エネルギー）を用いることによってエンタルピーの代わりに内部エネルギーでユゴニオ方程式を表現することもできる。そのとき、式（２．１１）は次のようになる。

$$e_1-\left(e_0+q\right)=\frac{1}{2}\left(p_1+p_0\right)\left(v_0-v_1\right) \tag{2.12}$$

式（２．１１）と式（２．１２）では、爆発性媒質の状態方程式の形に関して、ここまで１つも仮定を用いていないことに注意してほしい。したがって、これらの方程式は気体、液体、固体の媒質に対して有効なのである。

ここで、式（２．５）で与えられる熱量的状態方程式を持つ完全気体を仮定すると、ユゴニオ曲線の式からエンタルピーを消して$p,v$だけで表した式にすることができ、式（２．１１）は次のようになる。

$$y=\frac{\dfrac{\gamma_0+1}{\gamma_0-1}-x+2q'}{\dfrac{\gamma_1+1}{\gamma_1-1}x-1} \tag{2.13}$$

ここで$q'=q/\left(p_0 v_0\right)$である。この方程式は、より便利な形である

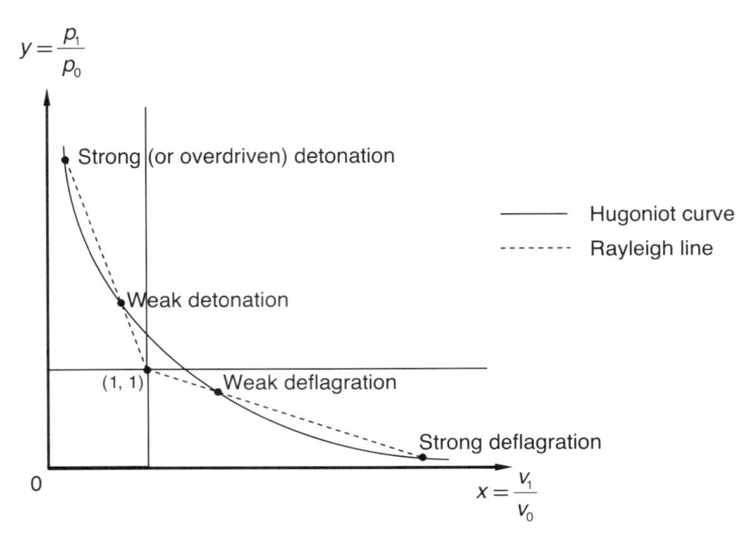

図２．２　レイリー線とユゴニオ曲線

$$(y+\alpha)(x-\alpha)=\beta \qquad (2.14)$$

として表現される。ここで、

$$\alpha=\frac{\gamma_1-1}{\gamma_1+1}$$

$$\beta=\frac{\gamma_1-1}{\gamma_1+1}\left(\frac{\gamma_0+1}{\gamma_0-1}-\frac{\gamma_1-1}{\gamma_1+1}+2q'\right)$$

である。この最後の方程式（式２．１４）は、完全気体においては、ユゴニオ曲線が直角双曲線の形になるということを示している。保存則の解がレイリー線とユゴニオ曲線の両方を同時に満たさなければならないので、反応物から生成物への変化は、初期状態$x=y=1$から図２．２のようなユゴニオ曲線の上にある最終状態（$x,y$）へと、レイリー線をたどらなくてはならない※7。

もし$q$（または$q'$）を０にすると、式（２．１１）または式（２．１３）は非反応性衝撃波に対するユゴニオ曲線になる。また、化学反応が段々と進んで化学エネルギーの放出を$\lambda q$（$0\leq\lambda\leq1$は反応の進行度を表す）のように書くことができるとすると、$\lambda$の各々の値に対するユゴニオ曲線から構成されるユゴニオ曲線群を定めることができ、そのユゴニオ曲線群は部分的に反応した状態が推移する軌跡を表す。

衝撃波ユゴニオ曲線は、$q=0$（または$\lambda=0$）とすることで得られ、それは初期状態$x=y=1$を通る。有限の大きさの$q$（または有限の大きさの$\lambda$）に対しては、ユゴニオ曲線は衝撃波ユゴニオ曲線よりも上にあり、初期状態を通らない。直線$x=1$とユゴニオ曲線との交点および直線$y=1$とユゴニオ曲線との交点はそれぞれ、定積燃焼と定圧燃焼に対する解を与える。定積燃焼と定圧燃焼の２つの解の間のユゴニオ曲線上には、実数解は存在しない。なぜなら、$y>1$と$x>1$が成り立つときは質量流束$\dot{m}$が虚数（式（２．８）参照）になるからである。

※7：　訳注※5でも述べたように、燃焼波が衝撃波を含むときは、衝撃波内部の状態はレイリー線上にはないので注意する。

定積と定圧の２つの解はそれぞれ、ユゴニオ曲線における上側のデトネーション部分の境界と下側のデフラグレーション部分の境界とを形成する。

式（２．１３）より、$x \to (\gamma_1 - 1)/(\gamma_1 + 1)$ に対して $y \to \infty$ が得られる。これは、強い衝撃波における極限の密度比 $\rho_1/\rho_0 \to (\gamma_1 + 1)/(\gamma_1 - 1)$ を与える。$x \to \infty$ に対しては $y$ は負となり、これゆえにユゴニオ曲線の

$$x > \frac{\gamma_0 + 1}{\gamma_0 - 1} + 2q'$$

となる部分は物理的な解を表していない。

ユゴニオ曲線の傾きと曲率は、以下のように式（２．１４）を微分することによって得られる。

$$\left(\frac{dy}{dx}\right)_{\mathrm{H}} = -\frac{y+\alpha}{x-\alpha} \tag{2.15}$$

$$\left(\frac{d^2y}{dx^2}\right)_{\mathrm{H}} = 2\frac{y+\alpha}{(x-\alpha)^2} \tag{2.16}$$

いま、$\gamma_1 > 1$（すなわち $\alpha > 0$）なので、式（２．１６）からユゴニオ曲線の曲率は常に正だとわかる。したがってユゴニオ曲線は下に凸である※8。有限の $q'$ に対しては、ユゴニオ曲線は初期状態 $x = y = 1$ の上を通り、（ユゴニオ曲線が下に凸なので）レイリー線はユゴニオ曲線の上側のデトネーション部分と下側のデフラグレーション部分の双方にそれぞれ２点で交わる。上側のデトネーション部分における２つの解は強いデトネーション、弱いデトネーションと呼ばれる。一方、下側のデフラグレーション部分における２つの解は弱いデフラグレーション、強いデフラグレーションと呼ばれる。これらは図２．２に表されている。したがって、ある１つの燃焼波伝播速度（すなわちレイリー線の傾き）が与えられると、$(x, y)$ には対応する２つの解が存在しうる。それらの２つの解は、レイリー線がユゴニオ曲線と接するときに１つに合体し、ユゴニオ曲線のデトネーション部分の最小速度あるいはデフラグレーション部分の最大速度を与える。これら２つの接点解はチャップマン‐ジュゲ（Chapman－Jouguet：CJ）解と呼ばれる。レイリー線がユゴニオ曲線と交わらないような傾きのとき（燃焼波の伝播速度がそのようなレイリー線を与えるとき）は、解は存在しない。

## ２．４　接点(チャップマン－ジュゲ：CJ)解

レイリー線がユゴニオ曲線に接しているとき、２つの解（最小デトネーション速度の解と最大デフラグレーション速度の解）が得られる。これらの接点解は、CJ 解と呼ばれる（図２．３）。接触条件は、保存則の方程式系を閉じるための追加の判定基準を与え、燃焼波の詳細な伝播機構を考慮する必要なしに保存則のみから CJ 解を得ることができる。しかし、これらの解が物理的に意味があるか否かは、解が実験的な観測と一致する程度、あるいは保存則以外のさらなる物理的考察に左右される。デトネーションについては、上側の接点解は実験結果と驚くほど

※8：　さらにいえば、$x - \alpha > 0$ だから、式(2.15)より右下がりである。

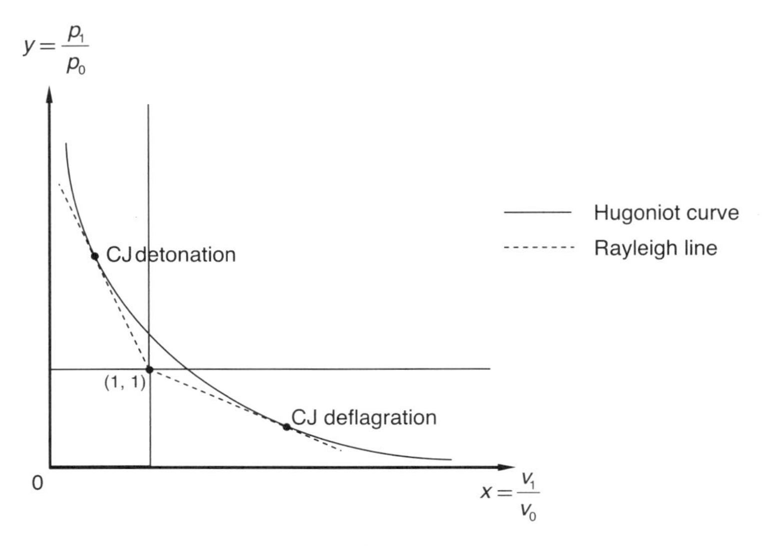


図２．３　接点またはCJ解

よく一致する。しかしデフラグレーションについては、最大速度の解は、普通は観測されない。デフラグレーションの場合は、波の前方の反応物が燃焼生成物の動力学に影響される（そして今度は、燃焼生成物の動力学は燃焼生成物の流れの後方の境界条件に依存する）ため、より綿密な扱いが必要となる。まずはCJ解（以後、CJ点とも呼ぶ）の、いくつかの一般的な特性に関して議論しよう。

CJ解（$x^*, y^*$）は、式（２．１０）と式（２．１５）で各々与えられるレイリー線の傾きとユゴニオ曲線の傾きを等しいとみなすことによって得られる。したがって、

$$y^* = \frac{-x^*(1-\alpha)}{1+\alpha-2x^*} = \frac{-x^*}{\gamma_1-(\gamma_1+1)x^*} \qquad (２．１７)$$

となる。ここでアスタリスク（＊）はCJ点を意味する。上式を式（２．１０）に代入するとCJ点での傾きは

$$\left(\frac{dy}{dx}\right)_{\mathrm{R}}^* = -\frac{y^*-1}{1-x^*} = \frac{\gamma_1}{\gamma_1-(\gamma_1+1)x^*} \qquad (２．１８)$$

として得られる。$x^*$を分子と分母にかけ式（２．１７）を用いると、レイリー線の傾きは次のように書ける。

$$\left(\frac{dy}{dx}\right)_{\mathrm{R}}^* = \frac{\gamma_1 x^*}{[\gamma_1-(\gamma_1+1)x^*]x^*} = -\frac{\gamma_1 y^*}{x^*} = \left(\frac{dy}{dx}\right)_{\mathrm{H}}^* \qquad (２．１９)$$

デトネーション生成物における等エントロピー曲線の方程式は$pv^{\gamma_1}=$一定、または$yx^{\gamma_1}=$一定で与えられる。したがって等エントロピー曲線の傾きは、

$$\left(\frac{dy}{dx}\right)_{\mathrm{S}} = -\frac{\gamma_1 y}{x} \qquad (２．２０)$$

である。ここで添字Sは等エントロピー曲線を意味する。この結果を式（２．１９）と比較すると、CJ点ではレイリー線とユゴニオ曲線、さらに等エントロピー曲線の傾きがすべて等しく、

$$\left(\frac{dy}{dx}\right)^*_{\mathrm{R}}=\left(\frac{dy}{dx}\right)^*_{\mathrm{H}}=\left(\frac{dy}{dx}\right)^*_{\mathrm{S}} \tag{2.21}$$

である。等エントロピー曲線の傾きは、次式によって音速と関係づけられる。

$$c_1^2=\left(\frac{dp}{d\rho}\right)_{\mathrm{S}}=-v_1^2\left(\frac{dp}{dv}\right)_{\mathrm{S}}=-p_0v_0x^2\left(\frac{dy}{dx}\right)_{\mathrm{S}} \tag{2.22}$$

あるいは

$$\left(\frac{dy}{dx}\right)_{\mathrm{S}}=-\frac{c_1^2}{p_0v_0x^2} \tag{2.23}$$

とも書ける。式（2．6）より

$$u_1^2=\frac{1}{\rho_1^2}\frac{p_1-p_0}{v_0-v_1}=v_1^2\frac{p_1-p_0}{v_0-v_1}=p_0v_0x^2\frac{y-1}{1-x} \tag{2.24}$$

が得られ、式（2．１０）を用いればレイリー線の傾きは次のように書ける。

$$\left(\frac{dy}{dx}\right)_{\mathrm{R}}=-\frac{u_1^2}{p_0v_0x^2} \tag{2.25}$$

CJ 点ではレイリー線の傾きが等エントロピー曲線の傾きに等しかったから、式（2．２２）と式（2．２５）から

$$\frac{u_1^{*2}}{p_0v_0x^{*2}}=\frac{c_1^{*2}}{p_0v_0x^{*2}}$$

すなわち

$$\left(\frac{u_1^*}{c_1^*}\right)^2=M_1^{*2}=1 \tag{2.26}$$

となる。それゆえ、CJ デトネーションまたはCJ デフラグレーションの後端における流れのマッハ数 $M_1^*$ は１に等しい。Jouguetが望ましいデトネーション解を決めるためにこのデトネーション後端における音速流れの条件を用いたのに対し、Chapman は正しいデトネーション解に対して最小速度の判定基準を選んだ。上述の解析より、Chapman による最小速度の判定基準と Jouguet による音速の判定基準とが等価であることがわかる。しかし音速条件が化学平衡に対応しない場合も存在する（例えば病的な［pathological］デトネーション）。

## 2．5　ユゴニオ曲線に沿ったエントロピーの変化

CJ 解の選択に正当性を与えるために、Becker（1917, 1922a, 1922b）と Scorah（1935）はエントロピーについて議論した。燃焼波前後のエントロピー変化を様々な解に対して決定するためにユゴニオ曲線に沿ったエントロピー変化を研究することは興味深い。

まずユゴニオ曲線について、式（2．１２）を次のように無次元形に書き直すことができる。

$$\bar{e}-(\bar{e}_0+q')=\frac{1}{2}(y+1)(1-x) \tag{2.27}$$

ここで $\bar{e}=\dfrac{e_1}{p_0v_0}$， $\bar{e}_0=\dfrac{e_0}{p_0v_0}$， $q'=\dfrac{q}{p_0v_0}$ である。式（2．２７）を微分すると、ユゴニオ曲線

に沿った内部エネルギーの変化として、

$$\left(\frac{d\bar{e}}{dx}\right)_{\mathrm{H}} = \frac{1}{2}(1-x)\left(\frac{dy}{dx}\right)_{\mathrm{H}} - \frac{1}{2}(y+1) \qquad (2.28)$$

が得られる。熱力学から、比エントロピーを $s$ として、次のように書ける。

$$de = Tds - pdv$$

この式は、無次元変数を使って

$$d\bar{e} = xyd\bar{s} - ydx$$

と書ける。ここで $\bar{s} = \frac{s}{R}$ である。この熱力学恒等式をユゴニオ曲線に沿って適用すると

$$\left(\frac{d\bar{e}}{dx}\right)_{\mathrm{H}} = xy\left(\frac{d\bar{s}}{dx}\right)_{\mathrm{H}} - y \qquad (2.29)$$

が得られる。式（２．２８）と式（２．２９）より、

$$\frac{1}{2}(1-x)\left(\frac{dy}{dx}\right)_{\mathrm{H}} - \frac{1}{2}(y+1) = xy\left(\frac{d\bar{s}}{dx}\right)_{\mathrm{H}} - y$$

となり、ユゴニオ曲線に沿うエントロピー変化について解くと

$$\left(\frac{d\bar{s}}{dx}\right)_{\mathrm{H}} = \frac{1-x}{2xy}\left[\left(\frac{dy}{dx}\right)_{\mathrm{H}} + \frac{y-1}{1-x}\right] \qquad (2.30)$$

が得られる。レイリー線の傾きについて式（２．１０）を用いると、式（２．３０）は

$$\left(\frac{d\bar{s}}{dx}\right)_{\mathrm{H}} = \frac{1-x}{2xy}\left[\left(\frac{dy}{dx}\right)_{\mathrm{H}} - \left(\frac{dy}{dx}\right)_{\mathrm{R}}\right] \qquad (2.31)$$

と書くことができる。CJ 点ではユゴニオ曲線の傾きがレイリー線の傾きに等しいから、式（２．３１）は次のようになる。

$$\left(\frac{d\bar{s}}{dx}\right)_{\mathrm{H}}^{*} = 0$$

したがって、エントロピーはCJ 点で極値をとる。ユゴニオ曲線に沿ったエントロピー変化を表す曲線の曲率は、式（２．３０）を微分することで次のように得られる。

$$\begin{aligned}\left(\frac{d^2\bar{s}}{dx^2}\right)_{\mathrm{H}} &= -\left[\frac{1}{2x^2y} + \frac{1-x}{2xy^2}\left(\frac{dy}{dx}\right)_{\mathrm{H}}\right]\left[\left(\frac{dy}{dx}\right)_{\mathrm{H}} + \frac{y-1}{1-x}\right] \\ &\quad + \frac{1-x}{2xy}\left[\left(\frac{d^2y}{dx^2}\right)_{\mathrm{H}} + \frac{1}{1-x}\left(\frac{dy}{dx}\right)_{\mathrm{H}} + \frac{y-1}{(1-x)^2}\right]\end{aligned} \qquad (2.32)$$

式（２．１０）と、CJ 点ではレイリー線とユゴニオ曲線とで傾きが等しいという事実を用いると、ユゴニオ曲線に沿ったエントロピー変化を表す曲線のCJ 点における曲率は、

$$\left(\frac{d^2\bar{s}}{dx^2}\right)_{\mathrm{H}}^{*} = \frac{1-x^*}{2x^*y^*}\left(\frac{d^2y}{dx^2}\right)_{\mathrm{H}}^{*} \qquad (2.33)$$

となる。式（２．１６）を使ってユゴニオ曲線の曲率が常に正であることが示されたので、ユゴニオ曲線に沿ったエントロピー変化を表す曲線の曲率は「$1-x^*$」が正であるか負であるかに依存する。ユゴニオ曲線のデトネーション部分では $x^*<1$ だから、ユゴニオ曲線に沿ったエントロピー変化を表す曲線の曲率は正であるが、ユゴニオ曲線のデフラグレーション部分では

$x^* > 1$ だから、この曲率は負となる。したがってCJデトネーションに対してはエントロピーが最小となり、CJデフラグレーションに対しては最大となる。ユゴニオ曲線に沿ったエントロピー変化を表す曲線の性質（式２．３１）より、強いデトネーションでは $\left(\frac{dy}{dx}\right)_H < \left(\frac{dy}{dx}\right)_R$ だから $\left(\frac{d\bar{s}}{dx}\right)_H < 0$ であり、弱いデトネーションでは $\left(\frac{dy}{dx}\right)_H > \left(\frac{dy}{dx}\right)_R$ だから $\left(\frac{d\bar{s}}{dx}\right)_H > 0$ である。

## ２．６　燃焼波後方における流れの条件

燃焼波後方の流れが（波面座標系において）亜音速であるか超音速であるかに依存して、燃焼波後方の境界条件が波の伝播速度に影響を与えたり与えなかったりする。もし波の後端での流れが亜音速だとすると、燃焼波を横切る保存則の解は燃焼波後方の境界条件を満たさなければならない。加えて、もし波の伝播速度も（実験室座標系において）亜音速であれば、擾乱は波の上流へ伝播することができ、上流の条件が変化することになる。それゆえ燃焼波後方の流れの条件を決定すること、およびその流れが亜音速であるか超音速であるかを決定することは重要である。

次の一般的な微分関係式から始めよう。

$$dp(s,v) = \left(\frac{\partial p}{\partial s}\right)_v ds + \left(\frac{\partial p}{\partial v}\right)_s dv$$

上式をユゴニオ曲線に沿った微小変化に適用すると、次のように書ける。

$$\left(\frac{dp}{dv}\right)_H = \left(\frac{\partial p}{\partial s}\right)_v \left(\frac{ds}{dv}\right)_H + \left(\frac{\partial p}{\partial v}\right)_s \qquad (2.34)$$

ここで連鎖則を使い、

$$\left(\frac{\partial p}{\partial s}\right)_v = \left(\frac{\partial p}{\partial T}\right)_v \left(\frac{\partial T}{\partial e}\right)_v \left(\frac{\partial e}{\partial s}\right)_v$$

と書き、さらに熱力学的な関係式

$$c_v = \left(\frac{\partial e}{\partial T}\right)_v, \quad T = \left(\frac{\partial e}{\partial s}\right)_v, \quad \left(\frac{\partial p}{\partial T}\right)_v = \frac{R}{v} = \frac{p}{T}$$

を用いると、式（２．３４）は次のように書ける。

$$\left(\frac{dp}{dv}\right)_H = \frac{p}{c_v}\left(\frac{ds}{dv}\right)_H + \left(\frac{dp}{dv}\right)_S$$

無次元変数を用いると、上式は次のようになる。

$$\left(\frac{dy}{dx}\right)_H = (\gamma_1 - 1)y\left(\frac{d\bar{s}}{dx}\right)_H + \left(\frac{dy}{dx}\right)_S \qquad (2.35)$$ ※9

式（２．３５）はユゴニオ曲線の傾きを、等エントロピー曲線の傾きとユゴニオ曲線に沿った

※9： $\left(\frac{\partial p}{\partial v}\right)_s$ は熱力学関係式を表し、$\left(\frac{dp}{dv}\right)_S$ は等エントロピー曲線に沿った微分を表す。

エントロピー変化とに関係づけている。式（２．３１）をユゴニオ曲線の傾きについて解き、式（２．３５）に代入すると、

$$(\gamma_1-1)y\left(\frac{d\bar{s}}{dx}\right)_{\mathrm{H}}+\left(\frac{dy}{dx}\right)_{\mathrm{S}}=\frac{2xy}{1-x}\left(\frac{d\bar{s}}{dx}\right)_{\mathrm{H}}+\left(\frac{dy}{dx}\right)_{\mathrm{R}}$$

あるいは

$$y(\gamma_1+1)\frac{\frac{\gamma_1-1}{\gamma_1+1}-x}{1-x}\left(\frac{d\bar{s}}{dx}\right)_{\mathrm{H}}=\left(\frac{dy}{dx}\right)_{\mathrm{R}}-\left(\frac{dy}{dx}\right)_{\mathrm{S}} \qquad (2.36)$$

が得られる。等エントロピー曲線とレイリー線の傾きについて以前に求めた表現（すなわち式（２．２３）と式（２．２５））を用いると、式（２．３６）は

$$y(\gamma_1+1)\frac{\frac{\gamma_1-1}{\gamma_1+1}-x}{1-x}\left(\frac{d\bar{s}}{dx}\right)_{\mathrm{H}}=\frac{c_1^2-u_1^2}{x^2p_0v_0}=\frac{\gamma_1 y}{x}\left(1-M_1^2\right)$$

あるいは

$$\frac{\gamma_1+1}{\gamma_1}\left(\frac{d\bar{s}}{dx}\right)_{\mathrm{H}}\left(\frac{\frac{\gamma_1-1}{\gamma_1+1}-x}{1-x}\right)x=1-M_1^2 \qquad (2.37)$$

となる。

デトネーションの場合には$x$の値が$\frac{\gamma_1-1}{\gamma_1+1}$と１の間であるから、$1-M_1^2$の符号がユゴニオ曲線に沿ったエントロピーの導関数の符号と反対になる。したがって強いデトネーションの場合は$(d\bar{s}/dx)_{\mathrm{H}}<0$であるから$1-M_1^2>0$となり、したがって$M_1<1$、すなわち下流の流れは燃焼波に対して亜音速となる。弱いデトネーションの場合は$(d\bar{s}/d\lambda)_{\mathrm{H}}>0$であるから$1-M_1^2<0$となり、したがって$M_1>1$、すなわち下流の流れは超音速となる。ユゴニオ曲線のデフラグレーション部分に対しては、$x$の値が１より大きく、$1-M_1^2$の符号はユゴニオ曲線に沿ったエントロピーの導関数の符号に等しい。CJ デフラグレーション点の周りのエントロピー変化（CJ デフラグレーションに対してエントロピーが最大）と式（２．３７）から、弱いデフラグレーション波の下流では流れが亜音速であり、強いデフラグレーション波の下流では超音速である。

燃焼波後端の流れが亜音速のとき、燃焼波後方の境界条件は波に影響することができる。したがって、強いデトネーションと弱いデフラグレーションは燃焼波後方の境界条件に依存する。デトネーション波は超音速で伝播するので、強いデトネーション波に対する後方の境界の影響は、燃焼波の先端までは到達できるが、これを越えることはできない。後方の境界条件（例えば流速またはピストン速度）を指定すると、保存則から強いデトネーションの解を得ることが可能になる。弱いデフラグレーションに対しては、後方の境界条件の影響が燃焼波の先端を越えて燃焼波前方の反応物に達する。したがって後方の境界条件のみを指定しても、保存則から弱いデフラグレーション波の速度を得ることはできない。波の前方を流れている反応物に対す

る波の伝播速度を決定するためには、伝播機構を明確にしなければならない。

弱いデトネーションと強いデフラグレーションに対しては、波の後端で流れが超音速であるから、後方の境界条件は波の伝播に影響できない。そのような波が存在できるかどうか、また存在するとしたら自然界でそれらを実現するための必要条件が何であるかという疑問が出てくるが、それらを決定するためには追加の物理的考察を行わなければならない。

## 2.7 チャップマン－ジュゲ判定基準

与えられた初期条件と境界条件に対してある爆発性混合気の燃焼波の伝播速度を決定するためには、保存方程式と状態方程式を連立するだけでは不十分である。追加で必要な関係式はChapmanとJouguetの研究から得られ、一般的にチャップマン-ジュゲ判定基準と呼ばれている。Chapmanは、彼の元の研究（1889）において、レイリー線がユゴニオ曲線に接するときにデトネーション速度が最小となることを見出した。この最小値より低い速度に対しては、保存方程式の解は存在しない。この最小速度より上では、レイリー線はユゴニオ曲線に交わり、ある与えられたデトネーション速度に対して2つの解が存在する。ある初期条件を満たす、ある爆発性混合気に対しては1つの速度が得られるという実験的な観測結果に基づき、Chapmanは最小速度解または接点解が正しい解のはずであると仮定した。最小速度解は実験結果ととてもよく一致し、それによってChapmanの選択は正当化された。

他方、Jouguet（1904）は、後端の状態に対して（波に相対的な）音速流れの条件に相当する解を選択した。彼はさらに、この音速解がデトネーション波前後のエントロピー変化の最小値にも相当すると記した。したがって音速流れまたは最小エントロピーという必要条件が、保存則から解を選択するための判定基準を与えうる。Crussard（1907）は後に、後端の状態についての最小速度と音速流れと最小エントロピーの3つの解の等価性を証明した。CJデトネーション速度と実験的な測定値とが一致することを除くと、ChapmanもJouguetも、CJ判定基準に理論的な正当性を与えなかった。こうして後に続く研究は、CJ判定条件に対して、より厳密な正当性を与えようとするものとなった。なぜならCJ判定基準はデトネーション限界の近くにおいてでさえ、実験結果とよく一致するデトネーション速度を予測するからである。

最小値またはCJ値を上回るあらゆるデトネーション速度に対し、2つの解が存在する。すなわち、上方の強いデトネーション（オーバードリブンデトネーション）と下方の弱いデトネーションの解である。上方の強いデトネーションの解が、（ピストンなどで）支持されていない、すなわち自由に伝播するデトネーションとしては不安定であることは、一般にすべての研究者に受け入れられている。つまり、強いデトネーション後端で流れが亜音速であり、その後ろに存在する膨張波が反応領域に入り込んできて波を弱めるという安定性の考察から、強いデトネーションの解は除外されるのである。

しかし下方の弱いデトネーションの解は、これほど簡単には除外できない。CJ判定基準により厳密な正当性を与えようとする初期の試みはエントロピーの議論に基づくものだった。Becker（1917, 1922a, 1922b）は、強いデトネーションにおけるエントロピーの増加は、（同じ

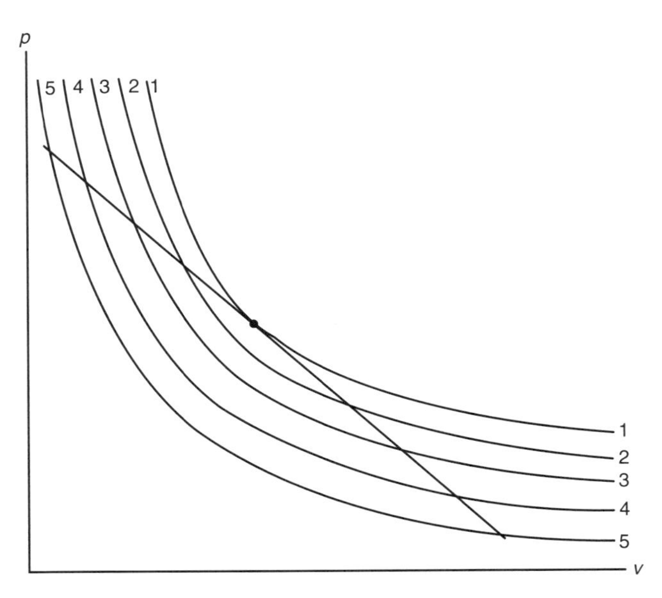


図2．4　部分的に反応したユゴニオ曲線（von Neumann, 1942）

速度の）弱いデトネーションにおけるそれよりも大きいと指摘した。Becker はエントロピーの変化を流れの発生確率に関連づけ、強いデトネーションの方が発生確率の高い解であると主張した。しかし強いデトネーションは不安定であることから、Becker がたどりついた結論は、解は CJ 判定基準によって与えられるとおり、音速解あるいは最小速度解に違いないというものだった。

Scorah（1935）も CJ 判定基準を正当化するために、エントロピーの議論を用いた。そして CJ 速度が最小値であるから有効エネルギーの劣化速度が最小になると指摘した。後の研究で Duffey（1955）は、定常不可逆熱力学におけるエントロピー生成最小の原理に訴え、定常的に伝播しているデトネーションもまた、この熱力学の原理に従うべきであると主張した。しかし Zeldovich（1940/1950）は、衝撃波前後のエントロピーの増加は衝撃波の発生を保証する十分な条件ではないと指摘することによって、すべての熱力学的な議論の誤りを明らかにした。例えば衝撃波背後のガスを押すピストンのような衝撃波を生成する機構もまた必要なのである。Jouguet はまた、弱いデトネーションは、その後端の流れが超音速であり伴流中の擾乱が後方に残されるため不安定であると主張した。Zeldovich は、不安定であることは擾乱の振幅が時間とともに成長することを必要とすると指摘し、この主張に再び対抗した。弱いデトネーションの後方に擾乱が残されるという事実は、弱いデトネーションが不安定であるということを証明するわけではなく、事実、散逸過程は擾乱を減衰させるだろう。

弱いデトネーションの解の可能性に対する最も説得力がある議論は、おそらく von Neumann（1942）によるものだった。彼はまず部分的に反応したユゴニオ曲線が存在すると仮定した。パラメータ$n$を化学反応の進行の尺度と定義すると（初期反応物と最終生成物の間で$0 \leq n \leq 1$である）、部分的に反応したユゴニオ曲線は$n$の特定の値に対応することが可能な状態の軌跡を表す。先頭衝撃波直後の衝撃を受けた状態（$n=0$）と、最終的な熱平衡生成物の状態（$n=1$）の間で、図2．4に示すように、$n$の異なる値に対するユゴニオ曲線の集合が

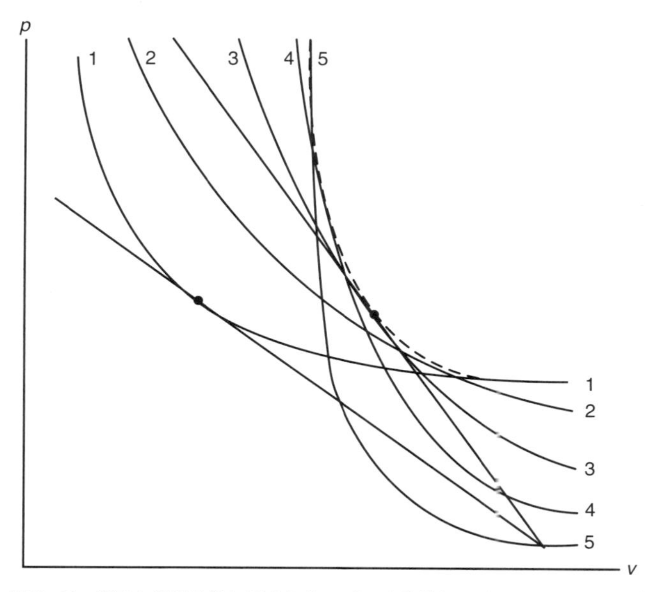

図2．5　相交わる部分的に反応したユゴニオ曲線（von Neumann, 1942）

存在する。

衝撃圧縮直後の状態（$n=0$）から引いたレイリー線は、反応物から生成物へと反応が進行するにつれて、これらすべてのユゴニオ曲線と必ず交差しなければならない。von Neumannは、もし部分的に反応したユゴニオ曲線が相互に全く交わらないならば、弱いデトネーションの解を除外できることを示した。これは、衝撃圧縮直後の状態からレイリー線に沿って動いていくと、上方の強いデトネーションの解に最初に出会うことによる。引き続き同じレイリー線に沿って強いデトネーションの解から弱いデトネーションの解へと移ると、例えば希薄衝撃波の中でのようにエントロピーの減少を生じることになる。この状態変化は熱力学第2法則によって除外できる。しかしvon Neumannは、もしも部分的に反応したユゴニオ曲線が相互に交差するような反応であれば、そのような部分的に反応したユゴニオ由線の包絡線が存在するはずだと主張した（図2．5）。解はこの包絡線に接するレイリー線をたどるはずである。そして、このレイリー線は最終的な熱平衡ユゴニオ曲線（$n=1$）と弱いデトネーションの部分で交わることになる。したがって相互に交差する部分的に反応したユゴニオ曲線を持つような爆発性物質に対しては、弱いデトネーションは起こりうる※10。

こうしてvon Neumannは、弱いデトネーションが起こる可能性は、考えている爆発性物質が交差する（部分的に反応した）ユゴニオ曲線を持っているかどうかによって決定できると指摘した。交差する（部分的に反応した）ユゴニオ曲線の結果として得られる弱いデトネーションは、病的なデトネーションと呼ばれる。初期の急激な発熱反応の後にゆっくりとした吸熱反応が起こりつつ反応が平衡に近づいていくといった、温度のオーバーシュートがある系は、病的なデトネーションをもたらすことが示されてきた（例えば $H_2+Cl_2$ の混合気中）。病的なデ

※10：　レイリー線に沿って、エントロピー増大過程だけで状態が5，4，3，2，1と変化していくなら、レイリー線は同一の部分反応ユゴニオ曲線と二度交わってはならず（しかし一度は必ず交わる）、しかも交点が5，4，3，2，1の順番に右下に向けて並んでいなくてはならない。そうなるのは、部分反応ユゴニオ曲線が図2．5のような位置関係になっていて、レイリー線が包絡線に接しているときである。

トネーションの存在は、デトネーション速度の実験的測定からも、反応領域中の詳細化学反応の解析からも確認されてきた（Dionne *et al.*, 2000）。

弱いデトネーションの解を除外するのに用いられた上の議論は、先頭衝撃波が断熱圧縮によって化学反応を開始させるという仮定に基づいている。最初にフォンノイマン（von Neumann）状態（先頭衝撃波で圧縮された直後の状態）に至ることなく、初期状態からレイリー線に沿って直接的に熱平衡ユゴニオ曲線上の弱いデトネーションの解へ到達できる可能性がある。その場合、状態変化の経路は強いデトネーションの解を迂回する。しかし、もし爆発性物質が初期状態において安定しており自然発生的な自着火が起こらないとすると、衝撃波加熱なしに化学反応を開始させる代わりの点火機構が与えられなければならない。Zeldovichは多様な手法、例えば一連の火花を管の長さ方向に連続的に起動させて点火させる手法などについて議論した。この場合、波の速度は連続的な点火の人為的に決められた速度に対応し、爆発性物質の物理特性では決まらない。化学反応開始の機構が衝撃波であるデトネーションに対しては、部分的に反応したユゴニオ曲線が交差する結果として弱いデトネーションの解の可能性が生じるというvon Neumannの主張が一番もっともらしいことは明らかである。

定常デトネーション波の存在は、定常デトネーション波後端の条件と生成物の非定常流とが適合しうるかどうかにも依存すべきであるという指摘もまた興味深い。G. I. Taylor（1950）は定常伝播するデトネーション波の後方の燃焼生成物の動力学を研究し、平面CJデトネーションがその後方の非定常リーマン（Riemann）膨張扇に適合できると結論づけた。しかし球面のCJデトネーションは、その後流中を前進する波の解に適合させようとすると、膨張特異点をもたらす。したがって、発散する球面CJデトネーションは不可能である。数学的な考察からは、平面のCJデトネーションのみがデトネーション生成物の非定常流れと矛盾しないようである。

上で議論した気体力学理論では、デトネーション波の構造は考慮されておらず、保存方程式は波の前後の初期状態と最終状態に対して記述されている。von Neumannの解析の中でのみ、部分的に反応した状態が考慮された。しかし反応速度則を指定して1次元定常流れの式をデトネーション構造を横切るように積分すれば、違う判定基準からもCJ解を得ることができる。微分形で書かれた保存方程式を積分すると、やがて音速流れの条件にたどりつく。方程式の分母が0になるので、音速流れに対する解は特異点となる。しかし、ある特定のデトネーション波速度に対しては、分子が分母と同時に0となり、解を正則にする。このことから、この特定の波の速度がCJデトネーション速度であるとわかる。したがって、もし任意に選ばれた様々な波の速度に対して方程式を積分するならば、音速の特異点に到達するときに正則解を与えるCJ速度を繰り返し計算で見つけ出すことができる。音速の特異点において正則解を探すことは、所望のCJ解を決定する際の代わりの判定基準になりうる。もし構造を検討しつつ反応領域にわたって保存則を積分するならば、異なる化学反応速度則および熱や運動量の損失といった他の物理過程も計算に入れ込むことができる。デトネーション構造に対するこの方程式解析は、最初にZeldovich（1940/1950）によって示された。

しかしデトネーションの解を決定するこの方法は、繰り返し計算と方程式そのものの数値積分を必要とする。したがって、上流と下流の状態のみを考えて詳細なデトネーション構造を無視してデトネーション速度を計算する代数的な気体力学理論に比べて、この方法はずっと複雑である。

## 2.8 ランキン－ユゴニオ関係式

化学エネルギーの放出が一定である（すなわちエネルギー放出が下流の状態に依存しない）ような完全気体を仮定すると、下流の状態（$p_1, \rho_1, T_1$, etc.）を上流の状態（$p_0, \rho_0, T_0$）に関係づける代数式とデトネーションマッハ数 $M_0$ を得ることができる。これは、最初にRankineとHugoniot によって成し遂げられたもので、これらの関係はランキン－ユゴニオ（Rankine－Hugoniot）関係式として知られている。２．３節より、レイリー線に対する式は

$$y = \left(1+\gamma_0 M_0^2\right) - \left(\gamma_0 M_0^2\right)x \tag{2.38}$$

と書くことができ、ユゴニオ曲線は

$$y = \frac{\dfrac{\gamma_0+1}{\gamma_0-1} - x + 2q'}{\dfrac{\gamma_1+1}{\gamma_1-1}x - 1} \tag{2.39}$$

で与えられる。ここで $q' = q / p_0 v_0$ である。解はレイリー線とユゴニオ曲線の交点に対応するので、以下の体積比 $x = v_1 / v_0$ に対する２次方程式を得るために式（２．３８）と式（２．３９）を等しいとみなすと

$$x^2 - 2\frac{\gamma_1(\gamma_0+\eta)}{\gamma_0(\gamma_1+1)}x + \frac{\gamma_1-1}{\gamma_1+1}\left[1 + 2\eta\left(\frac{1}{\gamma_0-1} + \bar{q}\right)\right] = 0 \tag{2.40}$$

となる。ここで、$\eta = \dfrac{1}{M_0^2}$, $\bar{q} = \dfrac{q'}{\gamma_0} = \dfrac{q}{\gamma_0 p_0 v_0} = \dfrac{q}{c_0^2}$ である。式（２．４０）を $x$ に対して解くと、

$$x = \frac{v_1}{v_0} = \frac{\rho_0}{\rho_1} = \frac{\gamma_1(\gamma_0+\eta\pm S)}{\gamma_0(\gamma_1+1)} \tag{2.41}$$

となる。ここで、

$$S = \sqrt{\left(\frac{\gamma_0}{\gamma_1} - \eta\right)^2 - K\eta} \tag{2.42}$$

$$K = \frac{2\gamma_0(\gamma_1+1)}{\gamma_1{}^2}\left[\frac{\gamma_1-\gamma_0}{\gamma_0-1} + \gamma_0(\gamma_1-1)\bar{q}\right] \tag{2.43}$$

である。式（２．４１）中の複号（±）は２次方程式の２つの根に対応する。正の符号は弱いデトネーション（または強いデフラグレーション）を表し、これに対して負の符号は強いデトネーション（または弱いデフラグレーション）を表す。２つの根が合致するとき、$S = 0$ であるCJ（接点）解が得られ、これを $\eta = \eta^*$ で表示する。式（２．４２）より、$S = 0$ に対して

$$\left(\frac{\gamma_0}{\gamma_1}-\eta^*\right)^2-K\eta^*=0 \tag{2.44}$$

が得られる。$\eta^*$に対して解くと

$$\eta^*=\frac{1}{M_{\mathrm{CJ}}^2}=\frac{\gamma_0}{\gamma_1}\left(1-\frac{2}{1\pm\sqrt{1+\frac{4}{K}\frac{\gamma_0}{\gamma_1}}}\right) \tag{2.45}$$

が得られる。上式の複号（±）は、CJ デトネーション（＋記号）と CJ デフラグレーション（－記号）の２つの CJ（接点）解に対応する。

現実の爆轟性混合気に対しては、$\bar{q}$ は一般的に 30 のオーダー（燃料－空気混合気）またはそれ以上（燃料－酸素混合気）である。したがって $K$ もまた１に比べて大きく、$\frac{1}{K}\ll 1$ である。ゆえに、式（2．4 5）の平方根記号の項を展開できる。$\frac{1}{K}$ のオーダーの第１項を残して、

$$\sqrt{1+4\left(\frac{\gamma_0}{\gamma_1}\right)\frac{1}{K}}=1+\frac{1}{2}4\left(\frac{\gamma_0}{\gamma_1}\right)\frac{1}{K}+O\left(\frac{1}{K^2}\right)=1+\frac{2}{K}\left(\frac{\gamma_0}{\gamma_1}\right)$$

が得られる。したがって式（2．4 5）は、（正の符号をとって）CJ デトネーションに対して

$$\eta^*=\frac{1}{M_{\mathrm{CJ}}^2}\approx\frac{\gamma_0}{\gamma_1}\left(1-\frac{2}{1+\left[1+\frac{2}{K}\frac{\gamma_0}{\gamma_1}+\cdots\right]}\right)\approx\left(\frac{\gamma_0}{\gamma_1}\right)^2\frac{1}{K}$$

と書ける。式（2．4 3）から、$\gamma_0\approx\gamma_1$ とすると、

$$K\approx 2\left(\gamma_1^2-1\right)\bar{q}$$

が得られる。したがって、

$$\eta^*\approx\frac{1}{2\left(\gamma_1^2-1\right)\bar{q}}$$

すなわち、

$$\left(M_{\mathrm{CJ}}\right)_{\mathrm{detonation}}\approx\sqrt{2\left(\gamma_1^2-1\right)\bar{q}} \tag{2.46}$$

である。

CJ デフラグレーションに対しては、式（2．4 5）で負の符号をとる。$\frac{1}{K}$ の累乗（べき乗）に展開すると、同様の近似式

$$\left(M_{\mathrm{CJ}}\right)_{\mathrm{deflagration}}\approx\frac{1}{\sqrt{2\left(\gamma_1^2-1\right)\bar{q}}} \tag{2.47}$$

を得る。ここでもまた、近似$\gamma_0\approx\gamma_1$を用いた。

CJ 解でないような、すなわち $S\neq 0$ であるような一般の場合に対しては、密度比 $\rho_1/\rho_0$ は、式（2．4 1）から

$$\frac{\rho_1}{\rho_0}=\frac{\gamma_0(\gamma_1+1)}{\gamma_1(\gamma_0+\eta\pm S)} \tag{2.48}$$

となる。上式と質量保存（すなわち$\rho_0 u_0=\rho_1 u_1$）を用いると、流速比は

$$\frac{u_1}{u_0}=\frac{\gamma_1(\gamma_0+\eta\pm S)}{\gamma_0(\gamma_1+1)} \tag{2.49}$$

となる。圧力比も、式（２．３８）を使い

$$y=\frac{p_1}{p_0}=\frac{\gamma_0+\eta\mp\gamma_1 S}{(\gamma_1+1)\eta} \tag{2.50}$$

となる。デトネーションを横切る温度比と音速比は、式（２．４８）、（２．５０）に状態方程式（すなわち$p=\rho RT$）を用いることで得られる。

式（２．４８）～（２．５０）は、伝播するデトネーション波に固定された座標系に基づいている。以下の図に示すように、実験室に固定された座標系に相対的な速度$D$で伝播しているデトネーション波を考えよう。

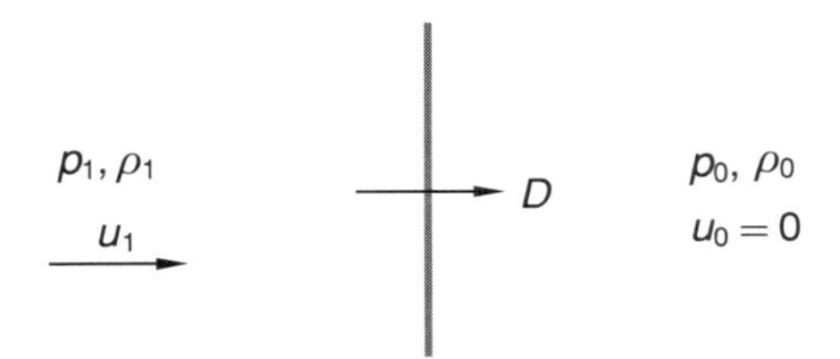


波を横切る方程式は、$u_0=D$と$u_1=D-u_1'$という座標変換（$u_0$と$u_1$は波に対して固定された座標系における速度）によって、式（２．４８）～（２．５０）から容易に得られる。

$u_1=D-u_1'$　　$u_0=D$

$p_1, \rho_1$　　$p_0, \rho_0$

実験室に固定された座標系における波を横切る密度比と圧力比は、式（２．４８）と式（２．５０）で与えられる比と同じである。しかし質量保存則（すなわち$\rho_0 D=\rho_1(D-u_1')$）から得られる流速比は、

$$\frac{u_1'}{D}=\frac{\gamma_0-\gamma_1(\eta\pm S)}{\gamma_0(\gamma_1+1)} \tag{2.51}$$

となる。

一般的には、圧力$p_1$は$p_0$の代わりに$\rho_0 D^2$で規格化される。式（２．５０）から、

$$\frac{p_1}{\rho_0 D^2}=\frac{\gamma_0+\eta\mp\gamma_1 S}{\gamma_0(\gamma_1+1)} \tag{2.52}$$

が得られる。式（２．４８）～（２．５２）は、デトネーション波前後のランキン–ユゴニオ関係式と呼ばれ、非反応性媒質中の垂直衝撃波前後の関係式と類似しており、式（２．４３）中で$\bar{q}=0$とすることによって非反応性媒質中の垂直衝撃波前後の関係式を得ることができる。

非反応性媒質中では、完全気体中の垂直衝撃波に対するランキン–ユゴニオ関係式は、

$$\frac{\rho_1}{\rho_0}=\frac{\gamma+1}{(\gamma-1)+2\eta} \tag{2.53}$$

$$\frac{u_1}{u_0}=\frac{(\gamma-1)+2\eta}{\gamma+1} \tag{2.54}$$

$$\frac{u_1'}{D}=\frac{2}{\gamma+1}(1-\eta) \tag{2.55}$$

$$\frac{p_1}{p_0}=1+\frac{2\gamma}{\gamma+1}\left(\frac{1}{\eta}-1\right) \tag{2.56}$$

となる。すなわち

$$\frac{p_1}{\rho_0 D^2}=\frac{2}{\gamma+1}-\frac{1}{\gamma}\left(\frac{\gamma-1}{\gamma+1}\right)\eta \tag{2.57}$$

である。ここで、$\eta=\dfrac{1}{M_0^2}=\dfrac{c_0^2}{D^2}$ である。

CJ デトネーション(つまり$S=0$)で $M_{CJ}^2\gg 1$ ($\eta_{CJ}\ll 1$)のときには、式(2.48)、(2.51)、(2.52) は以下の極限形式へと簡単化される。

$$\frac{\rho_1}{\rho_0}=\frac{\gamma_1+1}{\gamma_1} \tag{2.58}$$

$$\frac{u_1'}{D}=\frac{1}{\gamma_1+1} \tag{2.59}$$

$$\frac{p_1}{\rho_0 D_2}=\frac{1}{\gamma_1+1} \tag{2.60}$$

これらは、以下の非反応性の強い衝撃波の関係式とは異なる。

$$\frac{\rho_1}{\rho_0}=\frac{\gamma+1}{\gamma-1} \tag{2.61}$$

$$\frac{u_1'}{D}=\frac{p_1}{\rho_0 D^2}=\frac{2}{\gamma+1} \tag{2.62}$$

## 2.9 デフラグレーション

ユゴニオ曲線の下方のデフラグレーション部分の解は、それらを考察する実用上の理由を欠いているため、上方のデトネーション部分の解ほどには注意を払われてこなかった。事実上、常にCJ速度が実験的に観測されるデトネーションと異なり、ある爆発性混合気に対する、ただ1つの定常デフラグレーション速度というものは、一般には存在しない。

デフラグレーション速度は境界条件にも強く依存している。デフラグレーション速度の決定には、デトネーションのときのように混合気のエネルギー論だけを考慮すればよいのではなく、

燃焼波の伝播機構を考慮することが必要である。そのうえ、定常的に伝播するデフラグレーションが実験的に実現されることはまれである。これは、デフラグレーションが不安定であり、自分自身で加速する傾向があって、適当な境界条件の下ではデトネーションに遷移するからである。それでも、ユゴニオ曲線の下方のデフラグレーション部分の定常デフラグレーション解の可能性を議論することは興味深い。

２．４節と２．５節において、エントロピーは接点であるCJ状態において最大となることはすでに示した。弱いデフラグレーションの後端では流速が亜音速であるのに対し、強いデフラグレーションの後端では流速は超音速である。初期状態から出発したレイリー線は、最初に弱いデフラグレーション部分と交差する。レイリー線に沿った弱いデフラグレーションから強いデフラグレーションへの遷移は希薄衝撃波を構成することになるが、この希薄衝撃波を物理的に実現することは不可能である[※11]。それゆえ一般に実現可能なのは、ユゴニオ曲線の弱いデフラグレーション部分上の解のみである。

弱いデフラグレーションでは、波の前方も後端も（波と相対的な）流れは亜音速である。波の後方からの擾乱は上流への伝播が可能で、波の前方の条件に影響を与えることができる。したがって弱いデフラグレーションの伝播速度を決定するときには、後方の境界条件を考慮に入れなければならない。例えばもしデフラグレーションが、流速が０とならなければならない管の閉端から伝播するのであれば、デフラグレーションの前方の反応物の流れは、生成物の（管に相対的な）流速が波の後端で０となるようなものでなければならない。他方、もしデフラグレーションが管の開放端から伝播するのであれば、デフラグレーション後端における生成物の圧力が開放端での環境圧力と一致しなければならない。

デフラグレーションの伝播に対する境界条件の影響を説明するため、管の閉端から伝播する弱いデフラグレーションを考えよう。波の後端において（管に相対的な）流速が０となる。反応面における密度の減少（あるいは比体積の増加）により、デフラグレーション波が伝播するにつれ、波の前方の反応物が生成物の膨張によって波の伝播と同方向に押し退けられる。もし反応物の初期速度を０と考えるのであれば、デフラグレーションが反応物を前方に押し退ける効果は、反応面の前方に衝撃波を生成するピストンの効果と等価である。衝撃波後方の流速は、デフラグレーション波における膨張によってデフラグレーション波後端における（管に相対的な）流速が０となるようなものである。このことは以下の図で説明されている。

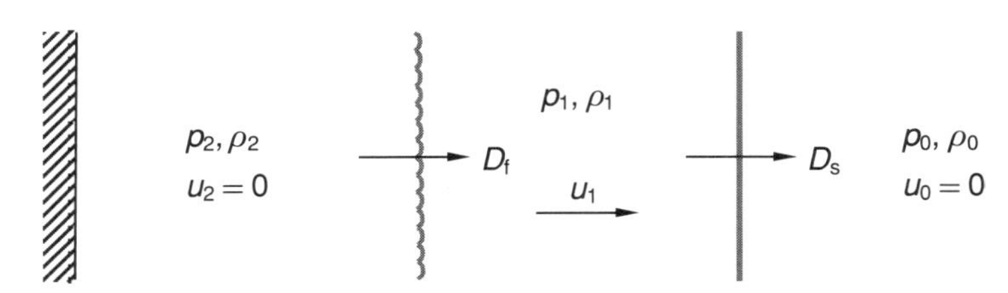


燃焼に伴う膨張によって押し退けられる流体の速度は、デフラグレーションを横切る質量の

※11：デフラグレーションの場合も、デトネーションの場合と同様、最初に発熱反応（再結合反応）が進行して温度がオーバーシュートし、その後、吸熱反応（分解反応）に転じるようなケースでは、少なくとも理論上は、弱い解から強い解への遷移が可能なはずである。

保存、つまり

$$\rho_1(D_f-u_1)=\rho_2 D_f \tag{2.63}$$

から決めることができる。上式を$u_1$に対して解くと

$$\frac{u_1}{D_f}=1-\frac{\rho_2}{\rho_1}=1-\frac{v_1}{v_2} \tag{2.64}$$

が得られる。デフラグレーションにおける密度比は、量論燃料－空気混合気に対する典型的な値が6または7なので、燃焼に伴う膨張によって押し退けられる流体の速度は、典型的には、(管に相対的な）デフラグレーション速度の85%である。

（管に相対的な）火炎速度$D_f$が異なると、デフラグレーション前方の押し退けられた流体の速度$u_1$も異なり、それゆえに先行する衝撃波の強さも変化する。ユゴニオ曲線は初期状態に依存するので、デフラグレーション速度が異なれば、熱平衡ユゴニオ曲線もまた異なる。式（2.13）より、ユゴニオ曲線は

$$y=\frac{\frac{\gamma_1+1}{\gamma_1-1}-x+2\frac{q}{p_1 v_1}}{\frac{\gamma_2+1}{\gamma_2-1}x-1} \tag{2.65}$$

と与えられる。ここで、先行する衝撃波の後方の状態を考慮するために、添字を書き換えた。一般に、先行する衝撃波のマッハ数は大きくないので、先行する衝撃波前後の$\gamma$の変化は小さい。便宜上$\gamma_0=\gamma_1=\gamma_2=\gamma$と考えることとする。

発熱量$q$はデフラグレーション前方の衝撃圧縮された状態の状態量で規格化されているため、ユゴニオ曲線における実効的な化学エネルギー放出量は衝撃波の強さに依存する。したがって先行する衝撃波が強いと$p_1 v_1$の値は大きくなり、無次元化された化学エネルギー放出量$\bar{q}$は小さくなる。

弱いデフラグレーションの問題を解くためには、後方の境界条件と火炎の速度がともに指定されなければならない。そうすると先行する衝撃波の強さは、衝撃波を横切る保存則と反応面を横切る保存則をともに満足させるように決まる。もしCJデフラグレーションを考えるのであれば、デフラグレーション後端における音速条件は、デフラグレーションを横切る保存方程式系を閉じるための追加式を与えることになる。必要なのは、波の後端における（波に相対的な）流速が音速になるというCJデフラグレーションの条件を満たすような、先行する衝撃波の強さを求めることのみである。衝撃波を横切る質量の保存は、以下で与えられる。

$$\rho_0 D_s=\rho_1(D_s-u_1)=\dot{m}_s \tag{2.66}$$

そして反応面を横切る質量の保存は

$$\rho_1(D_f-u_1)=\rho_2 D_f=\dot{m}_f \tag{2.67}$$

と書かれる。上の2つの式を$u_1$について解くと、

$$u_1=\dot{m}_s\left(\frac{1}{\rho_0}-\frac{1}{\rho_1}\right)=\dot{m}_f\left(\frac{1}{\rho_2}-\frac{1}{\rho_1}\right) \tag{2.68}$$

となる。火炎のマッハ数と流れのマッハ数をそれぞれ、

$$M_{\mathrm{f}}=\frac{D_{\mathrm{f}}-u_1}{c_1}, \quad M_1=\frac{D_{\mathrm{s}}-u_1}{c_1}$$

と定義すると、式（２．６８）は、

$$M_1\left(\frac{\rho_1}{\rho_0}-1\right)=M_{\mathrm{f}}\left(\frac{\rho_1}{\rho_2}-1\right) \tag{2.69}$$

となる。

衝撃波を横切る密度比は、ランキン–ユゴニオ関係式から

$$\frac{\rho_1}{\rho_0}=\frac{(\gamma+1)M_{\mathrm{s}}^2}{2+(\gamma-1)M_{\mathrm{s}}^2} \tag{2.70}$$

である。ここで、$M_{\mathrm{s}}=D_{\mathrm{s}}/c_0$である。また、垂直衝撃波後方の流れのマッハ数は

$$M_1^2=\frac{2+(\gamma-1)M_{\mathrm{s}}^2}{2\gamma M_{\mathrm{s}}^2-(\gamma-1)}$$

のように書け、

$$M_{\mathrm{s}}^2=\frac{2+(\gamma-1)M_1^2}{2\gamma M_1^2-(\gamma-1)} \tag{2.71}$$

と書くこともできる。式（２．７０）と式（２．７１）を用いて$(\rho_1/\rho_0-1)$について解くと

$$\frac{\rho_1}{\rho_0}-1=\frac{2}{\gamma+1}\left(\frac{1}{M_1^2}-1\right) \tag{2.72}$$

が得られる。

以前に式（２．４１）で示したように、CJ 波を横切る密度比は

$$x_{\mathrm{CJ}}=\frac{\rho_1}{\rho_2}=\frac{\gamma+\eta_{\mathrm{CJ}}}{\gamma+1}=\frac{\gamma M_{\mathrm{CJ}}^2+1}{(\gamma+1)M_{\mathrm{CJ}}^2} \tag{2.73}$$

で与えられる。ここで、$M_{\mathrm{CJ}}=M_{\mathrm{f}}=(D_{\mathrm{f}}-u_1)/c_1$である。したがって、これらの２つの式を考慮すると、式（２．６９）は、

$$\frac{2}{\gamma+1}\left(\frac{1}{M_1}-M_1\right)=\frac{1}{\gamma+1}\left(\frac{1}{M_{\mathrm{CJ}}}-M_{\mathrm{CJ}}\right)$$

あるいは

$$\left(\frac{1}{M_1}-M_1\right)=\frac{1}{2}\left(\frac{1}{M_{\mathrm{CJ}}}-M_{\mathrm{CJ}}\right) \tag{2.74}$$

と書くことができ、CJ デフラグレーションの前方の押し退けられた流体の速度が CJ マッハ数に関係づけられる。

式（２．４４）と$\gamma_1=\gamma_2=\gamma$を用いると、

$$(1-\eta_{\mathrm{CJ}})^2-K\eta_{\mathrm{CJ}}=0$$

と書け、さらに式（２．４３）を用いると

$$\left(M_{\mathrm{CJ}}-\frac{1}{M_{\mathrm{CJ}}}\right)^2=K=2(\gamma^2-1)\bar{q} \tag{2.75}$$

となり、したがって式（2．7 4）は

$$\left(\frac{1}{M_1}-M_1\right)^2=\frac{\left(\gamma^2-1\right)\bar{q}}{2}=\frac{\gamma^2-1}{2}\frac{q}{c_1^2} \qquad (2.76)$$

となる。ここで$c_1$はデフラグレーションと先行する衝撃波との間にある気体の音速である。先行する衝撃波のマッハ数$M_s$を、流れのマッハ数$M_1$の代わりに放熱量で表現することはより興味深い。式（2．7 0）と式（2．7 1）を用いると

$$\left(\frac{1-M_1^2}{M_1}\right)^2=\left(\frac{\rho_1}{\rho_0}\right)^2\left(\frac{M_1}{M_s}\right)^2\left(\frac{M_s^2-1}{M_s}\right)^2 \qquad (2.77)$$

が得られる。衝撃波を横切る質量の保存（式2．6 6）より、

$$M_s=\frac{D_s}{c_0}=\left(\frac{\rho_1}{\rho_0}\right)\left(\frac{D_s-u_1}{c_1}\right)\left(\frac{c_1}{c_0}\right)=\left(\frac{\rho_1}{\rho_0}\right)M_1\left(\frac{c_1}{c_0}\right)$$

あるいは

$$\left(\frac{c_0}{c_1}\right)^2=\left(\frac{\rho_1}{\rho_0}\right)^2\left(\frac{M_1}{M_s}\right)^2$$

が得られる。式（2．7 7）にこの結果を用いると、

$$\left(\frac{1-M_1^2}{M_1}\right)^2=\left(\frac{c_0}{c_1}\right)^2\left(\frac{M_s^2-1}{M_s}\right)^2$$

が得られる。この式と式（2．7 6）を組み合わせると

$$\left(\frac{c_0}{c_1}\right)^2\left(\frac{M_s^2-1}{M_s}\right)^2=\frac{\gamma^2-1}{2}\frac{q}{c_1^2}$$

あるいは

$$\left(\frac{M_s^2-1}{M_s}\right)^2=\frac{\gamma^2-1}{2}\frac{q}{c_0^2} \qquad (2.78)$$

が得られる。

同一の混合気におけるCJデトネーションに対して、式（2．4 6）より

$$M_{CJ}^2=2\left(\gamma^2-1\right)\frac{q}{c_0^2}$$

となり、これは（発熱量を消去すると）

$$\left(\frac{M_s^2-1}{M_s}\right)^2=\frac{M_{CJ}^2}{4}$$

を示している。最後に、$M_s^2$に比べて1を無視すると、

$$\frac{M_s}{M_{CJ}}\approx\frac{1}{2} \qquad (2.79)$$

が得られる。これは、CJデフラグレーションに対して先行する衝撃波のマッハ数が、同一の爆発性混合気におけるCJデトネーションのマッハ数の約半分であることを示している。

CJデフラグレーション速度は、起こりうる最も速い（定常の）デフラグレーションの速度に対応する。デフラグレーションは、到達可能な最高速度まで加速してからデトネーションへ

と遷移するという兆候がある。ユゴニオ曲線の下の部分から上のデトネーション部分への連続的な遷移を許すような解は存在しないため、DDT 過程は突然起こるのである（すなわち不連続的である）。

## 2.10 おわりに

デトネーションの気体力学理論は、波の上流の熱平衡状態と下流の熱平衡状態を結びつける保存則（ランキン–ユゴニオ関係式）のみを基礎としている。気体力学理論では状態変化の過程の物理を考慮する必要はない。ランキン–ユゴニオ関係式は保存方程式の微分形を積分することによって得られるが、遷移領域内での変化を必要としない場合は積分の上下限（上流および下流の状態）だけが（結果の式に）含まれることになる。気体力学理論は、関心のある特定の解を示してくれるわけではないが、起こりうる解を与えてくれる。しかし CJ 判定基準は所望の解、すなわちレイリー線の熱平衡ユゴニオ曲線への接点に対応する最小速度の解を選択するための追加の情報を与えてくれる。

CJ 判定基準は仮定であり、保存則から導くことはできない。しかし可能な解、すなわち強いデトネーションと弱いデトネーションの解の特性を考察することによって、CJ 解の選択を正当化するための物理的な議論を前に進めることができる。CJ 速度と実験値がよく一致しているということは幸運なのである。

（ピストンの動きが背後を支持しない）自律的に伝播するデトネーションの安定性についての考察から、強いデトネーションの解は除外可能だが、弱いデトネーションの解をエントロピーの議論から除外することはできない。von Neumann は、エントロピー論に反することなく弱いデトネーションを実現できるような、部分的に反応した中間状態に対応する、互いに交差するようなユゴニオ曲線という例を考案した。中間状態に対応するユゴニオ曲線を考察することによって、von Neumann は波を横切るランキン–ユゴニオ関係式の解の選択においてデトネーションの構造を本質的に取り入れた。しかし、もし構造が考慮されるのであれば、音速の特異点に出会ったときに正則解を与えるような正しいデトネーション速度を、繰り返し計算を実行するだけで求めることができる。この場合、CJ 判定基準はもはや必要とされない。また波の境界条件は、波の後方のデトネーション生成物の非定常流れに対する解に適合しなければならないことは明記されるべきである。したがって、後方の境界条件は（例えばオーバードリブンデトネーションに対して）デトネーション速度の選択に影響を与える。デトネーションそれ自体だけに焦点を当てた、CJ 判定基準付きランキン–ユゴニオ関係式というものは不十分である。完全な理論のためには生成物内の流れはもちろん波の構造の中の流れも、考慮しなければならない。さらに、ほぼすべての実際の爆発性混合気で発生するのは「不安定で時間的に変動する 3 次元セル状構造を持つデトネーション」であり、それは原理的に、定常 1 次元 CJ 理論を論拠薄弱なものにしてしまう。しかし CJ 理論は、非常に不安定な限界近傍でのデトネーションに対してさえデトネーション速度を予測できる、優れた近似理論であり続けている。

# 参考文献


Becker, R. 1917. *Z. Electrochem.* 23:40–49, 93–95, 304–309. See also 1922. *Z. Tech. Phys.* 152–159, 249–256; 1922. *Z. Phys.* 8:321–362.

Chapman, D.L. 1889. *Phil. Mag.* 47:90–104.

Crussard, J.C. 1907. *C. R. Acad. Sci. Paris* 144:417–420.

Dionne, J.P., R. Duquette, A. Yoshinaka, and J.H.S. Lee. 2000. *Combust. Sci. Technol.* 158:5.

Döring, W. 1943. *Ann. Phys. 5e Folge* 43:421–436.

Duffey, G.H. 1955. *J. Chem. Phys.* 23:401.

Hugoniot, H. 1887–1889. *J. Ecole Polytech.* Cahiers 57, 58.

Jouguet, E. 1904. *Co. R. Acad. Sci. Paris* 140:1211.

Kistiakowsky, G., and E.B. Wilson. 1941. The hydrodynamic theory of detonation and shock waves. O.S.R.D. Rept. 114.

McBride, B.J., and S. Gordon. 1996. Computer program for calculation of complex chemical equilibrium compositions and applications II. User's manual and program description. NASA Rept. NASA RP-1311-P2.

Mikelson, V.A. 1890. On the normal ignition velocity of explosive gaseous mixtures. Ph.D. dissertation, Moscow University.

Rankine, W.J. 1870. *Phil. Trans.* 160:277–288.

Reynolds, W.C. 1986. *The element potential method for chemical equilibrium analysis: Implementation on the interactive program STANJAN,* 3rd ed. Mech. Eng. Dept., Stanford University.

Scorah, R.L. 1935. *J. Chem. Phys.* 3:425.

Taylor, G.I. 1950. *Proc. R. Soc. Lond. A* 200:235.

von Neumann, J. 1942. Theory of detonation waves. O.S.R.D. Rept. 549.

Zeldovich, Ya. B. 1940. *Zh. Exp. Teor. Fiz.* 10(5):542–568. English translation, NACA TN No. 1261 (1950).

# 3 デトネーション生成物の動力学

## 3.1 はじめに

デトネーション波を横切る定常保存方程式の解のみから、定常CJ波が実験的に実現されうることが保証されるわけではない。前章では、保存方程式のある特定の解を除外するための試みの中で、物理的な議論（例えば安定性とエントロピーの考察）が示された。しかしデトネーションに対する保存方程式の解はデフラグレーションの場合と同様、燃焼生成物中の後方の境界条件とも整合しなくてはならない。下流の流れが亜音速である強いデトネーションに対しては、後方からの擾乱は上流へ伝播することができ、波に影響を及ぼす。したがって、その解が後方の境界条件を満たさなくてはならないことは明らかである。CJ判定基準ゆえに保存方程式の解を燃焼生成物の下流の流れと独立に決定できるチャップマン－ジュゲ（Chapman－Jouguet：CJ）デトネーションに対してさえ、生成物の非定常膨張に対する解はなお、CJ面における音速条件を満たさなくてはならない。しかし、いつでもこのようになるわけではない。例えば発散する円筒面および球面のデトネーションに対しては、CJデトネーションの後面における音速条件は特異点をもたらし、発散するCJデトネーションが存在するか否かという問いにつながる。したがって定常状態の保存則の解が存在するか否かは、その解が波の後方の燃焼生成物の動力学と整合するか否かにも依存する。デトネーション波が存在するためには、デトネーションを横切る保存則とデトネーション生成物の非定常流れを支配する方程式の両方が同時に満たされる必要がある。そのため本章では、定常伝播するデトネーションの後方の燃焼生成物の動力学を考察することにしよう。デトネーション波の後方の燃焼生成物の動力学に対する解を最初に導き出したのは、G. I. Taylor（1950）とZeldovich（1942）である。

## 3.2 基礎方程式

以下の解析では、比熱比$\gamma$が一定の完全気体を仮定しよう。平面、円筒面、球面の1次元気体力学方程式は次のように書ける。

$$\frac{\partial \rho}{\partial t} + \rho \frac{\partial u}{\partial r} + u \frac{\partial \rho}{\partial r} + \frac{j \rho u}{r} = 0 \qquad (3.1)$$

$$\frac{\partial u}{\partial t}+u\frac{\partial u}{\partial r}+\frac{1}{\rho}\frac{\partial p}{\partial r}=0 \tag{3.2}$$

$$\left(\frac{\partial}{\partial t}+u\frac{\partial}{\partial r}\right)\frac{p}{\rho^{\gamma}}=0 \tag{3.3}$$

ここで、$j=0, 1, 2$がそれぞれ平面、円筒面、球面に対応する。また、流体粒子の等エントロピー過程を仮定した。一定速度$D$で伝播する定常CJデトネーションに話を限ることにすると、デトネーションにおけるエントロピー増加は、すべての流体粒子に対して同じになる。したがって生成物の中のいたるところでエントロピーが等しい流れとなる（つまり$p/\rho^{\gamma}=\text{constant}$）。完全気体（$p=\rho RT$）に対しては、次の等エントロピー関係が得られる。

$$\frac{T}{p^{\frac{\gamma-1}{\gamma}}}=\text{constant}, \quad \frac{T}{\rho^{\gamma-1}}=\text{constant} \tag{3.4}$$

いま、$c^2=\gamma RT$なので、$T$を音速で置き換えることができ、

$$\frac{c}{p^{\frac{\gamma-1}{2\gamma}}}=\text{constant}, \quad \frac{c}{\rho^{\frac{\gamma-1}{2}}}=\text{constant} \tag{3.5}$$

と書ける。そして式（3．5）より、次のように書ける。

$$\frac{dc}{c}=\frac{\gamma-1}{2\gamma}\frac{dp}{p}=\frac{\gamma-1}{2}\frac{d\rho}{\rho}$$

等エントロピー流れに対しては、$p$と$\rho$を音速$c$と粒子速度$u$で置き換えることができる。いま2つの従属変数が存在しており、上式と関係式$c^2=\frac{\gamma p}{\rho}$を使い、式（3．1）、（3．2）は次のように書き換えられる。

$$\frac{\partial c}{\partial t}+c\frac{\gamma-1}{2}\frac{\partial u}{\partial r}+u\frac{\partial c}{\partial r}+\frac{\gamma-1}{2}\frac{jcu}{r}=0 \tag{3.6}$$

$$\frac{\partial u}{\partial t}+u\frac{\partial u}{\partial r}+c\frac{2}{\gamma-1}\frac{\partial c}{\partial r}=0 \tag{3.7}$$

自由に伝播するCJデトネーション波に対し、デトネーション後方の生成物の流れとして単純前進波の解を探そう。このことは、もし$c$と$u$が、ある位置、ある時刻に既知であれば、$c$と$u$は$t$だけ後の時刻には$(c+u)t$だけ離れたところで元と同じ値になっているということでもある。単純波の解を見つけるため、次のように独立変数および従属変数を無次元化する※1。

$$\xi=\frac{r}{Dt}, \quad \phi(\xi)=\frac{u}{D}, \quad \eta(\xi)=\frac{c}{D}$$

このとき、式（3．6）と式（3．7）は次のようになる。

---

※1：　いま考えている問題の特徴は、流れを規定する条件の中に「特性速度は存在するが、特性長は存在しない」という点にある。このような場合、次元解析の考えに基づけば、すべての物理量について、それらの空間分布は、空間座標$r$と時間$t$に対して必ず、速度の次元を持った組み合わせの積「$r/t$」という形を通じて依存していなければならない。そこで無次元変数として、$\xi=\frac{r}{Dt}$を使う。

$$\frac{2}{\gamma-1}(\phi-\xi)\eta'+\eta\phi'+\frac{j\eta\phi}{\xi}=0 \qquad （３．８）^{※2}$$

$$(\phi-\xi)\phi'+\frac{2}{\gamma-1}\eta\eta'=0 \qquad （３．９）$$

ここでプライム（′）は、$\xi$に関する微分を意味する。これらの式を導関数$\phi'$と$\eta'$について解くと、次のようになる。

$$\phi'=\frac{j\phi}{\xi}\frac{\eta^2}{(\phi-\xi)^2-\eta^2} \qquad （３．１０）$$

$$\eta'=-\frac{\gamma-1}{2}\frac{j\eta\phi}{\xi}\frac{\phi-\xi}{(\phi-\xi)^2-\eta^2} \qquad （３．１１）$$

平面の場合には$j=0$であり、自明な解$\phi'=\eta'=0$か、もしくは$\phi'$と$\eta'$が両方0でなく$(\phi-\xi)^2-\eta^2=0$であるような解が得られる。自明な解$\phi'=\eta'=0$に対しては、$\phi(\xi)=\text{constant}$および$\eta(\xi)=\text{constant}$となる。この解は、平面デトネーションの後方が一様流である場合に相当し、デトネーション波後面の流速と同じ速度でピストンがデトネーションを追いかけている場合にのみ実現される。２つ目の解では$(\phi-\xi)^2-\eta^2=0$であり、$\phi-\xi=\pm\eta$である。式（３．１０）を式（３．１１）で割ると、

$$\frac{\phi'}{\eta'}=-\left(\frac{2}{\gamma-1}\right)\frac{\eta}{\phi-\xi}$$

となり、$\phi-\xi=\pm\eta$を代入すると、

$$\frac{\phi'}{\eta'}=\mp\left(\frac{2}{\gamma-1}\right)$$

が得られる。これを積分すると、

$$\phi=\mp\left(\frac{2}{\gamma-1}\right)\eta+\text{constant}$$

となる。$\eta=\pm(\phi-\xi)$なので、この式はまた、

$$\phi=\frac{2}{\gamma+1}\xi+\text{constant}$$

とも書くことができ、$\eta(\xi)$は、

$$\eta(\xi)=\mp\frac{\gamma-1}{\gamma+1}\xi+\text{constant}$$

となる。これらの式の中の定数は、CJ面：$\xi=1$における境界条件（$\phi=\phi_1$と$\eta=\eta_1$）から決めることができる。したがって次のようになる。

---

※2：　式（３．８）について、原書では「$\cdots-\frac{j\eta\phi}{\xi}=0$」となっているが、これは誤りだと思われる。

$$\phi(\xi)=\left(\frac{2}{\gamma+1}\right)(\xi-1)+\phi_1 \qquad (3.12)$$

$$\eta(\xi)=\left(\frac{\gamma-1}{\gamma+1}\right)(\xi-1)+\eta_1 \qquad (3.13)^{※3}$$

式（３．１３）では、$\xi\le1$の領域を膨張流領域と考え、複号の＋を採用して $\eta\le\eta_1$となるようにした。式（３．１２）、（３．１３）より、デトネーション背後$(0\le\xi<1)$では流速も音速（温度）もデトネーションから離れるに従って低下することがわかる。音速（または温度）の分布がわかれば、圧力と密度の分布は等エントロピー関係式（すなわち式（３．５））からすぐにわかる。

デトネーションは圧縮波なので、デトネーション背後の流体はデトネーション波の伝播と同じ方向へ動いている。したがって、膨張波は流体を逆方向に加速する。式（３．１２）から、$\phi(\xi)=0$となるときの$\xi$の値：$\xi(\phi=0)$を次のように決定できる。

$$\xi(\phi=0)=1-\frac{\gamma+1}{2}\phi_1$$

CJ デトネーションが非常に強い（すなわち、$M_{\mathrm{CJ}}^2\gg1$）とき、デトネーション後面における流速は式（２．５９）より

$$\phi_1\approx\frac{1}{\gamma+1}$$

と近似できたので、$\xi(\phi=0)=0.5=x_0/Dt$を得る。これは、デトネーションが管の閉端から伝播してきた距離のおおよそ半分の位置で流速が0に低下するともいえる。その後方の$0\le\xi\le\xi(\phi=0)$ では$\phi=0$であり、生成物は静止しており、熱力学変数は一定値をとる。デトネーションのCJ 判定基準は $D-u_1=c_1$ だから、$u_1+c_1=D$あるいは$\phi_1+\eta_1=1$というように与えられる。したがって式（２．５８）、（２．６０）より$\eta_1=\gamma/(\gamma+1)$であり、$\xi=\xi(\phi=0)=1/2$では、式（３．１３）より$\eta(\phi=0)=0.5$となる。したがってデトネーション生成物のよどみ領域の圧力は、式（３．５）を使い次のように書ける。

$$\frac{p(\phi=0)}{p_1}=\left(\frac{c(\phi=0)}{c_1}\right)^{\frac{2\gamma}{\gamma-1}}=\left(\frac{\eta(\phi=0)}{\eta_1}\right)^{\frac{2\gamma}{\gamma-1}}$$

上記のように $\eta(\phi=0)=1/2$，$\eta_1=\gamma/(\gamma+1)$ だから、よどみ領域の圧力は $p(\phi=0)\simeq0.34p_1$（$\gamma=1.4$を仮定）あるいはCJ デトネーション圧力のおよそ1/3と計算される。

もし、デトネーションが管の開放端（$x=0$）から伝播する場合、流速は$\xi<\xi(\phi=0)$の領域では0を越えて減り続ける（つまり流れは逆向きとなり、デトネーションから管の開放端に向かって流れる）。管の開放端では、流速は式（３．１２）より次のようになる。

$$\phi(0)=\phi_1-\frac{2}{\gamma+1}=\frac{1}{\gamma+1}-\frac{2}{\gamma+1}=-\frac{1}{\gamma+1}$$

これはCJ デトネーション後面における流速と絶対値は同じであるが、向きが逆である。また

※3：　$0\le\xi=\frac{r}{Dt}\le1$ すなわち $0\le r\le Dt$ の領域では希薄波のために$\eta=\frac{c}{D}\le\eta_1=\frac{c_1}{D}$となっているはずだから、複号は+を選び$\eta(\xi)=\frac{\gamma-1}{\gamma+1}(\xi-1)+\eta_1$ $(\eta\le\eta_1 \text{ for } 0\le\xi\le1)$ としている。

管の開放端 $(\xi = 0)$ における音速は、式（3．1 3）より次のようになる。

$$\eta(0) = \eta_1 - \frac{\gamma - 1}{\gamma + 1} = \frac{\gamma}{\gamma + 1} - \frac{\gamma - 1}{\gamma + 1} = \frac{1}{\gamma + 1}$$

したがって開放端での圧力は

$$\frac{p(0)}{p_1} = \left( \frac{\eta(0)}{\eta_1} \right)^{\frac{2\gamma}{\gamma - 1}} = \left( \frac{1}{\gamma} \right)^{\frac{2\gamma}{\gamma - 1}}$$

であり、$\gamma = 1.4$ に対しては開放端（$x = 0$）において $p(0) \cong 0.1 p_1$ である。つまり、CJ デトネーション圧力の約 10%である。

前述したように、$\phi' = 0$ および $\eta' = 0$ の自明な解は、$\phi(\xi) = \text{constant}$，$\eta(\xi) = \text{constant}$ を与え、デトネーション後面においてその定数を定めると、

$$\phi(\xi) = \phi_1 = \text{constant}, \quad \phi(\xi) = \phi_1 = \text{constant}$$

となる。この解はデトネーションを後押しするピストンを必要とし、そのピストンは生成物の一様状態を維持するのに必要な速度で動かなければならない。したがってピストン速度は $\phi_p = \phi_1$ となり、ピストンの位置は $\xi_p = \phi_p = \phi_1$ となる。もしデトネーション生成物の一定状態を維持するのに必要な速度 $\phi_1$ よりもピストン速度が遅ければ、デトネーション背後に膨張波ができ、ピストン速度と同じになるまで流速を $\phi_1$ から低下させることになる。もしピストンが静止しているなら、強い膨張が起こり、$\phi(\xi)$ の値をデトネーション直後の $\phi_1$ から閉端での 0 へと変化させる。しかしデトネーション後面における $\phi_1$ の CJ 値よりも大きなピストン速度に対しては、ピストンからデトネーション後面まで流れが一様となり、デトネーションはピストン速度とデトネーション後面における流速とを一致させるためにオーバードリブン（過駆動）となる。

## 3．3　発散する円筒面・球面CJデトネーション

円筒面形状および球面形状に対しては、$j$ の値が 0 でない。この場合、円筒面（あるいは球面）の CJ デトネーション背後におけるデトネーション生成物の等エントロピー膨張に対しては、式（3．1 0）、（3．1 1）を解かなければならない。

時刻 $t = 0$ において円筒面（あるいは球面）のデトネーションが、瞬間的に $r = 0$ で生まれ、その後、爆発性混合気の CJ 速度に相当する一定速度で伝播すると仮定しよう。デトネーション後面 $(\xi = 1)$ では $\phi = \phi_1$，$\eta = \eta_1$ であり、CJ 条件：$\phi_1 + \eta_1 = 1$ が満たされなければならない。したがって CJ デトネーション後面では、式（3．1 0）および式（3．1 1）の分母がどちらも $(\phi_1 - 1)^2 - \eta_1^2 = 0$ となり、両式とも特異となる。平面の場合には $j = 0$ なので分子が 0 になり、導関数 $\phi_1$ と $\eta_1$ が有限である。しかし発散するデトネーションの場合には分子が 0 にならず、$\xi \to 1$ のとき、$\phi_1$ と $\eta_1$ は無限大となる。$\xi = 1$ において $\phi_1$ と $r_1$ の値は有限であるが、それらの勾配は無限大である。それゆえ $\xi = 1$ を始点として式（3．1 0）と式（3．1 1）を数値的に積分することができない。積分を進めるためには、特異点の近傍における解析解を探さなけれ

ばならない。そうすれば、特異点を避け、デトネーション後面からわずかに離れたところから数値積分を開始できる。デトネーション後面の近傍における解が次の級数で与えられると仮定する。

$$\phi(\xi) = a_0 + a_1 (1-\xi)^{\alpha} + \cdots \tag{3.14}$$

$$\eta(\xi) = b_0 + b_1 (1-\xi)^{\beta} + \cdots \tag{3.15}$$

このとき$\xi = 1$における境界条件から、$a_0 = \phi_1$と$b_0 = \eta_1$を得る。次に、係数（$a_1$と$b_1$）および指数（$\alpha$と$\beta$）を決定しなければならない。デトネーション後面では$\xi = 1-0$であり、そのときに$\phi$と$\eta$が有限であるためには、指数$\alpha$と$\beta$は正でなければならない。式（３．１４）と式（３．１５）から、次のように書ける。

$$\phi' = -a_1 \alpha (1-\xi)^{\alpha-1} + \cdots \tag{3.16}$$

$$\eta' = -b_1 \beta (1-\xi)^{\beta-1} + \cdots \tag{3.17}$$

いま$\xi \to 1-0$において$\phi' \to \infty, \eta' \to \infty$だから、$\alpha$と$\beta$は１より小さくなければならない。

基礎式（３．１０）、（３．１１）に式（３．１４）～（３．１７）に示した$\phi$, $\eta$, $\phi'$, $\eta'$についての式を代入すると、$a_0 + b_0 = \phi_1 + \eta_1 = 1,\ 0 < \alpha < 1,\ 0 < \beta < 1,\ \xi \to 1-0$に注意して、以下のようになる[※4]。

$$\begin{aligned} &2\alpha a_1^2 b_0 (1-\xi)^{2\alpha-1} + 2\alpha a_1 b_0 b_1 (1-\xi)^{\alpha+\beta-1} + \cdots \\ &\quad = j\left[ a_0 b_0^2 + a_1 b_0^2 \ (1-\xi)^{\alpha} + 2 a_0 b_0 b_1 (1-\xi)^{\beta} + \cdots \right] \end{aligned} \tag{3.18}$$

$$\begin{aligned} &2\beta b_0 b_1^2 \ (1-\xi)^{2\beta-1} + 2\beta a_1 b_0 b_1 (1-\xi)^{\alpha+\beta-1} + \cdots \\ &\quad = j \frac{\gamma-1}{2}\left[ a_0 b_0^2 \ - (a_0 - b_0) a_1 b_0 (1-\xi)^{\alpha} + a_0 b_0 b_1 (1-\xi)^{\beta} + \cdots \right] \end{aligned} \tag{3.19}$$

式（３．１８）、（３．１９）の右辺は、$\xi \to 1-0$において有限の値をとる。したがって式（３．１８）、（３．１９）の左辺も、$\xi \to 1-0$において有限の値をとらなければならない。式（３．１８）の左辺が$\xi \to 1-0$において有限の値となるためには「$2\alpha - 1 = 0$かつ$\alpha + \beta - 1 \geq 0$」か「$\alpha + \beta - 1 = 0$かつ$2\alpha - 1 \geq 0$」でなければならず、式（３．１９）の左辺が$\xi \to 1-0$において有限の値となるためには「$2\beta - 1 = 0$かつ$\alpha + \beta - 1 \geq 0$」か「$\alpha + \beta - 1 = 0$かつ$2\beta - 1 \geq 0$」でなければならない。これらすべての条件を満たすには「$\alpha = 1/2$かつ$\beta = 1/2$（このとき$\alpha + \beta - 1 = 0$）」であればよい。このとき式（３．１８）、（３．１９）より、$\xi \to 1-0$の場合を考えて、次のようになる。

$$a_1 = \pm \sqrt{\frac{2 j \phi_1 \eta_1}{\gamma + 1}} \tag{3.20}$$

---

※4：　式（３．１８）、（３．１９）について、原書では$\left(2\alpha a_1^2 b_0 (1-\xi)^{2\alpha-1} + 2 a_1 b_0 b_1 (1-\xi)^{\alpha+\beta-1} + \cdots\right) - j\left(a_0^2 b_0^2 + a_1 b_0^2 + (1-\xi)^2 + \cdots\right) = 0$（３．１８）、$\left(2\beta b_0 b_1^2 (1-\xi)^{2\beta-1} + 2\beta a_1 b_0 b_1 (1-\xi)^{\alpha+\beta-1} + \cdots\right) - j\frac{\gamma-1}{2} a_0 b_0^2 + \cdots = 0$（３．１９）となっているが、上記のようになると思われる。

$$b_1 = \pm\frac{\gamma-1}{2}\sqrt{\frac{2j\phi_1\eta_1}{\gamma+1}} \tag{3.21}$$

デトネーション後面の近傍における$\phi(\xi)$と$\eta(\xi)$の解は、以上より、

$$\phi(\xi) = \phi_1 \pm \sqrt{\frac{2j\phi_1\eta_1}{\gamma+1}}\sqrt{1-\xi} + \cdots \tag{3.22}$$

$$\eta(\xi) = \eta_1 \pm \left(\frac{\gamma-1}{2}\right)\sqrt{\frac{2j\phi_1\eta_1}{\gamma+1}}\sqrt{1-\xi} + \cdots \tag{3.23}$$

と書ける。式（３．２２）と式（３．２３）における２つの複号（±）は、発散する円筒面デトネーションまたは球面デトネーションの後方の等エントロピー流れに対して２つの解が存在しうることを表す。負の符号をとれば、これはCJデトネーション後方の等エントロピー膨張解に相当する。他方、正の符号をとれば、CJデトネーション後面の背後で$\phi$と$\eta$がさらに増大する等エントロピー圧縮解を与える。圧縮解はデトネーションの後方で運動する一定速度のピストンを必要とし、ピストンの位置は$\phi_p = \xi_p$で与えられる。こうして、流速とピストン速度が等しくなるピストン面での境界条件に相当する$\phi = \xi$まで、数値積分が進められる。平面CJデトネーションに対しては、デトネーション後面からピストン面まで流れが一様であることに注意されたい。発散するデトネーションに対しては、デトネーション後方における流れは非一様であり、円筒面形状もしくは球面形状に伴う面積の発散の埋め合わせとして、追加の圧縮が必要となる。

発散するCJデトネーションの後方の解の特異性は、定常発散CJ波が存在するか否かという問題を提起する。物理的にいえば、デトネーションのすぐ後方に無限大の膨張勾配が存在することは、保存則そのものの妥当性にいくらかの疑いを投げかける。デトネーションの波面構造を包み込む保存則は運動方程式を波面を横切って積分することで導出されるが、その際には波の上流と下流で物理量の勾配を無視できることが重要である※5。しかし発散するCJデトネーションの後面に無限大の膨張勾配※6が存在することは、定常保存方程式が妥当であるためには勾配が無視できるという必要条件に明らかに違反する。これは、Jouguet（1917）とCourant and Friedrichs（1948）との両方によって進められた解釈である。G. I. Taylor（1950）は、CJデトネーション後面に無限大の勾配が存在するという事実に付随する困難さを認めながらも、解によって記述される流体運動が現実の生成物流れのよい近似であることを妨げはしないと主張した。Taylorは、この近似の誤差は、反応領域の厚みのデトネーション面の半径に対する比のオーダーくらいであると述べた。この比はデトネーションが膨張すると無視できるくらい小さくなる。

もしデトネーションの曲率と有限の厚みを考慮するならば、デトネーションはもはやCJデトネーションではないかもしれないことに注意されたい。もしデトネーション後面における境

※5：　微分形式の運動方程式を積分して得られるわけではなく、「積分形式の保存則を検査体積に適用して得られる」というのが適切。ただ、「上流と下流で物理量の勾配を無視できることが重要」というのは正しい。

※6：　無限大の物理量勾配がある場合は粘性や熱伝導という輸送効果が効いてきて、式（３．２）、（３．３）も成立しなくなる。多くの物理現象では、輸送効果が特異性を消してくれる。

界条件がCJ判定基準に支配されないならば、波面における特異点の問題は生じない。Lee (1965) によって提案された他の議論は、一般的に球面デトネーション波の起爆にはかなり大きな点火エネルギーが使用されなければならないという事実に基づいている。したがって、デトネーション波は初期には強く過駆動（オーバードリブン）されることになり、その後、膨張とともに減衰する。過駆動デトネーションは後面で特異点を生まないので、起爆エネルギーを考慮するならば、球面デトネーションの存在についての疑問は生じない。しかし全域にわたって一定速度のCJデトネーションが得られるわけではなく、$R \to \infty$で漸近的に得られるのみである。

## 3.4　発散するデトネーションの後方におけるピストンの運動

式（3.22）と式（3.23）から、発散するCJデトネーションの後方には2つの解が存在しうる。圧縮解は、発散するCJデトネーションを背後から追いかけるピストンを必要とする。ピストンの速度はピストン表面における流速と等しく、$\phi = \xi$で表現される。しかし、もしピストンの速度が、（デトネーション後面からピストン面へと連続的に等エントロピー圧縮するための）臨界値よりも小さい場合には膨張解となり、この膨張波はピストンとCJデトネーションとの間に位置する2次衝撃波に追いかけられる。平面デトネーションの場合には、そのような衝撃波は必要とされず、膨張波は単純にピストンの速度と同じになるまで流速を低下させる。波面が発散する場合には、ピストンによって生成される圧縮流れを波面の発散によって生まれるデトネーション背後の膨張流れに適合させるため、2次衝撃波が必要となる。この問題を吟味し、様々なピストン速度に流れを適合させるために必要とされる2次衝撃波の強さを決定することは興味深い。

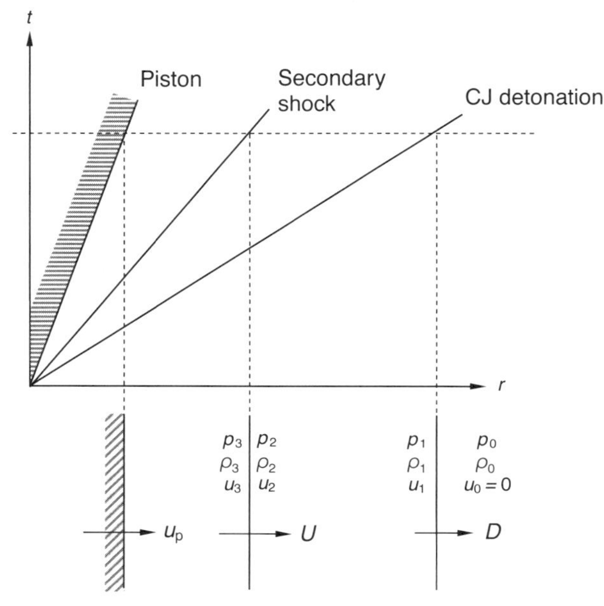


CJデトネーション背後における一定のピストン速度に対して、デトネーション後面から2次衝撃波まで、および2次衝撃波からピストン面までの自己相似流れを扱う。2次衝撃波の強

さは、これら２つの領域における自己相似流れが適合するように決まる。

流れに対する自己相似方程式は式（３．１０）と式（３．１１）によって与えられ、それらはデトネーション後面と２次衝撃波で挟まれた領域：$\xi_s \le \xi \le 1$の等エントロピー膨張流れに対して妥当である。また式（３．１０）と式（３．１１）は、２次衝撃波とピストン面で挟まれた領域：$\xi_p \le \xi \le \xi_s$の等エントロピー圧縮流れに対しても妥当である。２次衝撃波を横切る保存方程式は、

$$\rho_2 \left(U - u_2\right) = \rho_3 \left(U - u_3\right)$$
$$p_2 + \rho_2 \left(U - u_2\right)^2 = p_3 + \rho_3 \left(U - u_3\right)^2$$
$$h_2 + \frac{\left(U - u_2\right)^2}{2} = h_3 + \frac{\left(U - u_3\right)^2}{2}$$

と書ける。ここで、$h = e + \frac{p}{\rho}$は比エンタルピーである。

質量保存則より、

$$\frac{\rho_2}{\rho_3} = \frac{U - u_3}{U - u_2} \tag{3.24}$$

と書ける。そしてランキン–ユゴニオ（Rankine – Hugoniot）関係式によって与えられる垂直衝撃波前後の密度比は、式（２．７０）より、

$$\frac{\rho_2}{\rho_3} = \frac{\left(\gamma - 1\right) M_s^2 + 2}{\left(\gamma + 1\right) M_s^2} \tag{3.25}$$

となる。ここで、

$$M_s = \frac{U - u_2}{c_2} \tag{3.26}$$

である。

相似方程式中で使用した無次元変数を用いると、以下のように書ける。

$$M_s = \frac{\xi_s - \phi_2}{\eta_2} \tag{3.27}$$

ここで、$\xi_s = r_s / Dt = Ut / Dt = U / D$は衝撃波の位置[※7]、$\phi_2 = u_2 / D$は流速、$\eta_2 = c_2 / D$は２次衝撃波前面における音速である。式（３．２４）と式（３．２５）から、次のように書ける。

$$\frac{\rho_2}{\rho_3} = \frac{U - u_3}{U - u_2} = \frac{\xi_s - \phi_3}{\xi_s - \phi_2} = \frac{(\gamma - 1) M_s^2 + 2}{(\gamma + 1) M_s} \tag{3.28}$$

デトネーション後面：$\xi = 1$では、流速と音速はCJデトネーション前後のランキン–ユゴニオ方程式によって、式（２．４８）、（２．５０）、（２．５１）より、

$$\phi_1 = \frac{1 - \frac{1}{M_{CJ}^2}}{\gamma + 1}, \quad \eta_1 = \frac{\gamma + \frac{1}{M_{CJ}^2}}{\gamma + 1} \tag{3.29}$$

※7：　衝撃波速度$U$を一定としている。

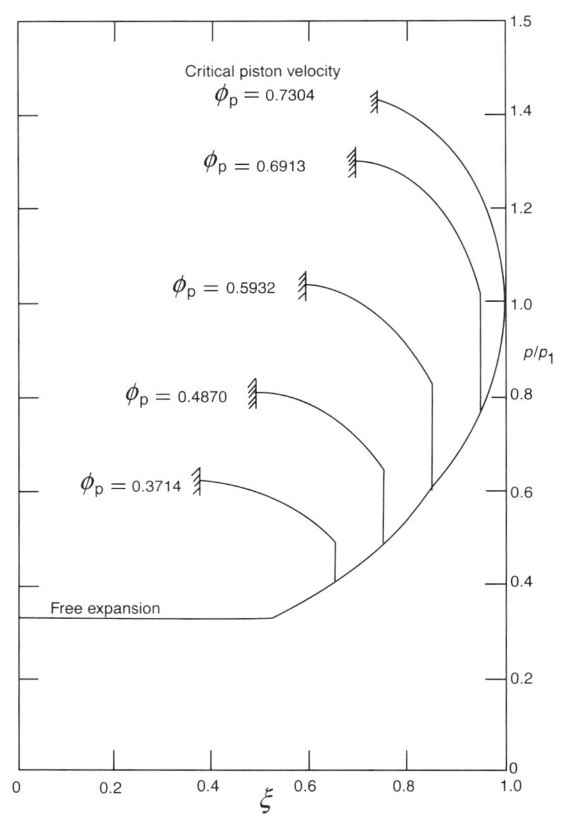


図３．１　様々なピストン速度に対する円筒面デトネーションの後方の圧力分布

と書かれる。発散するCJデトネーションの背後にピストンがある場合の解を得るために、式（３．１０）と式（３．１１）を、デトネーション背後の等エントロピー膨張流れに対して（式（３．２９）で与えられるCJ境界条件と、特異点を避けるための波面近傍の式（３．２２）と式（３．２３）で与えられる摂動解とを使って）数値的に積分する。ある特定の衝撃波位置$\xi_s$を仮定すると、流速$\phi_2$および衝撃波前面における音速$\eta_2$が数値積分から得られる。式（３．２７）から衝撃波マッハ数$M_s$、式（３．２８）から密度比が与えられる。理想気体中の垂直衝撃波に対する、マッハ数の関数としての流速と音速は、式（２．５３）、（２．５５）、（２．５６）より、以下のランキン-ユゴニオ方程式で与えられる※8。

$$\phi_3 = \phi_2 + \frac{2}{\gamma+1}\left(1-\frac{1}{M_s^2}\right)M_s\eta_2 \qquad (3.30)$$

$$\eta_3 = \eta_2\sqrt{\frac{2\gamma M_s^2}{(\gamma+1)^2}\left(\gamma-1+\frac{2}{M_s^2}\right)\left(1-\frac{\gamma-1}{2\gamma M_s^2}\right)} \qquad (3.31)$$

求めた$\phi_3$と$\eta_3$を使い、ピストン表面まで積分を続ける。ピストン表面では境界条件$\phi_p = \xi_p$が満たされなければならない。計算される圧力分布は図３．１のようである。

---

※8：　式（３．３０）について、原書では $\phi_3 = \frac{2}{\gamma+1}\left(1-\frac{1}{M_s^2}\right)$ となっているが、上記のようになるように思われる。

式（３．３１）も原書では $\eta_3 = \sqrt{\frac{2}{(\gamma+1)^2}\left(\gamma-1+\frac{2}{M_s^2}\right)\left(1-\frac{\gamma-1}{2\gamma M_s^2}\right)}$ となっているが、上記のようになると思われる。

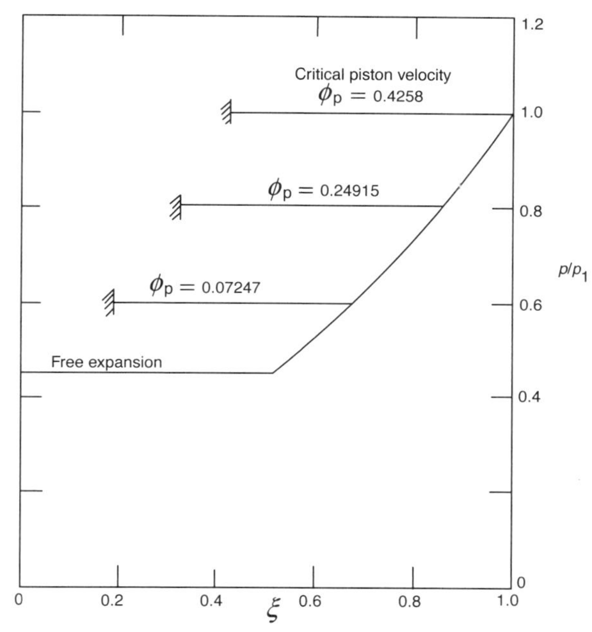


図３．２　様々なピストン速度に対する平面デトネーションの後方の圧力分布

ある与えられたピストン速度に対して、生成物はまずCJデトネーション後面（$\xi=1$）から２次衝撃波（$\xi=\xi_s$）まで等エントロピー的に膨張する。２次衝撃波の後方では、流れは等エントロピー的な圧縮へと切り替わり、ピストン面 $\phi=\xi$ に達する。ピストン速度が増加すると２次衝撃波の強さは減少するが、２次衝撃波そのものはデトネーション波面に向かって移動する（$\xi_s$が大きくなる）ことに注意されたい。臨界ピストン速度 $\phi_p^*$ のときに、２次衝撃波はCJ波後面と一体化し、その強さは等エントロピー圧縮波の強さまで減少する。また臨界ピストン速度では、デトネーション波の後方の流れは、デトネーション波後面からピストン表面までのいたるところで等エントロピー的である。他の限界値として、ピストン速度が０まで減少（つまり $\phi_p \to 0$）すると、２次衝撃波の位置は $\xi_s=\xi_0$（位置 $\xi_0$ は $\phi=0$ で特徴づけられる）に向かう傾向がある。２次衝撃波の位置が $\xi_s \to \xi_0$ になると、その強さは再び等エントロピー波の強さまで減少する。したがって２次衝撃波の強さは２つの限界値（$0 \le \phi \le \phi_1$）で等エントロピー波にまで低下し、$\xi_0 \le \xi_s \le 1$ の領域のどこかで最大値に達する。

平面波の場合は、平面デトネーション波の後方の等エントロピー膨張が以下のように解析的に与えられる（式３．１２、３．１３）ので、２次衝撃波は音波である（つまり２次衝撃波は存在しない）と容易に示すことができる。

$$\phi(\xi)=\frac{2}{\gamma+1}(\xi-1)+\phi_1$$

$$\eta(\xi)=\frac{\gamma-1}{\gamma+1}(\xi-1)+\eta_1$$

２次衝撃波の強さ（式３．２６、３．２７）

$$M_s=\frac{U-u_2}{c_2}=\frac{\xi_s-\phi_2}{\eta_2}$$

は、平面デトネーション波後方の解析解を用いて、

$$M_{\mathrm{s}} = \frac{\xi_{\mathrm{s}} - \left( \dfrac{2}{\gamma+1}\left(\xi_{\mathrm{s}} - 1\right) + \phi_1 \right)}{\dfrac{\gamma-1}{\gamma+1}\left(\xi_{\mathrm{s}} - 1\right) + \eta_1} \tag{3.32}$$

と書くことができる。$u_1 + c_1 = D$ あるいは $\phi_1 + \eta_1 = 1$ というCJ条件により、式（３．３２）から $M_{\mathrm{s}} = 1$ が得られる。したがって平面波では、デトネーションの後方の膨張流れは単純に、流速 $\phi$ がピストン速度に一致するときの $\xi$ の値で終わる（図３．２）。ピストンと２次衝撃波の間の面積の発散がなければ、２次衝撃波（この場合は $M_{\mathrm{s}} = 1$ の弱い不連続面※9）からピストン面までは単純に均一な領域となる。$\phi_{\mathrm{p}} \to 0$ のとき、２次衝撃波の位置は（３．２節で議論したように）$\xi_{\mathrm{s}} \to \xi_0 \approx 1/2$ となる。

円筒面および球面のCJデトネーションの後面近傍では、式（３．２２）、（３．２３）で $\phi(\xi), \eta(\xi)$ に対する解析的な式が与えられるため、２次衝撃波がデトネーション後面近傍にあるときは衝撃波の強さ $M_{\mathrm{s}}$ に対する式を次のように得ることができる。

$$M_{\mathrm{s}} = \frac{\xi_{\mathrm{s}} - \phi_2}{\eta_2} = \frac{\xi_{\mathrm{s}} - \left( \phi_1 - \sqrt{\dfrac{2j\phi_1\eta_1}{\gamma+1}}\sqrt{1-\xi_{\mathrm{s}}} + \cdots \right)}{\eta_1 - \dfrac{\gamma-1}{2}\sqrt{\dfrac{2j\phi_1\eta_1}{\gamma+1}}\sqrt{1-\xi_{\mathrm{s}}} + \cdots} \tag{3.33}$$

CJ判定基準によって与えられる $\eta_1 = 1 - \phi_1$ という条件を用いることにより、式（３．３３）から、$\xi_{\mathrm{s}} \to 1$ のときに $M_{\mathrm{s}} \to 1$ が得られる。よって２次衝撃波は、デトネーション後面に近づく（$\xi_{\mathrm{s}} \to 1$）につれ衰えて（等エントロピー）圧縮波に変わる。この場合、デトネーション後面からピストン面 $\phi_{\mathrm{p}}^*$ までの流れ場全体が等エントロピー圧縮流れとなる。

$\xi_{\mathrm{s}} \to \xi_0$ および $\phi_{\mathrm{p}} \to 0$ である他の極限でも $M_{\mathrm{s}} \to 1$ を示せる。$\phi_{\mathrm{p}} \to 0$（すなわちピストン運動なし）のとき、$\xi_0 \le \xi \le 1$ の全領域で流れは等エントロピー膨張であり、また $0 \le \xi \le \xi_0$ の領域は $\phi = 0$ であるような均一な静止領域である。また $\xi = \xi_0$ の近傍で、$\phi(\xi)$ および $\eta(\xi)$ に対する解析的表現が得られる。$\xi \to \xi_0$ のときは $\phi_{\mathrm{p}} \to 0$ かつ $\eta \to \mathrm{constant}$ なので、$\xi = \xi_0$ の近傍で

$$\begin{aligned} \phi(\xi) &= \phi^{(1)}(\xi - \xi_0) + \cdots \\ \eta(\xi) &= \eta^{(0)} + \eta^{(1)}(\xi - \xi_0) + \cdots \end{aligned} \tag{3.34}$$

と書ける。式（３．３４）の $\xi - \xi_0$ での展開の係数は、相似方程式の式（３．１０）と式（３．１１）に、式（３．３４）を代入することによって得られる。いまの場合、係数 $\eta^{(0)}$ だけ決まれば十分であり※10、実際に行ってみると $\eta^{(0)} = \xi_0$ となる※11。これと式（３．３４）を $M_{\mathrm{s}}$ についての式（３．２７）に代入すると

---

※9：　原書では等エントロピー圧縮波と書いてあるが、均一な領域だから圧縮はないので上記のように表現した。

※10：　$\xi_{\mathrm{s}} \to \xi_0$ のときのマッハ数を計算したいから、$\eta^{(0)}$ だけ決めれば十分である。

※11：　式（３．１０）、（３．１１）で $\phi \to 0$ のときに $\phi', \eta'$ が有限なら、$(\phi - \xi)^2 - \eta^2 \to \xi_0^2 - \eta^2 \to 0 \Rightarrow \eta - \xi_0$ となる。また、実際に計算すると、$\phi^{(1)} = \dfrac{2}{\gamma+1}\left(1 + \dfrac{j}{2}\right)$，$\eta^{(1)} = \dfrac{\gamma-1}{\gamma+1}\left(1 - \dfrac{j}{2}\right)$ なる。

$$M_s = \frac{\xi_s - \phi^{(1)}(\xi_s - \xi_0) + \cdots}{\xi_0 - \eta^{(1)}(\xi_s - \xi_0) + \cdots}$$

を得る。$\xi_s \to \xi_0$のとき、再度、$M_s \to 1$となる。したがって、CJ デトネーションの背後の非定常流れの領域の圧縮または膨張の２つの極限において、２次衝撃波の強さは等エントロピー波にまで弱まる。円筒面デトネーションに対して、その位置により変化する２次衝撃波の強さの様子を図３．３に示す※12。

ピストン速度の極限間：$0 \leq \phi_p \leq \phi_p^*$で、定常 CJ 円筒面デトネーションまたは定常 CJ 球面デトネーションの後方の流れは、等エントロピー圧縮または等エントロピー膨張となりうる。２つの極限間にあるピストン速度に対しては２次衝撃波が存在しなければならないし、２次衝撃波によって流れが膨張領域と圧縮領域に分割される。デトネーション後面における CJ 境界条件は特異点を発生させ、定常発散 CJ デトネーションの存在に疑いを投げかける。しかし、（１）対称中心から瞬時に CJ デトネーションが生まれるとする仮定や、（２）デトネーション面に厚みがない（そうすれば曲率がその背後のデトネーションの状態に全く影響を与えない）とする仮定は、現実的ではない。発散する波の後方における燃焼生成物の動力学に対する自己相似解を得るためには、これらの仮定を受け入れることが必要である。デトネーションの後面に特異点を有するという結果は、この特異性の物理的な意味を熟考すべき根拠というわけではない。G. I. Taylor が指摘したとおり、自己相似解は実際の流れ場に対するよい近似を提供し、この特異性によってもたらされる物理的な問題を討論する必要性を軽減してくれる。

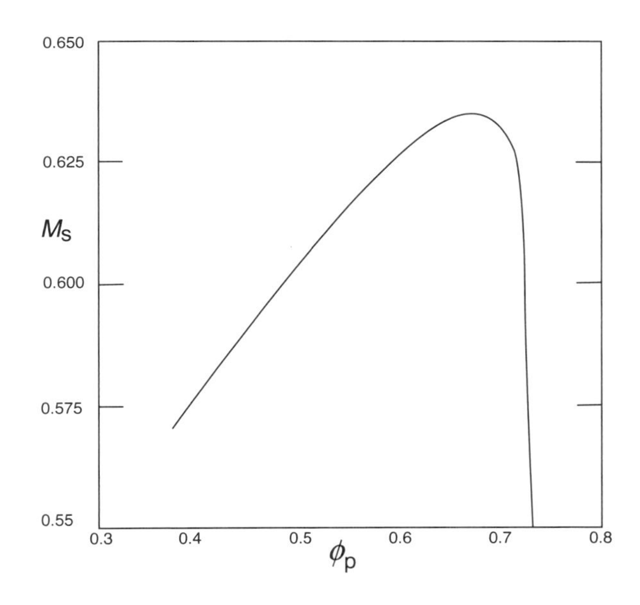


図３．３　円筒面デトネーションの場合のピストン速度に対する２次衝撃波速度の変化

※12：　原書でも図３．３の縦軸は$M_s$となっているが、１より小さい値となっているので、音速以外の量で無次元化されていると思われる。

## ３．５　不均一媒体内の発散デトネーション

３．３節では、発散する（円筒面または球面）CJ デトネーション波の後方における燃焼生成物の動力学が吟味され、CJ 面で解が特異となることがわかった。この特異性は、デトネーションの後面で勾配が無限大になるという形をとり、定常発散 CJ デトネーションが存在するか否かという問題を提起する。数学的な観点からは、特異点は受け入れられない。なぜなら、特異点は、デトネーション波を横切るような保存則の積分形を無効とするからである。しかし、もしデトネーションが不連続面として取り扱えるほど薄ければ、(G. I. Taylor が主張したように）膨張の特異性はデトネーションに対して圧縮不連続面を仮定する場合のその不連続性と同じ程度の話だと主張してもよい。したがって、解はなお現実の運動をよく表現しているとみてよいだろう。注意すべきことは、CJ デトネーション後面において運動の方程式（式（３．１０）と式（３．１１））の分母が0になるのに発散デトネーションでは分子が0にならないということの結果が特異性だということである。ここで分子が0にならないのは、幾何因子 $j$ が0でない（円筒面および球面形状に対し、それぞれ $j=1,2$）ためである。しかし、もし媒質の密度がはじめに不均一であるような場合を考えるなら、初期の密度勾配場により相似方程式の分子に付加的な項が現れる。この項は CJ 面において分子を0にできるような余分の自由度を提供し、発散する CJ デトネーションの伝播に対して特異性のない解を見つけられるようにしてくれるかもしれない。そのような解は、３．３節で解析した均一密度媒体内の発散 CJ 波の特異的な挙動について、何らかの物理的洞察を提供してくれるだろう。

爆発性媒体の初期密度が、以下のべき乗則で与えられると仮定しよう。

$$\rho_0(r)=Ar^{\omega} \qquad (3.35)$$ ※13

もし完全気体、つまり状態方程式 $p=\rho RT$ を仮定するなら、密度の変化は、もし温度が均一なら圧力が同様に変化していることを意味し、もし圧力が均一なら温度が $T\propto 1/r^{\omega}$ というように変化していることを意味する。ここでは、温度が均一である場合を考えよう。密度が不均一な媒体に対する質量保存および運動量保存の相似方程式※14 は次のようになる。

$$\frac{2}{\gamma-1}(\phi-\xi)\eta'+\eta\phi'+\frac{j\eta\phi}{\xi}=0 \qquad (3.36)$$

$$\frac{2}{\gamma-1}\left[1+\frac{\omega}{\gamma(j+1)}\right]\eta\eta'+\left[(\phi-\xi)+\frac{\eta^2\omega}{\gamma(j+1)(\phi-\xi)}\right]\phi' +\frac{\eta^2\omega}{\gamma\xi}\left[1-\frac{\phi}{(j+1)(\phi-\xi)}\right]=0 \qquad (3.37)$$

これらを導関数 $\phi'$ および $\eta'$ について解くと、

※13：　半径方向に質量密度が変化している媒質中を「定速の」デトネーションが伝播すると、デトネーションの後面の密度は $r$ の関数となる。デトネーションの後面の（残された痕跡としての）密度の空間分布が式（３．３５）のようになる場合を考えるということである。このとき後面におけるエントロピーも $r$ の関数となるので、デトネーション背後では、流体粒子のエントロピーは保存されるが、空間的にエントロピーが一様になるわけではない。

※14：　式（３．３６）、（３．３７）の導出を章末に示す。

$$\phi' = \frac{\eta^2\left(j\frac{\phi}{\xi}+\frac{\omega}{\gamma}\right)}{(\phi-\xi)^2-\eta^2} \tag{3.38}$$

$$\eta' = \frac{-\frac{\gamma-1}{2}\eta\left(j\frac{\phi(\phi-\xi)}{\xi}+\frac{\omega}{\gamma}\frac{\eta^2}{\phi-\xi}\right)}{(\phi-\xi)^2-\eta^2} \tag{3.39}$$

を得る。$\omega=0$で$\rho_0=A=\text{constant}$のとき、式（３．３８）と式（３．３９）は、３．３節で先に解析した均一密度の場合の式（３．１０）と式（３．１１）に帰着する。

パラメータ$\omega$の値は、任意にはとれない。質量積分（すなわち、デトネーションの半径が$R_S(t)$であるような、いかなる瞬間においてもデトネーションで囲まれた領域の全質量の保存）を考えると、

$$\int_0^{R_S} k_j\rho(r)r^j dr = \int_0^{R_S} k_j\rho_0(r)r^j dr$$

と書ける。ここで$j=1,2$に対し、それぞれ$k_j=2\pi$, $4\pi$となる。$\rho_0(r)=Ar^{\omega}$を用いると上の式は、

$$\int_0^{R_S}\rho(r)r^j dr = \frac{AR_S^{(j+\omega+1)}}{j+\omega+1} \tag{3.40}$$

となる。上式から、デトネーションで囲まれた領域の質量が有限でなければならないならば$j+\omega+1>0$であり、したがって、

$$\omega > -(j+1) \tag{3.41}$$

である。つまり円筒面形状では$\omega \geq -2$、球面形状では$\omega \geq -3$である。

CJ デトネーションに対して、デトネーション後面における$\phi$と$\eta$に対する境界条件は、式（３．２９）より、

$$\phi_1 = \frac{M_{CJ}^2-1}{M_{CJ}^2(\gamma+1)}$$

$$\eta_1 = \frac{\gamma M_{CJ}^2+1}{M_{CJ}^2(\gamma+1)}$$

で与えられる。ここで、$M_{CJ}^2=2(\gamma^2-1)q/c_0^2$（式（２．７８）の下の式）である。

また、CJ 判定基準は$\phi_1+\eta_1=1$を必要とする。したがって式（３．３８）と式（３．３９）の分母はデトネーション後面$(\xi=1)$において０となり、特異性を生む。（式（３．４１）を満たす）任意の$\omega$の値に対して CJ 面で分子が０となることはありえず、均一密度の場合と同様、再び特異点となる。式（３．３８）と式（３．３９）の積分を実行するためには今回も、積分開始条件を得ることになり CJ 面$(\xi=1)$近傍の摂動解を求めなければならない。３．３節と同様の解析を実行すると、以下の結果が得られる。

$$\phi(\xi) = \phi_1 \pm \sqrt{\frac{2\eta_1\left(j\phi_1+\frac{\omega}{\gamma}\right)}{\gamma+1}}\sqrt{1-\xi}+\cdots \tag{3.42}$$

$$\eta(\xi)=\eta_1\pm\frac{\gamma-1}{2}\sqrt{\frac{2\eta_1\left(j\phi_1+\dfrac{\omega}{\gamma}\right)}{\gamma+1}}\sqrt{1-\xi}+\cdots \qquad (3.43)$$

$\omega=0$のとき、これらの式は式（3．22）と式（3．23）に帰着する。

式（3．42）と式（3．43）を用いると、CJ デトネーション後面$(\xi=1)$の極めて近傍で、$\phi$と$\eta$に対する開始値を得ることができ、ある与えられた$\omega$の値に対して$\phi(\xi)$と$\eta(\xi)$の解を得るための数値積分が可能となる。式（3．42）と式（3．43）の中の複号（±）は、発散するCJ デトネーションの後方の膨張解と圧縮解に相当する。式（3．42）と式（3．43）では、$\omega\geq-\gamma j\phi_1$とならなければならず、さもなければ係数が虚数となることに注意されたい。

不均一な密度の媒質に対しては、CJ 面で式（3．38）と式（3．39）の分子が0になることを要求し、特異点のない解を探すこともできる。式（3．38）と式（3．39）を調べれば、特定の値

$$\omega=-j\gamma\phi_1 \qquad (3.44)$$

に対し、CJ 面で分母が0になるとき、同時に分子も0になることがわかる。この場合の解を得るには、$\phi'$も$\eta'$も不確定なので、再びデトネーション後面近傍における摂動解を探さなければならない。級数展開して、$\xi=1$近傍の解を

$$\phi(\xi)=\phi_1+a_1(1-\xi)+\cdots \qquad (3.45)$$

$$\eta(\xi)=\eta_1+b_1(1-\xi)+\cdots \qquad (3.46)$$

と書き※15、これらを式（3．38）と式（3．39）に代入すると、係数に対し次の式を得る。

$$a_1=\frac{j\eta_1(a_1+\phi_1)}{2(a_1+b_1+1)} \qquad (3.47)$$

$$b_1=-\frac{j(\gamma-1)}{4}\left[\frac{2\phi_1(a_1+b_1+1)-\eta_1(a_1+\phi_1)}{a_1+b_1+1}\right] \qquad (3.48)$$

これらを得る際にはCJ 条件$\phi_1+\eta_1=1$を使用し、また式（3．38）と式（3．39）の分子を0にする$\omega$の特定の値（式3．44）を使用した。式（3．47）を用いると、式（3．48）は

$$b_1=-\frac{\gamma-1}{2}(j\phi_1-a_1)$$

と書け、$b_1$に対するこの式を式（3．48）に代入することで、係数$a_1$のための2次方程式を得る。

$$(\gamma+1)a_1^2+\left[2-j(\eta_1-\phi_1+\gamma\phi_1)\right]a_1-j\phi_1\eta_1=0 \qquad (3.49)$$

この式から$a_1$の2つの根の値および対応する2つの$b_1$の値が与えられる。この場合も、2つの根はCJ 波後方の膨張解と圧縮解を示す。摂動式の係数が決定されると、デトネーション後面近傍における$\phi(\xi)$と$\eta(\xi)$の値が得られる。これらを開始値として用いると、式（3．38）と式（3．39）は数値積分でき、密度が不均一な媒質中の発散CJ 波に対する特異点のない

※15：　今回は特異点ではないので、テイラー（Taylor）展開の１次の項までを素直にとる。

解が得られる。

式（３．３８）と式（３．３９）に対して以下のような非常に単純な解が存在することにぜひ注目してほしい。

$$\phi(\xi) = \phi_1 \xi \tag{3.50}$$

$$\eta(\xi) = \eta_1 \xi \tag{3.51}$$

この解に対応する$\omega$の値を見つけるために、式（３．５０）と式（３．５１）を式（３．３８）に代入すると

$$\phi_1 = \frac{\eta_1^2 \left( j\phi_1 + \dfrac{\omega}{\gamma} \right)}{(\phi_1 - 1)^2 - \eta_1^2} \tag{3.52}$$

を得る。この式を$\eta_1^2$に対して解くと、次のようになる。

$$\eta_1^2 = \frac{\phi_1 (\phi_1 - 1)^2}{(j+1)\phi_1 + \dfrac{\omega}{\gamma}} \tag{3.53}$$

$\eta_1^2$に対する第２の表現は式（３．５０）と式（３．５１）を式（３．３９）に代入することによって得られ、

$$1 = \frac{-\left( \dfrac{\gamma - 1}{2} \right)\left( j\phi_1 (\phi_1 - 1) + \dfrac{\eta_1^2 \omega}{\gamma(\phi_1 - 1)} \right)}{(\phi_1 - 1)^2 - \eta_1^2} \tag{3.54}$$

となる。式（３．５２）を式（３．５４）で除すると、

$$\phi_1 = \frac{\eta_1^2 \left( j\phi_1 + \dfrac{\omega}{\gamma} \right)}{-\left( \dfrac{\gamma - 1}{2} \right)\left( j\phi_1 (\phi_1 - 1) + \dfrac{\eta_1^2 \omega}{\gamma(\phi_1 - 1)} \right)}$$

となり、これを$\eta_1^2$に対して解くと、

$$\eta_1^2 = \frac{-j\phi_1^2 \dfrac{\gamma - 1}{2} (\phi_1 - 1)^2}{j\phi_1 (\phi_1 - 1) - \left( 1 - \dfrac{\gamma + 1}{2} \phi_1 \right) \dfrac{\omega}{\gamma}} \tag{3.55}$$

となる。そして式（３．５５）と式（３．５３）を等しいとおいて$\eta_1^2$を消去すると、

$$\phi_1 = \frac{2}{2 + (\gamma - 1)(j + 1)} \tag{3.56}$$

となる。$\phi(\xi)$と$\eta(\xi)$に対する解が式（３．５０）と式（３．５１）の形のとき、デトネーション後面における$\phi$と$\eta$の値は、それぞれ式（３．５６）と式（３．５３）で与えられる。ただしデトネーション後面での$\phi_1$と$\eta_1$に対するこれらの値は、以下のデトネーション波に対するランキン−ユゴニオ関係式※16も満たさなくてはならない。

※16：　式(２．４２)、(２．４３)、(２．４８)、(２．５０)、(２．５１)より。

$$\phi_1 = \frac{1+S}{\gamma+1} \tag{3.57}$$

$$\eta_1^2 = \frac{\gamma(1+S)(\gamma-S)}{(\gamma+1)^2} \tag{3.58}$$

ただし、ここで、

$$S = \sqrt{1-2(\gamma^2-1)\eta\frac{q}{c_0^2}} \tag{3.59}$$

であり、また（式（３．５９）では）$\eta = 1/M_s^2$である。上記の式の中では$\eta \ll 1$を仮定し、１に比べて$\eta$を無視した。しかし$\eta q/c_0^2$は１と同じオーダーであり、無視できない。$S=0$であるCJ デトネーションに対しては、式（３．５９）を解くと

$$M_{CJ}^2 = 2(\gamma^2-1)\frac{q}{c_0^2}$$

を得る。

また、ランキン–ユゴニオ関係式の中で強いデトネーションに相当する（複号の）符号をとったことにも注意されたい。弱いデトネーションの解に対する符号は無視する。さらに式（３．５０）と式（３．５１）で与えられる単純な解では、オーバードリブンデトネーション波面が一定速度で伝播する。これはデトネーション前方の初期密度勾配の結果である。デトネーション前方で密度が低下していく状況は、デトネーションを増幅させ、面積の発散による減衰の効果と競合する傾向がある。一定速度の波は、これらの２つの競合する効果の釣り合いを表す。

特定の値の$\omega$について解くため、保存方程式から求まる$\phi_1$と$\eta_1$の値と、ランキン–ユゴニオ関係式によって与えられる波の値を等しいとする。式（３．５７）を用いて式（３．５８）から$S$を消去すると、

$$\eta_1^2 = \gamma\phi_1(1-\phi_1) \tag{3.60}$$

が得られる。式（３．５３）中の$\eta_1^2$を式（３．６０）で置換し、$\omega$について解くと、

$$\omega = (1-\phi_1) - \gamma\phi_1(j+1)$$

が得られる。$\phi_1$に対する式（３．５６）をこの式に代入することで、

$$\omega = -\frac{(\gamma+1)(j+1)}{2+(\gamma-1)(j+1)} \tag{3.61}$$

が得られる。よって発散する球面波に対しては、$j=2$として、

$$\omega = -\frac{3(\gamma+1)}{3\gamma-1} \tag{3.62}$$

となり、円筒面波に対しては、$j=1$として、

$$\omega = -\frac{\gamma+1}{\gamma} \tag{3.63}$$

となる。デトネーション速度を求めるために、$\phi_1$に対する式（３．５６）を式（３．５７）に代入すると、$S$の値は

$$S=\frac{(j+1)-\gamma(j-1)}{2+(\gamma-1)(j+1)} \tag{3.64}$$

となる。この式は、$j=1$の円筒波面形状に対しては特に単純となり、

$$S=\frac{1}{\gamma}$$

となる。デトネーションのマッハ数は、式（3．6 4）と式（3．5 9）の$S$を等しいとして得られる。

したがって、もし爆発性媒体の初期密度が不均一であるならば、密度変化の指数の値$\omega$を調節することによってCJデトネーション面が特異点とならないような解を得ることができる。また、密度勾配の増幅効果が面積発散による減衰効果とちょうど釣り合うときには、一定速度のオーバードリブンデトネーションを得ることさえできる。

古典的CJ理論では、その後流における生成物の非定常流れに対する解の考察は必要とされないが、より厳密な理論では、生成物に対する解についても考察しなければならない。物理的に可能な解として受け入れられるのは、そのデトネーション速度ではデトネーション後方の流れが特異点を持たないような場合だけである。

数学的考察からは、解の特異性ゆえ、一定速度で伝播する円筒面あるいは球面のCJデトネーションは存在しないということを受け入れることになるだろう。物理的な観点からは、起爆エネルギーを0とする仮定の方がおそらく、より深刻な問題点である。円筒面デトネーションあるいは球面デトネーションの瞬間的な直接起爆には、対称中心にかなりの量の点火エネルギーを与える必要がある。起爆エネルギーを考慮すると、デトネーションの初期の伝播は実のところ、減衰していく強いブラスト波である。それゆえ、この反応性のブラスト波の漸近的な減衰を調べ、そのブラスト波が対称中心から遠く離れたところでCJデトネーションへと近づいていくことを観察することが重要である。G. I. Taylorが示唆したように、この漸近的な減衰の研究によって、ここで記した自己相似解が本当に発散するデトネーションのよい近似的表現になっているかどうかを明らかにすべきである。

## 3.6 おわりに

CJ理論を使うと、デトネーション後方の境界条件を考慮することなくデトネーション速度が決定されうる（ただし後面の流れが亜音速である強いデトネーションの解は除く）。しかしCJデトネーションが存在するためには、生成物の非定常流れの解がCJデトネーション後面の定常的な境界条件に整合しなければならない。平面波の場合に、リーマン（Riemann）解がデトネーション後面における音速条件を満たし、その解は連続的となる。発散する（円筒面あるいは球面の）デトネーションの場合は、生成物の非定常膨張の解をCJデトネーション後面の音速条件に整合させようとすると特異点ができてしまう（つまり無限大の膨張勾配ができてしまう）。原理的には、これは受け入れられない状況であり、したがって定常伝播する発散CJデトネーションは存在しないと考えられる。一方、発散する強いデトネーションと弱いデトネー

ションは特異点の問題を引き起こさないが、他の考察から除外される。音速特異点において正則解を要求することが、実は保存則から正しい解を選択するためのより厳密な数学的判定基準となる。von Neumannの病的な（pathological）デトネーションおよび摩擦、曲率、熱伝達を考慮する非理想デトネーションについては、望ましい解を決定するのは、音速特異点に達するときの正則解の判定基準である。これは一般化CJ判定基準（generalized CJ criterion）と呼ばれている。

通常の平面CJデトネーションに対しては、一般化CJ判定基準を用いると、音速条件に達すると積分方程式の分子もまた消える（つまり0になる）ので同じ結果となり、これはCJ理論が要求しているように化学的な平衡に達したことを示している。このようにデトネーション生成物の動力学の研究と、生成物の解とデトネーション後面での境界条件との適合性は、一般化CJ判定基準へつながっている。この数学的な立場からのより厳密な判定基準は、平面CJ理論が破綻するような場合（すなわち病的なデトネーションおよび非理想デトネーション）へと適用範囲を広げる。

### ●訳者による補足：式（3．36）、（3．37）の導出

質量保存則：
$$\frac{\partial \rho}{\partial t}+\rho\frac{\partial u}{\partial r}+u\frac{\partial \rho}{\partial r}+\frac{j\rho u}{r}=0 \tag{3.1}$$

運動量保存則：
$$\frac{\partial u}{\partial t}+u\frac{\partial u}{\partial r}+\frac{1}{\rho}\frac{\partial p}{\partial r}=0 \tag{3.2}$$

エントロピー保存則：
$$\left(\frac{\partial}{\partial t}+u\frac{\partial}{\partial r}\right)\frac{p}{\rho^{\gamma}}=0 \tag{3.3}$$

から出発する。式（3．3）は、式（3．1）を使い、次のようにも書ける。

$$\text{式}(3.3)\Rightarrow\frac{\partial p}{\partial t}+u\frac{\partial p}{\partial r}-\frac{\gamma p}{\rho}\left(\frac{\partial \rho}{\partial t}+u\frac{\partial \rho}{\partial r}\right)=0\Rightarrow\frac{\partial p}{\partial t}+u\frac{\partial p}{\partial r}+\gamma p\frac{\partial u}{\partial r}+\gamma j\frac{pu}{r}=0 \tag{A 3.1}$$

ここで、次の変数変換と初期密度$\rho_0$の分布を使う。

$$\xi=\frac{r}{Dt},\quad \phi(\xi)=\frac{u}{D},\quad f(\xi)=\frac{p}{\rho_0 D^2},\quad \psi(\xi)=\frac{\rho}{\rho_0},\quad \rho_0=Ar^{\omega}$$
$$\left(\frac{\partial}{\partial t}=\frac{\partial \xi}{\partial t}\frac{d}{d\xi}=-\frac{\xi}{t}\frac{d}{d\xi},\quad \frac{\partial}{\partial r}=\frac{\partial \xi}{\partial r}\frac{d}{d\xi}=\frac{\xi}{r}\frac{d}{d\xi}\right) \tag{A 3.2}$$

このとき、質量保存則は

$$(\phi-\xi)\psi'+\psi\phi'+(j+\omega)\frac{\psi\phi}{\xi}=0 \tag{A 3.3}$$

となり、運動量保存則は

$$(\phi-\xi)\phi'+\frac{\omega f}{\xi\psi}+\frac{f'}{\psi}=0 \tag{A 3.4}$$

となり、エントロピー保存則は

$$(\phi-\xi)f'+\gamma f\phi'+(\gamma j+\omega)\frac{f\phi}{\xi}=0 \tag{A 3.5}$$

となる。さらに、変数変換

$$\eta = \sqrt{\frac{\gamma f}{\psi}} = \frac{\sqrt{\frac{\gamma p}{\rho}}}{D} = \frac{c}{D} \Rightarrow f = \frac{\psi \eta^2}{\gamma} \tag{A 3.6}$$

を使うと、式（A 3．3）より

$$\begin{aligned}
&(\phi-\xi)\psi' + \psi\phi' + (j+\omega)\frac{\psi\phi}{\xi} = 0 \Rightarrow (\phi-\xi)\frac{\psi'}{\psi} + \phi' - 1 + 1 + \frac{j+\omega}{\xi}(\phi-\xi+\xi) = 0 \\
&\Rightarrow (\phi-\xi)\frac{\psi'}{\psi} + \phi' - \xi' + \frac{j+\omega}{\xi}\left[(\phi-\xi)+\xi\right] + 1 = 0 \\
&\Rightarrow (\phi-\xi)\frac{\psi'}{\psi} + (\phi-\xi)' + \frac{j+\omega}{\xi}(\phi-\xi) + j + \omega + 1 = 0 \\
&\Rightarrow \frac{\psi'}{\psi} + \frac{(\phi-\xi)'}{\phi-\xi} + \frac{j+\omega}{\xi} + \frac{j+\omega+1}{\phi-\xi} = 0
\end{aligned} \tag{A 3.7}$$

と書け、式（A 3．5）より

$$\begin{aligned}
&(\phi-\xi)f' + \gamma f\phi' + (\gamma j+\omega)\frac{f\phi}{\xi} = 0 \\
&\Rightarrow (\phi-\xi)\frac{f'}{f} + \gamma\phi' - \gamma + \gamma + \frac{\gamma j+\omega}{\xi}(\phi-\xi+\xi) = 0 \\
&\Rightarrow (\phi-\xi)\frac{f'}{f} + \gamma(\phi'-\xi') + \frac{\gamma j+\omega}{\xi}\left[(\phi-\xi)+\xi\right] + \gamma = 0 \\
&\Rightarrow (\phi-\xi)\frac{f'}{f} + \gamma(\phi-\xi)' + \frac{\gamma j+\omega}{\xi}(\phi-\xi) + \gamma(j+1) + \omega = 0 \\
&\Rightarrow \frac{f'}{f} + \gamma\frac{(\phi-\xi)'}{\phi-\xi} + \frac{\gamma j+\omega}{\xi} + \frac{\gamma(j+1)+\omega}{\phi-\xi} = 0
\end{aligned} \tag{A 3.8}$$

と書ける。そして式（A 3．7）、（A 3．8）より、次のように書ける。

$$\begin{aligned}
&\frac{\psi'}{\psi} + \frac{(\phi-\xi)'}{\phi-\xi} + \frac{j+\omega}{\xi} + \frac{j+\omega+1}{\phi-\xi} = 0 \Rightarrow -\frac{1}{\phi-\xi} = \frac{1}{j+\omega+1}\left[\frac{\psi'}{\psi} + \frac{\phi-\xi)'}{\phi-\xi} + \frac{j+\omega}{\xi}\right] \\
&\frac{f'}{f} + \gamma\frac{(\phi-\xi)'}{\phi-\xi} + \frac{\gamma j+\omega}{\xi} + \frac{\gamma(j+1)+\omega}{\phi-\xi} = 0 \\
&\Rightarrow -\frac{1}{\phi-\xi} = \frac{1}{\gamma(j+1)+\omega}\left[\frac{f'}{f} + \gamma\frac{(\phi-\xi)'}{\phi-\xi} + \frac{\gamma j+\omega}{\xi}\right] \\
&\Rightarrow \left[\gamma(j+1)+\omega\right]\frac{\psi'}{\psi} - (j+\omega+1)\frac{f'}{f} + (\omega-\gamma\omega)\frac{(\phi-\xi)'}{\phi-\xi} + \omega(\gamma-1)\frac{1}{\xi} = 0 \\
&\Rightarrow \left[\gamma(j+1)+\omega\right]\frac{\psi'}{\psi} - (j+\omega+1)\frac{f'}{f} - \omega(\gamma-1)\frac{(\xi-\phi)'}{\xi-\phi} + \omega(\gamma-1)\frac{1}{\xi} = 0
\end{aligned} \tag{A 3.9}$$

上式を積分すると、次のように書ける。

$$\begin{aligned}
&\left[\gamma(j+1)+\omega\right]\ln\psi - (j+\omega+1)\ln f - \omega(\gamma-1)\ln(\xi-\phi) + \omega(\gamma-1)\ln\xi = \ln K\ \text{constant}) \\
&\Rightarrow \ln\left[\frac{\psi^{\gamma(j+1)+\omega}}{f^{j+\omega+1}}\left(\frac{\xi}{\xi-\phi}\right)^{\omega(\gamma-1)}\right] = \ln K \Rightarrow \frac{\psi^{\gamma(j+1)+\omega}}{f^{j+\omega+1}}\left(\frac{\xi}{\xi-\phi}\right)^{\omega(\gamma-1)} = K(\text{constant}
\end{aligned} \tag{A 3.10}$$

もし $\omega=0$ なら

$$\frac{\psi^{\gamma(j+1)}}{f^{j+1}}=K \Rightarrow \frac{\psi^{\gamma}}{f}=K^{\frac{1}{j+1}} \Rightarrow \frac{\rho^{\gamma}}{p}=\text{constant} \Leftrightarrow \frac{p}{\rho^{\gamma}}=\text{constant} \tag{A 3.11}$$

となる。つまり式（A 3．1 0）は、$s=\text{constant}$ の場合の式（A 3．1 1）に相当する式である。さて式（A 3．9）より、次のように書ける。

$$\frac{\psi'}{\psi}=\frac{1}{\gamma(j+1)+\omega}\left[(j+\omega+1)\frac{f'}{f}-\omega(\gamma-1)\left(\frac{1}{\xi}-\frac{1-\phi'}{\xi-\phi}\right)\right] \tag{A 3.12}$$

また式（A 3．6）より、次のように書ける。

$$df=\frac{\eta^2}{\gamma}d\psi+2\frac{\psi\eta}{\gamma}d\eta \Rightarrow \frac{f'}{\psi}=\frac{\eta^2}{\gamma}\frac{\psi'}{\psi}+2\frac{\eta}{\gamma}\eta' \tag{A 3.13}$$

これらを使うと、$\psi', f'$ について次のように書ける。

$$\begin{aligned}\frac{\psi'}{\psi}&=\left[2\frac{j+\omega+1}{(\gamma-1)(j+1)}\frac{\eta'}{\eta}-\frac{\omega}{j+1}\left(\frac{1}{\xi}-\frac{1-\phi'}{\xi-\phi}\right)\right]\\ \frac{f'}{\psi}&=\left[\frac{\omega+\gamma(j+1)}{(\gamma-1)(j+1)}\right]2\frac{\eta\eta'}{\gamma}-\frac{\omega}{j+1}\frac{\eta^2}{\gamma}\left(\frac{1}{\xi}-\frac{1-\phi'}{\xi-\phi}\right)\end{aligned} \tag{A 3.14}$$

これらを使い、質量保存則：式（A 3．3）と運動量保存則：式（A 3．4）は、次のように書ける。

$$(\phi-\xi)\psi'+\psi\phi'+(j+\omega)\frac{\psi\phi}{\xi}=0 \Rightarrow \frac{2}{\gamma-1}(\phi-\xi)\eta'+\eta\phi'+\frac{j\eta\phi}{\xi}=0 \tag{3.36}$$

$$\begin{aligned}&(\phi-\xi)\phi'+\frac{\omega f}{\xi\psi}+\frac{f'}{\psi}=0\\ &\Rightarrow \frac{2}{\gamma-1}\left[1+\frac{\omega}{\gamma(j+1)}\right]\eta\eta'+\left[(\phi-\xi)+\frac{\eta^2\omega}{\gamma(j+1)(\phi-\xi)}\right]\phi'+\frac{\eta^2\omega}{\gamma\xi}\left[1-\frac{\phi}{(j+1)(\phi-\xi)}\right]=0\end{aligned} \tag{3.37}$$

## 参考文献


Courant, R., and K.O. Friedrichs. 1948. *Supersonic flow and shock waves*, Interscience Publ.

Jouguet, E. 1917. *La mécanique des explosifs*, 359–366. Paris: Ed. Doin.

Lee, J.H.S. 1965. *Proc. Combust. Inst.* 10:805.

Taylor, G.I. 1940. Report to the Ministry of Home Security. Also 1950 *Proc. R. Soc.Lond. A* 200:235.

Zeldovich, Ya. B., 1942. *Zh. Eksp. Teor. Fiz.* 12:389–406.

# 4 デトネーションの層流構造

## 4.1 はじめに

第2章で議論したデトネーション波の気体力学的解析では、保存方程式は上流と下流の平衡状態のみを基礎としており、デトネーション構造の内部にわたる詳細な状態変化は考慮されなかった。上流の初期状態が与えられると、可能な下流状態の軌跡はユゴニオ（Hugoniot）曲線によって与えられる。初期状態から最終状態に至る状態変化はレイリー（Rayleigh）線に沿って起こるが、もし上流と下流の間の関係だけを知りたいのであれば、レイリー線に沿った中間状態は考える必要がない。つまり、ユゴニオ曲線とレイリー線の交点に対応する最終状態を得るだけで事足りる。

デトネーションの気体力学理論は上流と下流の平衡状態間の関係だけを考慮しているので、衝撃波、デトネーション波、デフラグレーション波のすべてについて、波を横切る保存方程式を用いて解析することができる。保存方程式では、波の中における状態変化の機構を指定する必要はない。しかしながら、この波の中の状態変化領域を記述するためには、デトネーション波の構造のモデルを明示しなければならない。モデルによって、初期状態から最終状態への状態変化を引き起こす物理的および化学的な過程が指定される。デトネーション研究の初期のパイオニアらのほとんどは、現象を議論する中で暗黙裡にデトネーションの伝播の原因となる機構を提案した。Mallard and Le Châtelier（1881）は、デトネーションは化学反応を開始させる急激な断熱圧縮波として伝播すると述べ、その伝播速度は生成物の音速と同程度となるはずだと述べた。Berthelot（1882）は、デトネーション速度と生成物のガスの平均分子速度（つまり音速）とを断熱定圧燃焼過程の温度に基づいて比較した。Dixon（1893）は、デトネーション生成物の温度は、断熱定圧燃焼過程よりも断熱定容燃焼過程の方に近いようだと指摘した。Vieille（1899）はデトネーションを、化学反応によって支えられた不連続面として記述し、その化学反応はその不連続面自身によって誘起されると述べた。そして、（$2H_2+O_2$の混合気に対して）その圧力を40 barと計算したが、この値は先頭衝撃波直後のフォンノイマン（von Neumann）圧力スパイクにほぼ対応するものである。またBecker（1917）も、デトネーション波中での化学反応の開始における衝撃波加熱の役割について認識していたが、衝撃波における断熱圧縮のみで化学反応が点火温度にまで持っていかれるというLe Châtelierの見解は受け入れなかった。Beckerは、反応領域からの熱伝導も、衝撃波昇温された気体中の急速な化学反応の始まりに関係すると仮定した。しかし衝撃波とは対照的に、熱伝導と粘性の効果は（たとえあるにしても）デトネーション構造において微々たる役割しか果たさない。というのも、反応領域は（デトネーション構造中で）ずっと遠くの下流に位置し、比較的長い反応誘導領域によって衝撃波から分離されているからである。したがって化学反応は、先頭衝撃波の断熱昇温によって開始されるはずである。

デトネーション構造に対するモデル（一般的にZNDモデルと呼ばれている）は、形式的にはZeldovich（1940）、von Neumann（1942）、Döring（1943）の功績であるが、彼らのアイデアは本質的には、先人たちのアイデアから発展したものである。ZNDモデルを次の略図に示す。

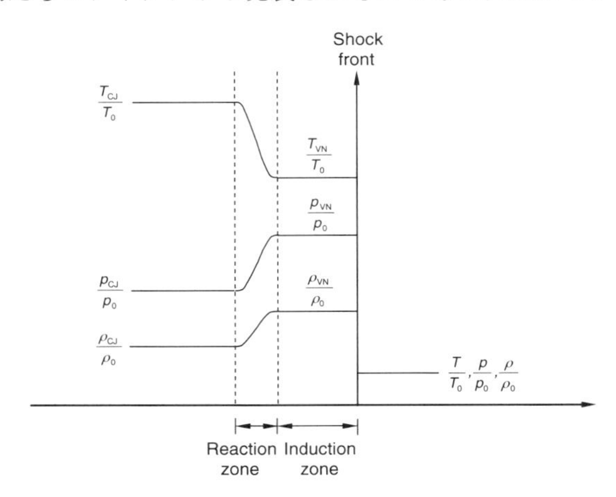


ZNDモデルは、デトネーション構造が、反応物を断熱圧縮して点火温度に昇温する先頭衝撃波を含んでいることを表立って述べている。そして、この衝撃波に続く（反応）誘導領域では、衝撃波昇温された分子の熱解離によって活性ラジカル種が生成される。十分な濃度の活性ラジカル種が生成された時点で、急速な連鎖分枝反応によって反応物が生成物へと変換される。一般的に誘導領域は熱的にほとんど中立であり、したがって衝撃波昇温された混合気の温度は、誘導領域を通じてほぼ一定に維持される。反応領域中の急速な化学エネルギーの放出はさらなる温度上昇をもたらし、それに対応して圧力と密度の低下をもたらす。（ピストンなどで）支持されていないデトネーション波では、反応領域内の気体の膨張によって圧力がさらに低下する。この膨張によって気体は逆向き（波面から離れる方向）に加速され、この膨張が先頭衝撃波の伝播を支持する前向きの力を生み出す。このようにZNDモデルでは、デトネーション波のための点火機構と（先頭衝撃波）駆動機構の両方が明示される。

Zeldovich（1940）のオリジナルの論文では、反応領域内の熱および運動量の（つまり摩擦による）損失がデトネーションの伝播に及ぼす影響に関心が置かれていた。彼は、管壁がデトネーション速度に及ぼす影響のほか、デトネーションが可能な最小サイズの管直径についても研究した。von Neumann（1942）による、弱いデトネーションの可能性についての研究はデトネーション構造内において化学反応の異なる進行状態に対応した中間状態を考慮することにつながった。von Neumannは、部分的に反応したユゴニオ曲線が存在し、その曲線がある反応進行度に対応した状態の軌跡を表すと仮定した。このような部分的に反応した様々な状態を通る状態変化の経路について考察したことにより、von Neumannは弱いデトネーションの解を実現するための条件を確立した。しかし彼は、デトネーション構造内の熱力学的状態の変化を記述する保存方程式を積分して解析をより深めるということはしなかった。Becker 指導下の学生だった Döring は、Becker が以前に行ったデトネーションの研究を継続し、デトネーション構造のより詳細な解析を行った。彼は保存方程式を積分し、デトネーション構造における熱力学変数の空間分布を得た。

デトネーションは、ほぼすべての実際的な爆発性混合気において本質的に不安定であり、デトネーションの定常1次元平面構造は、実験ではほとんど実現されないということに注意すべきである。しかし ZND 構造はなお重要なモデルであり、このモデルを用いて、デトネーション過程に対応する気体力学的条件の下での爆発的な反応の、詳細な化学動力学を研究することができる。また ZND デトネーションの層流構造の解析により、デトネーション過程に対する化学上の特性長が与えられ、その特性長は現実のデトネーションパラメータと相互に関係している。

## 4.2 理想気体に対するZND構造

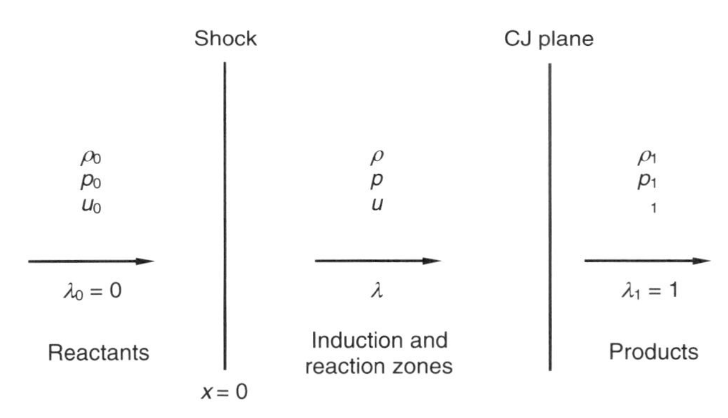


はじめに比熱比が一定値$\gamma$の完全気体という最も単純な場合に対する ZND 構造を解析しよう。化学反応は一段階のアレニウス型速度則で記述する。上に示す、デトネーション波に固定した座標系からみたデトネーションを横切る流れの図を参照し、定常1次元流れに対する保存方程式を、

$$\frac{d}{dx}(\rho u)=0 \tag{4.1}$$

$$\frac{d}{dx}\left(p+\rho u^2\right)=0 \tag{4.2}$$

$$\frac{d}{dx}\left(h+\frac{u^2}{2}\right)=0 \tag{4.3}$$

と書く。ここで、

$$h=\frac{\gamma}{\gamma-1}\frac{p}{\rho}-\lambda Q \tag{4.4}$$

である。$Q$は単位質量あたりの反応熱であり、$0\leq\lambda\leq1$は反応進行度である。式（4.3）を展開し式（4.4）を代入すると

$$\frac{dh}{dx}+u\frac{du}{dx}=\frac{\gamma}{\gamma-1}\left(\frac{1}{\rho}\frac{dp}{dx}-\frac{p}{\rho^2}\frac{d\rho}{dx}\right)-\frac{d\lambda}{dx}Q+u\frac{du}{dx}=0 \tag{4.5}$$

となる。式（4．1）と式（4．2）から、

$$\frac{d\rho}{dx}=-\frac{\rho}{u}\frac{du}{dx},\quad \frac{dp}{dx}=-\rho u\frac{du}{dx}$$

が得られ、これらを式（4．5）に代入し、$\frac{dp}{dx}$ と $\frac{d\rho}{dx}$ を削除して、

$$\frac{du}{dx}=\frac{(\gamma-1)uQ\frac{d\lambda}{dx}}{c^2(1-M^2)} \tag{4.6}$$

を得る。ここで関係式 $c^2=\gamma p/\rho$ と $M=u/c$ を用いた。また $dx=udt$ であるから式（4．6）を

$$\frac{du}{dx}=\frac{(\gamma-1)Q\frac{d\lambda}{dt}}{c^2(1-M^2)} \tag{4.7}$$

と表すこともできる。

もしここで反応速度則を指定すれば、上式は数値的に積分できる。理論的および数値的なデトネーション研究で広く使われている単純な速度則は一段階アレニウス型速度則で、

$$\frac{d\lambda}{dt}=k(1-\lambda)e^{-E_a/RT} \tag{4.8}$$

である。アレニウス型速度則は、指定が必要な２つの定数（すなわち頻度因子 $k$ と活性化エネルギー $E_a$）を含む。

ZND 構造は、次のように決定される。最初に、与えられた $\gamma$ と $Q$ の値に対して CJ 理論からデトネーション速度が得られる。先頭衝撃波直後のフォンノイマン状態は、垂直衝撃波のランキン–ユゴニオ関係式から求められる。そして、圧力と密度の関数としての音速の式、完全気体に対する状態方程式、$u$ と $c$ を関連づけるマッハ数の定義式、および質量と運動量の保存式（これらは密度と圧力を流速に関係づける）を用いることにより、式（4．7）と式（4．8）は同時に積分することができ、積分は先頭衝撃波から CJ 面へと進む。ここで、CJ 状態はすでに CJ 理論から決定されている。典型的な温度と圧力の空間分布を図４．１に示す。

一段階アレニウス型速度則の場合、ZND 構造を支配する最も重要なパラメータは活性化エネルギーであり、それは化学反応速度の温度変化に対する敏感さの尺度である。活性化エネルギーが低ければ、先頭衝撃波の後方で化学反応はゆっくりと進行する。逆に活性化エネルギーが高ければ、最初のうちは反応速度が遅いが、温度が $E_a/R$ のオーダーのある値を超えると急に速くなる。このことは長い反応誘導期間の後に比較的短時間で反応が最後まで急速に進むことを意味する。異なる値の活性化エネルギーに対応する温度分布の比較を図４．２に示す。また、温度変化に敏感だと（すなわち活性化エネルギーが大きいと）ZND 構造は不安定になりがちである。なぜなら、小さな温度擾乱でも反応速度を大きく変化させることになるためである。しかし定常１次元方程式を使用すると、いかなる時間依存性も排除されるため、不安定性が定常１次元モデルで現れることはない。

式（4．7）の積分において、先頭衝撃波後方の流れのマッハ数は最初、亜音速であるが、

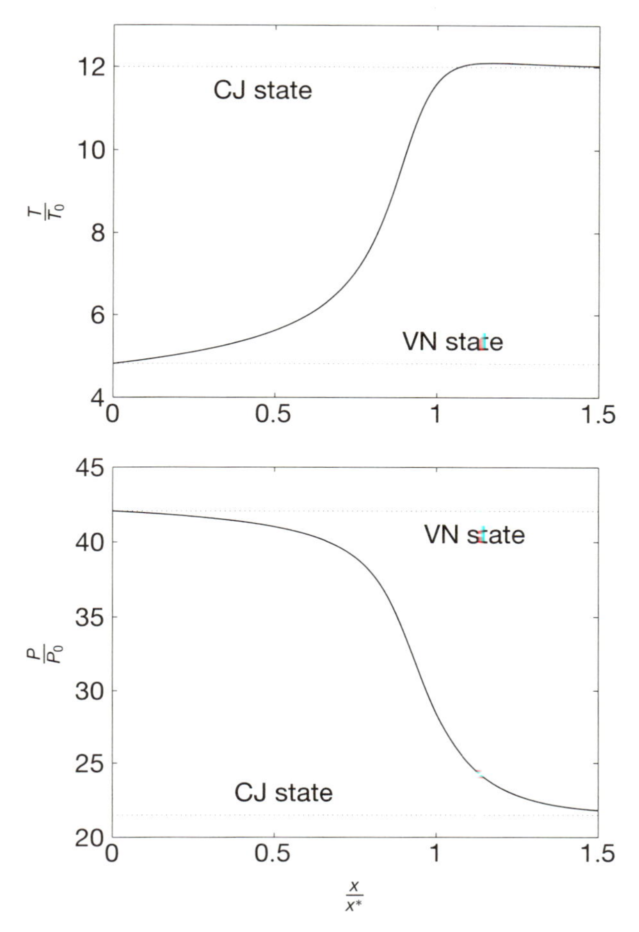


図４．１　ZNDデトネーションの典型的な温度と圧力の分布（$\gamma = 1.2$, $E_a = 50RT_0$, $Q = 50RT_0$）
ここで、$x^*$はZND半反応距離である。

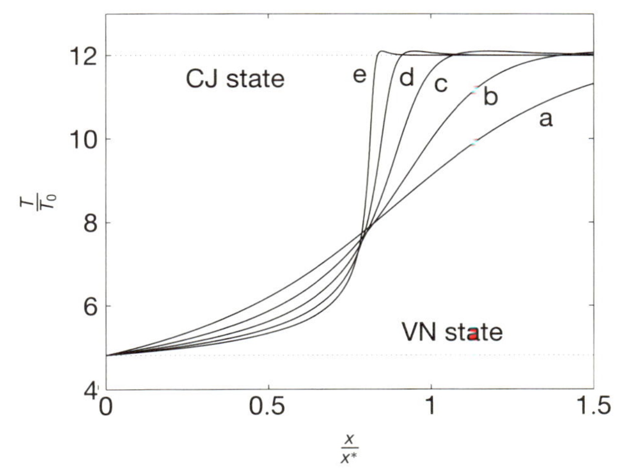


図４．２　活性化エネルギーの温度分布への影響（$\gamma = 1.2$, $Q = 50RT_0$）
曲線の a, b, c, d, e がそれぞれ $E_a / RT_0 = 30, 40, 50, 60, 70$ に対応。

エネルギーが放出されて化学反応が進み完了へと近づくにつれ、マッハ数は漸進的に１に向かって増加する。$\lambda \to 1$ および $M \to 1$ になるにつれ、式（４．７）の分母は０に近づき、分子も同時に0とならない限り特異となる。もしCJ速度が使われるなら、分母で$1-M^2 \to 0$となるにつれ、同時に分子で$d\lambda/dt \to 0$となる。CJ理論では、音速面（すなわちレイリー線と平衡ユゴニオ曲線との接点）は、すべての化学反応が完了する化学平衡面（すなわち$\lambda=1, d\lambda/dt=0$に対応する。したがって、式（4．7）の数値積分を開始するためのフォンノイマン状態を計算する際にCJ理論から決まるデトネーション速度を使用することで、音速面（$M=1$）に到達するときに化学平衡へ近づくことが保証される。

代わりに、デトネーション速度の望ましい解を得るための基準として正則条件（つまり分母が0に近づくにつれて分子が0になる）も使用できる。この場合は、デトネーション速度を事前に知っている必要はない。その代わり、最初にある任意の先頭衝撃波速度を仮定してフォンノイマン状態を計算し、それからZND構造を求めるために式（4．7）の積分を進める。積分を進めて$M \to 1$となるにつれ分母は0となるが、デトネーション速度が任意に選択された値であるため、分子は必ずしも同時に0とはならないかもしれない。したがって音速特異点で正則条件を満たす正しいデトネーション速度を得るために、繰り返し計算を行わなければならない。こうしてデトネーション速度も決定することができる。決定されたデトネーション速度は、爆発性混合気が互いに交差するような中間状態のユゴニオ曲線を持たないならば、CJ理論から得られる値とも一致すべきである。こうして得られるデトネーション状態は、しばしば固有値デトネーションと呼ばれる。

一般に、正則条件を課すことで決定されるデトネーション状態は、もし$1-M^2 \to 0$のときに平衡に達するならば、CJ理論から得られるものと同じになるべきである。この場合には、固有値デトネーションはCJデトネーションと同じである。しかし、平衡CJデトネーション速度とは異なるデトネーション速度を与えることができるような運動学的機構が存在する。つまり曲率、摩擦および熱損失を考慮に入れるためのソースタームを含む保存方程式に対しては、正則条件が定常デトネーション状態を得るための唯一の方法なのである。なぜなら、デトネーションを横切る1次元定常保存方程式の中に付加的なソースタームがあるときにはCJ理論が破綻してしまうからである。

式（4．6）もまた、1次元定常圧縮性加熱流れに対するもっと親しみやすい式に変換可能であり、そこでは流れのマッハ数の変化は加熱量（もしくは全エンタルピーの増加量）の関数として与えられる。加熱量は、

$$d(\lambda Q) = dq = dh_0 = c_p\, dT_0 = \frac{dc_0^2}{\gamma-1}$$

と書くことができる。ここで$h_0, T_0, c_0$は、それぞれ淀み点における比エンタルピー、温度、音速を表す。式（4．6）を流れのマッハ数の変化に対する式に変換するため、以下の関係式を使う。まずマッハ数の定義$M=u/c$から、

$$\frac{dM}{M} = \frac{du}{u} - \frac{dc}{c}$$

と書ける。同様に音速の式$(c^2=\gamma RT)$と完全気体の状態方程式$(p=\rho RT)$に対して、

$$2\frac{dc}{c}=\frac{dT}{T},\quad \frac{dp}{p}=\frac{d\rho}{\rho}+\frac{dT}{T}$$

を得る。また連続の式および運動量の式から

$$d(\rho u)=0,\quad \frac{du}{u}=-\frac{d\rho}{\rho}$$

および

$$d(p+\rho u^2)=0,\quad \frac{dp}{p}=-\gamma M^2\frac{du}{u}$$

が得られる。これらの式を使い、式（４．６）は

$$\frac{dM}{M}=\frac{(1+\gamma M^2)\left(1+\frac{\gamma-1}{2}M^2\right)}{2(1-M^2)}\frac{dT_0}{T_0} \tag{4.9}$$ ※1

と書ける。この式は、熱が流れに付加されると全温度とともにマッハ数がどう変化するかを与える。この式を積分し、

$$\frac{T_0}{T_0^*}=\frac{2(\gamma+1)M^2\left(1+\frac{\gamma-1}{2}M^2\right)}{(1+\gamma M^2)^2} \tag{4.10}$$

が得られる。ここで、$T_0^*$ は $M=1$ のときの全温度である。ある与えられた初期マッハ数に対し、流れに付加できる最大の加熱量は、$M\rightarrow 1$ のときの加熱量である※2。このことから最大加熱量は

$$q_{\max}=h_0^*-h_0=c_p(T_0^*-T_0)=c_p T_0\left(\frac{T_0^*}{T_0}-1\right)$$

と書け、

$$\frac{q_{\max}}{c_p T_0}=(\gamma-1)\frac{q_{\max}}{c_0^2}=\frac{T_0^*}{T_0}-1$$

となる。$T_0^*/T_0$ に対する式（４．１０）を用いて、この式は

$$2(\gamma^2-1)\frac{q_{\max}}{c_0^2}=\frac{(M^2-1)^2}{M^2\left(1+\frac{\gamma-1}{2}M^2\right)} \tag{4.11}$$

となる。この式は、最大加熱量 $q_{\max}$ が流れをちょうどチョークさせる（すなわち、$M\rightarrow 1$）ような初期のマッハ数$M$を与える。別の言い方をすれば、もし $q_{\max}$ を指定すれば$M$は、$q_{\max}$ が流れに付加されるときに流れが音速流れとなるような初期マッハ数である。流れのマッハ数はレイリー線（式２．９）の傾きによって与えられ、$q_{\max}$ は平衡ユゴニオ曲線を決定する。式（４．１１）はCJマッハ数を与え、ゆえにレイリー線の傾きを与える。しかし初期状態から平

---

※1：　この式を導くには $c_pT+\frac{u^2}{2}=c_pT_0 \Rightarrow \frac{T_0}{T}=1+\frac{\gamma-1}{2}M^2$ も必要。

※2：　このことは、式（４．９）より「$M\rightarrow 1$ のときに $dT_0\rightarrow 0$」であることからわかる。

衡ユゴニオ曲線上の最終状態に至るには２つの可能な経路が存在する。それはレイリー線に沿って初期状態から最終状態に直接行く経路と、はじめにレイリー線に沿った衝撃波ユゴニオ曲線にジャンプし※3、その後、衝撃波直後の状態（すなわちフォンノイマン状態）から熱を放出しつつ同じレイリー線に沿って戻り、平衡ユゴニオ曲線に至る経路である。熱力学的状態はそこに至る経路に依存しないので、初期状態から平衡ユゴニオ曲線上の最終状態に至る２つの経路の等価性を検証することは興味深かろう。

もし最初に初期状態からフォンノイマン状態へ行けば、垂直衝撃波後方の流れのマッハ数 $M_1$ は、

$$M_1^2 = \frac{2+(\gamma-1)M_s^2}{2\gamma M_s^2-(\gamma-1)}$$

で与えられる。ここで、$M_s$ は衝撃波マッハ数である。上式の $M_1$ を式（４．１１）の $M$ に代入すると、

$$2(\gamma^2-1)\frac{q_{\max}}{c_0^2} = \frac{(M_s^2-1)^2}{M_s^2\left(1+\dfrac{\gamma-1}{2}M_s^2\right)} \tag{4.12}$$

が得られる。この式は式（４．１１）と全く同じである。式（４．１１）では $M$ は、加熱量 $q_{\max}$ によって流れがちょうどチョークするような超音速流れの初期マッハ数を示す。しかし式（４．１２）では、$M_s$ は初期衝撃波マッハ数を表し、その背後のマッハ数 $M_1$ の亜音速流れを生み出す。したがって、加熱量 $q_{\max}$ は亜音速流れを音速流れにするのである。図４．３に示されているように、これら２つの加熱経路はどちらも同じレイリー線上にあるから、２つの最終状態は同一とならなければならない。

この節の議論は一定の比熱比 $\gamma$ を持つ完全気体に基づいているが、詳細な多段階反応を伴う多成分完全気体への一般化は容易に実行できる。式（４．１）～（４．３）で与えられる保存方程式はなおも適用できるが、比エンタルピー（式４．４）に対する式は修正されなければならない。$h_i$ を $i$ 番目の化学種の比エンタルピーと定義すると、

$$h_i = h_{f_i}^{\circ} + \int_{298\,\mathrm{K}}^{T} c_{p_i}\, dT$$

と書ける。ここで $h_{f_i}^{\circ}$ および $c_{p_i}$ は、それぞれ $i$ 番目の化学種の比生成エンタルピーおよび比熱である。混合気の比エンタルピーは

$$h = \sum_i X_i h_i(T) \tag{4.13}$$

で与えられる。ここで、$X_i$ は $i$ 番目の化学種の質量分率である。式（４．１３）を使い、エネルギー式は、

$$\frac{dh}{dx} + u\frac{du}{dx} = \sum_i\left(h_i\frac{dX_i}{dx} + X_i c_{p_i}\frac{dT}{dx}\right) + u\frac{du}{dx} = 0 \tag{4.14}$$

※3：　初期状態から衝撃波ユゴニオ曲線上の高圧状態へと移動するときは、粘性を無視できないので運動量の式が異なり、レイリー線とは違った経路で移動することに注意する。

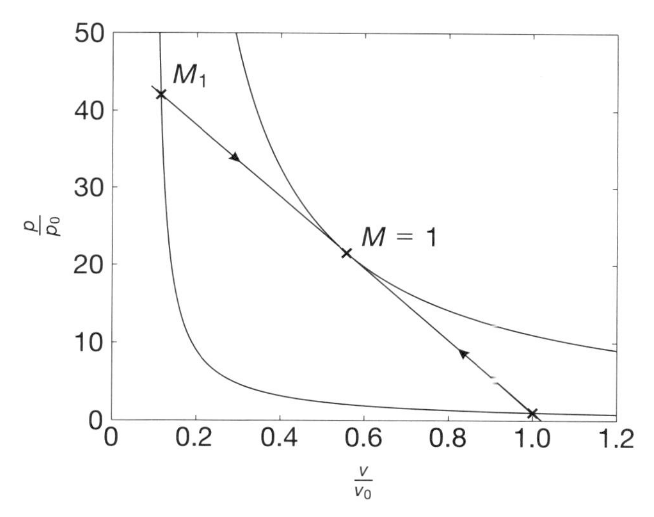


図４．３　式(４．１１)と式(４．１２)の等価性

と書ける。完全気体に対する状態方程式は $p=\rho RT$ で与えられるから、導関数 $dT/dx$ を

$$\frac{dT}{dx}=\frac{\partial T}{\partial p}\frac{dp}{dx}+\frac{\partial T}{\partial \rho}\frac{d\rho}{dx}+\frac{\partial T}{\partial R}\frac{dR}{dx}$$

と書ける。これは、化学種の濃度 $X_i$ が変化するのに伴って、混合気の気体定数 $R$ が $x$ に沿って変化するためである。状態方程式から導関数 $\partial T/\partial p$, $\partial T/\partial \rho$, $\partial T/\partial R$ を計算すると

$$\frac{\partial T}{\partial p}=\frac{1}{\rho R},\quad \frac{\partial T}{\partial \rho}=-\frac{p}{\rho^2 R},\quad \frac{\partial T}{\partial R}=-\frac{p}{\rho R^2}$$

を得る。ゆえに

$$\frac{dT}{dx}=\frac{1}{\rho R}\frac{dp}{dx}-\frac{p}{\rho^2 R}\frac{d\rho}{dx}-\frac{p}{\rho R^2}\frac{dR}{dx}$$

と書く。質量保存則（式４．１）および運動量保存則（式４．２）を用いれば、導関数 $d\rho/dx$, $dp/dx$ は

$$\frac{d\rho}{dx}=-\frac{\rho}{u}\frac{du}{dx},\quad \frac{dp}{dx}=-\rho u\frac{du}{dx}$$

と得られる。したがって導関数 $dT/dx$ は

$$\frac{dT}{dx}=-\frac{u}{R}\frac{du}{dx}+\frac{T}{u}\frac{du}{dx}-\frac{T}{R}\frac{dR}{dx} \tag{4.15}$$

となる。ここで状態方程式を用い、$p/\rho R$ を $T$ で置き換えた。

混合気の気体定数は $R=\sum_i X_i R_i$ と書ける。ここで、$R_i=\bar{R}/W_i$ は $i$ 番目の化学種の気体定数で、$\bar{R}$ は普遍気体係数、$W_i$ は $i$ 番目の化学種のモル質量である。したがって、

$$\frac{dR(X_i)}{dx}=\sum_i \frac{\partial R}{\partial X_i}\frac{dX_i}{dt}\frac{1}{u} \tag{4.16}$$

となる。ここで、$dx=udt$ と置き換えた。式（４．１５）と式（４．１６）を式（４．１４）に

代入すると

$$\frac{dh}{dx}+u\frac{du}{dx}=\sum_j X_j\frac{dh_j}{dT}\left(-\frac{u}{R}\frac{du}{dx}+\frac{T}{u}\frac{du}{dx}-\frac{T}{R}\sum_i\frac{\partial R}{\partial X_i}\frac{1}{u}\frac{dX_i}{dt}\right)+\sum_i\frac{h_i}{u}\frac{dX_i}{dt}+u\frac{du}{dx}=0$$

を得る。上式を $du/dx$ について解くと

$$\frac{du}{dx}=\frac{\dfrac{1}{u}\sum_i\left(T\dfrac{\partial R}{\partial X_i}-\dfrac{Rh_i}{\sum_j X_j\dfrac{dh_j}{dT}}\right)\dfrac{dX_i}{dt}}{\dfrac{Ru}{\sum_j X_j\dfrac{dh_j}{dT}}+\dfrac{RT}{u}-u} \tag{4.17}$$

を得る。上式を

$$\frac{dh_i}{dT}=c_{p_i},\quad \sum_i X_i c_{p_i}=c_{\mathrm{p}}=\frac{\gamma R}{\gamma-1},\quad c_{\mathrm{f}}^2=\frac{\gamma p}{\rho}=\gamma RT,\quad \gamma=\frac{c_p}{c_v}$$

に気をつけて単純化すると、式（4．1７）は、

$$\frac{du}{dx}=\frac{(\gamma-1)\sum_i\left(\dfrac{\gamma T}{\gamma-1}\dfrac{\partial R}{\partial X_i}-h_i\right)\dfrac{dX_i}{dt}}{c_{\mathrm{f}}^2-u^2} \tag{4.18}$$

となる。ここで、$c_{\mathrm{f}}^2=\gamma RT$ は混合気の凍結音速として定義される。式（4．１８）は、多様な化学種に対する反応速度式と同時に積分される。その際、反応領域内の各位置 $x$ において、変数同士は保存則の積分形によって関係づけられ、また状態方程式は局所的に適用できると仮定する。

したがって、

$$\rho u=\rho_0 u_0,\quad \rho=\frac{\rho_0 u_0}{u}$$
$$p=p_0+\rho_0 u_0(u_0-u)$$
$$T=\frac{p}{\rho R}$$

および $R=\sum_i X_i R_i$ であり、局所的な $X_i$ の値は反応速度式から決まる。局所音速は化学種の濃度の局所的な値に基づいており、式（4．１８）の凍結音速を指すことに注意されたい。

積分を開始するためには、ある任意のデトネーション速度（あるいは先頭衝撃波速度）を選び、衝撃波直後のフォンノイマン状態を計算する。そして反応速度式とともに式（4．１８）の積分を進める。正しい解は、$M=u/c_{\mathrm{f}}\to 1$ のときの（分子は分母と同時に０になるという）正則条件を要求することにより、反復計算で決める。このようにして得られる、いわゆる固有値デトネーション速度は、後面における化学平衡条件に基づくCJ値と同一であるとは限らない。例えば、もし最初に速い発熱反応が起こり、その後に遅い吸熱反応が続いて化学平衡に近づくような発熱反応と吸熱反応の両方を反応機構が含むとしたら、得られる固有値デトネーション速度は平衡CJ速度よりも高くなるだろう。このようなデトネーションは病的なデトネーションと呼ばれており、次の節でさらに詳しく述べる。

## 4.3 病的な(pathological)デトネーション

CJ 理論によって予測される速度と異なる速度で伝播する定常デトネーションの可能性は、von Neumann (1942) によって最初に指摘された。von Neumann は、CJ 判定基準につながる考察は（化学反応が完了している）平衡ユゴニオ曲線のみに基づくものであり、平衡ユゴニオ曲線についての考察のみから CJ 仮説を適切に理解することは不可能だと気づいた。それは、反応の（様々な完了度合いの）中間状態に対するユゴニオ曲線群の全体を考えなくてはならないということである。von Neumann は、反応が途中まで進んだ状態に対するユゴニオ曲線の群がある種の形態的特徴を持つ場合には病的なデトネーションが存在することを示した。

von Neumann の解析では、様々な $\lambda$ の値（すなわち $0 \leq \lambda \leq 1$）に対するユゴニオ曲線の群全体を考察した。von Neumann は最初に、反応領域の各点に対し、特定の $\lambda$ の値に対するユゴニオ曲線上の局所平衡状態 $(p(\lambda), v(\lambda))$ が対応すると仮定した。したがって初期状態から伸びるレイリー線は、反応が途中まで進んだ中間状態に対するユゴニオ曲線のすべてと順番に交わらなくてはならない。最初に先頭垂直衝撃波によって初期状態から高圧状態へと変化し、そのことによって急速な爆発的反応が開始可能となる。このように最初の状態変化は、初期状態 $(p_0, v_0)$ からフォンノイマン状態 $(p(0), v(0))$（これら 2 点はともに $\lambda = 0$ の同じ衝撃波ユゴニオ曲線上にある）へのレイリー線に沿った垂直衝撃波遷移※4 である。次に、反応が進むにつれ（つまり $\lambda > 0$ に対して）、状態 $(p(\lambda), v(\lambda))$ は中間状態に対するユゴニオ曲線の群と交わりつつレイリー線をたどる。中間状態に対するユゴニオ曲線の群において曲線同士が交わることのない場合には、図 4.4 に示されているように、中間状態の熱力学変数の値 $(p(\lambda), v(\lambda))$ は、未反応の衝撃波ユゴニオ曲線上の $(p(0), v(0))$ から、$\lambda = 1$ で表現される完全に反応した平衡ユゴ

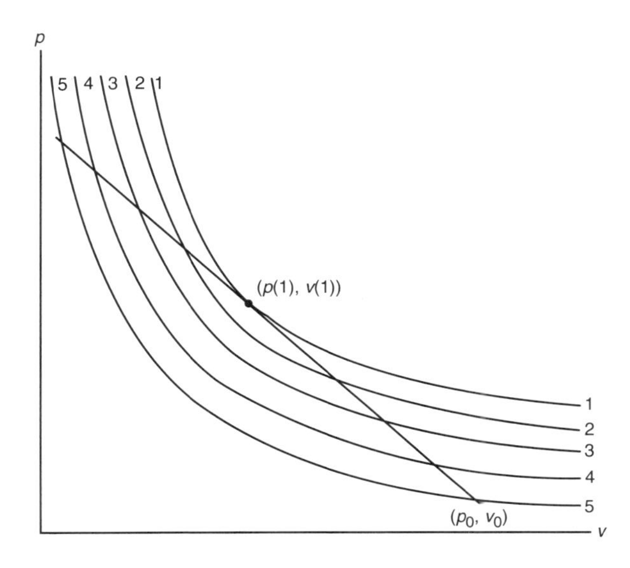


図 4.4　中間状態に対するユゴニオ曲線の群 (von Neumann, 1942)

※4：　初期状態から衝撃波ユゴニオ曲線上の高圧状態へと移動するときは、粘性を無視できないので運動量の式が異なり、レイリー線とは違った経路で移動する。

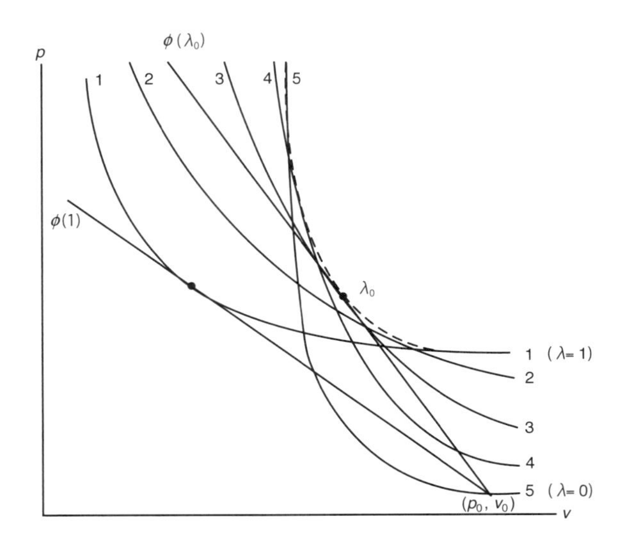


図4．5　病的なデトネーションの場合における異なる反応完了度に対応したユゴニオ曲線群
ユゴニオ曲線群の包絡線が破線で示されている（von Neumann, 1942）。

ニオ曲線上の $(p(1), v(1))$ へと、レイリー線に沿って段々と変化していく。ここまでの議論から、状態 $(p(1), v(1))$ は必然的に平衡ユゴニオ曲線とレイリー線の接点でなければならない。レイリー線の勾配 $\phi$ は $\phi^*(1)$（$\lambda=1$ のユゴニオ曲線に対する接線の勾配）よりも小さくはなりえない。さもなくば、レイリー線は平衡ユゴニオ曲線と交わらないことになる。化学反応は一度始まると完了しなければならないから、このようなことにはなりえない。

もしユゴニオ曲線の群が図4．4のようにはならずに互いに交わる場合には、レイリー線が $0 \leq \lambda \leq 1$ のすべてのユゴニオ曲線の群と交わりつつも、ある中間的な値 $\lambda=\lambda_0$ に対するユゴニオ曲線に接するということが可能である。この場合、すべてのユゴニオ曲線と接触する包絡線が存在するはずであり、その包絡線は全ユゴニオ曲線と接触点で接するはずである。したがって図4．5に描かれているように、接触点 $\lambda=\lambda_0$ で包絡線に接するレイリー線は、値 $\lambda_0$ に対応するユゴニオ曲線にも接するはずである。図4．5に示されている場合、明らかに $\phi(\lambda_0) > \phi(1)$（$\phi$ はあるユゴニオ曲線に対する接線の傾きの大きさ）である。ゆえにデトネーション速度は、完全に反応した（$\lambda=1$ の）ユゴニオ曲線に基づいたCJ速度よりも大きくなる。レイリー線は $\lambda_0$ のユゴニオ曲線に接するので、CJ仮説の基礎である反応領域の終端 $\lambda=1$ よりも、むしろ反応領域の内部の $\lambda=\lambda_0$ の面で音速条件となる。こうして平衡ユゴニオ曲線のみを考察するだけでは十分でなく、また反応進行度 $\lambda$ によって区別されるユゴニオ曲線の群が互いに交わるような場合にはCJ速度よりも大きい定常デトネーション速度が存在することを、von Neumannは証明できた。この場合、定常デトネーション速度はレイリー線が中間状態（$\lambda=\lambda_0$）に対するユゴニオ曲線に接することから決定され、この条件は平衡（$\lambda=1$）ユゴニオ曲線への接線条件に基づくCJ値よりも大きなデトネーション速度を与える。これらの病的なデトネーションのデトネーション速度を決定するためには、反応領域の構造と、中間的ユゴニオ曲線群のもととなる反応機構とについて詳細に考察しなければならない。

病的なデトネーションの存在をより詳しく示すため、Fickett and Davis（1979）が最初に示唆した、単純な２段階の化学反応速度則を考える。不可逆な発熱反応 A → B に続いて、不可逆な吸熱反応 B → C が起こり、総括反応は反応物 A から生成物 C になると仮定する。また各反応は、以下の形式の単純なアレニウス反応速度則によって支配されると仮定する。

$$\frac{d\lambda_1}{dt}=k_1(1-\lambda_1)e^{-E_{a,1}/RT} \qquad (4.19)$$

$$\frac{d\lambda_2}{dt}=k_2(\lambda_1-\lambda_2)e^{-E_{a,2}/RT} \qquad (4.20)$$

ここで、$k_1$および $k_2$は頻度因子、$E_{a,1}$ および $E_{a,2}$ は２つの各反応に対する活性化エネルギーであり、また$\lambda_1$および$\lambda_2$は反応進行度で化学種 A および化学種 C の質量分率と関係づけられ、

$$\lambda_1=1-X_A, \quad \lambda_2=X_C$$

と記述できる。反応中の熱放出は、

$$Q=\lambda_1 Q_1+\lambda_2 Q_2 \qquad (4.21)$$

と記述できる。ここで$Q_1$と $Q_2$は、それぞれ発熱反応と吸熱反応における化学エネルギー放出（$Q_1>0$, $Q_2<0$）を意味する。定常 ZND 構造に対する基本方程式は、式（４．１）～（４．４）に式（４．１９）と式（４．２０）の反応速度則を加えることで与えられる。流速の方程式である式（４．７）は、いま考えている２つの不可逆反応の場合に対しては、以下の式となる。

$$\frac{du}{dx}=\frac{(\gamma-1)(\dot{\lambda}_1 Q_1+\dot{\lambda}_2 Q_2)}{c^2-u^2} \qquad (4.22)$$

この方程式を積分するため、衝撃波速度を仮定し、ランキン－ユゴニオ関係式を用いて垂直衝撃波直後のフォンノイマン状態を計算する。次に式（４．２２）の積分を進めるが、積分と同時に式（４．１９）と式（４．２０）の反応速度方程式を用いる（これらの式では、$k_1$, $k_2$, $E_{a,1}$, $E_{a,2}$, $Q_1$, $Q_2$の値が指定される）。積分を進めるにつれ、やがては特異点 $c^2-u^2=0$ に到達する。そして連続（正則）解を得るために、$u\to c$ になるのと同時に分子が $\dot{\lambda}_1 Q_1+\dot{\lambda}_2 Q_2 \to 0$になることを要求する。この条件はデトネーション速度の任意の値では満たされることがなく、それゆえ反応領域の内部の音速面 $u=c$ で連続解を与えるような特定のデトネーション速度（つまり固有値）を求めて計算を繰り返さなければならない。一度この固有値を見つければ、音速面を通過し、$\lambda_1=\lambda_2=1$である平衡状態に到達するまで積分を進めることができる。

パラメータが $k_1=k_2=100$, $\gamma=1.2$, $E_{a,1}=22$, $E_{a,2}=32$, $Q_1/c_0^2=50$, $Q_2/c_0^2=-10$ の場合について、衝撃波後方の流速と音速の変化を図４．６に示す。$u\to c$である音速面が図中に示されており、音速面は平衡に達する前に存在している。図４．６に対応する、衝撃波後方における $\lambda_1$, $\lambda_2$ の変化を図４．７に示す。

$\lambda_1$と$\lambda_2$ のどちらも、音速面では平衡の値（つまり１）でないことがわかる。図４．８では、化学エネルギー放出量のオーバーシュートがみられる。このオーバーシュートは素早過ぎる発熱反応の結果であり、この放出熱量がピークとなったときに音速条件が満たされる。ゆっくりとした吸熱反応が最終的には反応系を平衡状態（$\lambda_1=\lambda_2=1$）に導くので、放出熱量は音速面を過ぎると減少する。

放出熱量の変化に伴う局所マッハ数の変化を図４．９に示す。放出熱量が最大のときに局所

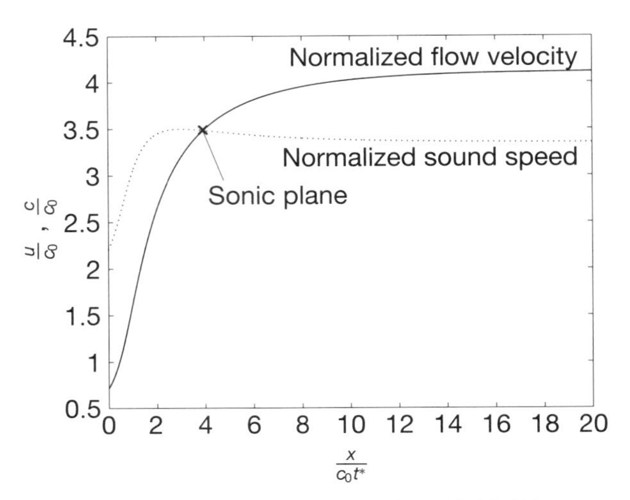


図4．6　病的なデトネーションにおける流速と音速

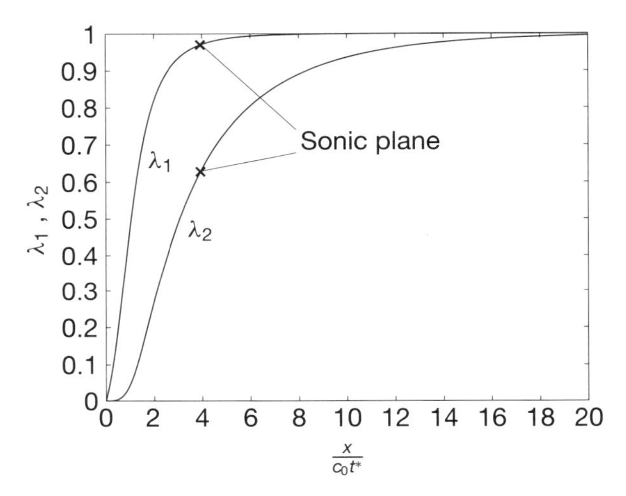


図4．7　病的なデトネーションにおける$\lambda_1$と$\lambda_2$の変化

マッハ数が１（音速面で$u = c$）であり、その後 $M$=1.2302 の超音速値まで増加し続ける。この超音速状態は、平衡ユゴニオ曲線上の弱いデトネーション解に相当する。

Zeldovich and Ratner（1941）は、$H_2 - Cl_2$ 系における病的なデトネーションの存在を初めて指摘した。彼らはネルンスト（Nernst）連鎖に従い、以下に示す化学反応機構の下で、Hもしくは Cl のラジカル濃度の変化なしに、２つの HCl 分子が $H_2$ 分子と $Cl_2$ 分子から生成されうることに注意した。

1．$H_2 + M \rightarrow 2H + M$
2．$Cl_2 + M \rightarrow 2Cl + M$
3．$H_2 + Cl \rightarrow HCl + H$
4．$H + Cl_2 \rightarrow HCl + Cl$

反応１と２はHとClのラジカル種が解離によって生成される吸熱の連鎖開始段階である。反応３と４は発熱の連鎖反応で、最終生成物であるHCl分子を生成する。全体としては、総

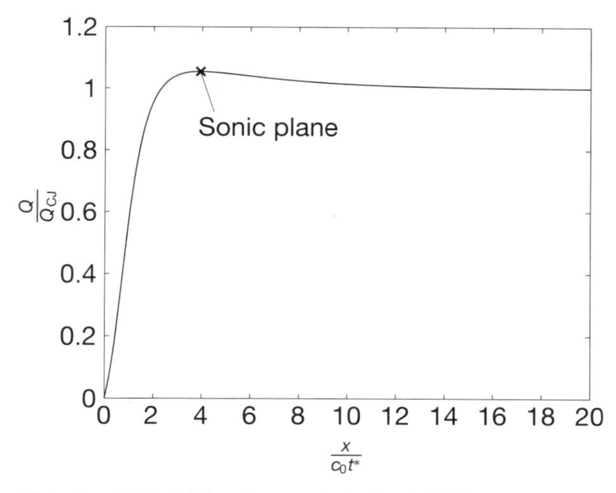


図4．8　病的なデトネーションにおける先頭衝撃波後方での熱放出

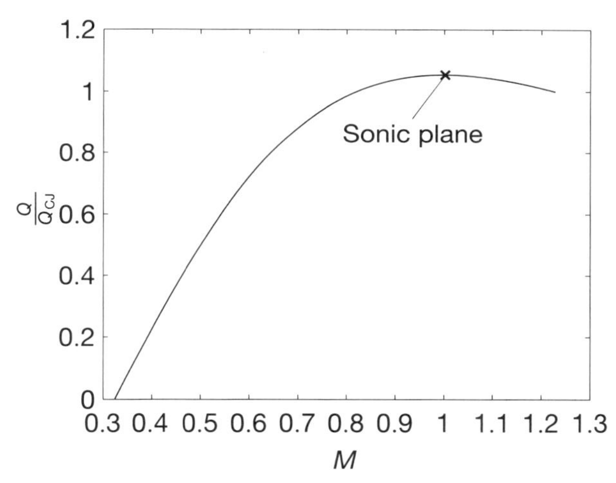


図4．9　病的なデトネーションにおける局所マッハ数の関数として表した熱放出

括反応 $H_2 + Cl_2 \rightarrow 2HCl$ は発熱反応である。連鎖反応3と4から、Hのラジカル種プールとClのラジカル種プールは増えも減りもせず、これらのラジカル種は反応の連鎖の中で再利用されるので、HとClの濃度がどれだけであっても総括反応は進みうることに注意しよう。連鎖反応の活性化エネルギーは、反応2の活性化エネルギーに比べて小さい。したがって $Cl_2$ の吸熱の解離反応は遅いものではあるが、ある量のラジカル種が生産された後には、発熱の連鎖反応が非常に急速に進行する。放出熱量が大きな発熱反応3は、放出熱量をオーバーシュートさせるが、$Cl_2$ のゆっくりとした吸熱解離反応でエネルギーが使われるにつれて、放出熱量は最終的には平衡値に落ち着く。放出熱量にオーバーシュートがある場合、デトネーション速度は平衡CJ値に対応するというよりは放出熱量のピーク値に対応する。

Guénoche *et al.*（1981）と Dionne *et al.*（2000）は、$H_2 - Cl_2$ 反応の詳細反応機構と、その素反応に対するよく知られた反応速度定数を用いて病的なデトネーションの速度を計算した。また、これらの計算結果の実験的検証は Dionne らによってなされた。$H_2 - Cl_2$ 系において病的なデトネーションの存在が実証されたことによって、（平衡ユゴニオ曲線だけを考察する代わりに）反応が途中まで進んだ中間状態に対するユゴニオ曲線の群全体を考察しなければならないという von Neumann の主張は正しいことが確かめられた。また、この実証は、CJ 理論でなされるように反応物と生成物という２つの平衡状態に対するデトネーションを横切る保存則だけを考察するよりも、むしろ詳細なデトネーション構造を考察することが必要であるということを示した点において、基礎的な重要性を持っている。化学平衡に基づかないであろう定常デトネーション速度を決定するときには、このことが特にあてはまる。

## 4.4 非理想デトネーション

平衡ユゴニオ曲線上の解を考察するだけの CJ 理論は、一般的には定常デトネーション状態でさえ予測するには不十分であることは明らかである（例えば病的なデトネーションが存在する）。したがって von Neumann が示唆したように、定常デトネーションの速度を決定するというだけであっても、構造を考察しなければならない。定常デトネーション状態を決めるために構造を解析する際は、音速特異点を乗り越えるような連続解を与える特定のデトネーション速度を繰り返し計算で探さなければならない。もし構造を解析するならば、CJ 理論でなされるような仮定（デトネーション領域で運動量や熱の損失が全くないなど）に制約されなくなる。連続の式に面積発散項を含めることによって、曲率の影響を考慮に入れることもできる。理想デトネーション（反応領域における運動量や熱の損失がない厳密に平面的なデトネーション）と対照的なものとして、曲率、運動量損失、熱損失を伴う非理想デトネーションを定義しよう。非理想デトネーションに対しては、デトネーション状態を予測するために古典的な CJ 理論がもはや使えないことは明らかである。ここでは、デトネーション構造に対する保存方程式の微分形式を考察し、そこに曲率、運動量損失、熱損失を勘定に入れるための適切なソースタームを含めなければならない。

現実のデトネーションは３次元的で時々刻々と変化し、速度と圧力の揺動を伴うセル状構造を持っているが、それでも伝播方向の平均的な流れを１次元定常のものとして考えることは可能である。３次元乱流揺動は、乱流のモデリングでなされるように、運動量の式とエネルギーの式の中のソースタームによってモデル化できる。このように１次元定常の非理想デトネーションの解析は、定常デトネーション波の伝播を記述するための一般化された理論である。

実験室に固定された座標系に対して、保存方程式は、

$$\frac{\partial \rho}{\partial t'} + \frac{\partial \rho u'}{\partial x'} = m$$

$$\frac{\partial (\rho u')}{\partial t'} + \frac{\partial (\rho u'^2 + p)}{\partial x'} = f$$

$$\frac{\partial \rho e'}{\partial t'} + \frac{\partial u'(\rho e' + p)}{\partial x'} = q$$

と書くことができる※5。ここで、$e'=\frac{p}{(\gamma-1)\rho}+\frac{1}{2}u'^2-\lambda Q$で、プライムのついている変数は固定座標系に対するものである。以下の関係を用いれば、上の方程式は速度$D$で伝播するデトネーション波に乗った座標系の式に変換することができる※6。

$$t=t',\quad x=x_D(t)-x'$$
$$u=D-u',\quad \frac{\partial}{\partial t'}=\frac{\partial}{\partial t}+D\frac{\partial}{\partial x}$$
$$\frac{\partial}{\partial x'}=-\frac{\partial}{\partial x}$$

ここで、プライムのついていない変数は衝撃波座標系に対するものである。

上の変換関係を用いると、保存方程式の組は

$$\frac{\partial \rho}{\partial t}+\frac{\partial(\rho u)}{\partial x}=m$$

$$\frac{\partial(\rho u)}{\partial t}+\frac{\partial(\rho u^2+p)}{\partial x}=Dm-f+\rho\frac{dD}{dt}$$

$$\frac{\partial(\rho e)}{\partial t}+\frac{\partial u(\rho e+p)}{\partial x}=\frac{1}{2}D^2m-Df+q+\rho u\frac{dD}{dt}$$

となる※7。この速度$D$で定常伝播する波を横切る定常流れに対しては、すべての時間微分を0に等しいと置き、

$$\frac{d(\rho u)}{dx}=m$$

$$\frac{d(\rho u^2+p)}{dx}=Dm-f$$

$$\frac{du(\rho e+p)}{dx}=\frac{1}{2}D^2m-Df+q$$

を得る。ソースターム$m,f,q$は、それぞれ面積発散、運動量損失、熱損失を表す。準1次元流れでは、連続の式のソースターム$m$は面積$A(x)$の発散を表し※8、$m=\frac{-\rho u}{A}\frac{dA}{dx}$と表すことができる。

また、この面積発散項はデトネーション波面の曲率を許すためにも使える。曲がった波面の場合、衝撃波面を通り抜ける流体粒子は横方向への膨張※9を受ける。この横方向への膨張は面積変化$A(x)$によってモデル化できる。例えば円筒面では$A(r)=2\pi r$であり、ソースタームは

---

※5：　$m,f,q$は質量、運動量、エネルギーに対する単位体積あたりのソースターム。

※6：　$x_D(t)$は、デトネーション波の、実験室座標系における（時刻$t$における）位置。

※7：　運動量の式には見かけの力：$\rho\frac{dD}{dt}$が、エネルギーの式には見かけの力の仕事率：$\rho u\frac{dD}{dt}$が付け加えてある。

※8：　面積が波面座標$x$のみの関数の場合の話。つまり断面積が変化する管があって、その中のある特定の位置にデトネーションが定在している場合の話である。また、$x$軸が下流を向いていることにも注意を要する。

※9：　波面が発散していく場合は膨張だが、波面が収縮していく場合は圧縮になる。ここでは波面が発散していく場合のみを想定している。

$$m = \frac{-\rho u}{A}\frac{dA}{dr} = -\frac{\rho(D-u)}{r}$$

となる。球面の場合は

$$m = \frac{-\rho u}{A}\frac{dA}{dr} = -\frac{2(D-u)}{r}$$

となり※10、円筒面および球面での連続の式に従うことになる。面積発散項は運動量の式とエネルギーの式にも現れ、それは面積発散項が伝播方向である $x$ 方向から運動量とエネルギーを損失させるからである※11。

運動量の式のソースターム $f$ は、管内粘性流の場合のような摩擦損失を表現するために使うことができる。しかし摩擦は壁でのせん断応力から発生し、２次元的な機構であることに注意すべきである。もし１次元の運動量の式の中の外力項 $f$ によって壁面での摩擦を表現するならば、この外力項は体積力となる。結果として、$f$ によってなされる仕事率を表現する項がエネルギーの式に現れる。しかし現実には、粘性せん断による摩擦力は全く仕事をしない。なぜなら、せん断力が働く壁面上では流速が０だからである※12。したがって、もし１次元流れの文脈の中で壁面摩擦をモデル化するなら、エネルギー方程式の中に摩擦による仕事率を表現する項があるべきではない。しかし連続の式、運動量の式、およびエネルギーの式の中に付加的なソースタームがある場合のデトネーション構造の一般的な取り扱いを維持するため、エネルギーの式に仕事率の項を含めておこう。壁面への熱損失は何らかの対流熱伝達の式によってモデル化できるし、もしくはレイノルズ（Reynolds）アナロジーを使って熱損失を運動量損失に関連づけることもできる。

最初はソースタームを具体的に指定しないままにしておき、デトネーション構造の解析を進めよう。４．２節で述べた解析に従って $d\rho/dx$ と $dp/dx$ を消去する。状態方程式を用いると、反応領域内部における流速 $u$ の変化に対する式を、

$$\frac{du}{dx} = \frac{(\gamma-1)(\rho\dot{\lambda}Q+q)+m\left[-\gamma u(D-u)+c^2\right]+f\left[\gamma u-D(\gamma-1)\right]}{\rho\left(c^2-u^2\right)}$$

と導出できる※13。ここで、$\dot{\lambda} = d\lambda/dt$，$dt = dx/u$ である。音速は $c^2=\gamma p/\rho=\gamma RT$ によって与えられる。ここで、$p$ と $\rho$ は保存式の積分型から得る。もし衝撃波速度を仮定すれば、ランキン－ユゴニオ方程式からフォンノイマン状態を決定でき、そして上記の ZND 方程式を指定された反応速度則（例えば $\dot{\lambda} = k(1-\lambda)\exp(-E/RT)$）と同時に積分できる。

---

※10：　章末に導出方法を示す。

※11：　断面積が変化する準１次元流れで面積変化の影響があるのは質量保存則だけであり、運動方程式は $\frac{\partial u}{\partial t}+u\frac{\partial u}{\partial x} = -\frac{1}{\rho}\frac{\partial p}{\partial x}$ で、エネルギーの式は等エントロピーの式：$\frac{ds}{dt}=0$ と等価である。そもそも軸方向流速だけを考える準１次元の扱いでは、輸送効果が入らない限り、側壁は軸方向（流速方向）に力を及ぼすことはありえず、運動量やエネルギーへの直接の影響はないはずである。波面の曲率を $m$ で表現できるが、本当の質量ソースではないので、質量保存則にしか現れないものと思われる。

※12：　仕事の効果ではなく、運動エネルギーを熱エネルギーに散逸させる効果だと考えると理解しやすい。

※13：　エネルギーの式のソースタームは小さいと仮定し、$\frac{1}{2}u^2+\frac{\gamma}{\gamma-1}\frac{p}{\rho}-\lambda Q = \frac{1}{2}D^2+\frac{\gamma}{\gamma-1}\frac{p_0}{\rho_0} \approx \frac{1}{2}D^2$ と近似すれば、この式を導出できる。

任意に選ばれた衝撃波速度に対し、ZND 方程式の分子が分母と同時に０にならなければ、音速特異点（$c^2-u^2\to 0$）に達してしまう。正則解に対する基準は、音速特異点に達するときに分子が同時に０になることを要求することであり、つまり$u\to c$のときに

$$(\gamma-1)\left[\rho\dot{\lambda}Q+q\right]+m\left[-\gamma u(D-u)+c^2\right]+f\left[\gamma u-D(\gamma-1)\right]=0$$

となることである。これは一般化 CJ 判定基準と呼ばれる。通常の CJ 判定基準では $c^2-u^2\to 0$ のときに平衡条件、つまり $\dot{\lambda}=0$ となって分子は分母と同時に０になる。ソースターム $m, f, q$ がないとき、ZND 方程式は次式に帰着する。

$$\frac{du}{dx}=\frac{(\gamma-1)\dot{\lambda}Q}{c^2-u^2}$$

また ZND 方程式は４．２節のときと同様、局所マッハ数 $M=u/c$ を従属変数として書き直すこともできる。結果として得られる式は、面積変化、熱伝達、摩擦のある定常準１次流れに対する方程式と同じである。すべてのソースタームは流れを音速条件へと駆動する傾向があり、様々なソースタームが同時に作用する場合、どのソースタームが支配的になって流れを音速条件に持って行くかはわからない。このように化学反応の完了はもはや保証されず、結果として得られる固有値デトネーション速度は、完全な化学エネルギーの放出を基礎にした CJ 速度とは、かなり異なることになる。

様々なソースターム間の競合の結果を理解するためには、いくつかの例について考えるのが一番よい。そうすれば、一般的な特徴というようなものを推測できる。ようするに、デトネーション波の伝播を考えているため、化学反応からの熱放出の項は欠かせないのである。熱損失によるソースタームは化学エネルギー放出の項に含めることができ、熱伝達を考慮するために正味のエネルギー放出の項を使うことができる。したがって本質的に考える必要があるのは、熱放出と面積発散（もしくは曲率）の間の競合、あるいは熱放出と摩擦（つまり運動量損失）の間の競合のみである。

まずデトネーションの伝播に対する曲率の影響を、摩擦を入れずに考えよう。反応領域内で面積発散があるときには、CJ 面での音速条件へと流れを加速する化学的な熱放出速度と、亜音速流れにおける加速を減少させる横方向の面積発散を機構とする末広ノズル流れとの間に競合が存在する。波面が曲率を持つときの構造に対する定常 ZND 方程式の解は、図４．１０に示すようにデトネーション速度に対して Z 型曲線となる。ただし、Z 型曲線の最も下の分枝は物理的に意味がないので図には示されていない。この曲線は、波面の曲率とデトネーション速度の間の非線形な依存性を表している。波面の曲率$\kappa$の値が増すと、デトネーションはより大きな速度欠損を示すことになる。また、この曲線は変向点（$\kappa^*$, $D^*$）を示すが、この点は最大許容曲率に相当し、これを超えると音速面が存在しなくなる。この限界を超えると、物理的にはデトネーション波の後方のいかなる擾乱も波に追い付いて消炎することができ、それゆえ自律デトネーションの存在が許されないと解釈できる。しかし $\kappa<\kappa_{cr}$ においてデトネーション速度に対する解は多値であり、Z 型の振る舞いをする。曲率の増大に伴うデトネーション速度減少の一般的傾向は、実験的な観測結果と合致するし、物理的な意味も持つ。そして、曲率

のある1つの値に対して複数の解が存在することは、物理的に意味がないのかもしれない。典型的には、解の曲線の下側の分枝は不安定であり、それゆえ一番上の分枝のみが物理的な意味を持つ※14。

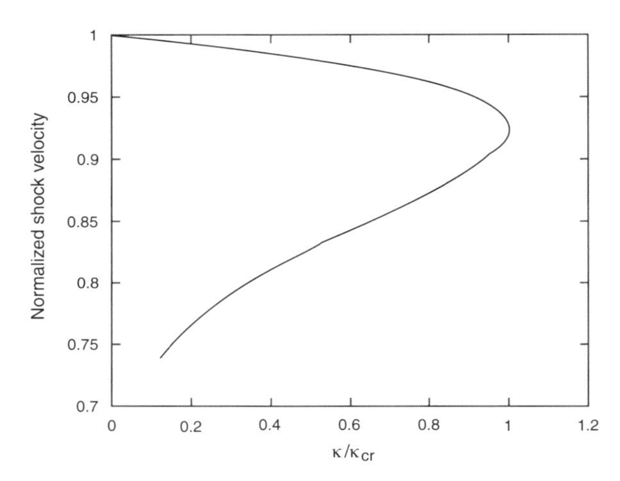


図4.10 波面が曲率を持った定常デトネーションのデトネーション速度と曲率
($\gamma = 1.2$, $E_a = 50RT_0$, $Q = 50RT_0$) ※15

同様に波面の曲率なしで、摩擦のみを考えることもできる。摩擦から生ずる非理想デトネーションは、Zeldovichによるデトネーション構造の先駆的研究において初めて考察された。Zeldovichによって提案された摩擦に対するソースタームは

$$f = k_f \rho u|u|$$

で与えられる。ここで、$u$はデトネーション管に固定された座標系における流速であり、$k_f$は摩擦因子である。粗い面の管の場合における$k_f$の例は、Schlichtingによって、

$$k_f = 2\left[2\log\left(\frac{R}{k_s}\right) + 1.74\right]$$

と与えられている。ここで、$k_s$は等価砂粗さ、$R$は管の半径である。上の式で用いた速度の絶対値は、摩擦がいつも流れと反対向きであることを保証する。単純化のため、摩擦因子はしばしば定数と仮定される。摩擦のみが存在するZND方程式は、$m = q = 0$とすると、

$$\frac{du}{dx} = \frac{(\gamma-1)\rho\dot{\lambda}Q + f[\gamma u - D(\gamma-1)]}{\rho(c^2 - u^2)}$$

に帰着する。運動量の式の中にソースタームがあるとき、圧力はもはや流速の代数関数ではないので、ZND方程式と化学反応速度則を、運動量保存則の微分方程式とともに同時に積分する必要がある。面積発散の場合の非理想デトネーションの場合のように、この場合も、固有値

※14: 右上がりの部分が不安定解だと考えられる。球面波を例に考えてみよう。波面の一部が少し前に出ると、その部分の曲率が他の部分の曲率よりも大きくなって速くなり、さらに前に出る。逆に波面の一部が少し後ろに下がると、その部分の曲率が他の部分の曲率よりも小さくなって遅くなり、さらに後ろに下がる。つまり波面形状が擾乱に対して不安定なのである。一番下の右下がりの分枝が不安定なのは、衝撃波速度が低過ぎるために反応速度が低くなり過ぎ、そのせいで構造全体が長くなり過ぎるためだと考えられる。

※15: 原書では「$E_a/RT = 50$, $Q = 50$」としているが、上記のようにするのが正しいと思われる。

解は音速特異点で正則であるという数学的要求によって決まる。

可能な定常解の例を、摩擦因子 $k_f$ の関数として図４．１１に示す。摩擦因子の変化に伴うデトネーション速度の変化は、波面に曲率がある場合と類似したＺ型曲線を示す。摩擦が増加するのに伴ってデトネーション速度が低下するということは物理的に理に適ったことであり、それは実験的な観察結果と一致する。摩擦因子には臨界値が存在し、それを超えるとデトネーション構造についての可能な定常解がなくなる。曲率の場合と同様、摩擦因子が臨界値よりも小さいときは複数の解が存在する。

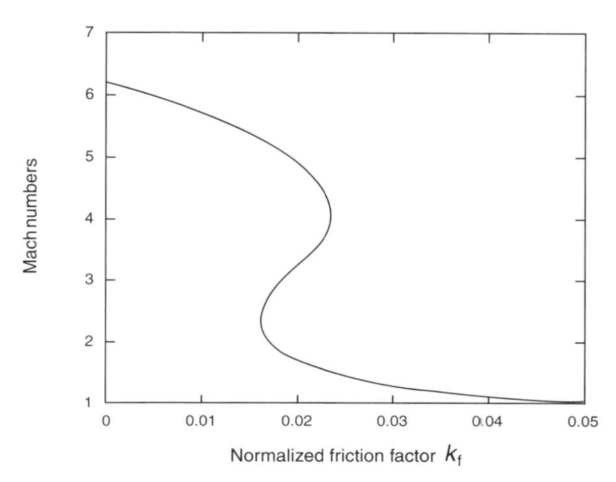


図４．１１　定常デトネーション（$E_a = 32RT_0$）に対するデトネーション速度と摩擦因子[※16]

摩擦に関しては、Brailovsky and Sivashinsky（1997, 2000）および Dionne（2000）が、衝撃波速度の臨界値 $D_{cr}$ が下側の分枝に存在し、$D_{cr}$ 以下では、一般化された CJ 判定基準を満たす解は見つからないと指摘した。この最小値の場合に対しては、音速面の状態が衝撃波速度と等しい相対流速、すなわち $u = D$ なる条件に対応していることはおもしろい。このことは、デトネーション管に相対的な流速がそこで０になり、衝撃波速度が燃焼生成物の音速に等しくなることを示唆している。流れが止まるとき、摩擦の項 $f$ と分子が０となりうるのは、音速面が反応領域の終端に一致し、衝撃波速度が燃焼生成物中の音速に等しいときのみである。$D_{cr}$ に対する解析解は容易に得られ、すなわち次のようになる[※17]。

$$D_{cr} = \sqrt{\gamma(\gamma-1)Q + c_0^2}$$

また、おもしろいことに $D = D_{cr}$ の解は、広がっていく定容爆発を表す。すなわちデトネーションの音速面（後面）が、定容爆発した領域が広がっていくときの境界面に相当するのである[※18]。デトネーション後面で（管に固定された系でみると）流れが止まっているため質量保存則より上流と後面の密度比が１になるという事実からも、上記のことはわかる。デトネーショ

※16：　原書では「$E_a / RT = 32$」としているが、上記のようにするのが正しいと思われる。

※17：　原書の表記 $D_{cr} = \sqrt{(\gamma-1)Q+1}$ は、次元が間違っているように思われる。章末に導出方法を示す。

※18：　これは、質量保存の式：$\rho_0 D = \rho u$ に $D = u = D_{cr}$ を代入すると $\rho_0 = \rho$ になることを述べたもの。

ンの前方および後方で気体が静止しているので、デトネーションが伝播するとき、デトネーションは爆発性混合気が定容爆発を経験する伝播面となる。

$D > D_{cr}$の場合には音速面が反応領域内に存在するので、定常デトネーション解を決定するために、一般化されたCJ判定基準を用いることができる。流れは、衝撃波面からみて相対的に亜音速から超音速へと滑らかに遷移し、最終的に終端壁で境界条件を満たす。$D = D_{cr}$の場合には衝撃波速度が燃焼生成物の音速と一致するため、正則条件は自動的に成り立つ。しかし、もし$D < D_{cr}$ならば、衝撃波速度が燃焼生成物の音速よりも低くなる。したがって流れは（衝撃波に相対的に）終始亜音速であるため、もはや解は音速特異点には出会わない。それゆえ$D < D_{cr}$の場合には、デトネーションに対する固有値速度を決定するために、一般化されたCJ判定基準を使用することはもはやできない。$D < D_{cr}$における解を継続させるため、BrailovskyとSivashinskyによって代わりとなる判定基準が提案されており、Dionneもこれを使用した。$D = D_{cr}$の場合には化学平衡が達成されたときに流れが止まることに注意すると、この条件は固有値デトネーション解を探すための判定基準として使いうる。図4.11におけるZ型曲線の$D < D_{cr}$の部分は、この判定基準に基づいている。非理想デトネーションに対する定常解を決定するためのこれらすべての判定基準は数学的考察に基づいており、それらの判定基準の妥当性は実験との比較によって確立されなければならない。

面積発散、摩擦、どちらの場合の定常状態解析でも、デトネーション構造を求めるための保存則の中にソースタームが存在する非理想デトネーションについては、多値的な挙動が可能となる場合があるようである。しかし一般に、実験で観測される定常デトネーション解は1つのみ（または全くなし）であることは疑いない。このジレンマを解消するためには、非定常方程式を使わなければならない。オーバードリブン（過駆動）デトネーションを起爆できるような指定された初期条件から計算を始め、非定常の反応性オイラー方程式※19を解くことによって、デトネーションの漸近的な減衰挙動が得られる。もし定常解が存在するならば、非定常解はその定常状態へ漸近的に接近するはずである。ZND構造を求めるために定常状態の方程式を使用することは、定常状態の解の存在を前提としている。したがってZ型の曲線によって示される複数の解は、それらの定常解の安定性を考慮せずに定常解が存在すると仮定した結果である。別の言い方をすれば、ある初期状態から計算し始めるとZND方程式から得られる定常状態の解が1つも現れないこともありうるのである。

## 4.5 おわりに

CJ理論を用いると、伝播機構を考慮することなくデトネーション速度を決定することができる。このようにできるのは、最小速度解を保存則に関連づけるCJ判定基準によってである。膨張波が反応領域に進入して波を弱めるために強いデトネーション解が削除されることは安定性の考察から議論は可能であるが、この最小速度解を選択する真に正当な理由はない。そして、

※19：　オイラー方程式は輸送項を含まないので、面積発散の場合は計算可能であるが、摩擦の場合は計算できないことに注意する。

初期状態から直接レイリー線に沿ってユゴニオ曲線の弱いデトネーションの部分の最終状態に状態変化するような点火機構を見つけることができないということや、あるいはエントロピーの議論などに基づいて弱いデトネーション解を容易に捨て去ることもできない。つまり、もし状態変化の経路が最初に衝撃圧縮状態となって点火をもたらし、その後にレイリー線に沿って弱い解へ戻るとしたら、希薄衝撃波が現れ、エントロピーが減少する状態変化が生じてしまうが、保存方程式と平衡熱力学だけに基づくのみでは、弱いデトネーションを除外することはできずCJ 理論は不完全である。

しかしvon Neumannは、部分的に反応した中間状態に対するユゴニオ曲線同士が互いに交わるときには定常の弱いデトネーションが存在するという議論を展開した。このときレイリー線が接する相手は、完全に反応した最終状態に対する平衡ユゴニオ曲線ではなく、部分的に反応した中間状態に対するユゴニオ曲線群の包絡線である。そしてレイリー線は平衡ユゴニオ曲線と弱いデトネーションの部分で交わり、結果として弱いデトネーションが得られる。レイリー線が部分的に反応した中間状態に対するユゴニオ曲線の1つに接するということは、化学平衡に達する前に音速条件に達することを意味する。音速条件に達するとき、ZND方程式の分母が0になるので特異点となる。流体の状態を表す物理量に不連続な跳躍を期待することはできないので、音速条件に達するときは正則解を探す（つまり$M \to 1$のときに分母と分子が同時に0になるような解を探す）。そして、そのことがデトネーション速度を決めるための判定基準となる。この数学的な必要条件はChapmanとJouguetの元々の仮定とは無関係であるが、この判定基準は一般化されたCJ 判定基準と呼ばれている。中間ユゴニオ曲線同士が交わらずレイリー線が平衡ユゴニオ曲線に接するような混合気に対しては、一般化されたCJ 判定基準を、デトネーション速度を得るために引き続き使うことができる。ZND方程式（式4．7）から、$M \to 1$で分母が0になるときに化学平衡が得られて$d\lambda/dt \to 0$となり分子も0になる。したがって一般化されたCJ 判定基準はすべての爆発性混合気に対して用いることができるが、デトネーション速度を決めるには、デトネーション構造に対するZND方程式を積分し、一般化されたCJ 判定基準を満たすような速度を繰り返し計算によって探さなければならない。

一般的に定常デトネーション解を見つけるためには構造を考察しなければならず、望ましい解を得るための判定基準は数学的なものであるということがvon Neumannの研究から暗示される。デトネーションに対する完全な理論は、化学的な機構を含むデトネーション構造の考察を含まなければならない。

## ●訳者による補足：デトネーション波面の曲率と質量保存則

先頭衝撃波背後の流れを考える。実験室系において断面積$A(x')$がゆっくりと変化する管の中をデトネーションが速度$D_n$で$x'$軸方向に準定常伝播しており、流れ場は準1次元的であるとする。デトネーション波面に乗った系（座標軸を$x$とし、$x$軸の向きはデトネーション伝播方向と同じ⇒流速$u$は常に負：$u<0$）における質量保存則は、次のように書ける。

$$\frac{\partial(\rho A)}{\partial t}+\frac{\partial(\rho u A)}{\partial x}=0 \Rightarrow \rho\frac{\partial A}{\partial t}+\rho u\frac{\partial A}{\partial x}+A\frac{\partial(\rho u)}{\partial x}=0 \quad \left(\leftarrow \frac{\partial \rho}{\partial t}=0\right) \qquad \text{(A 4. 1)}$$

上式では、準定常伝播しているデトネーション波面に乗った系を採用しているので、$\partial\rho/\partial t=0$ とした。しかし $\partial A/\partial t$ は、デトネーション波面に乗った系を採用しているので0とすることはできず、実験室系でデトネーションが速度 $D_{\mathrm{n}}$ で $x$ 軸と同じ向きの $x'$ 軸の方向に準定常伝播していることから、次のように書ける。

$$\frac{\partial A}{\partial t}=D_{\mathrm{n}}\frac{\partial A}{\partial x} \qquad (\mathrm{A}4.2)$$

したがって、質量保存則（式Ａ４．１）は次のようになる。

$$\rho D_{\mathrm{n}}\frac{\partial A}{\partial x}+\rho u\frac{\partial A}{\partial x}+A\frac{\partial(\rho u)}{\partial x}=0\Rightarrow\frac{\partial(\rho u)}{\partial x}+\frac{1}{A}\frac{\partial A}{\partial x}\rho\left(D_{\mathrm{n}}+u\right)=0 \qquad (\mathrm{A}4.3)$$

ここで、$\dfrac{1}{A}\dfrac{\partial A}{\partial x}$ をデトネーション波面（曲面）の曲率で表しておこう。曲面の小さな部分を考え、その接平面が $yz$ 平面となるように $xyz$ 座標軸を決める（$x$ 軸の向きは局所的なデトネーション伝播方向に一致させる。図Ａ４．１参照）。そして、その曲面を $xz$ 平面で切ったときの曲率半径を $R_1$、$xy$ 平面で切ったときの曲率半径を $R_2$ とする。波面の曲率の符号を、波面が膨張するときに正と決めると、いま考えている「曲面の小さな部分」の面積 $A$ は、$R_1>0, R_2>0$ のとき、次のように書ける。

$$A=\left(R_1\delta\theta\right)\left(R_2\delta\phi\right)=R_1R_2\delta\theta\delta\phi \qquad (\mathrm{A}4.4)$$

この「曲面の小さな部分」が $x$ 軸方向に微小距離 $\delta x$ だけ伝播すると、その面積 $A+\delta A$ は、高次の微小量を無視すれば、

$$A+\delta A=\left[\left(R_1+\delta x\right)\delta\theta\right]\left[\left(R_2+\delta x\right)\delta\phi\right]=A+\left(R_1+R_2\right)\delta x\delta\theta\delta\phi \qquad (\mathrm{A}4.5)$$

と書ける。したがって次のように書ける。

$$\frac{\delta A}{\delta x}=\left(R_1+R_2\right)\delta\theta\delta\phi\Rightarrow\frac{1}{A}\frac{\partial A}{\partial x}=\frac{\left(R_1+R_2\right)\delta\theta\delta\phi}{R_1R_2\delta\theta\delta\phi}=\frac{1}{R_1}+\frac{1}{R_2} \qquad (\mathrm{A}4.6)$$

計算してみれば簡単に確かめられるが、式（Ａ４．６）は $R_1, R_2$ の正負にかかわらず成り立つ。ところで、「曲面上のある点における法線を含む互いに垂直な２つの平面で曲面を切ったときの切り口の曲率の和は一定である」から、式（Ａ４．６）の右辺の値は $y$ 軸、$z$ 軸の取り方によらず、常に２つの主曲率の和に等しい。そこで、デトネーション波面の曲率を「波面が膨張する場合を正」として定義し、「２つの主曲率の和（通常この和は平均曲率と呼ばれている）」を $\kappa$ と書くことにすれば、次のように書ける。

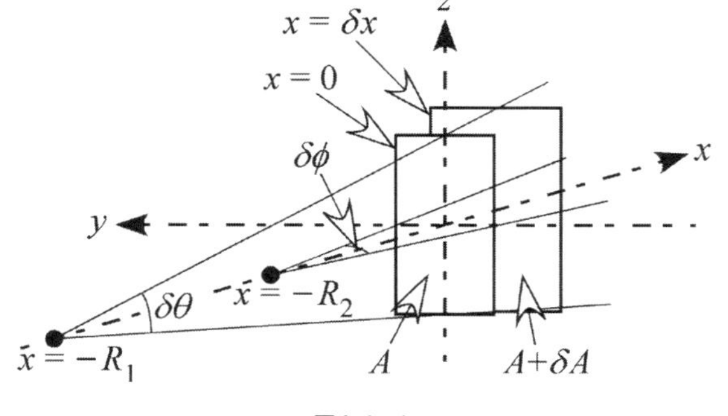


図Ａ４．１

$$\frac{1}{A}\frac{\partial A}{\partial x}=\kappa \quad \left(\kappa=\frac{1}{R_1}+\frac{1}{R_2}\right) \qquad (\mathrm{A}4.7)$$

このとき質量保存則（式Ａ４．３）は準定常流れなので、偏微分を常微分に置き換えて、

$$\frac{d(\rho u)}{dx}+\kappa\rho\left(D_{\mathrm{n}}+u\right)=0 \qquad (\mathrm{A}4.8)$$

と書ける。最後に、$x$ 軸の向きを反転させる。仮に$x=-x''$, $u=-u''$とすると、

$$\frac{d(\rho u)}{dx}+\kappa\rho(D_n+u)=0\Rightarrow\frac{d(\rho u'')}{dx''}+\kappa\rho(D_n-u'')=0\Rightarrow\frac{d(\rho u'')}{dx''}=-\kappa\rho(D_n-u'') \qquad (\text{A}4.9)$$

となるから、$x''\to x$, $u''\to u$と書き換えて、最終的に次のようになる。

$$\frac{d(\rho u)}{dx}=-\kappa\rho(D_n-u) \quad \left(\begin{array}{l}\kappa=\frac{1}{R_1}+\frac{1}{R_2}\\ \text{Curvature radius is positive for a diverging wave.}\end{array}\right) \qquad (\text{A}4.10)$$

## ●訳者による補足：関係式 $D_{cr}=\sqrt{\gamma(\gamma-1)Q+c_0^2}$ の導出

運動量保存の式は $m=0$ のとき $\frac{d(\rho u^2+p)}{dx}=-f$ と書け、これを面１から面２まで積分すると $(\rho u^2+p)_2-(\rho u^2+p)_1=\int_{x_1}^{x_2}(-f)dx$と書ける。この式は、面２と面１の間における運動量増加が面２と面１の間で単位時間あたりに与えられる運動量（すなわち外力）の積分量 $\int_{x_1}^{x_2}(-f)dx$に等しいことを示している。上式の両辺に定数 $D$ をかけると、次のように書ける。

$$(D\rho u^2+Dp)_2-(D\rho u^2+Dp)_1=\int_{x_1}^{x_2}(-Df)dx \qquad (\text{A}4.11)$$

質量保存の式は$m=0$のとき $\frac{d(\rho u)}{dx}=0$と書け、これを面１から面２まで積分すると$(\rho u)_2-(\rho u)_1=0$ $\Rightarrow(\rho u)_2=(\rho u)_1$と書ける。この式は、質量流束密度が一定であることを示している。また、エネルギー保存の式は$m=q=0$のとき

$$\frac{d\left[\rho u\left(\frac{1}{2}u^2+\frac{\gamma}{\gamma-1}\frac{p}{\rho}-\lambda Q\right)\right]}{dx}=-Df$$

と書け、これを面１から面２まで積分すると、

$$\left[\rho u\left(\frac{1}{2}u^2+\frac{\gamma}{\gamma-1}\frac{p}{\rho}-\lambda Q\right)\right]_2-\left[\rho u\left(\frac{1}{2}u^2+\frac{\gamma}{\gamma-1}\frac{p}{\rho}-\lambda Q\right)\right]_1=\int_{x_1}^{x_2}(-Df)dx \qquad (\text{A}4.12)$$

と書ける。この式は、面２と面１の間におけるエネルギー増加が面２と面１の間で外力によって与えられる仕事率の積分量 $\int_{x_1}^{x_2}(-Df)dx$（変数変換のため、このような見かけの仕事が現れる）に等しいことを示している。式（A4.11）、（A4.12）より、次のように書ける。

$$\left[\rho u\left(\frac{1}{2}u^2+\frac{\gamma}{\gamma-1}\frac{p}{\rho}-\lambda Q\right)-(D\rho u^2+Dp)\right]_2=\left[\rho u\left(\frac{1}{2}u^2+\frac{\gamma}{\gamma-1}\frac{p}{\rho}-\lambda Q\right)-(D\rho u^2+Dp)\right]_1 \qquad (\text{A}4.13)$$

上式の面１と面２は衝撃波内部以外に設定できる（衝撃波内部では運動量やエネルギーの流束に輸送項を加えなければならない）から、面１を先頭衝撃波上流（添え字０）に、面２をデトネーション後面（添え字なし）に設定し、$u=c=D=D_{cr}$を使うと、$(\rho u)_2=(\rho u)_1$より$\rho=\rho_0$であることに注意して、次のように書ける。

$$\rho D_{cr}\left[-\frac{1}{2}D_{cr}^2+\frac{D_{cr}^2}{\gamma(\gamma-1)}-Q\right]=\rho_0 D_{cr}\left[-\frac{1}{2}D_{cr}^2+\frac{c_0^2}{\gamma(\gamma-1)}\right]\Rightarrow D_{cr}=\sqrt{\gamma(\gamma-1)Q+c_0^2} \qquad (\text{A}4.14)$$

## 参考文献


Becker, R. 1917. Z. *Electrochem.* 23:40–49, 93–95, 304–309. See also 1922. Z. Tech. Phys. 3:152–159, 249–256.

Berthelot, M. 1882. *C. R. Acad. Sci. Paris* 94:149–152.

Brailovsky, I., and G.I. Sivashinsky. 1997. *Combust. Sci. Technol.* 130:201–231.

Brailovsky, I., and G.I. Sivashinsky. 2000. *Combust. Flame* 122:130–138.

Dionne, J.P. 2000. Ph.D. thesis, McGill University, Montreal, Quebec.

Dionne, J.P., R. Duquette, A. Yoshinaka, and J.H.S. Lee. 2000. *Combust. Sci. Technol.* 158:5–14.

Dixon, H. 1893. *Phil. Trans.* A 184:97–188.

Döring, W. 1943. *Ann. Phys. 5e Folge* 43:421–436.

Fickett, W., and W.C. Davis. 1979. *Detonation.* University of California Press.

Guénoche, H., P. Le Diuzet, and C. Sedes. 1981. In *Dynamics of Explosions.* 387–407. New York: AIAA.

Mallard, E., and H. Le Châtelier. 1881. *C. R. Acad. Sci. Paris* 93:145–148.

Vieille, P. 1899. *C. R. Acad. Sci. Paris* 130:413–416.

von Neumann, J. 1942. Theory of detonation waves. O.S.R.D. Rept. 549.

Zeldovich, Ya. B. 1940. *Zh. Exp. Teor. Fiz.* 10(5):542–568. English translation, NACA TN No. 1261 (1950).

Zeldovich, Ya. B., and S.B. Ratner. 1941. *Zh. Exp. Teor. Fiz.* 11:170.

# 5 不安定デトネーション：実験的観測

## 5.1 はじめに

デトネーション現象の本質は、スケールの小さい細かい点火と燃焼が起こる構造である。チャップマン-ジュゲ（Chapman－Jouguet：CJ）理論は、前面も後面も平衡状態であるような状態変化領域を横切る定常1次元流れに基づくため、内部構造の知識は全く必要としない。またCJ理論では、反応領域内の流れは1次元かつ定常であると仮定される。状態変化領域の詳細はデトネーション構造に対するZeldovich－von Neumann－Döring（ZND）モデルによって与えられる。ZNDモデルは定常平面構造に明白に基づいており、それゆえ1次元の気体力学的なCJ理論と整合している。デトネーション速度の実験的測定値とCJ理論から得られる理論的予測値とが極めてよく一致していることから、幸運にもCJ理論の定常1次元という仮定の妥当性が確認され、またデトネーション構造に対するZNDモデルの妥当性も、暗には確認される。

昔の実験的な診断法には、定常1次元のZND構造を否定するだけの分解能がなかった。1960年代初頭のデトネーション理論の状況は、以下のFay（1962）が示した所見に最もよくまとめられている。すなわち「デトネーション研究特有のマイナス面は、早過ぎる時期に研究がうまく行き過ぎたことである。ChapmanとJouguetによるデトネーション波の速度の定量的説明は、おそらく、さらなる問いかけをしようという気持ちを萎縮させてしまった」のである。しかし1950年代の終わりから1960年代初頭の間に、デトネーション構造は定常でもなく1次元的でもないことを示す圧倒的な実験的証拠が現れた。このように現実の構造は時間的に変化する3次元的なものであるため、ZNDモデルでは実際のデトネーション波の構造を記述することはできない。デトネーションは、デトネーション限界よりもかなり内側にある容易にデトネーションを起こす混合気に対してさえ不安定であることがわかっている。定常1次元CJ理論を時間的に変化する3次元的なデトネーションの構造と調和させるという問題は、いまだに解決されてはいない。

デトネーション波面の不安定性は、1940年代初めのZNDモデル構築よりもずっと早くに、実際に観測されていた。しかし不安定性は限界近傍の現象でしかないと考えられ、限界から離れたデトネーション波は定常で1次元的であると考えられた。非定常なデトネーション波はCampbell and Woodhead（1926）によって初めて報告された。彼らはデトネーション限界の近傍で、直径の小さな管の中のスピンデトネーションと呼ばれている現象を発見した。スピンデトネーションを確認するのは比較的容易である。なぜならデトネーション波面の不安定性のスケールが管の直径と同程度の大きさとなるからである（スピンのピッチは管直径の約３倍である）。したがってセンチメートルオーダーの管であれば、デトネーション波面の速度の周期的な変動は、初期のストリークカメラ（流し撮りカメラ）のたいして高くない分解能でも容易に観測できたのである。限界から離れるとスピンの周波数は高くなり、波面の不安定性の変動の振幅は小さくなるため、現象を解明することはずっと困難になる。したがって Fay が指摘したように、初期の研究者らは定常１次元 CJ 理論を容易に捨て去ることはできず、またデトネーション構造そのものをより徹底的に調査しようとすることもなかった。

1950 年代終盤および 1960 年代初頭に、数多くの新しい診断技術がデトネーション研究に導入された（圧電素子、すす膜法、デトネーション波面光散乱、高速度のシュリーレン法と干渉法、完全補償型ストリーク写真、薄膜熱伝達ゲージなど）。これらの手法によって、自律デトネーション波面の普遍的な不安定構造を示す説得力のある証拠が得られた。時々刻々と変化する３次元構造は、状態が変化する領域の中の詳細な計測について、手に負えそうにない実験上の困難をもたらした。最近になってようやく、レーザーを平面状に集光する撮像技術によって３次元的で不安定なデトネーションの構造の断面を瞬間的に観測できるようになった。数値シミュレーションもまた、次元を下げ、単純化した化学反応を用いて輸送過程を無視することによって、複雑な現象を研究可能なものとしてきた。本章では様々な診断技術で得られた実験結果を示し、不安定なデトネーション波面の特徴を説明する。

## ５．２　スピンデトネーション現象

円管の中の単頭スピンデトネーションは真に他に類を見ない現象である。その３次元構造は、回転するデトネーション構造に乗った座標系では定常的であり、デトネーション波とともに伝播する。現象の徹底的な研究の結果は最初に Campbell and Woodhead（1926）によって報告され、その後、一連の論文が続いた（Campbell and Woodhead, 1927; Campbell and Finch, 1928）。また、Campbell による以下の指摘にも留意すべきである。すなわち、Dixon（1903）による初期の研究のストリーク写真がすでに似たような不安定な現象を示していたが、当時 Dixon が使ったストリークカメラの分解能が低く、はっきりと写っていなかったために気づかれないままになっていたということである。スピンデトネーションの初期の観測を説明するために、Campbell and Woodhead（1927）が撮影した、直径 15 mm の管中の 2% の $H_2$ を添加した $2CO + O_2$ 混合気におけるスピンデトネーションの古典的なストリーク写真を図５．１に示す。

ストリーク軌跡像の先端の規則的な波状の挙動が観測されており、この挙動はデトネーション速度の周期的な変動を示している。しかし平均速度は一定で、この混合気の CJ 値にほぼ一致する。図５．１ではまた、波面から生成物中に伸びる規則的で水平な発光の帯がはっきり現れている。

図5.1　スピンデトネーションのストリーク写真（Campbell and Woodhead, 1927）
右から左に向かって伝播しているスピンデトネーションの自発光を撮影したもの。

Campbellとその共同研究者らは、ストリークカメラのスリットの配置や撮影の方向について様々に独創的な工夫を凝らし、波面の管壁に近いところに局所的な強い燃焼領域が存在し、その燃焼領域がデトネーションの伝播とともに周方向に回転する、すなわち螺旋経路をなぞると結論した。波面後方の発光体は横方向の圧力波（横波とも呼ぶことにする）に起因するもので、その横波もデトネーション波面の局所的な強い燃焼領域とともに周方向にも伝播する（Campbellは、この結果に対する説明はE. F. Greigの功績によるものであるとしている）。波面における強い燃焼領域をスピン頭部（spinning head）と呼び、それに付随し生成ガスの中へと後方に伸びる発光帯を尾（tail）と呼ぶ。尾は、断熱圧縮によって生成ガスのより明るい発光を引き起こす横方向の圧縮波として解釈される。スピン頭部の周方向の回転は、撮影するストリークカメラのスリットを管の直径に合わせて広くとって管軸方向から迫り来るデトネーションを正面撮影するときに得られるサイクロイド型の経路によっても、確認された。また、螺旋型の経路はデトネーション管において鉛でできた区間に隣接するガラスでできた区間の壁上に（それ以前の燃焼実験によって）堆積した鉛の蒸着膜の上にもみられた。この実験結果によって、回転するスピン頭部の存在がより強く支持される。

最初、Campbellと共同研究者らは、スピン頭部の回転では燃焼気体が全体的な塊として回転しているのだと考えた。しかし、この考えは後のBone *et al.*（1935）の研究により誤っていることが決定づけられた。Boneらは、気体の動きを妨げるために管の内部に設けた縦方向の外周突起部はスピン現象に影響しないことを発見したのである。したがって横方向の圧縮波のみが周方向に回転し、流体要素そのものは、波がそこを通り過ぎるときに平均値の周りで振動するだけであると結論づけられた。

おそらく、デトネーションの圧力を最初に測定したのはGordon（1949）で、彼はこの目的のために特別な高速応答のピエゾ圧電変換器を開発した。直径48 mmの管内のスピンデトネーションに対する典型的な圧力履歴データを図５．２に示す（Donato, 1982）。まず波面に２つのピークがあり、これは弱めの衝撃波が圧力変換器に最初に到達し、その後に非常に急峻な圧力スパイクが続いていることに留意しよう。スピンデトネーションの先頭衝撃波は折れ曲がっており、最初の弱めの信号はその入射衝撃波部分によるものであり、後に続く大きなスパイクはそのマッハ軸部分によるものである。注意すべきことは、デトネーション通過後に圧力の周期的な信号が多くの周期にわたってわずかしか減衰せずに残ることである。このことは、デトネーションの背後において横方向に伝播する圧力波が長きにわたって伸びていることを示している※1。もう１つ注意すべき点は、横方向の圧力振動の振幅はデトネーションの圧力に比べて小さいわけではないということである。横方向の波の回転はまた、Gordon *et al.*（1959）が行った観察によっても確認されている。彼らは、管壁の正反対の位置に２つの圧力変換器を取り付けて測定を行い、圧力振動の位相が180°ずれていることを見出した。Gordonらはまた、デトネーションの後に続く圧力パルスの周波測定を行い、横方向の圧力波はデトネーションから後方に必ずしも直線的に広がる必要はなく、ねじれる可能性もあると指摘した。圧力測定によって、デトネーションから後方に伸びる長い横方向の圧力波の存在が確認された。つまり、ストリーク写真で観測される明るく光る帯は横波による圧縮が作り出すのである。

デトネーション限界に近づくとスピンデトネーションが起こり始めるということは興味深い。しかしスピン現象は、最初に現れ始めた後、最終的に消えてしまうまで、ある領域の条件でのみ存続し、条件が限界に達するとデトネーションは消えてしまう。強力な起爆源を用いた起爆実験において、Mooradian and Gordon（1951）は、次のような現象を観察した。すなわち限界値の外側の条件で混合気中に生じた初期のCJデトネーションよりもずっと速いデトネーションが時々刻々と減衰していくときは、デトネーション速度が混合気のCJ速度にまで減衰するとスピン現象が生じ、その後さらに減衰してデトネーションが消えるというのである。このようにスピンデトネーションは、オーバードリブンデトネーションが時々刻々と減衰する際は、CJ値付近の狭い速度領域で観察されるのである。しかしデトネーション速度がある臨界値を下回ると、スピン現象は突然に消滅する。これは、オーバードリブンデトネーションが安定（あるいはスピン周波数が分解できないほどに高い状態）であり、スピン現象は自律伝播条件に近いところで起こることを示している。このようにスピン現象は、多くの混合気に対し、燃焼におけるデトネーションモードを維持するために自然が講じる最後の手段のようである。

スピンデトネーションの横方向の振動を維持するために必要なエネルギーはデトネーション

※1：「デトネーション研究会『デトネーションの熱流体力学１』理工図書、2011の図4.5」を参照するとイメージしやすい。

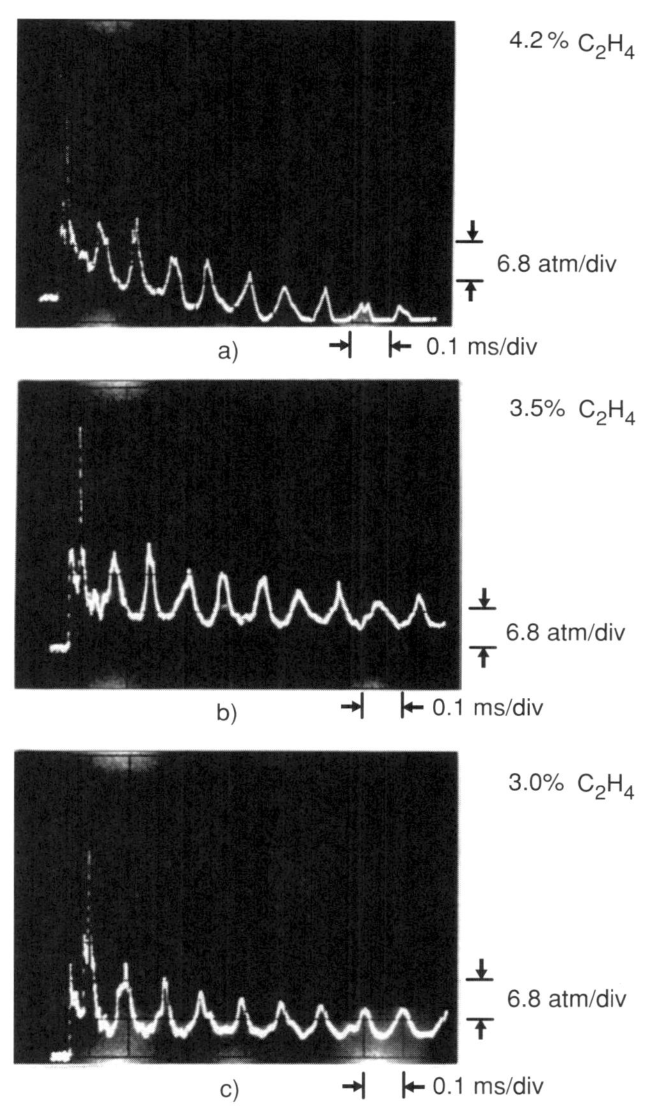


図5．2　直径48 mmの管内における$C_2H_4$-air混合気中のスピンデトネーションの圧力履歴の例（Donato,1982）

における化学エネルギーの放出で賄われなければならない。Bone *et al.*（1935）の実験では、管内の２つの爆発性混合気の領域の間に不活性な窒素の狭い領域を設け、デトネーションにおいて放出されるエネルギーが短い時間だけ中断されるようにした。スピンデトネーションがこの化学エネルギーが全く放出されない不活性窒素の領域を横切るとき、スピンは突然に抑制された。したがって横方向の圧力波の回転は、波面のスピン頭部で放出されるエネルギーによって直接的に駆動されているのである。

おそらくスピンデトネーションの最も重要な特性は、スピンデトネーションが管径に強く依存することである。スピン現象が起こる限界近傍の条件領域において、スピン頭部の螺旋経路のピッチの直径に対する比は３に近いことがわかっている。この比は、混合気の組成と初期圧力にはあまり影響されないことがわかっている。管の寸法への強い依存性が示唆するのは、スピン現象がデトネーション背後の気体柱の自然な音響振動に密接に関連しているということである。気柱振動では、横方向の音響モードは管の断面の特性長によって支配される。最低時の横方向の音響モードは、特性長が $\pi d$ である管の周囲を回転する単一の圧力波に相当する。このモードは、スピンデトネーションのピッチ / 直径の比が約3となる観測結果と整合している。

デトネーション限界から離れると、より高次の横方向の音響モードが励起され、より高いスピン周波数が観測される。より高いスピン周波数では、励起された横方向のモードがすべて同一の方向を向く（つまり左方向スピンもしくは右方向スピンのどちらかのみ）というようなことはとてもありそうにない。横方向モードが右向きスピンと左向きスピンに等しく分割される状態の方が起こりやすそうである。ゆえに、反対方向に回る二組の横波となる。これらの波の振幅は小さくないので、波の相互の衝突において非線形に相互作用する。したがって高周波数のスピンデトネーションの構造は、横波を１つだけ有する単頭のスピンデトネーションと比べて極めて複雑となりうる。

## 5．3　スピンデトネーションのManson－Taylor－Fay－Chu音響理論

初期の実験から、スピンデトネーションはデトネーション後方の気柱における振動が顕在化したものであることが立証された。Manson (1945, 1947) は、スピンデトネーションとデトネーション後方の気柱の横方向音響振動との直接的な対応に気づいた、おそらく最初の人物である。Manson は生成物ガスの均一な気柱中の振動を考察し、デトネーション後方のテイラー（Taylor）波中の非定常膨張は無視した。また振動の振幅は小さいと仮定し、したがって振動を線形音響理論によって記述可能とした。Manson は横方向の振動のみを考察し、管の軸に沿った縦方向の振動を無視した。彼は本質的に、２次元線形音響方程式の速度ポテンシャル $\phi(r,\theta,t)$ に対する解を円柱状の気柱における横方向振動を記述するために適用した。$\phi(r,\theta,t)$ に対する解は変数分離法で容易に得られ、調和関数と円柱形状に対する第１種ベッセル（Bessel）関数との積として与えられる。第２種ベッセル関数は軸上（$r=0$）における境界条件と適合せず、そこで関数は無限となる。壁に垂直な流速が0になる壁での境界条件を適用すると、

$$u=\left(\frac{\partial\phi}{\partial r}\right)_{r=R}=0$$

が得られ、ベッセル関数の１次導関数が壁面上で0になる。したがって、

$$J_n{}'\left(k_{nm}R\right)=0$$

となる。ここで、$k_{nm}R$ はベッセル関数の１次導関数の零点である。整数 $n$ と $m$ とはそれぞれ円周および半径方向のモード数を表す。もし円周方向モードのみを考察するのであれば、$m=1$ とし、$k_{n1}R$ の最初の数モードの数値は表5．1のように与えられる。

横波の回転の角速度は、音響解から次のように得られる。

$$\omega_n=\frac{k_{nm}c_1}{n}$$

表5.1　円周方向モードに対する$k_{n1}R$の値

| $n$ | $k_{n1}R$ |
|---|---|
| 1 | 1.841 |
| 2 | 3.054 |
| 3 | 4.201 |
| 4 | 5.35 |
| 5 | 6.35 |

ここで、$c_1$は音速である。壁面上における横波の線形速度は次のように書ける。

$$v_n = \omega_n R = \frac{k_{nm} c_1 R}{n}$$

横波が円周を1周するのに要する時間と、デトネーションがピッチに等しい距離だけ伝播するのに要する時間とを等しいとすると、

$$\frac{\pi d}{v_n} = \frac{p_n}{D}$$

となり、ピッチと直径の比$p_n/d$は、

$$\frac{p_n}{d} = \frac{n\pi}{k_{mn} R}\left(\frac{D}{c_1}\right)$$

と得られる。ここで、$D$はデトネーションの伝播の軸方向速度である。$n=1$である単一横波のモードに対して、

$$\frac{p_1}{d} = \frac{\pi}{1.841}\left(\frac{D}{c_1}\right)$$

を得る。CJデトネーション理論から、音速とデトネーション速度の比を次のように書くことができる。

$$\frac{c_1}{D} = \frac{\rho_0}{\rho_1} \approx \frac{\gamma}{\gamma+1}$$

ここで、$\gamma$は生成物ガスの比熱比である。したがって$\gamma \approx 1.2$といった典型的な値に対して、

$$\frac{p_1}{d} \approx 3.128$$

が得られる。これは実験的な観測とよく一致している。また、比$c_1/D$は混合物の組成や初期圧力にあまり敏感ではないことに留意する。このように、一般的に多くの混合気に対し、単頭スピンデトネーションにおけるピッチの直径に対する比は約3である。

音響理論の矩形管への拡張は、音響方程式をデカルト座標で書くことによって容易になされる。したがって解は調和関数の組み合わせと壁面での垂直方向流速が0であるという境界条件とで与えられ、$x$および$y$方向（$z$を管軸にとる）への横方向の振動の固有周波数が得られる。他の管形状に対する横方向の周波数も、同様の方法で得られる。

Mansonは、デトネーション限界から離れても、音響理論はかなりうまくスピンの周波数を予測できることを見出した。スピンデトネーションの周波数は、デトネーション後方の気柱における横方向の音響振動を考察することで十分に記述できると結論できる。横方向の振動のみを考えることで、デトネーション後面での境界条件を考慮する必要がなくなり、CJ理論との

唯一のつながりは音速とデトネーション速度の比となる。

興味深いことにG. I. Taylorは、スピンデトネーションに対する同様の音響理論を1948年に独立して定式化していた。しかし彼がその結果を公表するために投稿したときに、Alfred Eggerson卿からMansonのより早い発表のことを知らされ、Taylorは自身の論文を引き下げ、代わりにMansonに手紙を書いた。その手紙には、彼の（引き下げた論文の）研究と三角形断面の管における振動の周波数に対する新たな結果も書かれていた。Taylorの研究は最終的には1958年に発表された（Taylor and Tankin, 1958）。Taylorが、スピンデトネーションを研究する中で、より一般的な３次元理論を構築して縦方向の振動も含めたかどうかは不明である。

スピンデトネーションに関する他の独立した研究としては、1951年にFayによって成し遂げられたCornell大学での博士論文研究がある。Fay（1952）は当初３次元理論の構築を試み、デトネーション後方の気柱における、横方向の振動と同様に縦方向の振動についても考察した。その場合の解は、デトネーション後面で満たされるべきもう１つの境界条件を必要とした。その境界条件は、比音響インピーダンスと呼ばれる無次元量$z$の形式をとり、本質的に振動圧力と流速の間の関係である。横方向の周波数が縦方向の周波数よりずっと高いような実際的に意義のある条件に対しては、$z$の値は大きいことがわかっている。$z$の値が無限大であるということは軸方向の速度がないことを意味し、したがって振動は横方向のみである。よってFayは、振動は圧倒的に横方向が優位であるという、実験と合致する結果を示したのである。$z \to \infty$においては、Fayの結果はMansonの結果と同一である。

Fayは、自らの研究の中で、振動が維持される機構についても考察し、横波の動きと結合するような不均一なエネルギー放出がデトネーションには存在するはずだと結論した。これは、Campbellとその共同研究者ら（Campbell and Woodhead, 1926, 1927; Campbell and Finch, 1928）によってなされた、デトネーションの伝播に伴って周方向に回転する壁近傍の強い反応領域の観測と合致する。しかし線形音響理論の枠組みの中では、デトネーション波面における不均一なエネルギー放出の厳密な性質は記述できない。

デトネーション後方の生成物の気柱における音響振動のおそらく最も完成度の高い理論解析は、Chu（1956）によるものである。彼もまた均一な気柱を仮定したが、デトネーション後方の流れを亜音速としてデトネーション後面とデトネーション後方の境界とを結びつける縦方向の波を許すため、わずかにオーバードリブンのデトネーションを考察しなければならなかった。MansonとFayの解析のように速度ポテンシャルの線形音響方程式を使うのではなく、代わりにChuはオイラー（Euler）方程式から始めた。Chuは、流れの変数の小さな擾乱を仮定し、オイラー方程式を線形化して、圧力擾乱を従属変数とする類似の線形波動方程式を得た。デトネーション後面での境界条件に対しては、ランキン–ユゴニオ（Rankine－Hugoniot）方程式に擾乱を与えて、デトネーション前面の擾乱とデトネーション後面における流れの変数の擾乱との間の関係を得た。Fayが以前に行った解析とは対照的に、Chuはデトネーション後面における境界条件の正確な表式を得た。

Mansonが以前に行った研究でもFayが以前に行った研究でも、スピン周波数を得るための適切な境界条件に従っていたのは線形波動方程式の解のみであり、横波の伝播機構は考察されなかった。Chuの解析は、彼がデトネーションでの圧力波の発生を明示的に研究した点で違っているのである。デトネーションに回転する強い燃焼領域のあるスピンデトネーションの実験的な観測に従って、Chuは回転する熱源による圧力波の生成を考察した。圧縮性の媒体中における熱放出速度の変化は圧力波の生成をもたらす。具体的には、Chuは波動方程式の解の形に対応させるために平面的な回転熱源の熱放出の変化を選択した。円柱座標系では、波動方程式の解は調和関数とベッセル関数の組み合わせによって与えられる。またChuは、回転する熱源によって生成される圧力波は、波動方程式の解に対応する表面形状の回転ピストンから発生した圧力波と等価であると指摘した。本質的にChuは、線形波動方程式の解に対応する熱放出速度の分布を表面に持ち、角速度$\omega_0$で回転する、$z = 0$にある平面熱源による、領域$z < 0$での圧力波の発生を解析したのである。以下の段落にて、彼が得た結果を記述する。

気柱の固有振動数よりも駆動周波数が高いとき、熱源から領域$z < 0$へと後ろ向きに伝播する減衰しない螺旋状の波列が回転熱源によって生成される。螺旋状の波は、回転熱源の駆動角速度$\omega_0$で管軸の周りに回転する。$n$個のモードがあるとき、ピッチが$2\pi / k$の、管の周方向に等間隔で並ぶ、$n$個の螺旋状圧力波がある。ここで$k$は波数である。Chuが指摘したように、波がまるで螺旋状のねじのねじ山であるかのように、波列が一緒に回転する。

熱源の回転周波数が自然な横方向の固有周波数に近づくとき、圧力波の$z$に対する依存性はますます弱くなり、それはますます横波的になる。駆動周波数が固有周波数に一致するとき、振動は純粋に横波的になる。このとき熱源は共振周波数で気柱を駆動しており、振幅が限度なしに増大し、線形音響理論はもはや振動を記述できない。

駆動周波数が固有周波数よりも低いとき、圧力波は熱源から離れると急速に減衰する。またカットオフ周波数が存在し、それ以下の周波数ではある特定の駆動モードが波列を伝播させられない。したがってChuは、回転熱源によって生成された圧力波が減衰しない波列として伝播するための条件は、圧力変動の周波数が（管に固定されたどの位置においても）横方向振動の自然固有周波数より小さくないことであるべきだと結論づけた。他形状の断面を持つ管に対しても同じ結論が適用されるが、熱源の熱放出速度の表面での変化が何か他の手段で駆動されなければならない点は異なる。

またChuはデトネーション後面で反射されてそこから離れていく縦方向の波に関して解析し、オーバードリブンデトネーションはすべての励起モードに対して安定であると結論した。この結果は、後に安定性理論から得られたオーバードリブンデトネーションが一般的に安定であるという結果とも合致する。また小さな擾乱に対してデトネーション波が安定であることは、横方向の振動の生成・維持が自然には起こらないことを示唆する。こうしてChuは、彼自身の解析ではスピンデトネーションを引き起こす原因は記述できないと結論した。しかしChuの研究の後に行われたより詳細な安定性解析はすべて、実際的な爆発性混合気の場合に相当するような化学反応の活性化エネルギーに対してデトネーションの平面ZND構造が不安定であることを示している。

スピンデトネーションに対するより厳密な理論は、スピンデトネーションの構造と非平衡な化学反応領域を考察するものでなければならない。そのような解析は、本質的にデトネーション構造の安定性解析になり、すべての境界（管壁、衝撃波面、生成物の後方境界）条件を満たさなければならない。デトネーションにおける横波同士の非線形相互作用も適切に記述されるべきである。そのような解析は手に負えそうにないほど困難であり、デトネーション背後の気柱振動だけでなく不安定なデトネーションをも含む完全な数値シミュレーションはまだ実行されていない。

Manson、Taylor、Fay、Chu によるスピンデトネーションの音響理論はスピン不安定性の起源を説明できなかったが、非常に重要な結果をもたらした。それは自然な横方向の固有モードとデトネーション構造との間の強い結合である。横方向の振動は、デトネーションにおける不均一なエネルギー放出速度により維持されなくてはならない。したがってデトネーションの構造は、横方向の固有モードに従って自己調整し、横方向の固有モードと共鳴的に結合しなくてはならない。デトネーションにおけるエネルギー放出が後方の生成物気体中の横方向の振動を駆動するのだが、デトネーションにおける不均一なエネルギー放出の性質を決定するのは横方向の振動の自然周波数である。このことは、限界付近のデトネーションにおける低モード振動に対して特によくあてはまる。スピン周波数がとても高いときは、自然な固有モードの役割は小さくなり、横方向の振動は、管の特性的な固有モードよりも、むしろ特性的な化学反応速度と共鳴的な結合を確立しなければならない。

## 5.4 スピンデトネーション面の構造

Manson、Taylor、Fay、Chu の線形音響理論では、スピンデトネーションの構造を詳細に記述することは期待できない。Chuの解析だけが、波動方程式の解から得られる圧力分布に従ってデトネーションがどのように変形すべきかを何とか示した。デトネーションの中では、横波は実際には衝撃波面である。したがってデトネーション構造の記述には、衝撃波同士の非線形な相互作用が含まれなければならない。スピンデトネーションの先頭衝撃波が折り目（break：すなわち衝撃波面の向きの急激な変化）もしくは畳み目（crease）から構成されると最初に示唆したのは、おそらく Shchelkin（1945）である。スピンデトネーションの Shchelkin モデルの概略図を図５．３に示す。デトネーションとともに移動する折り目は、デトネーションと同じ軸方向速度を有し、それはデトネーション速度 $D$ に等しい。折り目の周方向速度を $D_1$ とすると、折り目が未燃混合気の中へと伝播する速度は $D_2 = \sqrt{D_1^2 + D^2}$ であり、デトネーション速

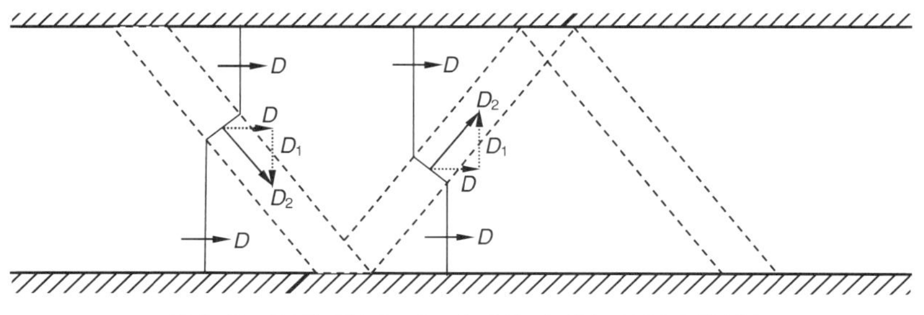

図５．３　スピンデトネーションのShchelkinモデルの概略図

度$D$より大きい。言い換えると折り目はオーバードリブンデトネーションであり、したがって折り目の圧力と温度はデトネーションの他の部分のそれらよりも高い。円管内では折り目は管壁近くに位置し、周囲に沿って接するように伝播し、実験的に観測されるスピン頭部の螺旋状経路をなぞる。

Shchelkin はガスの流速が折り目自身の速度と同じだと考えて角運動量の保存則を破綻させていたのだが、この Shchelkin による誤った仮定は、Zeldovich（1946）による後の論文で訂正された。Zeldovich は折り目での衝撃波間の交点の適切なユゴニオ（Hugoniot）解析を行い、実験的な観測と一致するような螺旋のピッチ角の計算をやってのけた。

先頭衝撃波面の折り目あるいは畳み目のアイデアは Shchelkin によって仮定されたものである。畳み目とは、畳み目を狭んでいる衝撃波面と衝撃波面の交線である。２つの交差する衝撃波の後方の境界条件を満たすためには、圧力が連続である滑り線だけでなく、第３の衝撃波（反射衝撃波）も必要である。したがって折り目は本質的に三重衝撃波のマッハ交差であり、スピンデトネーションでは衝撃波面の畳み目によって形成される壁近傍のマッハ交差が存在するが、畳み目は連続した滑らかな衝撃波面を与えるために、中心に向けて畳み目自身を平らに伸ばす。畳み目の片側では衝撃波は強く、その衝撃波はマッハ軸と呼ばれ、畳み目のもう一方の側にあるより弱い衝撃波は入射波と呼ばれている。横波（もしくは反射波）は、衝撃圧縮されてはいるがまだ反応していない混合気の中を伝播する。燃焼は強いマッハ軸の後方と横方向の衝撃波の後方とで激しく、この局所的に光る領域がスピン頭部を構成する。しかし 1945 年に Shchelkin によって提案された先頭衝撃波面の折り目の概念を確認し、スピンデトネーションの詳細な構造が最終的に明らかにされたのは 1950 年代末から 1960 年代初頭になってからである。

Campbell と Woodhead が管終端からのストリーク写真によってサイクロイド曲線を観察したことでスピン頭部の周回運動は確認されたが、明るく光る螺旋経路の直接的なシャッター開放写真も、幾種類かの爆発性混合気に対しては得ることができる。この螺旋経路の開放写真は、Gordon *et al.*（1959）によって最初に得られた。彼らはオゾン、酸素および五酸化窒素の爆発性混合気中のスピンデトネーションの明るく光る螺旋状の経路を写真撮影した。図５．４には Schott（1965）が撮影した、直径 25 mm の管中の $C_2H_2-O_2-Ar$ 混合気における同様のシャッター開放写真を示す。アセチレン-酸素デトネーションでは、強い発光は非平衡反応領域に狭く局在しており、生成物気体からの可視域の発光は、反応領域に比べてすごく弱い。スピン頭

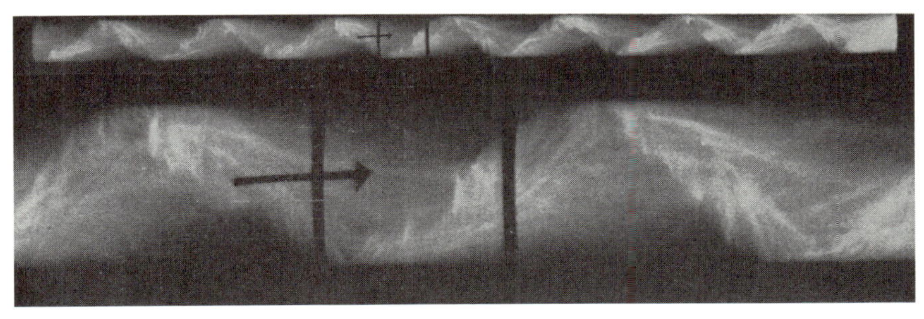

図５．４　スピンデトネーションのシャッター開放写真（Schott, 1965）

部の螺旋経路は図５．４で明白に示されている。また、螺旋経路には多くの細かい詳細構造があり、スピン頭部における反応は極めて不均一であることを示している。

おそらく、不安定なデトネーションの構造を調べるための最も使い勝手のよい技術はすす膜法である。この技術は Antolik（1875）によって発見された。彼は三重衝撃波のマッハ交差の経路が、すすで覆われた面上に明瞭な細い線として記録されうることを初めて見出した。すす膜法は続いて、Mach and Sommer（1877）によって用いられ、火花放電と相互作用衝撃波の研究で使用された。不安定なデトネーション構造の研究にこの技術を初めて適用したのは Denisov and Troshin（1959）である。しかし彼らはおそらくスピンデトネーションに関するそれまでの研究に触発されたのだろう。Campbell and Finch（1928）は、鉛が蒸着された管壁にスピンデトネーションが残す螺旋経路に、すでに注意を払っていた。Bone *et al.*（1935）もまた、デトネーション管の銀でコートされた内壁上に螺旋状の跡が深く刻まれたことを報告している。事実、Campbell と Finch はスピン頭部の螺旋経路を記録しようとして様々な非燃焼性の粉で管の内壁のコートを試み、ついにはチャコ（洋裁で布地に印を付けるためのチョーク）の軽い堆積物がガラス表面によく付着し、スピンデトネーションによって作られる螺旋状の跡がよく記録されることを発見した。木製マッチまたは過濃燃焼の炭化水素火炎から得られるすすでガラス、金属、マイラー膜をコートするという方法は、不安定なデトネーションの三重衝撃波マッハ交差の軌跡を記録するために過去 50 年にわたり用いられ、標準的な方法として確立されてきた。Duff（1961）は均一なすす膜を得るために用いる手順の詳細を発表した。

過去 50 年にわたりすす膜法は広く使われてきたが、すすで覆われた面の上を衝撃波三重点が通ることですすが剥ぎ取られる明確な機構はまだ理解されていない。三重点近傍のマッハ軸と反射衝撃波に伴う高温高圧がそのような鋭く細い線を刻めないことは明白である。示唆されるのは、三重点における滑り線の非常に鋭い速度勾配によってすすが取り除かれるという機構である。せん断流れの不連続面を横切る微分値の大きな速度変化は、こすり落とす働きをすると考えられる。しかし壁面上にはいつも境界層がある。壁面における滑りなし境界条件によって、三重点に付随するせん断線を横切る大きな速度勾配は散逸される傾向にある。したがって、せん断流れのこすり落とす働きが、すすの堆積物を取り除くというのは疑わしい。

一方、もし壁面の垂線方向に圧力勾配がある場合、すすの粒子は表面から有効に浮き上がりうる。平面状のせん断層は、並んだ渦糸が重なったものと考えることができる。したがって三重点には非常に集中した強い渦管が存在するはずであり、すすの粒子は三重点（線）がその上を通ると、表面から垂直方向に浮き上がりうる。乱流境界層においては、ヘアピン渦が Theodorsen（1952）によって仮定され、Head and Bandyopadhyay（1981）や他の研究者たちによって実験的に観測された。図５．５は Theodorsen によって仮定された乱流境界層中のヘアピン渦の概略図である。渦要素の低圧核は、壁からすす粒子を吸い上げることができる。したがって、三重衝撃波マッハ形態のせん断層がすす膜上を通り過ぎるときには、類似した機構が存在するかもしれないと考えられる。

これまで提案されてきたすすの除去機構は、決定的な結論を導けるほど徹底的には研究されてきていない。しかし、すす膜上の刻みが、表面上を伝播するマッハ形態の三重点の通過によ

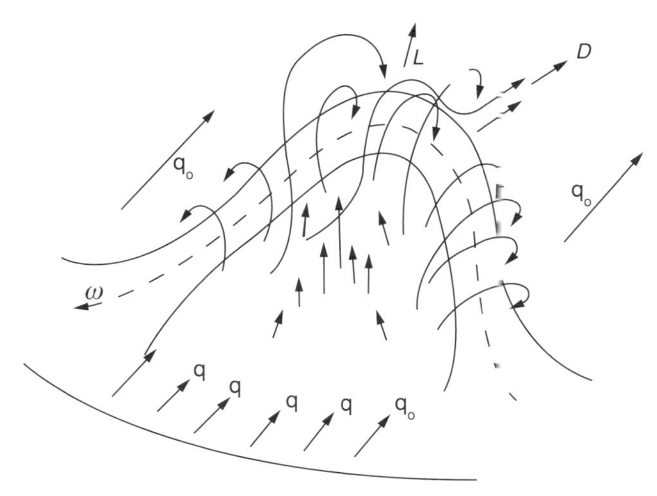

図5．5　ヘアピン渦の概略図

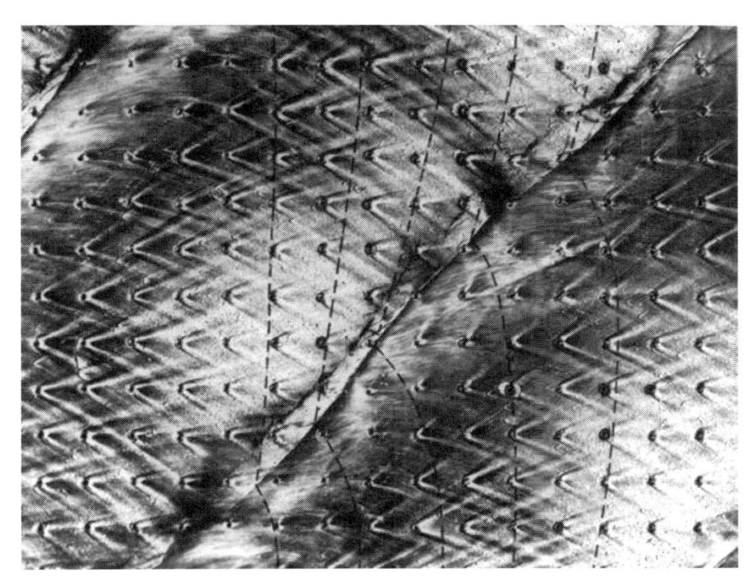
図5．6　スピンデトネーション背後に残された軌跡のすす膜記録

るものであることを示す膨大な実験的証拠が存在する。

スピンデトネーションの背後に残された軌跡の、典型的なすす膜記録を図5．6に示す。マイラー膜が円管の内壁全体を覆っており、そのためマイラー膜の縦の長さは管の周囲長$\pi d$となる。螺旋経路は波状の帯であり、横波そのものが安定ではないことを示す。帯の有限の幅は、マッハ交差の入射衝撃波の背後にある反応誘導領域中の圧縮されてはいるがまだ燃えてはいない混合気の中へと伝播していく横方向衝撃波によるものである。螺旋模様が管軸となす角$\alpha$は約45°であり、音響理論と合致する。つまり、

$$\tan\alpha = \frac{\pi d}{p}$$

であり、$\gamma = 1.2$に対しては、ピッチと直径の比は

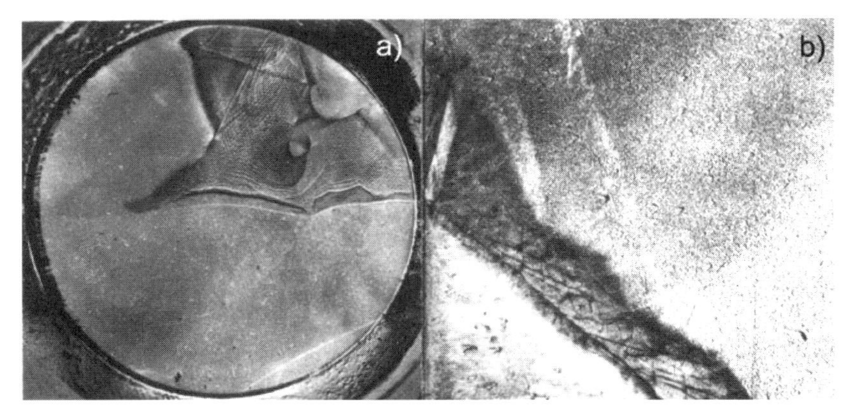


図5．7　スピンデトネーションのすす膜記録
管端壁(a)および管側壁(b)で同時に取得。

$$\frac{p}{d}=\frac{\pi}{1.841}\left(\frac{D}{c_1}\right)=\frac{\pi}{1.841}\left(\frac{\gamma+1}{\gamma}\right)=3.128$$

と与えられる。したがって、$\alpha=\tan^{-1}\dfrac{\pi}{3.128}=45.12°$ となる。

図5．6のすす膜記録に示されたＶ型の跡は、膜にすすをつける前に柔らかいマイラー膜に鋭いピンを突き刺して作った突起のネットワークによるものである。突起の上を流れが行き過ぎるとＶ型の印が形作られる。Ｖの字を２分割する直線の垂線は壁面上での衝撃波面の接線を与えてくれる。したがって複数のＶ型の印から、管壁での衝撃波面の形を構成することができる。図5．6中の破線は異なる時刻での衝撃波の形を表しており、Shchelkin が示唆したように、壁の近傍の衝撃波面に畳み目が存在することをはっきりと示している。また、より強いマッハ軸の曲率は、マッハ形態の畳み目の反対側にある入射衝撃波の曲率よりもずっと大きい。

管の内壁を覆っているすす膜は、デトネーション波面の外周における三重衝撃波の交点の軌跡しか記録しない。側壁から離れて管軸の方へ向かう先頭衝撃波の形状は、管軸に直交するようにすす膜面を配置してデトネーションがそのすす膜で反射されるようにすれば、決定できる。スピンデトネーションが管終端に設置されたすす膜で反射されたときに衝撃波の交線がどのようにしてすす膜に記録されるか、その複雑な過程はよくわからない。しかし管端のすす膜は、デトネーション波面における衝撃波の交線を確かに記録する。側壁と管端壁で同時に取得したスピンデトネーションのすす膜記録を図5．7に示す。三重衝撃波マッハ交差における入射衝撃波背後の衝撃圧縮された反応物の中へ伝播する横方向のデトネーションの不安定性に起因する微細な構造が、側壁のすす膜記録中にとてもはっきり表れている。管端のすす膜記録には、どのようにして畳み目が側壁から内側の管軸の方に向かって広がるのかが示されている。管端のすす膜記録に示された微細な構造は、畳み目の入射衝撃波の背後にある反応誘導領域中の衝撃圧縮された反応物を反射衝撃波が通り過ぎることに起因している。側面に記録された単一の螺旋軌跡が示すのは、衝撃波面上に畳み目が１つしかないということであり、この畳み目は反対側の側壁へは広がらないということである。もし畳み目が反対側の側壁にまで広がるなら、２つの平行な螺旋軌跡が側壁のすす膜上に記録されるだろう。これはめったに観測されない。

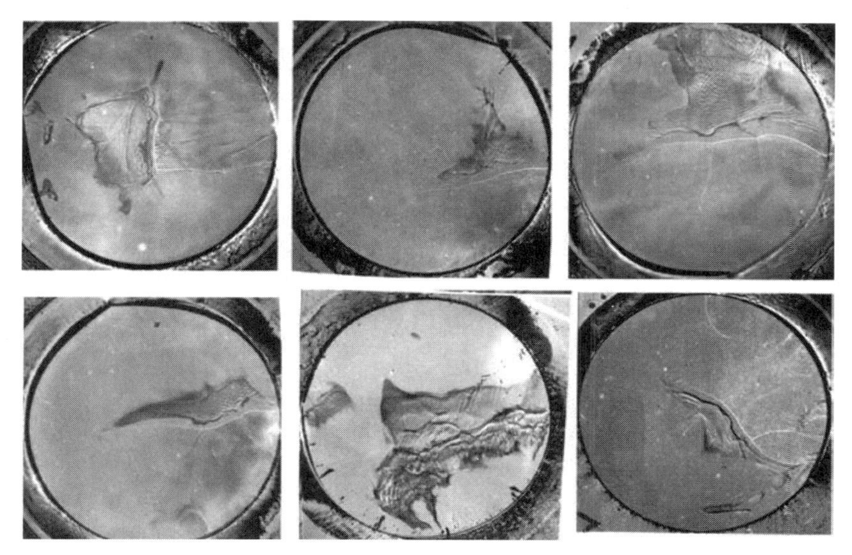

図5．8　単頭スピンデトネーションによる管端での様々なすす膜記録

しかし異なる方向に伝播する２つの畳み目に対応する２つの螺旋軌跡（すなわち右回りと左回りのスピン）は、よく観察される。そのような２つの頭部を持つスピンデトネーションに対するデトネーション構造はもっとずっと複雑である。

単頭スピンデトネーションに対しては、側壁のすす記録はいつも１本の螺旋軌跡だけであるが、先頭衝撃波の構造は全く異なる場合がある。単頭スピンデトネーションによる管端の色々なすす膜記録が図５．８に示されている。側壁でのすす膜記録は、螺旋軌跡が１本だけ記録されているという点ですべて似通っている。しかし側壁から離れた内側の構造の多様さは、スピン構造が一般的には定常的ではないということを示している。単頭スピンデトネーションの構造の異なる内部形態は、半径方向モードと周方向モードの相互作用によってもたらされうる。

側壁上で単一のマッハ交差形態が周方向に回転するスピンデトネーションは、一般的に円管特有の現象である。矩形管では、最も低次の横モードは２つの横波（管の矩形断面の２つの方向にそれぞれ伝播する波）から構成される。しかし、もし一辺の長さが十分に小さければ、その方向への横モードは抑制され、たった１つの横波が残りの長い方の辺に沿って伝播する。そのような単一モードデトネーションは適切にもジグザグデトネーションと呼ばれている。その理由は、横波が先頭衝撃波面を掃引し、矩形流路の反対側の側壁で反射するからである。図５．９は、側壁と管端壁で同時に取得されたジグザグデトネーションのすす膜記録である。畳み目は矩形管の高さ全体にわたっている。ここでもまた、管端のすす膜記録の微細な構造は、畳み目のマッハ形態における入射波の背後の反応誘導領域内の衝撃圧縮された混合気を横切っていく反射衝撃波の不安定性を示す。

ジグザグデトネーションの２次元構造はDove and Wagner（1960）によって研究されたが、それは円管中のスピンデトネーションの３次元構造よりも単純である。しかしジグザグデトネーションの２次元構造は定常的ではなく、マッハ交差の衝撃波の強さは、横波が管側壁で反射される時刻に合わせて周期的に変化する。それに対し、(円管における）スピンデトネーションの３次元的な構造は、回転するデトネーション波面に乗った座標系では定常的である。

一酸化炭素と酸素に水素を少し添加した特定の混合気におけるスピンデトネーションは極めて安定で再現性のある構造を示す。Voitsekhovskii *et al.*（1966）は、これを利用し1950年代末期に、スピンデトネーションの構造について徹底的に研究を行った。彼らは新しいストリーク写真技術を開発し、それを使って管の側壁でのスピンデトネーションの構造を詳細に記述した。彼らが開発したストリーク写真の「完全補償」法を理解するために、ここではまず、デトネーションの伝播方向に対して直交する方向にフィルム（時間軸）が動く、通常のストリークモードを記述する。このとき得られる写真は、伝播方向である水平の $z$ 軸に対してある角をなす明るい線であり、その線の傾きは波の速度の逆数である。

1949年、Shchelkin and Troshin（1965）は通常のストリークモードの変化形を導入した。彼らは波が伝播する水平の $z$ 軸方向に対して直交するスリットを使い、デトネーション波の伝播と同じ方向にフィルム面を動かすように配置した。フィルム速度を調節してフィルム上のデ

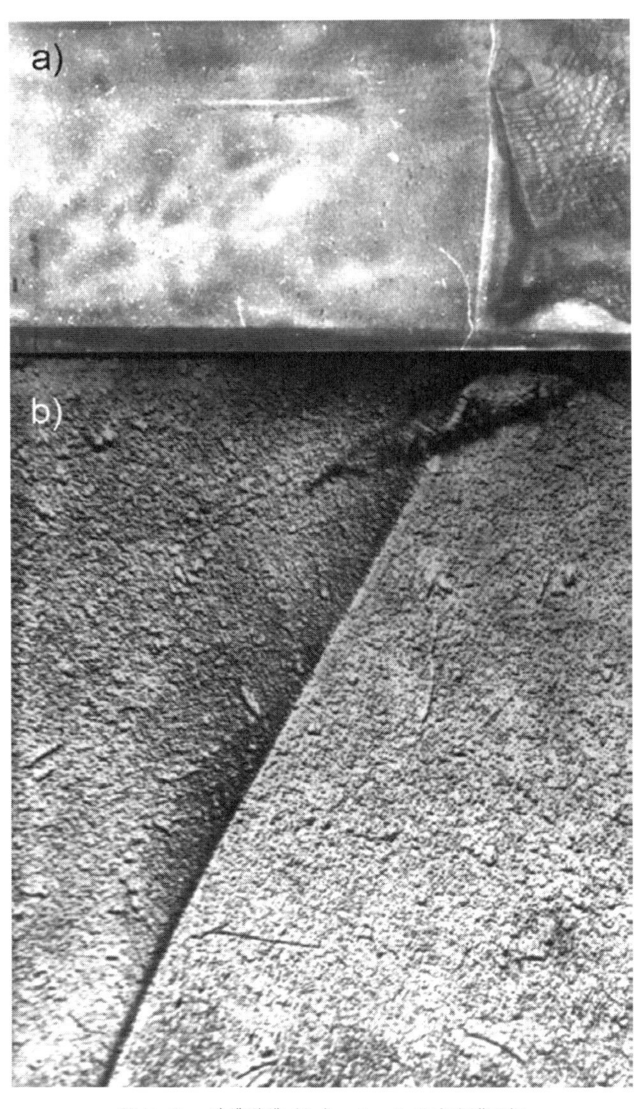


図5．9　ジグザグデトネーションのすす膜記録
管端壁(a)および側壁(b)で同時に取得。

トネーションの像がフィルムそれ自体と同じ速度で動くようにすれば、デトネーションの像はフィルムに対して静止する。このとき垂直のスリットは、デトネーションの静止画を撮像するための、普通のカメラのフォーカルプレーンシャッターのように機能する。これをストリーク写真の補償法と呼ぶ。Shchelkin と Troshin はデトネーション波の伝播の軸方向速度を補償した（帳消しにした）のである。スピンデトネーションでは、デトネーション構造は伝播しながら回転する。したがって方位角方向の速度成分と軸方向の速度成分とがある。

Voitsekhovskii らはストリークカメラを傾け、スピンデトネーションの螺旋軌道の接線方向にフィルム面が動くようにした。このとき、フィルムの移動速度がデトネーションの像の螺旋軌道の接線方向速度に一致すれば、スピン頭部の像が動く速度の軸方向成分も周方向成分もともに完全に補償される。ここでもまた、スピンデトネーションとフィルムは相対的に静止していると考えることができ、今度の場合、スリットはスピンデトネーションの周りをフィルムとともに回転するフォーカルプレーンシャッターとして機能し、壁に沿って回転する発光パターンを撮像するのである。この完全補償ストリーク技術について、Voitsekhovskii は次のように別の言葉で説明している。「フィルムとデトネーションは相対的に静止していると考えるのだ。デトネーション管の側壁が塗料で塗られ、その塗料が壁面でのスピンデトネーションの発光分布に従って変化すると仮定する。このとき、もしデトネーション管がプリンターのドラムのようにフィルム表面上で回転すれば、Voitsekhovskii の完全に補償されたストリーク写真に対応するものがフィルム上に転写されるのである」※2。

図５．１０にスピンデトネーションの通常のストリーク写真と完全補償ストリーク写真との両者を示す。図ｂに示す完全補償写真※3では、スピン頭部の２つの像が交互に現れた（１つは鮮明で、もう１つはブレている）。これは、デトネーションの頭部が１回の回転につきスリットに２回現れることによる。その２回とは、スリットに近い側（カメラに近い側）と 180° 離れた遠い側（スリットの反対側）である。カメラにより近い側のときは、フィルムの動きがスピン頭部の像の動きと同じ方向であり、完全な補償が成し遂げられる。スリットの反対側のときは、フィルムとデトネーションの像が逆向きに動き※4、全く補償されない。また、スリットの反対側の像はピントがしっかりと合わないので、ボケてもいるようである。デトネーション構造の内部からの自発光もみえている。

スリットから遠い側の像を取り除くために、Voitsekhovskii らは管軸上に小さな棒を置き、遠い側からの光を遮断した。図５．１１には、遠い側からの光を遮断した結果得られた、スリットに近い側だけからのスピン頭部の一連の像が示されている。今度はどの像も鮮明で、同じである。

先頭衝撃波の像をも同様に得るために、Voitsekhovskii らはシュリーレン光学系の光束の経路中にデトネーション管を置いた。また彼らは、先頭衝撃波の輪郭と管の反対側の壁で起きて

---

※2：　ある瞬間におけるスピンデトネーションの発光分布を円柱表面に塗った塗料で表現し、その円柱を紙の上で転がせば紙に塗料がついて静止像になると考えればよい。

※3：　「例えば、こうすれば撮影できる」という方法を章末に示す。

※4：　正確にいえば、「周方向の速度が逆向き」である。

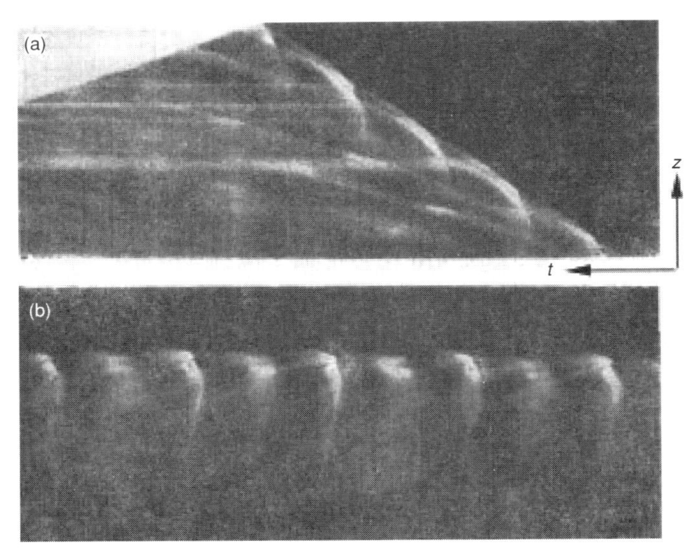


図５．１０　スピンデトネーションのストリーク写真
(a)通常のストリーク写真、(b)完全補償ストリーク写真(Voitsekhovskii *et al.*, 1966)。

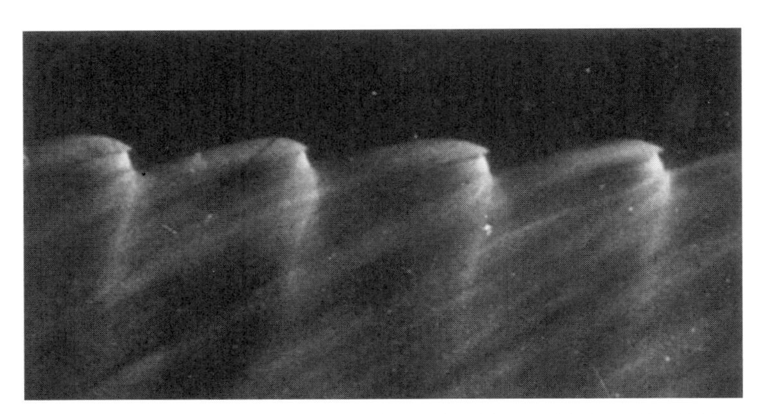

図５．１１　カメラから遠い側のスピン頭部をみないようにしたときのスピン頭部の完全補償ストリーク写真(Voitsekhovskii *et al.*, 1966)

いる現象の輪郭とが重なり合わないよう、管軸の向きを調整した。彼らはスピン頭部の衝撃波と反応領域のすべての写真を何とか取得した。図５．１２はスピン頭部の完全補償ストリーク写真（自己発光（a）およびシュリーレン（b））を示す。

デトネーション管の壁面に小型の圧電変換器を配置することによって、Voitsekhovskii らはスピン頭部の異なる断面に沿った圧力履歴をどうにか得た。圧力変換器の位置は、同時撮影した完全補償ストリーク写真から識別される。図５．１３はスピンデトネーションの詳細な構造とスピン頭部の異なる断面に沿った圧力履歴を表す。数字が付された平行線は伝播の方向を表し、それぞれの直線に沿った圧力履歴が示されている。

先頭衝撃波面の畳み目は $A$ に位置し、マッハ交差は畳み目の右側のより強いマッハ軸 $AE$ と、畳み目の左側の弱い入射衝撃波 $AF$ から構成される。曲線状のマッハ軸 $AE$ の強さは、圧力履歴 10, 11, 12, 1, 2, 3 で示されるように、三重点 $A$ から離れるにつれて低下する。弱い入射衝撃波 $AF$ の強さは、圧力履歴４～８の最初のピークによって示されるように、比較的一定である。

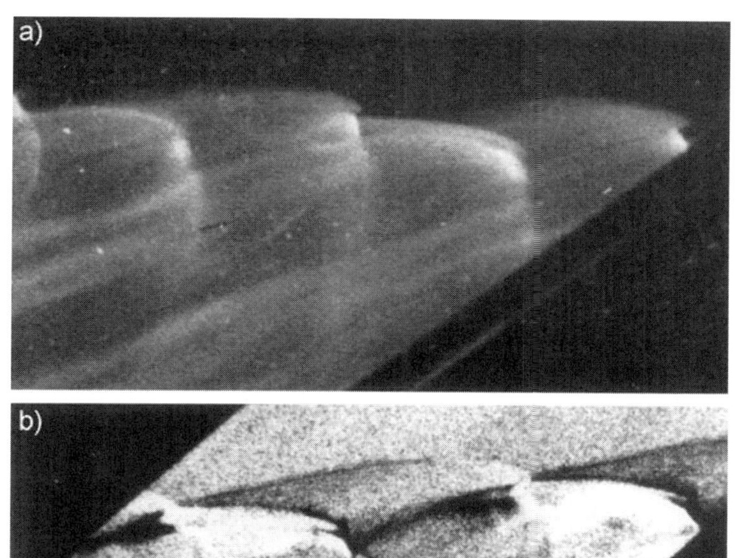


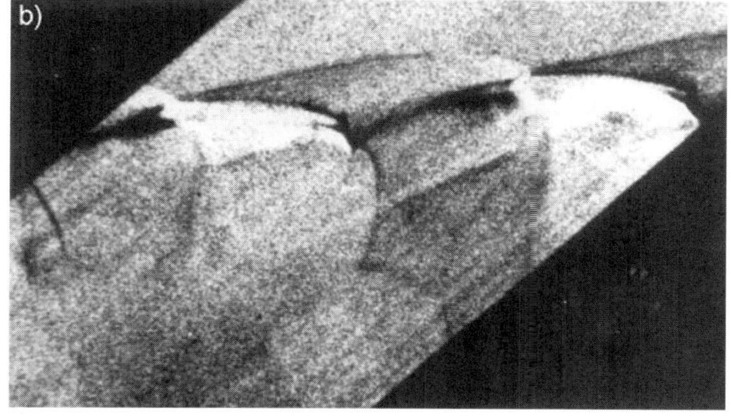


図5．12　スピン頭部の完全補償写真
(a)自発光、(b)シュリーレン(Voitsekhovskii *et al.*, 1966)。

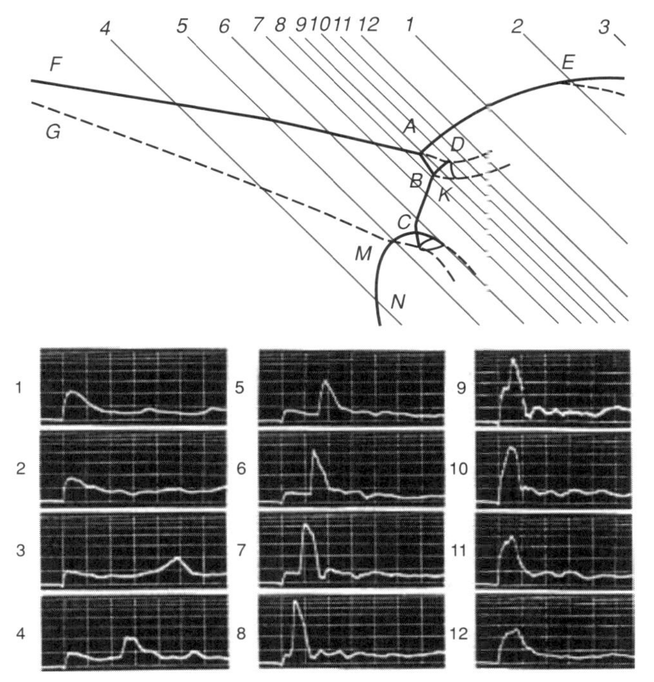


図5．13　スピンデトネーションの詳細構造と、スピンデトネーションの様々な部位における圧力履歴(Voitsekhovskii *et al.*, 1966)

マッハ交差形態の横波（あるいは反射衝撃波）は *AB* である。しかしスピン頭部においては、横方向の衝撃波は様々な波の後方の流れ条件と整合しなければならないため、二重マッハ軸から構成される。

単純化のため、まず二重マッハ相互作用系 *ABDKCM* の全体を、入射衝撃波 *AF* 背後の反応誘導領域中の衝撃圧縮された混合気の中に伝播していく単なる横波として考える。実際は、横波 *ABDKCM* は、前に示したすす膜記録（図５．７b）が示すように、スピンデトネーションの螺旋経路の帯の中に微細な構造として現れる不安定性を有する強いデトネーション波である。Voitsekhovskii らによって記述された詳細構造は、スピン構造が極めて安定で再現性の高いとても特別な混合気 $2CO + O_2 + 3\%H_2$ に基づいていることに留意すべきである。一般にスピン構造それ自体が不安定であり、その速度も管に沿って伝播する際に揺らぐ。そして横方向スピンの基本モードに高調波が重なる。したがって図５．１３に示した構造は典型的なものではなく、そのため横波の二重マッハ相互作用の細かな詳細に関わり過ぎる必要はない。

Schott（1965）は独立して研究を行い、高速応答の白金熱伝達計を使って、アルゴンで著しく希釈した $C_2H_2-O_2$ 中のスピンデトネーションの衝撃波面と反応面を精密に描き出した。この混合気中でも、スピンデトネーションは比較的安定である。管の周囲に４つの熱伝達計を配置し、スピン頭部に対する計測器の相対的な位置を特定するためにすす膜を用いて、Schott はスピンデトネーションの構造を精密に描き出すことができた。熱伝達計が衝撃波面に応答できるのは、衝撃波による加熱で熱伝達計フィルムの抵抗値が増大するためである。反応面が熱伝達計に到着すると、熱伝達計はイオン化された気体によって短絡（ショート）する。したがって様々な熱伝達計の位置における衝撃波面と反応面の相対的な位置を決定することができ、スピン軌跡のすす膜記録を援用して、壁面におけるスピンデトネーション波面の詳細な構造を決定することができる。

図５．１４は管円周の周りの衝撃波面と反応面の瞬間的な位置を示す。この結果は５回の実験結果から構築されている。このようなことは、スピン構造が各ショットにおいて高い再現性を持つときにのみ可能である。三重点近傍の強いマッハ軸と横波については、衝撃波面と反応面との分離を空間分解することはできていない。観測されたように、スピン構造は Schott が違う方法で決定したものであるが、Voitsekhovskii らによって得られたものとほとんど同一である。Voitsekhovskii らと Schott によって得られた詳細構造は、異常なほどに安定なスピンデトネーションを生み出す混合気に基づいたものである点は強調されるべきである。一般にマッハ軸も横波も、両方とも不安定な構造を持つ不安定なデトネーションであるため、スピンの基本モードがそれ自身不安定であり、高次の調和波がスピン頭部の近傍で励起される。高次の調和波は支配的なスピンモードをかき乱し、伝播の際にふらつかせる。

Voitsekhovskii らと Schott によって得られた詳細構造は壁近傍での現象を明らかにしてくれるが、壁から離れると３次元構造は変化する。閉管端でのすす膜記録が示すように、マッハ交差が管軸に近づくにつれて畳み目は消え、先頭衝撃波は連続的になる。スピンデトネーションの３次元構造全体をより深く理解するために、アクリル樹脂の模型が Schott によって製作された。図５．１５にスピンデトネーションの構造の３次元模型を示す。模型が軸に沿ってス

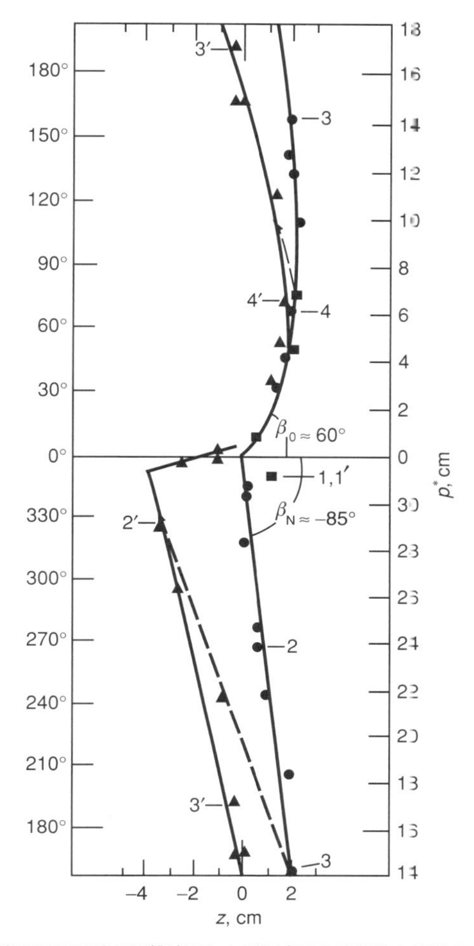


図５．１４　管円周の周りの衝撃波面および反応面の瞬間的な位置（Schott, 1965）

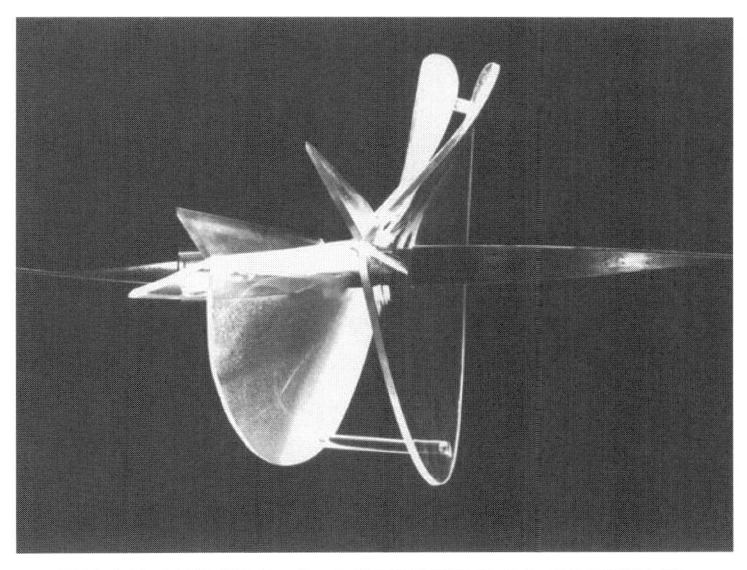

図５．１５　スピンデトネーションの３次元模型（G. Schottの厚意による）

ライドすると、ねじれたバンドが模型を回転させる。前に指摘したように、単一の頭部のスピン構造は、それ自身に乗った系では静止している。高次のスピンモードデトネーション、および薄っぺらい矩形流路中の単一の横波のジグザグデトネーションは、静止構造を持たない。ジグザグデトネーションの横波に乗った系でみたとしても、入射衝撃波とマッハ軸の強さは時間とともに変化する。

## 5.5　多頭デトネーション

デトネーション限界から離れると高次の音響モードが励起されるので、スピン周波数が増大する。混合気がよりデトネーションを起こしやすくなるにつれ、円管内における単一の頭部のスピンは２つの頭部のスピンおよび４つの頭部のスピンへと段階的に発展し、図５.１６はそのような発展をすす膜記録で表したものである。図ａ（単頭スピンデトネーション）において、第２の横方向モードの始まりがすでにみられる。図ｂでは右回りスピンおよび左回りスピンに対応した、２つの横方向モードが存在している。図ｃではそれぞれのスピン方向について２つの横波が存在する。

すす膜に残る記録は三重衝撃波マッハ交差の通過が作り出すので、高周波数のスピンデトネーションでは、壁面に数多くの畳み目やマッハ交差形態が存在し、それらはデトネーションの外周に分布し、通常は同数の右回りスピンと左回りスピンになっている。個々のマッハ交差形態がそれぞれ１つのスピン頭部に対応するので、一般的に高周波数のスピンデトネーションでは多頭デトネーションと呼ばれる。図５.１７には、波面の形を決定するためのＶ型印のついた多頭デトネーションのすす膜記録を示す。

壁面における衝撃波面の多数の畳み目が明確に図示されている。側壁に沿って周回しながら伝播するマッハ軸は互いに衝突して反射する。線形音響波では二組の横波を相互作用しないものとして単に重ね合わせることができるが、そのような場合とは違い、互いに衝突するマッハ軸の相互作用は非線形である。マッハ軸は管軸に向かって半径方向に広がり、互いに相互作用する。したがって多頭スピンデトネーションの構造は、横波同士の切れ目なく続く非線形相互作用を伴う。多頭デトネーションの波面における衝撃波相互作用のパターンは、図５.１８の管側面と閉管端で同時に取得されたすす膜記録に示されている。側面におけるすす膜記録には二組の（互いに違う方向に伝播する）横波の比較的規則正しいパターンが示されており、特徴的なダイヤモンドパターンあるいは魚のウロコパターンとなっている。しかし、これに対応する閉管端のすす膜記録には、衝撃波交差のやや複雑なパターンが示されている。閉管端のすす膜記録の線は、先頭衝撃波面の畳み目であり、これらの畳み目はその両側の衝撃波の交差で作られている。この衝撃波の交差は、畳み目から生成物気体中へと伸びる第３の横波あるいは反射衝撃波を生み出す。

このように多頭デトネーションにおいては、先頭衝撃波面を掃引するように動く横波の組織網を考えることができる。横方向の衝撃波と先頭衝撃波の交差の境界部分が閉管端のすす膜記録の線状のパターンを形成する。単一の頭部のスピン構造の場合のように、衝撃波交差の境界部分の片側は強いマッハ軸であり、マッハ軸の後方では強い化学反応がほとんど遅れることなく、ほぼ瞬間的に起こる。衝撃波交差の逆側は弱い入射衝撃波であり、そこでは反応開始前の

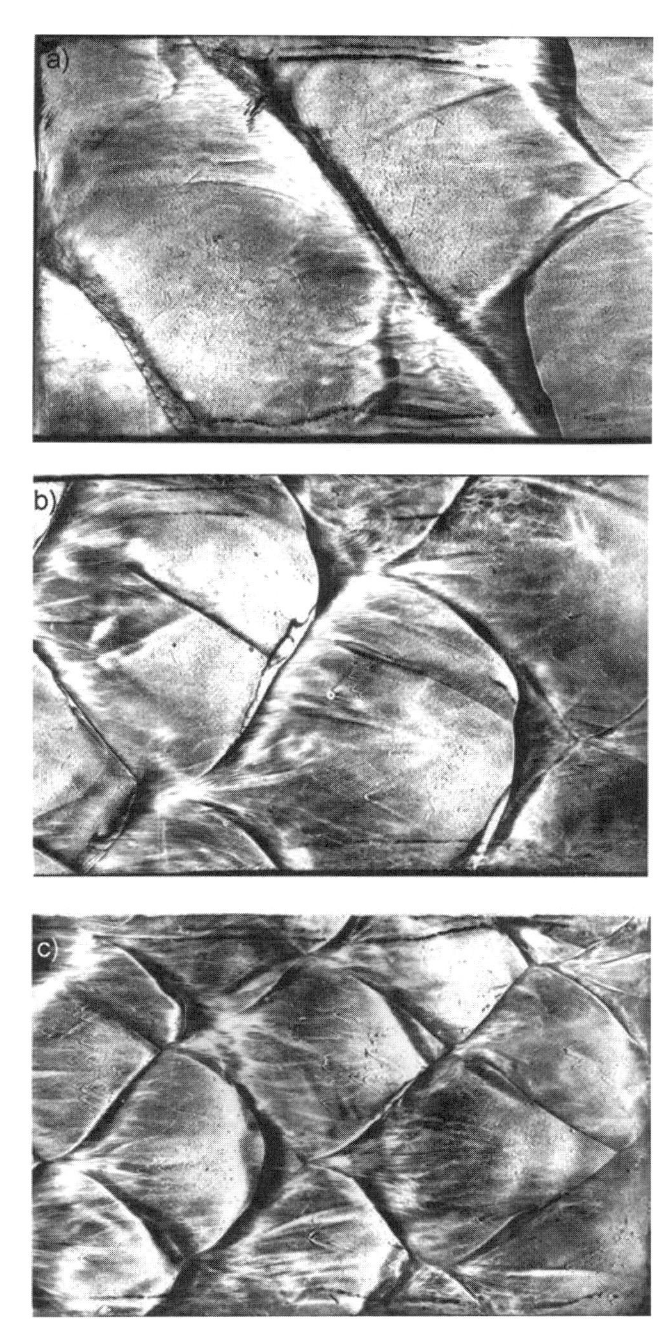


図5．16　スピンデトネーションのすす膜記録
(a)単頭スピンデトネーション、(b) 2つの頭部のスピンデトネーション、(c) 4つの頭部のスピンデトネーション。

誘導時間がずっと長くなる。したがって横方向の衝撃波は入射衝撃波背後の誘導領域の中へ伝播し、それ自体が強いデトネーション波である。マッハ軸は衝撃波交差の三重点（線）から離れると急速に減衰するので、強い化学反応はマッハ軸と強いデトネーションが出会う三重衝撃波交差の境界に局在する。

図5．19に様々な初期圧力における$2C_2H_2+5O_2$混合気中の多頭デトネーションの補償ストリーク写真を示す（Voitsekhovskii *et al.*, 1966）。図の上列のストリーク写真は、伝播方向に

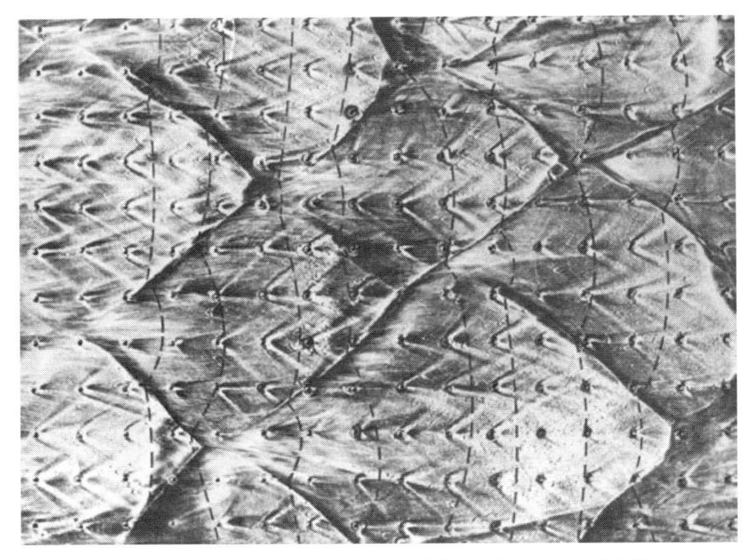

図5．17　多頭デトネーションのすす膜記録(Lee *et al.*, 1969)

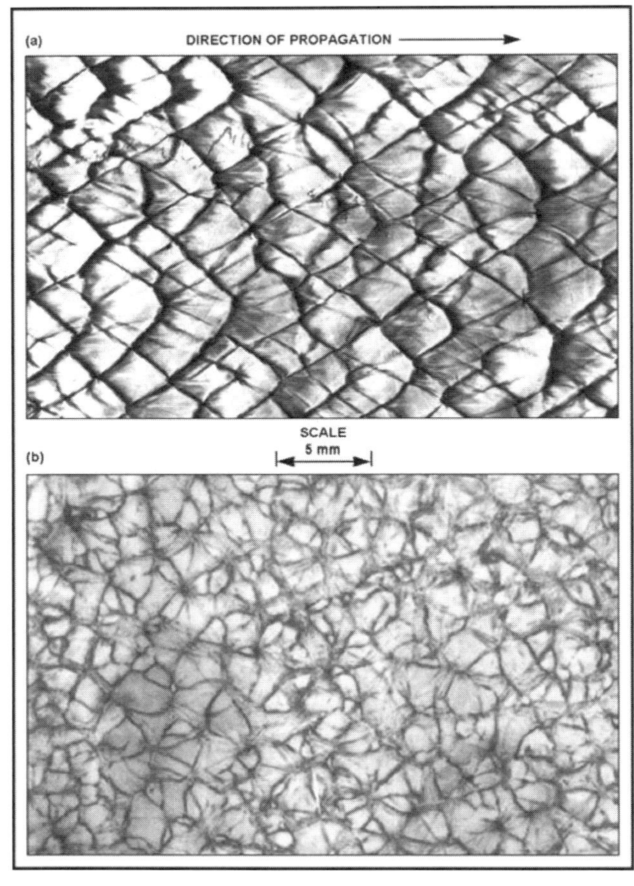


図5．18　多頭デトネーションのすす膜記録
(a)側壁、(b)管端(S. B. Murrayの厚意による)。

垂直なカメラ軸で撮影されている。対して下列のストリーク写真は、管軸に対して45°傾いたカメラ軸で撮影されており、デトネーション波面の円形断面を斜めから眺めた像を示している。

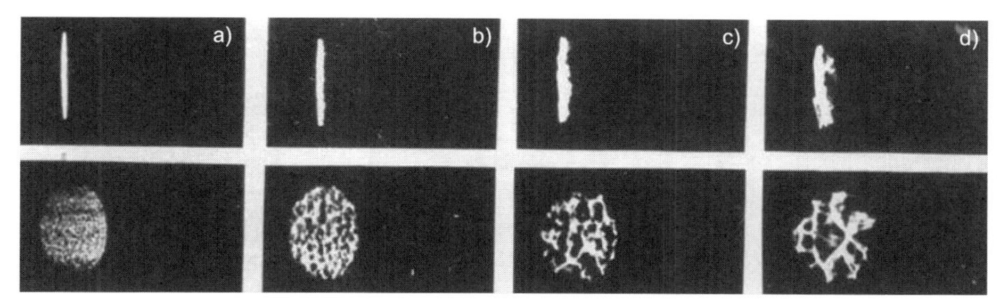


図5．19　多頭デトネーションの補償ストリーク写真（Voitsekhovskii *et al*., 1966）

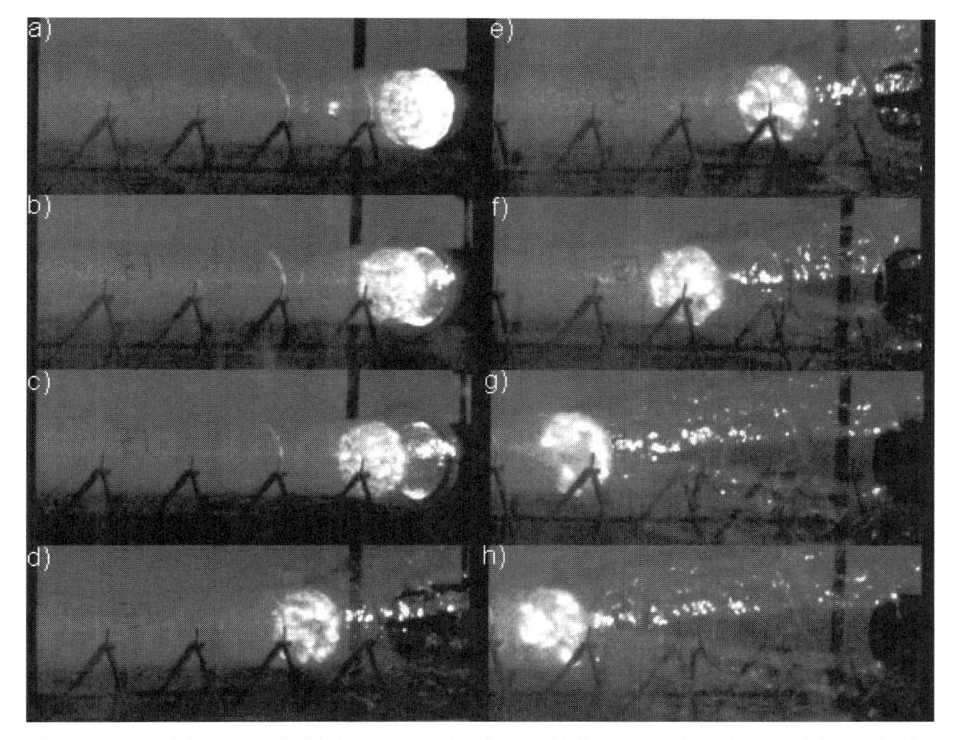


図5．20　高速度カメラで撮影した $C_2H_4$－air中のセル状デトネーション（S. B. Murrayの厚意による）

Murray（1984）は高速度カメラを用いて、セル状デトネーションの類似した自発光写真を得た。図5．20は $C_2H_4$－air[※5] 混合気中（3.85% $C_2H_4$）中のセル状デトネーションの高速度カメラ動画の一連のコマを示す。まず直径0.89 mの硬い鉄鋼管でデトネーションが起爆され、次に同じ混合気を内包する0.25 mm厚のプラスチック管に伝播した。コマ間隔は0.2 msであり、左上（a）から右下（h）へとアルファベット順に進むデトネーション波面のセル状模様が不均一な光量のパターンによって明らかにされている。デトネーションが硬い管からプラスチック管へ出てくると、デトネーション生成物が周囲へ膨張し、管軸に向かって収束する膨張波が発生する。この膨張波がデトネーションを減衰させ、図5．20で示した場合ではデトネーションは最終的に消失する。図ではデトネーションが減衰するにつれセルサイズが少しずつ増大する様子が認められる。

※5：　原書では $C_2H_2$（アセチレン）としているがMurrayの学位論文（Murray, 1984, 図42）を確認したところ、正しくは $C_2H_4$（エチレン）のようである。

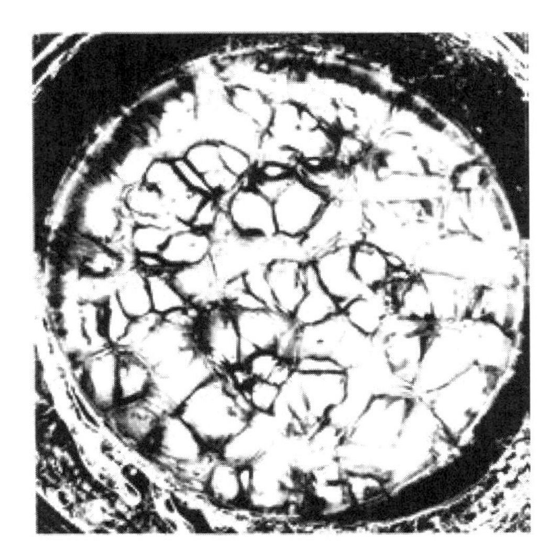

図５．２１　高周波数スピンデトネーションの管端におけるすす膜記録（Lee, 1984）

図５．１９で示したデトネーション波面上に分布する局在した光の模様は衝撃波交差の境界に対応し、図５．１８の閉管端のすす膜記録で示された模様と同一である。より高い周波数（初期圧力）では、波面の不均一な光の模様によって、セル状火炎の構造に似ていないこともない、ざらざらした感じのセル状構造が波面上に作り出される。したがって多頭スピンデトネーションは通常、セル状デトネーションと呼ばれ、そちらがより適切な用語である。高周波数のスピンデトネーションに対しては、単一の頭部のスピンのときのように管周りを回転すると判別できる個別のスピン頭部はない。むしろ衝撃波交差の境界に対応する強い燃焼領域が波面全体に分布し、セル状模様を出現させる。

図５．２１に、高周波数スピンデトネーションの閉管端でのセル状模様のすす膜記録を示す。横波がデトネーション波面を横切る方向にあちこちに行き来するので、模様それ自体は無秩序で時間とともに変化する。しかし、それでも側壁面のすす膜記録には、逆向きに動く二組の横波による比較的整然とした魚のウロコ模様が示される。

セル境界はマッハ交差に対応し、マッハ軸は境界の反対側の入射衝撃波よりもずっと強いので、デトネーション波面上の圧力分布もまた不均一なはずである。凝縮相デトネーションの研究で使われるインピーダンスミラー法を応用し、Presles *et al.*（1987）はデトネーション波面上の圧力分布のセル状模様を得た。Preslesはデトネーション管の終端部に、すす膜の代わりに薄いマイラー膜を配置した。膜の外側の面をアルミニウムでコーティングし、光を反射するようにした。薄いマイラー膜でのデトネーション反射により、デトネーション波面上の不均一な圧力分布によって膜の反射面が変形する。そして、ちょうどよいタイミングで短時間の閃光をアルミニウムコーティング反射面に照射し、変形した膜の瞬間写真を撮影した。図５．２２に、膜変形によって記録されたデトネーション波面上の不均一な圧力分布を示す。このセル状模様は、閉管端のすす膜（図５．２１）や発光分布（図５．１９）から得られる模様と同じものである。この高周波数スピンデトネーションの波面は、衝撃波交差の境界によって定義される特徴的なセル状模様を有する。強い燃焼と高い圧力もまた、セルを定義する衝撃波交差境界に局在

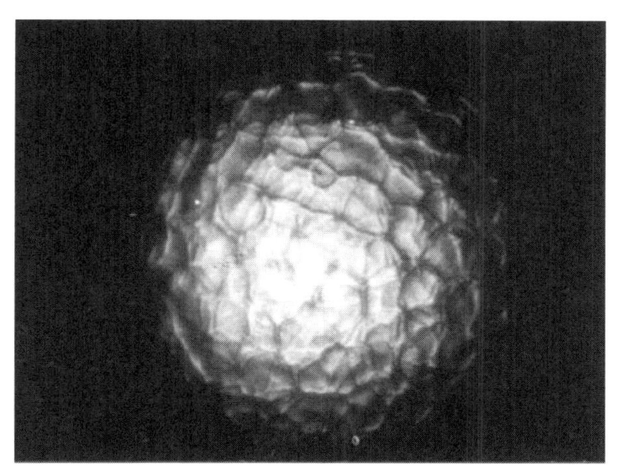

図5．22　デトネーション波面上の不均一な圧力分布の結果として変形したマイラー膜（Presles *et al.*, 1987）

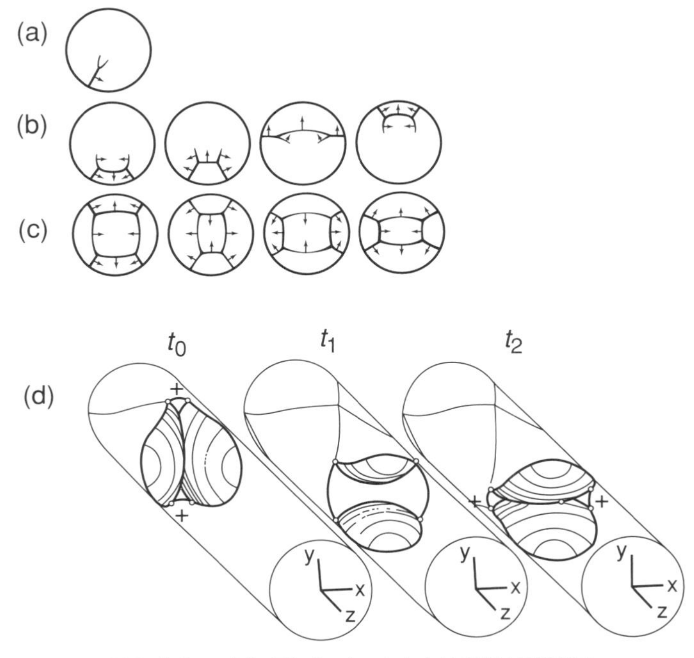


図5．23　スピンデトネーションにおける横波の概略図
（a）単頭スピンデトネーション、（b）2つの頭部のスピンデトネーション、（c）4つの頭部のスピンデトネーションの概略図（Voitsekhovskii　*et al.*, 1966）、および（d）4つの頭部のスピンデトネーションの3次元概略図（Denisov and Troshin, 1960）。

する。

高周波数スピンデトネーションに対しては、デトネーション波面の時間的に変化するセル状構造をもたらす横波の運動は明らかではない。低次モードのスピンデトネーションに対しては、横波の運動の可能なパターンを作図してみるとおもしろい。図5．23にはVoitsekhovskiiらが仮定した、単頭スピンデトネーション、2つの頭部のスピンデトネーション、4つの頭部のスピンデトネーションにおける横波が示されている。図b（2つの頭部を有するスピン模様）では、側壁のすす膜模様は左向きおよび右向きの横波の軌跡から構成され、管の円周方向に単一のダイヤモンド形を示す。4つの頭部のスピンでは、側壁のすす膜模様は2つの左向きの横波と２つの右向きの横波を示し、それらの横波の軌跡が管の円周方向に２つのダイヤモンド形を示す。図ｄには Denisov and Troshin（1960）によって与えられた、４つの頭部を持つスピンデトネーションの波面のよりわかりやすい３次元スケッチを示す。もっと高周波数のスピンデトネーションについては、デトネーション波面上の横波を記述することが非常に困難であることは明らかである。

有限振幅の横方向の衝撃波同士の衝突は、デトネーション波面の周期的な増強と減衰をもたらし、波面に脈動する運動を与える。Denisov と Troshin は、デトネーション波面の局所的な速度の周期的な変動から、これらセル状デトネーションを「脈動デトネーション」と呼んだ。しかしながら Duff（1961）は異なる解釈を採用し、線形音響理論を高周波数のセル状デトネーションも記述できるように拡張できると主張した。Duff は横波の軌跡が側壁に残す、すす膜模様の解釈に焦点を当て、魚のウロコ模様は逆向きにスピンする二組の横波の重ね合わせの結果であると考えた。さらにまた、円管の直線母線と横波とのなす角度を測り、それらを音響理論から予測される値と比較した。音響理論からのピッチ−直径比は

$$\frac{p}{d}=\frac{n\pi}{k_{nm}R}\left(\frac{D}{c_1}\right)$$

で与えられる。ここで、$n$ は円周方向のモード数、$m$ は半径方向のモード数（すなわち単一頭部のスピンにおいては $n=m=1$）である。デトネーション速度と音速の比は $D/c_1 \approx (\gamma+1)/\gamma$ であり、螺旋軌跡と管軸とのなす角 $\alpha$ は

$$\tan\alpha=\frac{\pi d}{p_n}=\left(\frac{k_{nm}R}{n}\right)\left(\frac{c_1}{D}\right)$$

で与えられる。$m=1$ と仮定すると、$k_{nm}R$ の様々な値はベッセル関数の特性（５．３節の表５．１を参照）から得ることができ、$\tan\alpha$ を計算できる（典型的な値としては $\gamma=1.2$ と仮定）。

図５．２４は、様々な $n$ の値に対して、測定された $\alpha$ の値と音響理論から計算された $\alpha$ の値との比較を示す。特に高周波数では横波が弱くなって音響波により近くなるので、かなりよく一致している。したがって Denisov と Troshin による新種の波に関する仮定は不必要であり、高周波数スピンデトネーションを記述するためには音響理論で十分であると Duff は結論づけた。

しかしデトネーションの局所的な速度は確かに脈動し、横波同士の衝突の際に強まり、その後は次の衝突まで連続的に減衰する。かように、Denisov と Troshin の脈動するデトネーションの定義は、デトネーションの局所的な変動に関係している。一方、Duff は横波の軌跡と生成物気体の横方向の振動に関心を持っていた。つまり、軌跡の角度 $\alpha$ の音響理論との一致が波面の脈動運動の記述を否定するわけではなく、また Manson の音響理論がデトネーション波面を記述するわけでもない。高周波数のスピンデトネーションでは、セルサイズあるいは横波間隔が管の直径に比べて小さい。その場合、横波の模様は管形状には依存せず、したがって横方向の振動と管の固有モードとを結びつける音響理論は妥当でなくなる。この場合、横方向の振動はデトネーションの他の特性長さと結合しなければならず、その長さは反応の（いくつかある）化学的な特性長から選ぶべきである。

音響理論と波面での波の相互作用とを比較し、Duff は重要なパラドックスを指摘した。波面での波の相互作用が音響理論と一致するということは、生成物気体中の擾乱とデトネーション波面との密接な結びつきを示す。しかし CJ 理論によれば、デトネーション領域は生成物の動力学には依存しない。このように、デトネーション後方の生成物気体の振動に対する音響理論と CJ 理論との間に不合理が生じるのである。

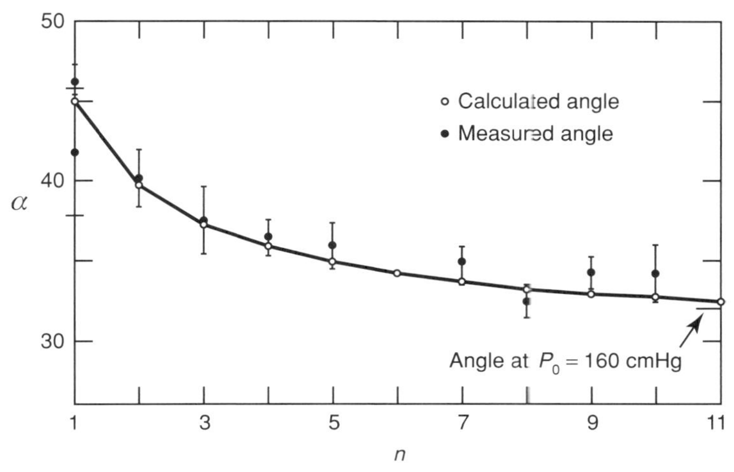


図５．２４　測定されたαの値と音響理論から計算されたαの値の比較（Duff, 1961）

## ５．６　他の断面形状の管におけるセル状構造

ここまでは円管の中における単一の頭部を有するスピンデトネーションおよび多頭スピンデトネーションを考えてきた。他の断面形状を有する管では、横方向のモードはもっとずっと複雑である。ここでは、特性的な２つの次元 $x$ と $y$ を有する矩形管を考えてみよう（$z$ は波が伝播する管軸方向に沿う）。最も低次の横波のモードは、図５．２５に示すように、波面前面を $x$ 方向と $y$ 方向にそれぞれ１つの横波が伝播する状態に対応する。もし例えば鉛直方向（$y$ 方向）の流路寸法が十分に小さければ、そちら方向に伝播する横波は抑制されうる。結果は長い方の $x$ 方向のみに単一の横波が伝播する状態となり、前に図５．９で示した円管における単一の頭部のスピンに似た状態になる。四角断面の管と三角断面の管の両方において、Bone *et al.* (1935) は、限界での単頭スピンデトネーションを報告している。このことはおそらく、いくつかある特性長が違い過ぎず、断面を円で近似できたということだろう。したがって、デトネーション伝播がそれ自身を維持するために最低次の横方向の振動モードと結合せざるをえないような正に限界においては、断面の最大の特性長（すなわち周囲長さ）が最低次の固有周波数を与える。

図５．２６に、正方形断面の流路における単頭スピンデトネーションのすす膜記録を示す。19 mm × 19 mm の四角い流路の４つの側壁のすす膜が展開され、断面の周囲がみえている。円管の場合と同様、スピン頭部の１本の螺旋状の軌跡がはっきり現れている。しかし他の横方向の高調波が励起され、スピン頭部に重ねられ、周方向の回転運動を乱しているのもみてとれ

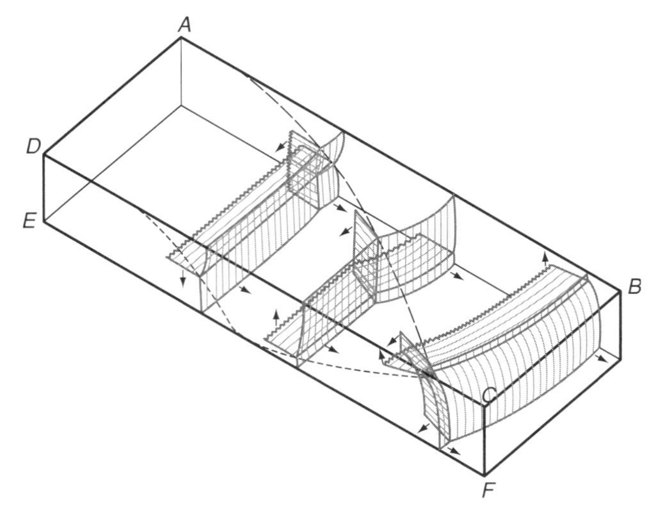

図５．２５　矩形管内のデトネーションの概略図（A. K. Oppenheimの厚意による）

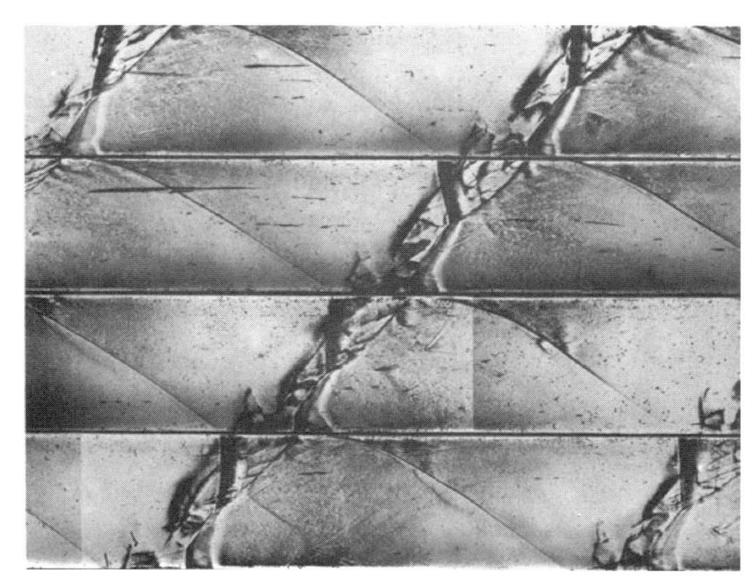
図５．２６　正方形断面の流路における単頭デトネーションに対するすす膜記録（Lee *et al.*,1969）

る。スピンデトネーションはデトネーションモードの燃焼波の伝播を維持するために自然が使う最終手段なので、管の断面形状の最大の特性長（つまり管の周囲）に対応する最低次の横方向モードが限界付近で励起されるということは理解できる。このように波面における横方向振動と反応の共鳴的な結合によって、限界条件下での自律的なデトネーションの伝播が可能となる。

限界から離れると、$x$ 方向と $y$ 方向の両者について高次の横方向のモードが励起される。図５．２７は、矩形管内におけるマルチモードデトネーションに対する閉管端反射のすす膜記録である。混合気は $C_2H_4 + 3O_2 + 10Ar$ で、初期圧がそれぞれ異なる。図 a では、初期圧が $p_0 = 150\,\mathrm{Torr}$ である。セルサイズ（横波間隔）は管のサイズに比べて小さい。$x$ 方向および $y$ 方向の２つの横方向の振動モードはかなり安定で、横波が交差してかなり規則的なパターンの

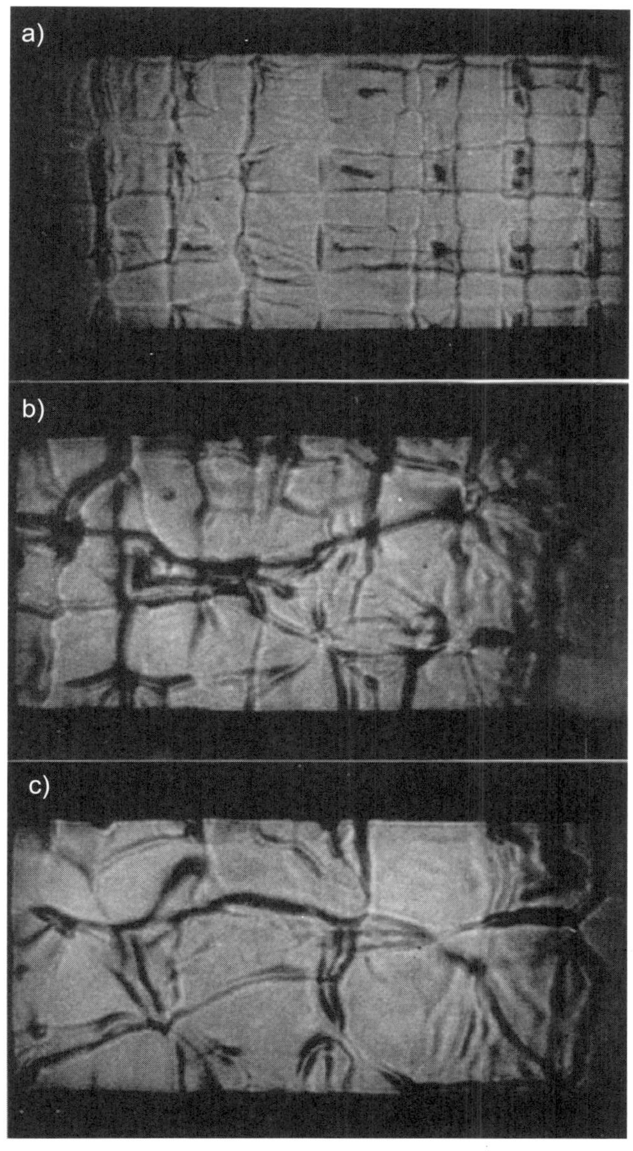


図５．２７　矩形管内における多頭デトネーションの管端すす膜記録（P. Van Tiggelenの厚意による）

矩形のセルを作っている。図 b と図 c は、初期圧がそれぞれ 120 Torr と 100 Torr である。今度は横波がより強く、横波同士の非線形な相互作用がより不規則なセルを作り出している。より高い周波数では横波はより弱く、弱い音響波に近づく傾向にあり、したがって線形音響理論に支配され、横方向モードは互いに重なり合うことができる。

25.4 mm × 38.1 mm の矩形管内の初期圧 87.3 Torr の混合気 $4H_2 + 3O_2$ において同時に取得された側壁すす膜記録とレーザーシュリーレン写真を図５．２８に示す。側壁のすす膜記録は、相互作用しながらすす膜に沿って伝播する横波の比較的規則正しいパターンを示している。しかし、（すす膜に対して直交する方向に伝播してすす膜で反射される）横波によって作られる縦の線によって示されるように、別の面に沿って伝播する横波はひどく不規則である。シュリーレン写真は光線方向に密度勾配を積分するため、シュリーレン写真は非常に不規則な乱流構造

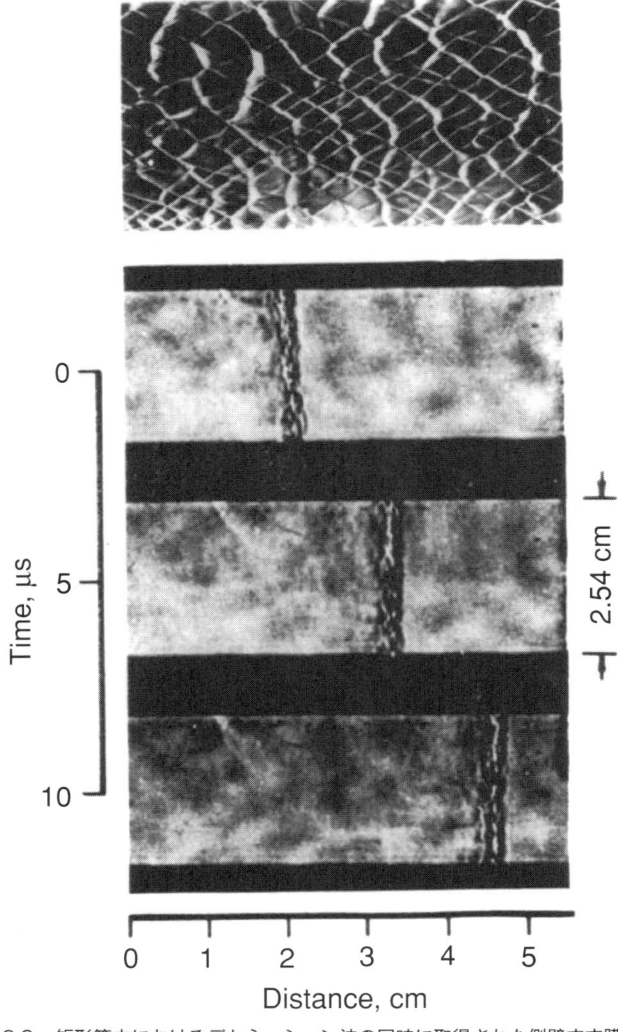


図５．２８　矩形管内におけるデトネーション波の同時に取得された側壁すす膜記録とレーザーシュリーレン写真(Oppenheim, 1985)

を示している。

もし流路の高さ $h$ がセルサイズ $\lambda$ に比べて十分小さければ $y$ 方向の横波は抑制され、$x$ 方向のみの横波を持つ２次元デトネーションを得る。Voitsekhovskii *et al.* (1966) は、$y$ 方向のモードを抑制するためには $h/\lambda \approx 6 \sim 10$ であると報告した。図５．２９は、（写真の面に垂直な方向に伝播する）横波が抑制された薄い矩形管における２次元デトネーションの瞬間シュリーレン写真である。混合気は $H_2-O_2-40\%Ar$ で、この混合気では横波のパターンが比較的規則正しいことが知られている。一連の横波と先頭衝撃波との交差、および先頭衝撃波における規則的なセル間隔がみえる。横波は生成物気体中のずっと後ろの方まで伸び、弱い音響波へと減衰する。より低い初期圧（図ｂ）では波面構造がよりよく解像され、反応面と、マッハ交差と対応関係にあるせん断層とがみえる。側壁上のすす膜に記録される横波の軌跡を説明する模式図を、三重衝撃波マッハ相互作用の詳細な拡大図とともに図５．３０に示す。

もしデトネーションが不安定であれば、横波のすす膜模様は不規則になる。図５．３１は薄

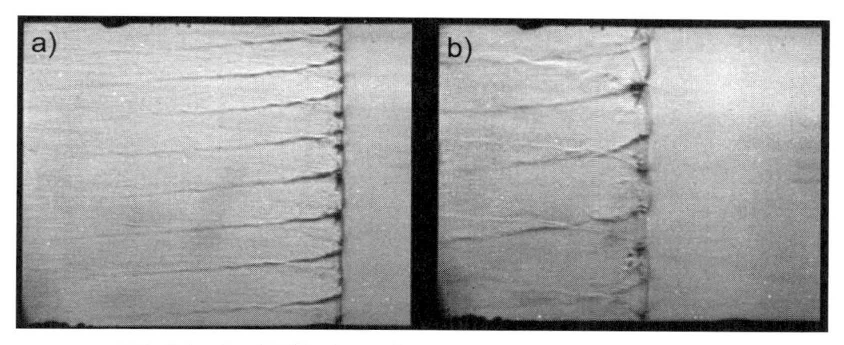


図５．２９　薄い矩形管における多頭デトネーションのシュリーレン写真
（a）$P_0$ = 13 kPa、（b）$P_0$ = 8 kPa（M. Radulescuの厚意による）。

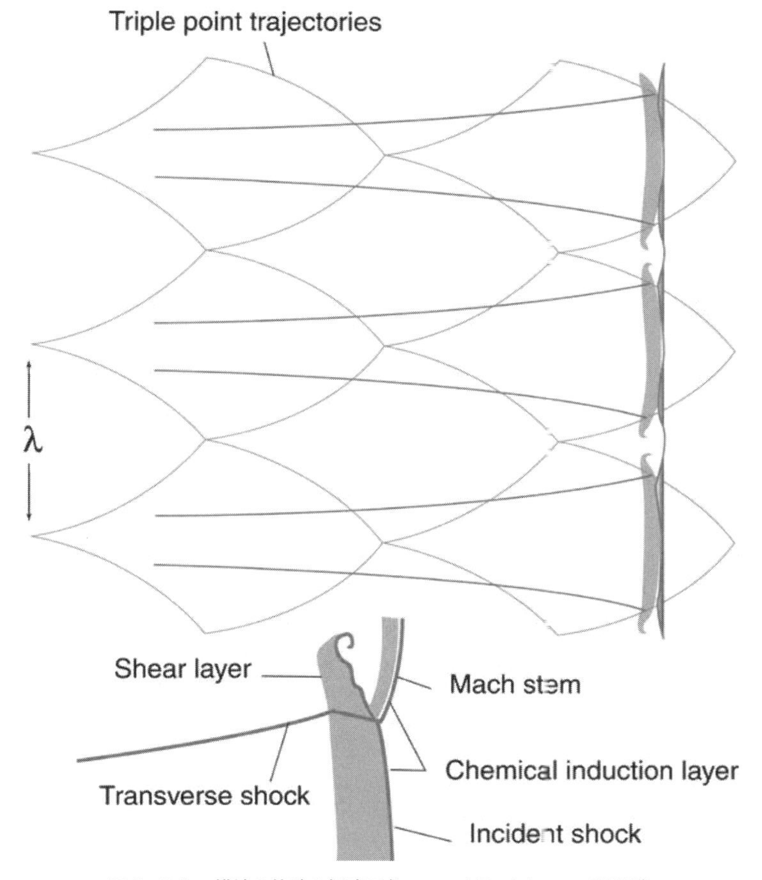


図５．３０　横波の軌跡の概略図（Lee and Radulescu, 2005）

い矩形管中の$C_2H_2 + 2.5O_2$混合気における、横波の軌跡のシャッター開放写真である。パターンは、横波の絶え間ない成長と減衰を伴い、不規則である。セルの内部の弱い波は「下部構造」と呼ばれ、それらの寸法は高次の高調波に対応している。図５．３１の左上の隅には、相互作用する横波のかなり規則的な模様がある。しかし図の下半分では、横波間隔の変動によって示されるように、横波の模様はずっと不規則である。横波の軌跡の発光強度によって示される横波の強さの大きな変動もみられる。いわゆるデトネーションセルの内部での微細な横波軌跡の出現が示すように、横波の成長が多くのより大きなセルの中で観測される。もし横波の軌跡を

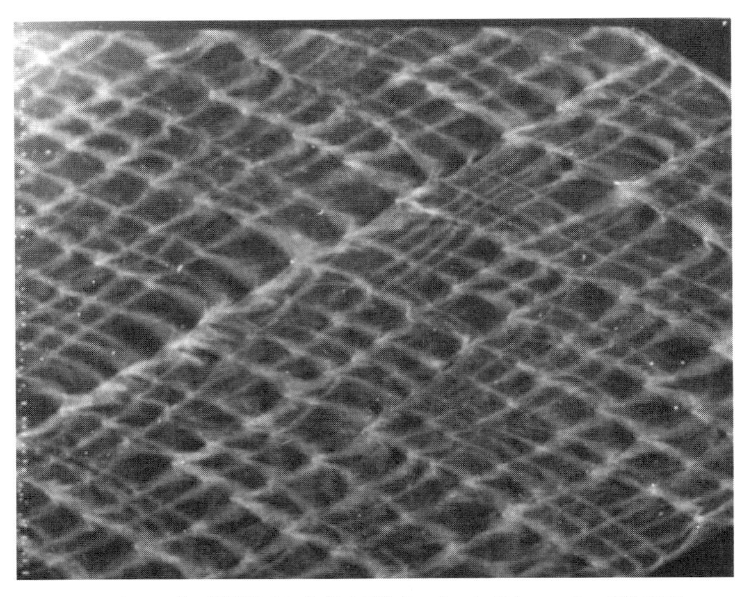

図５．３１　薄い矩形管中におけるデトネーションのシャッター開放写真

追跡するならば、ときどきセルが他のセルと合体して横波の数が減少するのもみられる。不安定なデトネーションにおいては、横波の模様は、音響理論によって決まる特定の固有モードと共鳴的に結合した状態には対応していない。図５．３１ではセルサイズは管幅に比べて小さく、したがって、管の特性長に基づく固有モードとの結合は弱い。

２つの横波が衝突する直前の反応領域の詳細構造を説明する、高空間分解能のシュリーレン写真を図５．３２に示す。薄い矩形管の中をデトネーションは伝播しており、デトネーションは２次元的であり、混合気は不規則な横波模様を有して比較的不安定である。図５．３２にはシュリーレン写真の様々な特徴を明らかにするスケッチも与えられている。特に興味深いのは、反応領域の乱流的な性質と、波面から脱落してデトネーションの後流の中に流される未燃ガスポケットの存在である。これらの未燃ガスポケットは熱い生成物気体に囲まれており、やがては燃えてしまう。しかし、その際の放出エネルギーはもはやデトネーションの伝播に影響を与えることができない。したがって、非常に不安定な混合気では、強い横波の相互作用による波面での乱流的な変動が、デトネーションの伝播を支える化学エネルギーの放出を減少させる。また最終的には界面での乱流拡散によって燃焼する未燃ガスポケットの存在は、セル状デトネーションにおける燃焼過程が、ZND モデルで仮定されるような衝撃圧縮による自己点火のみによるわけではないことも示唆する。

ある方向に沿った横方向の振動を抑制するということは、本質的にはデトネーションを限界の外に押し出していることになるので、薄い矩形管における２次元のデトネーションの結果は３次元デトネーションの場合とは違うかもしれない。したがって、自律的な３次元デトネーションの内部構造を観測できることは重要である。光学的な診断は視線方向に沿って流れ場を積分するので、平面状レーザーによるイメージング技術が開発されるまでは３次元構造は未解明問題として残されてきた。一般的にOHラジカルの蛍光画像は、薄いシート状のレーザー光で３次元構造の平面状の断面を照射することによって得られる。特定の励起された化学種の濃度が

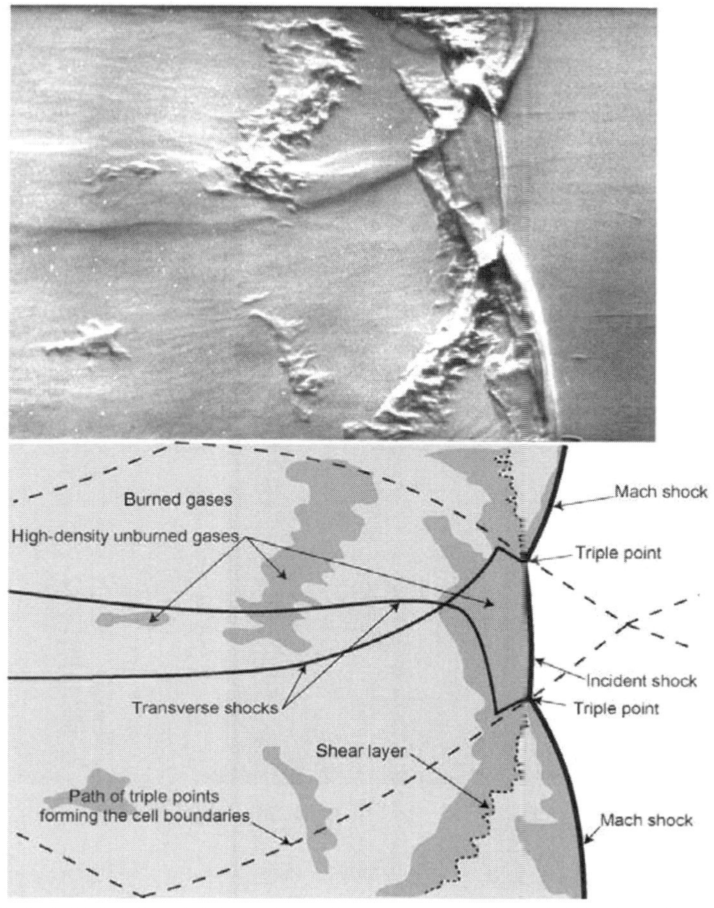

図５．３２　薄い矩形管中を伝播するデトネーションのシュリーレン写真および概略図（Radulescu *et al.*, 2007）

蛍光画像の強度によって与えられる。

図５．３３は比較的安定な混合気 $2H_2+O_2+17Ar$ の、初期圧力 $p_0=20$ kPa における一連のOH蛍光画像である。典型的なくさび石（keystone）模様は三重衝撃波マッハ相互作用によるもので、反応はマッハ軸と横方向の衝撃波で最も強い。へこんだ部分（湾入部）は、より弱い入射衝撃波の背後で誘導過程を経ている途中の、まだ燃焼していない反応物である。セル状デトネーションの様々な衝撃波面の背後では、OH分布のパターンはかなり均一である。

図５．３４には、不安定な混合気におけるデトネーションの、類似したOH蛍光画像を示す。混合気は $N_2O-H_2-N_2$ であり、この混合気はすす膜上にとても不規則な横波模様を与えることが知られている。これら一連の画像を図５．３３に示した一連の画像と比較すると、反応領域内に取り残された未燃反応物のとても不規則で乱流的な境界に気づく。三重衝撃波マッハ交差で形成される誰の目にもわかりやすいくさび石構造は、ここでは先頭衝撃波面における衝撃波相互作用のよりランダムなパターンに取って代わられる。自律的な３次元デトネーションの構造に対するこれら画像は、２次元的な限界ギリギリのデトネーションのシュリーレン法による観測結果を支持するものである。図５．３４に示したOH蛍光画像は、非常に乱れたデフラグレーションの場合のOH蛍光画像に似ていないこともない。

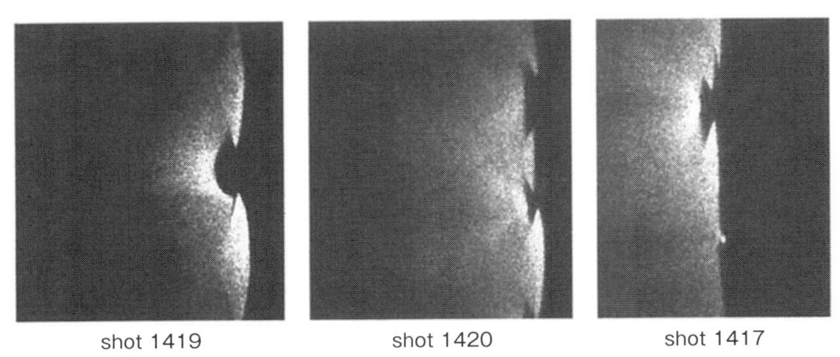


図５．３３　安定なデトネーションのOH蛍光画像（Pintgen *et al.*, 2003a）

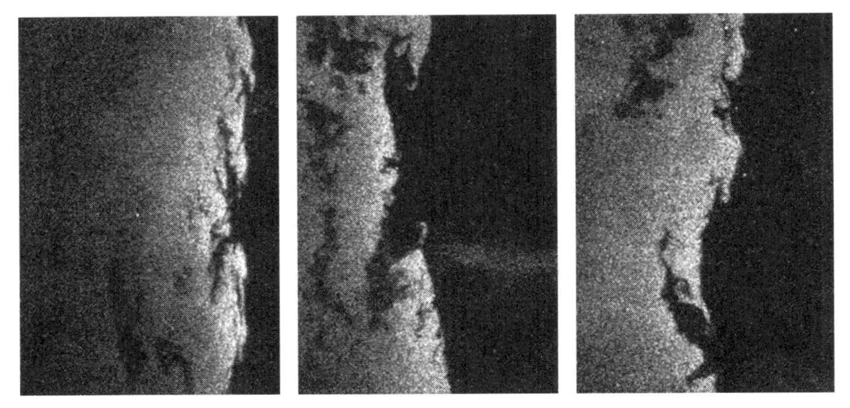

図５．３４　不安定なデトネーションのOH蛍光画像（Pintgen *et al.*, 2003b）

単一の頭部を持つスピンデトネーションの構造はその頭部に乗って観測すれば定常的だが、この場合を除けば、セル状デトネーションは一般に不安定である。２つの横波同士の衝突の間、先頭衝撃波は減衰する。Strehlow and Crooker（1974）は、デトネーションが２次元的になる薄い流路を使い、先頭衝撃波の速度の変化をレーザーストリークシュリーレン写真を用いて計測した。彼らは混合気 $2H_2 + O_2 + 3Ar$ を初期圧力 $p_0 = 58$ Torr で研究した。数多くの実験の結果が図５．３５にまとめてプロットされている。図５．３５に示した結果より、２つの横波が衝突した直後であるセルの始まりでは、先頭衝撃波の速度が平均CJ速度の1.8倍に達するほど高く、その後、衝撃波速度は急激に減衰してセル長さの約１/３のところでCJ値くらいになり、衝撃波速度はその後さらに低い速度に減衰し、セルの終わりの横波同士が衝突する直前では、CJ速度のおよそ0.6倍にまで減衰することがわかる。セル長さに沿った変動の大きさは、条件が限界からどれほど離れているかだけでなく、混合気の安定性にも依存する。限界から十分に離れた条件の比較的安定な混合気に対しては変動はより小さくなり、横波そのものが弱いので、線形音響波に近づいていく。

セル内での速度測定は、Dormal *et al.*（1979）によって再びなされた。彼らは測定を再度行っただけでなく、薄い流路内での限界付近のデトネーションに対し、セル長さに沿った誘導時間、圧力、OH発光についても測定した。図５．３６に示す彼らの測定結果は、StrehlowとCrookerの測定結果を確かめた。セルの最後の１/４において、次サイクルを開始させる横波同士の衝突の直前にOH発光の強度が（圧力と同様に）鋭く増加していることは興味深い。こ

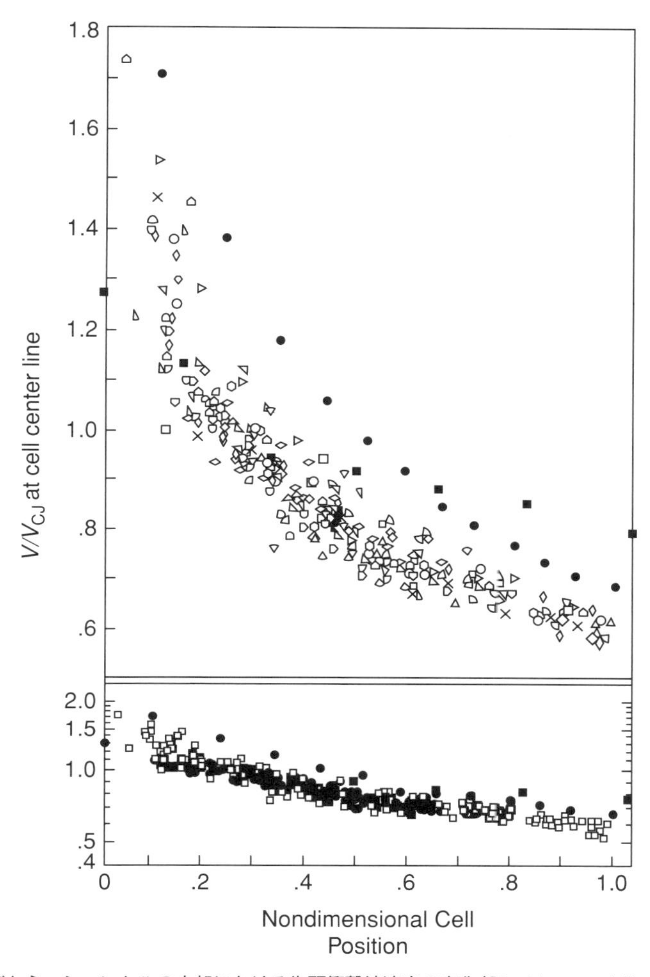


図5.35　デトネーションセルの内部における先頭衝撃波速度の変化(Strehlow and Crooker, 1974)

の現象は、まだ徹底的に調べられてはいない。おそらく、互いに近づく横波の幾何学的な形状が複雑で、その2つの横波が混合気のある領域を切り取り、その切り取った混合気の塊を爆縮過程のようにあらゆる方向から衝撃圧縮するためだろう。セル長さに沿った変動を直接測定することで、我々はDenisov and Troshin (1960) が記述したような脈動しながら伝播する衝撃波に気づく。

閉じ込められていない円筒形状および球状の幾何学的配置では、横方向の振動に対する特性長が存在しない。発散デトネーションが広がるにつれ、波面の周囲長は半径とともに増加する。したがって側壁で閉じ込められた管内のデトネーションの場合のように、横方向の振動が自然の固有モードの1つと同じになると思うことはできない。このとき発散デトネーションのセル状構造は、化学的な速度過程から導出される特性長（例えばZNDモデルで計算される反応領域長さ）に依存するだろう。化学的な特性長は側壁で閉じ込められたデトネーションの場合の管の特性長に比べると一般的に小さいので、セルサイズと比べて半径が十分大きくなるまでは、発散するセル状CJデトネーションを観測することはできないだろう。したがって発散デトネーションは、デトネーション半径が十分に大きくなるまでは、強力な点火源を用いること

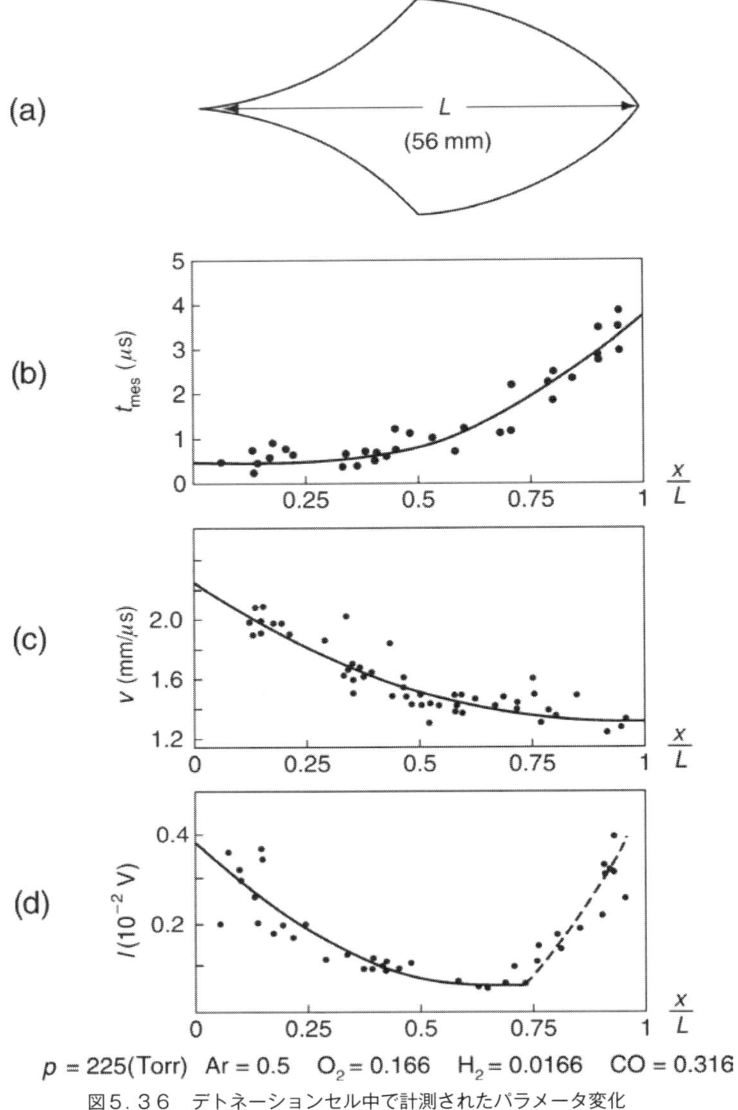


図５．３６　デトネーションセル中で計測されたパラメータ変化
(a)デトネーションセル概略図、(b)誘導時間、(c)速度、(d) OH発光(Dormal *et al.*, 1979)。

によって支持されるかまたは過駆動されなければならない。このことは、発散するデトネーションの起爆には大量のエネルギーが必要なこと、およびデトネーションが十分大きな半径になるまで過駆動された後にのみ自律伝播が可能であるという実験結果と一致する。

図５．３７は、強力な爆発点火源を用いて起爆された発散円筒デトネーションのシャッター開放写真である。ここでは、横波の軌跡が二組の互いに交差する対数螺旋を示している。さらに、もし発散デトネーションが一定のCJ値で伝播するならば、デトネーションセル（または横波の間隔）の平均的な寸法は混合気組成とその初期条件に支配される定数であるに違いない。したがって円筒デトネーションの波面に沿った単位長さあたりの平均的な横波の数は一定であるに違いない。このことは、横波の数が増える速度がデトネーション波面の表面積の増大速度にうまく対処できなければならないことを要求する。新たな横波の成長は、デトネーション波面それ自体における不安定性から始まらなければならない。マッハ軸と横波の中では、三重点

近傍でのオーバードリブンデトネーションに相当する微細な構造を観測できる。そのような微細な構造は、単頭スピンデトネーションの螺旋経路に付随するバンドの中の微細なダイヤモンド模様（図５．７）として現れる。発散波面が膨張し、横波同士の衝突間の時間が増えてセルが大きくなるにつれ、その微細な構造の横波が成長して新しい横波を形成する。球状デトネーションでは表面積が半径の２乗に比例するので、横波が増える速度が高まる。したがって新しい横波の出現速度も、同じ半径の円筒デトネーションに比べて、より高速であるに違いない。したがって球状デトネーションが存在するためには、不安定性の成長がより速い、より不安定な混合気を必要とする。

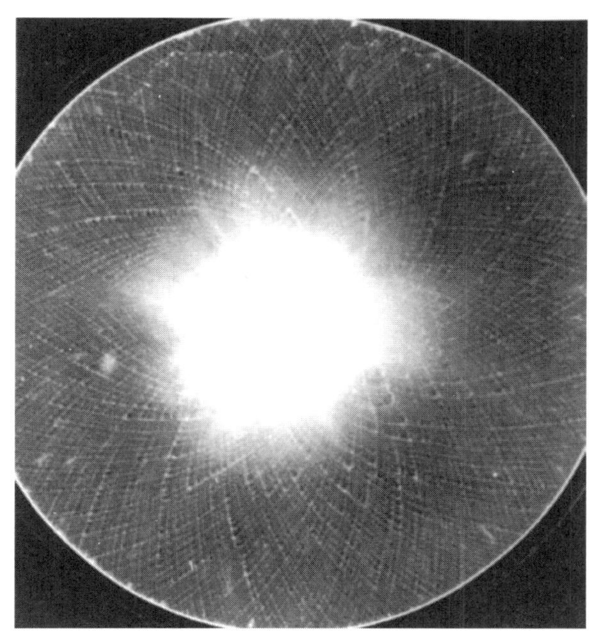

図５．３７　発散円筒デトネーションのシャッター開放写真

新たな横波が増える速度が表面積の増大速度にうまく対処するには不十分であるとき、セルが大きくなってデトネーションが消炎する。図５．３８は、消えゆく発散デトネーションを同時撮影したシャッター開放写真と補償ストリーク写真である。補償ストリーク写真の撮影用に多数の鉛直スリットが用いられ（シャッター開放写真の中にみえる）、ストリーク写真には反応領域の構造が示されている。デトネーション速度が変化するのでフィルムとデトネーションの像の移動速度を完全に補償することはできないが、それにもかかわらず、消失していくデトネーションの反応領域の構造が定性的に図解されている。

発散するデトネーションとは対照的に、収束するデトネーションでは表面積が減少する。図５．３９は、薄い容器の中で収束する円筒デトネーションのシャッター開放写真である。一定のCJ速度で伝播する発散デトネーションとは異なり、爆縮するデトネーションは流路面積の収束により強まり、対称中心に向けて伝播するにつれ次第により過駆動（オーバードリブン）となる（Knystautas and Lee, 1971）。図５．３９の収束デトネーションの場合でも、発散デトネーションの場合のように、二組の互いに交差する対数螺旋が示される。しかしデトネーションが

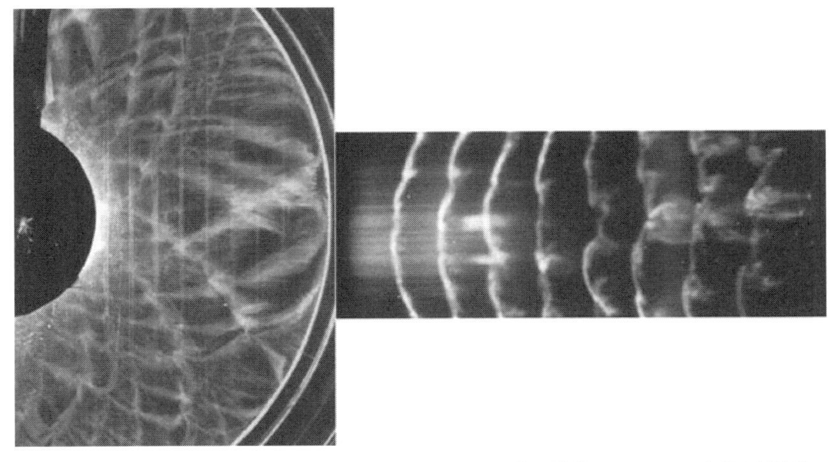

図5．38　発散円筒デトネーションのシャッター開放写真と補償ストリーク写真（同時撮影）

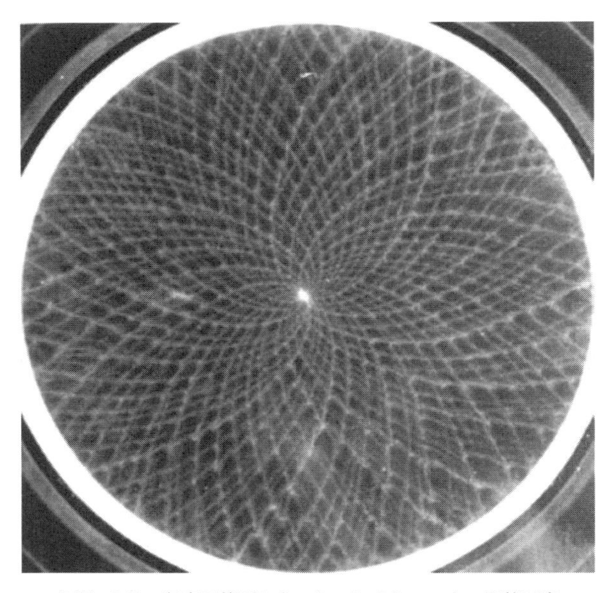

図5．39　収束円筒デトネーションのシャッター開放写真

収束するにつれ、平均的なセルサイズあるいは横波間隔が減少する。収束デトネーションは次第に過駆動状態になっていき、過駆動状態の程度に従ってセルサイズは小さくなる。やがてオーバードリブン（過駆動）デトネーションが強い衝撃波に近づくにつれ波面は安定になり、横波は弱い音響波へと減衰する※6。

初期の研究者らは定常伝播する発散デトネーションの存在に懐疑的であったが、彼らは1次元のZND構造（Jouguet, 1917; Courant and Friedrich, 1950）に基づいて考察していた。しかし、もし不安定性をデトネーションの自走伝播に対する必要条件と考えるならば、発散デトネーションの存在は、平均的なセル寸法を一定に維持するのに十分なほど不安定性が速く成長する

---

※6：「先頭衝撃波の伝播マッハ数が高くなり過ぎて化学反応が伝播に及ぼす影響が小さくなる」という意味だと思われる。ただし、一般的には収束する不活性な衝撃波も不安定なので、文中の「安定」という言葉は「横波が弱くなる」という意味で使われているのだろう。

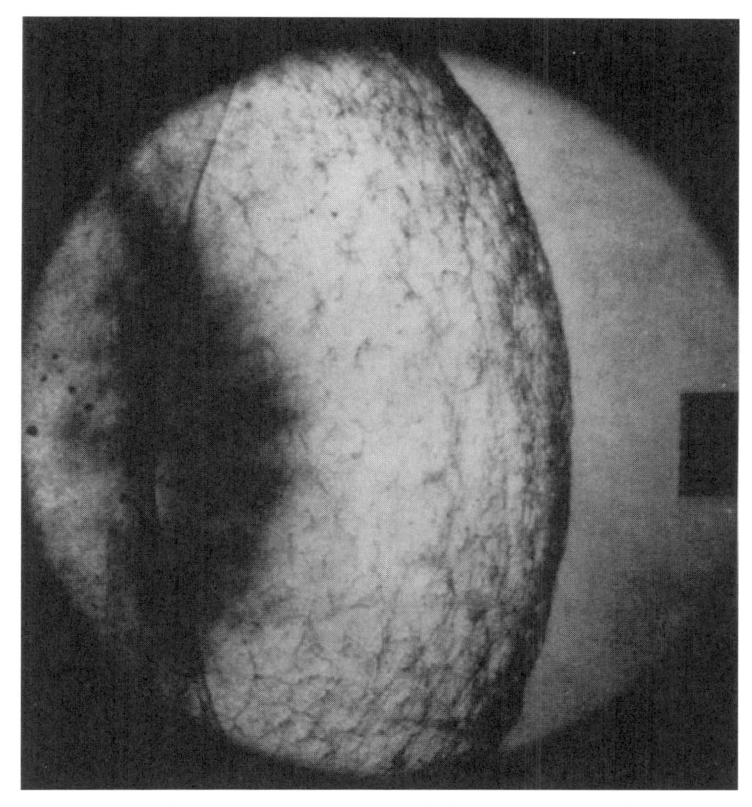

図５．４０　球状デトネーションの瞬間コマ撮り写真（M. Heldの厚意による）

ことにかかっている。図５．４０には、初期圧 $p_0 = 300$ Torr の非常に敏感な $C_2H_2 - O_2$ 混合気中における球状デトネーションを瞬間的にとらえた（高い結像倍率の）コマ撮り写真を示す。結像倍率は500倍である。この初期圧での $C_2H_2 - O_2$ 混合気中ではセル寸法は極めて小さいのだが、波面のセル状構造がとてもはっきりと写っている。Shchelkin and Troshin（1965）と Duff and Finger（1965）によって得られた球状デトネーションの終端部における反射すす膜記録は、同じ混合気に対する平面波と同じセル状構造を示した。

図５．４１は、初期圧 $p_0 = 100$ Torr の $H_2 - Cl_2$ 混合気中における球状デトネーションの、同時に記録された閃光シュリーレン写真と、すす膜記録である。乱れたセル状構造がとてもはっきりと現れている。すす膜記録は球状デトネーションの正面衝突による反射で得たものであり、セル状模様は管内を伝播する平面デトネーションの終端部におけるすす膜記録に似ている（例えば図５．２１）。すす膜上で反射した球状波は、波が膨張するにつれマッハ反射となる。こうしてマッハ軸がオーバードリブンデトネーションになるので、セルサイズが小さくなる。球状波がさらに膨張するとマッハ軸は入射波となり※7、セルサイズはその混合気の通常のセルサイズへと戻る。

あらゆる幾何形態のデトネーションは不安定で、横波が先頭衝撃波と相互作用することで形

※7：　原書の文章では以下のようなことをいいたいのだろう。「反射面に垂直なマッハ軸は反射面に沿って $D_{CJ}/\sin\theta$（$\theta$は入射波の波面が反射面となす角）くらいの速さで進む。したがって、球面波が膨張して$\theta$が大きくなると $D_{CJ}/\sin\theta$ が小さくなって、マッハ軸の過駆動度が低下し、CJデトネーションに近づく。やがて反射波が消え、入射波がカーブして反射面近傍では反射面に垂直となり、マッハ軸と入射波の区別が消える。」

成される普遍的なセル状構造を持つと結論できる。またデトネーション限界に近い場合は、波面での不均一な熱放出と横方向の振動モードとが共鳴的に結合するように不均一な熱放出が自己調整されなければならないので、閉じ込めの幾何形態によってデトネーションの構造が支配される。限界から離れると管形状の特性長に比べてセルサイズが小さくなり、デトネーションの構造は管形状に依存しなくなり、すべての管形状に対して同じになる。このとき、セルサイズは化学反応の特性長に支配される。発散デトネーションではデトネーション波面の表面積が半径とともに増大するので、平均的なセルサイズを一定に保つように、新たなセルが表面積の増大速度に釣り合う速度で形成されなければならない。新しいセルの形成がないと既存のセルのサイズが増大することになる。そして横波同士が衝突する時間間隔が長くなるにつれて先頭衝撃波面は減衰し、デトネーションは消失する。デトネーションの自走伝播の鍵はセル状構造のようである。デトネーション構造に対する定常1次元ZNDモデルは、デトネーションの伝播を担う本質的な機構を欠いているようである。

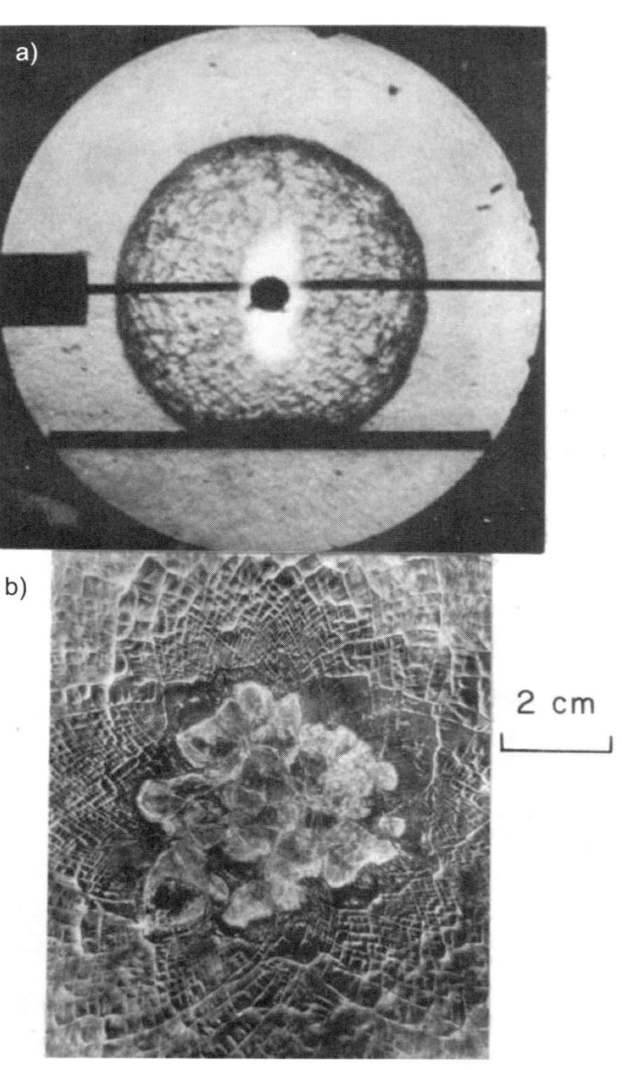


図5．41　球状デトネーションの多頭構造の同時記録
(a)閃光シュリーレン写真、(b)すす膜記録(Lee *et al.*, 1972)。

## 5.7 セルサイズと化学

この章で記述された実験結果は、一般にデトネーションがセル状前面構造を持ち、不安定であることを示している。セルの境界は、横波と先頭衝撃波の交線である。横波そのものは、デトネーション波面における不均一なエネルギー放出によって維持される。したがって、デトネーションの構造は、波面における不均一なエネルギー放出が横方向の振動と共鳴的に結合できるような形態でなければならない。だから、CJ 理論に反し、デトネーションとその背後における過程との間に緊密な関係が存在する。

限界の近くでは、横方向の振動が最低次の音響固有モードに対応する。そして固有モードは管断面の特性長に支配される。したがって限界では、セル状デトネーションの特性長は、管断面の特性長と関係づけられる（例えば図5．22参照）。限界から離れると横方向の振動の周波数は高く、そのようなデトネーション波面のセルサイズは管の特性長に比べて小さくなる。それで管形状はもはやセルサイズを支配せず、デトネーション構造はすべての管形状で同じである。このときセルサイズは爆発性混合気の特性に依存する。共鳴的な結合の場合は、セルサイズは気体動力学的な過程と化学的な過程の間の非線形フィードバックの結果であるに違いない。化学反応においては、様々な素反応の速度に対応する様々な特性時間が存在する。しかし発熱を支配するほんの少数の特性時間だけがセルサイズに関係する。化学的な特性長は熱力学的な状態にも依存する。したがって化学反応のレート方程式を積分して所望の化学的な特性長が得られるように、特性的な気体力学過程が選ばれて熱力学的な状態が定義されなければならない。

これまでの実験が示してきたのは、限界においてさえ、デトネーションは理論的な CJ 速度にとても近いある平均速度で伝播するということである。デトネーションのセル状構造そのものの内部では、局所的な伝播速度は$1.8\,V_{CJ}$から$0.6\,V_{CJ}$まで変化し、セル長さにわたっての（つまりは変動のサイクルにわたっての）平均速度は、やはり混合気に対する理論的な CJ 値に近い。したがって反応速度方程式を積分するための初期の熱力学的状態を与えるためには、CJ 速度を選ぶことが可能なようである。結果として得られる ZND 反応領域長さは、横方向の振動を特徴づける適切な化学的特性長としての役を果たすだろう。

おそらくデトネーションセルサイズ$\lambda$と ZND 反応領域長さ$l$を関係づけた最初の人物は Shchelkin and Troshin（1965）であり、彼らは単純な線形依存性$\lambda = Al$（$A$は定数）を仮定した。ZND 反応領域長さ$l$は最初に CJ 理論を用いて先頭衝撃波の速度を決定し、その後、先頭衝撃波直後のフォンノイマン（von Neumann）状態を計算し、続いて素反応に対する反応速度方程式を（レイリー [Rayleigh] 線に沿って）積分するのである。定数$A$は計算値がある1つの実験データに合うように決定されなければならない。一般には化学量論比（当量比が$\phi=1$）に対応する最小セルサイズが、定数$A$を評価するために選ばれる。いったん$A$が決まれば、ZND 反応領域長さを計算することで他の組成に対するセルサイズも得られる。詳細な化学動力学データを用いて ZND 反応領域長さを計算し、デトネーションセルサイズを評価するためにそれを用いるというやり方は、Westbrook and Urtiew（1982）および Shepherd *et al.*（1986）によって切り開かれた。Shepherdらは ZND反応領域に対する基礎的な保存方程式をレイリー線に沿って積分した。一方、Westbrook と Urtiew は定容爆発の状態変化経路に基づいて反応時間を計算し、その反応時間に衝撃波後方の流速を乗ずることで反応領域長さを得た。ZND反応領域長さとセルサイズの間に単純な線形依存性を仮定する観点からは、Shepherdらの厳密なレイリー線に沿った積分と、Westbrook と Urtiew の一定体積の状態変化経路に沿った計算との違いは重要ではない。

これは、おそらくデトネーションセルサイズの測定方法を議論することと関係がある。Shchelkin と Troshin は、閉管端でデトネーションが反射される際のすす膜記録を用いた（例えば図５．２１）。このすす膜記録には、（デトネーションがすす膜で反射された瞬間の）デトネーションのセル模様が与えられている。彼らは管の断面を横切る直線を描き、その直線とセル境界の交点の数を数え、その直線の長さを交点の数で割って平均的なセルの大きさを求めた。標準的な方法というのは、側壁上のすす膜を用いて壁面におけるマッハ交差の三重点の軌跡を記録する方法である。側壁上のすす膜記録は、デトネーションが移動するある程度の距離を覆う（つまり管閉端のすす膜記録で表されるようなある瞬間というよりむしろ、すす膜の長さで模様を取得する）。これら２つの方法が似た結果を与えることはわかっているが、横波の軌跡が作る魚のウロコ模様が得られる側壁でのすす膜記録を使う方が、特に模様が不規則なときには、より正確である。より長い距離にわたってデトネーションを観測すれば、支配的なセルサイズの特定はより容易になる。

不規則なすす膜模様からセルサイズの代表的な値を１つ得ることは簡単な仕事ではない（例えば図５．１８と図５．２８）。セルサイズには分布があり、セルの中に高次高調波の繊細な構造が存在するため、さらに複雑化している。高次高調波は成長して新しいセルとなり、また横波同士の衝突で他のセルと合体して消えることもある。整合性のある結果を得るために、観測の初心者は、より経験の豊富な研究者からの指導を受けなければならない。より長い膜は、より長い区間にわたってデトネーション構造が観測可能であり、価値がある。１回の実験で管に沿った複数箇所にすす膜を設置したり、実験を繰り返したりして複数のすす膜記録を得て解析することも、ある特定の混合気を特徴づけるセルサイズの信頼できる値を得る助けとなる。

すす膜模様の解釈の例として図５．４２に、$C_2H_4$－airを充填した直径0.89 mの大きな管におけるデトネーションの典型的なすす膜記録を示す。横波の軌跡のより明瞭な図を提示するために、すす膜を手書きでトレースした図も示してある。みてわかるようにセルサイズは、セル内部の下部構造を持つだけでなく大きな幅の分布を示している。しかし、ある程度の時間をかけてすす膜模様を検討すると、特徴的なセルサイズ（あるいは横波間隔）が得られる支配的な帯として、図中に灰色で示したセルの並びを選ぶことができる。

すす膜をより客観的に解釈するための試みとして、Shepherd *et al.*（1986）と Lee *et al.*（1993）は、すす膜記録の解析にデジタル画像処理技術を応用した。乗り越えるべき最初の難関は、膜上にすすを均一に堆積させることだった。すすの堆積厚さの大きなばらつきは背景の黒さを大きく変動させることにつながり、デジタル化するためにスキャンした画像の解像度を下げてしまう。Leeらの解析では最初、すす記録をスキャンする前に、実際のすす膜記録を、飽き飽きするような仕事ではあるが、人間の手でトレースした。Shepherdらの研究では高アルゴン希釈度（80%）の$C_2H_2-O_2$混合気を使って比較的規則正しいセル模様を得ることで、セルサイズ分布にかなり明瞭な単一ピークを得ることができた。しかしアルゴン希釈度を下げると、分布はどちらかといえば平坦になり、セルサイズのスペクトルから支配的なセルサイズとして単一の値を得ることはできない。類似の結果がJ. J. Lee *et al.*（1995）によって報告されている。彼らは、すす膜模様デジタルデータの（すす膜模様の不規則性の尺度を与える）自己相関関数とともに、セルサイズのヒストグラムを得た。結論としては、デジタル処理によって得られるセルサイズは、規則的な模様に対しては人間の目で評価したものと一致するが、デジタル画像処理技術を利用すれば、すす膜模様からもっとずっと多くの情報を得られる可能性があるということだった。しかし付加的な情報をどう使えばよいのか我々はまだわかっておらず、目下のところはある混合気に対する支配的なセルサイズの１つの値だけで十分である。依然として、熟練した人の目が、横波模様のすす膜記録からセルサイズの代表値を決定するための標準的な方法のままである。最もよく使われる燃料（と空気または酸素、および不活性な希釈剤との混合気）に対するセルサイズのデータは様々な初期条件について収集されており、J. E. Shepherdが運営するCaltech Explosion Dynamics Laboratoryのウェブサイトで利用できる（Kaneshige and Shepherd, 1997）。

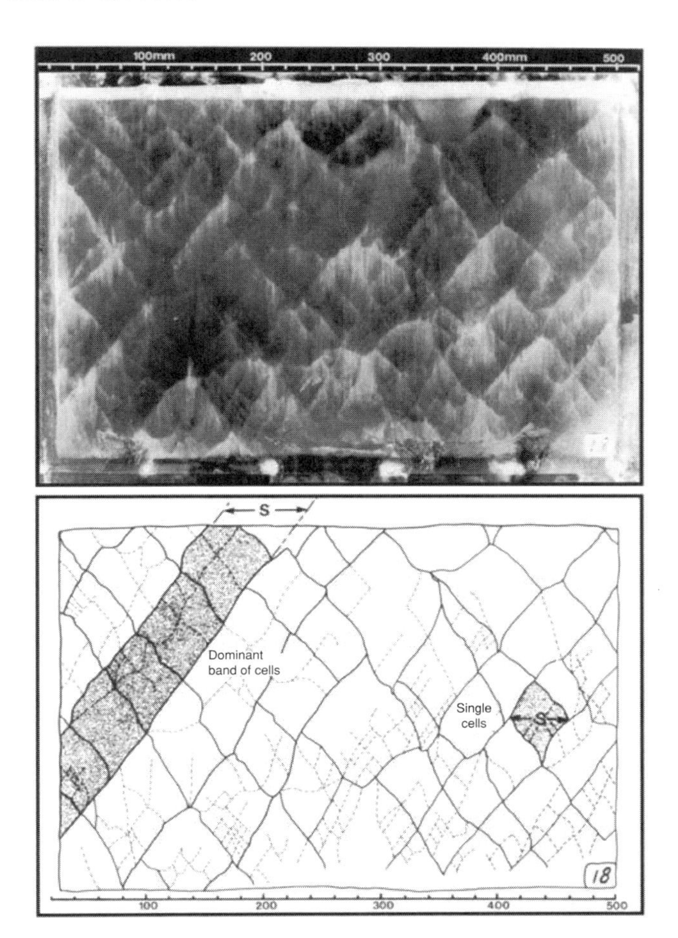


図５．４２　デトネーションの典型的なすす膜記録、および人間の手による横波の軌跡のトレース（Mɔen *et al.*, 1982）

ZND 反応領域長さと Shchelkin と Troshin によって提案された直線依存性 $\lambda = Al$ とによって計算されたセルサイズと実験的に測定されたセルサイズの比較を、よく使われる燃料−空気混合気（標準初期状態 $p_0 = 1\,\text{atm}$, $T_0 = 298\,\text{K}$ における）について、図５．４３に示す。定数 $A$ は、化学量論組成（すなわち当量比 $\phi = 1$）における実験データ（セルサイズ）と計算された ZND 反応領域長さから決定した。それぞれの燃料に対し、その燃料の当量比 $\phi = 1$ におけるセルサイズをうまく表現できるように定数 $A$ を決めるので、燃料ごとに異なる値の $A$ が得られる。定性的にはかなりよく一致するが、定量的には、直線のフィッティング（$\lambda = Al$）からのズレは、特に希薄限界近くでは１桁程度にもなりうる。$A$ は $\phi = 1$ における実験データに計算結果を一致させて決定されるため、化学量論条件の近くではいつも十分によく一致する。

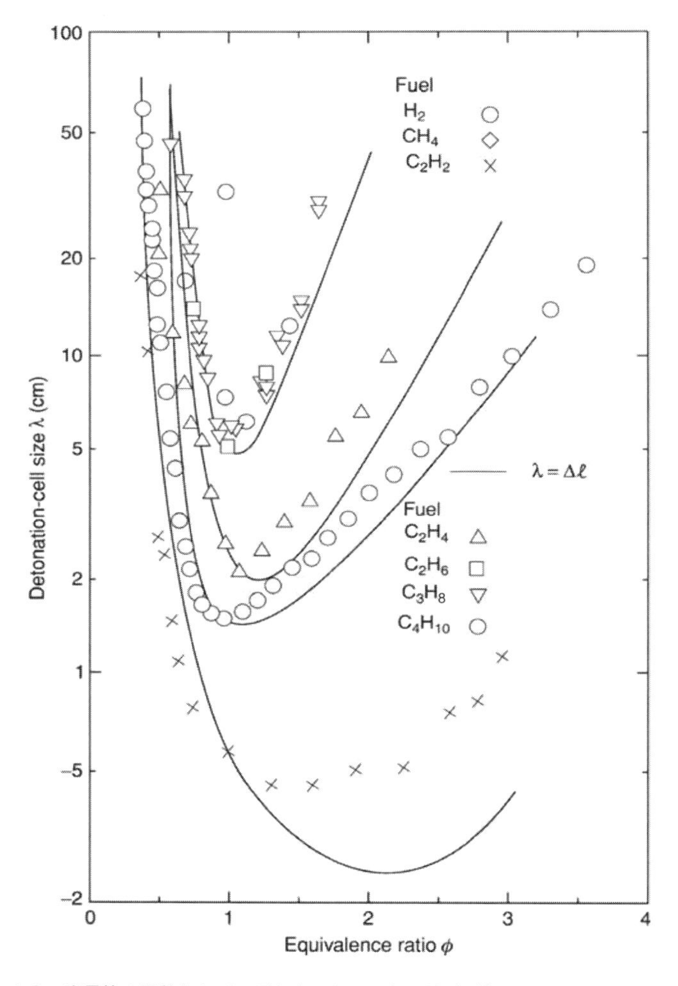


図５．４３　当量比の関数としてのデトネーションセルサイズ（Knystautas *et al.*, 1985）

$A$ が混合気組成に依存すると仮定することによって、フィッティングを改善しようとする試みがなされてきた。わずかな改善は得られたけれども、因子 $A$ はまだ普遍的に妥当なものにはなっていない。最近では Gavrikov *et al.*（2000）によってなされた試みがある。彼らは $A$ を２つの安定性パラメータに依存すると仮定した。１つ目のパラメータは反応の温度変化に対する敏感さの指標である活性化エネルギーで、２つ目のパラメータは化学エネルギーの放出といわゆる臨界内部エネルギーとの間の関係に基づくものである。混合気の発熱性(exothermicity)もデトネーションの安定性に影響することが知られている。さらにGavrikovらは、ZND反応領域長さを計算する際に、1つのセルサイクルの間の脈動する波面の変動を反映させるために、CJデトネーションのフォンノイマン状態ではなく、より高い衝撃波強さを選んだ。これらの修正はShchelkinとTroshinの直線則よりも改善された相関を与えてくれるようにみえるが、この場合のフィッティング定数の関数形はもっとずっと複雑である。

$\lambda$と$l$との間のよりよい経験的関係を得ようとする他の試みが、最近、Ng (2005) によってなされた。彼も、活性化エネルギーとZND構造の誘導領域長さと反応領域長さの比との積を含んだ安定性パラメータを用いた。またNgは、彼の安定性パラメータに多項式フィットを仮定したため、決定すべきフィッティング定数の数が増えた。しかし彼は、いったんこれらの多項式中の定数が決定されれば、それらは異なる混合気に対しても有効だと主張した。それゆえ、それらは最初に決定される必要がある。彼はGavrikovに比べ、実験データとのずっとよい相関関係を得た。

これまでのところ、爆発性混合気の基礎的な物性値からセルサイズを予測する理論は存在しない。(計算可能な) ZND反応領域長さと測定されたセルサイズデータとの相関を改善するために様々な経験的な関係が提案できるけれども、それらの経験的な関係は、本質的には曲線フィッティングの演習問題であり、ZNDデトネーションの化学的な特性長とセルサイズの物理的な関係については何の情報も与えてくれない。なお、すす膜から得られる支配的あるいは代表的なセルサイズの実験的な値は、2倍程度は変化しうるということが一般的に認められていることに留意すべきである。

## 5.8 おわりに

過去50年以上にわたる実験的研究は、自走(過駆動ではない)デトネーション波が、よく使われる爆発性混合気のほぼすべてにおいて不安定であることを決定的に実証してきた。したがってデトネーション構造に対する古典的なZNDモデルは現実のデトネーションを記述できない。言い換えれば、点火とそれに続く反応は、先頭衝撃波の断熱昇温によって支配されない。不安定なデトネーションでは、反応領域に入ってくる反応物に間違いなく最初に様々な衝撃波(入射衝撃波、マッハ軸、横方向の衝撃波)によって昇温される(どの衝撃波によって昇温されるかは、反応物のセル状構造の相対的な位置に依存する)。しかし、そのように衝撃昇温された反応物は直ちにそれら非定常衝撃波の後流の流れ場において断熱膨張も受け、ある場合には誘導反応が停止することさえある。反応領域それ自体の中に様々な密度界面、横方向の圧力波、反応面、せん断層、渦構造が存在するため、反応領域における反応物の燃焼過程を単一の機構に帰することはできない。それゆえ不安定なセル状デトネーションの構造の定性的記述に対する理論の展開は(すなわち反応領域内の過程を数値的にシミュレートすることは)、手強い仕事となる。

セル状デトネーションの乱れた反応領域の中でどのように化学反応が開始され、その後どのように燃焼過程が起こるのかは、おそらくより優れた診断技術と数値解析技術の発展により記述されうる。しかしデトネーション構造が、単純な定常1次元ZNDモデルではなくてこれほど複雑であることをなぜ自然が好むのかに答えることはもっと難しい。限界に近い条件で、デトネーションの自律的な伝播が困難であるときに、不安定性がより鮮明に現れるということを実験は示している。化学反応速度の温度変化に対する感受性が高いときにも不安定性は始まる。だから不安定性は、デトネーションが遭遇するであろう小さな温度変動に対して、反応停止を回避する手段となりうるに違いない。それゆえ不安定性を、デトネーションが消えないように守るための多くの物理的な過程を自然が取り入れるやり方だとみなせるだろう。

不安定性の明らかな効果の1つには、現象の次元を増大させるということがある。定常状態(または変化のない状態)から非定常状態への変化は、時間を追加された次元として取り入れる。また不安定性は、空間的な次元も1次元から2次元、または3次元へと増大させる。次元の数が増えるということは、不均一で局所的なエネルギーの集中を可能にする。例えば衝撃波の衝突で形成されるマッハ軸により、局所的なとても高い温度がもたらされる。したがって平面衝撃波背後の温度が自発着火限界以下まで下がるとき、もし1次元的な平面衝撃波が不安定性によって三重衝撃波マッハ形態に置き換えられるならば、容易に着火する。付加的な渦度生成機構はさらに次元を高め、そして乱流が反応領域に取り入れられる。乱流は局所的な輸送速度を高め、それによって反応領域内の化学反応を促進する。セル状デトネーションの反応領域内の様々な過程を詳細に記述することによって、自律的な伝播を維持することにおける不安定波面の有利さが示される。したがって、もしデトネーションというものが、自然が実際に存在させようとする燃焼モードであるのなら、不安定性というものがデトネーションの自走を可能にするための手段である。

初期条件と境界条件が許すときには、自律的に伝播するデフラグレーションは加速してデトネーションに遷移する傾向があるが、「それはなぜか」と尋ねる人がいるかもしれない。この質問は、レイノルズ数がある臨界値を超えるときには管内の層流が乱流へと遷移する理由を尋ねることに、おそらく類似している。この種の疑問は普遍的であり、我々の周りの物理的世界を理解しようとする基本的な動機として役立っている。

## ●訳者による補足：完全補償ストリーク写真の撮影原理

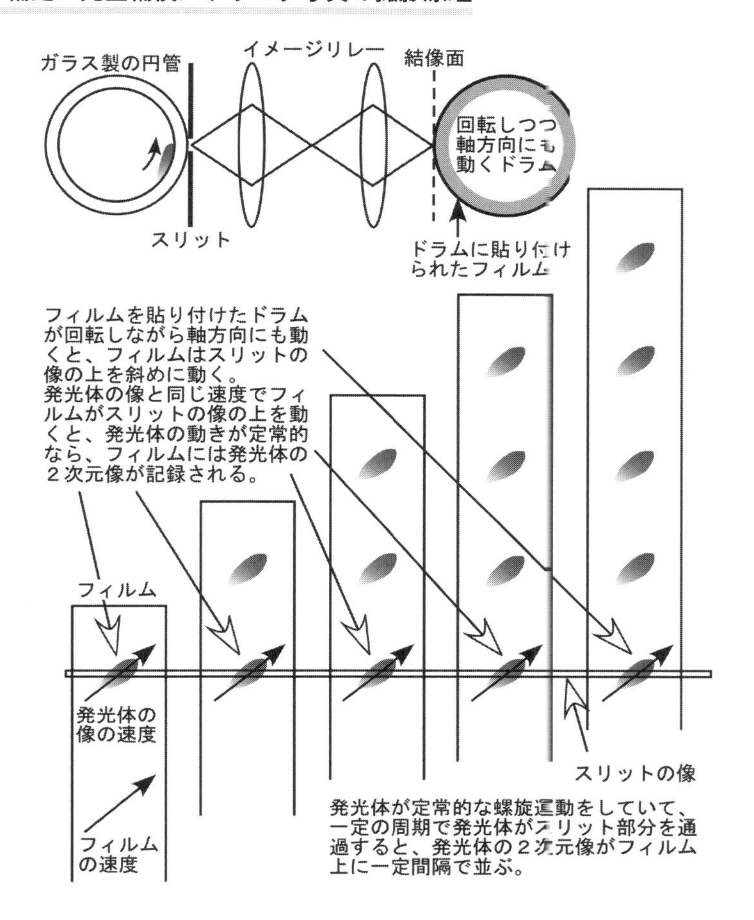


## 参考文献


Antolik, K. 1875. *Ann. Phys. Lpz.* 230(1):14–37.

Bone, W.A., R.P. Fraser, and W.H. Wheeler. 1935. *Phil. Trans. R. Soc. Lond. A* 235:29.

Campbell, C., and A.C. Finch. 1928. *J. Chem. Soc.* 131:2094.

Campbell, C., and D.W. Woodhead. 1926. *J. Chem. Soc.* 129:3010.

Campbell, C., and D.W. Woodhead. 1927. *J. Chem. Soc.* 130:1572

Chu, B.T. 1956. In *Gasdynamics Symp. on Aerothermochemistry*, 95–111. Evanston, IL: Northwest University Press.

Courant, R., and K.O. Friedrich. 1950. *Supersonic flow and shock waves*, 430. Interscience.

Denisov, Yu. N., and Ya. K. Troshin. 1959. *Dokl. Akad. Nauk SSSR* 125:110.

Denisov, Yu. N., and Ya. K. Troshin. 1960. In *8th Int. Symp. on Combustion*, 600.

Dixon, H.B. 1903. *Phil. Trans. A* 200:315.

Donato, M. 1982. The influence of confinement on the propagation of near limit detonation. Ph.D. thesis, McGill University, Montreal.

Dormal, M., J.C. Libouton, and P. Van Tiggelen. 1979. *Acta Astronaut.* 6:875–884.

Dove, J., and H. Wagner. 1960. In *8th Int. Symp. on Combustion*, 589.

Duff, R. 1961. *Phys. Fluids* 4(11):1427.

Duff, R. and M. Finger. 1965. *Phys. Fluids* 8:764.

Fay, J.A. 1952. *J. Chem. Phys.* 10(6).

Fay, J.A. 1962. In *8th Int. Symp. on Combustion*, 30.

Gavrikov, A.I., A.A. Efimenko, and S.B. Dorofeev. 2000. *Combust. Flame* 120:19–33.

Gordon, W. 1949. In *3rd Int. Symp. on Combustion*, 579.

Gordon, W., A.J. Mooradian, and S.A. Harper. 1959. In *7th Int. Symp. on Combust.* 752.

Head, M.R., and P. Bandyopadhyay. 1981. New aspects of turbulent boundary-layer structure. *J Fluid Mech.* 107:297–338.

Jouguet, E. 1917. *Mécanique des explosifs*, 359–366. Ed. Doin.

Kaneshige, M., and J.E. Shepherd. 1997. Detonation database. GALCIT Tech. Rept. FM 97. (Web page, http://shepherd.caltech.edu/detn_db/html/db.html).

Knystautas, R., and J.H.S. Lee. 1971. *Combust. Flame* 16:61–73.

Knystautas, R., C. Guirao, J.H.S. Lee, and A. Sulmistras. 1985. In *Dynamics of shock waves, explosions, and detonations*, ed. J.R. Bowen, N. Manson, A.K. Oppenheim, and R.I. Soloukhin.

Lee, J.H.S. 1984. Dynamic parameters of detonations. *Ann. Rev. Fluid Mech.* 16:311.

Lee, J.H.S., and M.I. Radulescu. 2005. *Combust. Explos. Shock Waves* 41:745–765.

Lee, J.H.S., R. Soloukhin, and A.K. Oppenheim. 1969. *Acta Astronaut.* 14:565–584.

Lee, J.H.S., R. Knystautas, C. Guirao, A. Bekesy, and S. Sabbagh. 1972. *Combust. Flame.* 18:321–325.

Lee, J.J., D. Frost, J.H.S. Lee, and R. Knystautas. 1993. In *Dynamics of gaseaus Combustion*, ed. A.L. Kuhl, 182–202. AIAA.

Lee, J.J., D. Garinis, D. Frost, J.H.S. Lee, and R. Knystautas. 1995. *Shock Waves.* 5:169–174.

Mach, E., and J. Sommer. 1877. *Sitzungsber. Akad. Wien* 75.

Manson, N. 1945. *Ann Mines*, 2éme livre, 203.

Manson, N. 1947. *Propagation des détonations et des deflagrations dans les melanges gazeux.* Paris: L'Office National d'Etudes et des Recherches Aéronautique and L'Institut Franais des Pétroles.

Moen, I.O., S.B. Murray, A. Bjerketvedt, R. Rinnan, R. Knystautas, and J.H.S. Lee. 1982. *Proc. Combust. Inst.* 19:635.

Mooradian, A.J., and W.E. Gordon. 1951. *Chem. Phys.* 19(9):66.

Murray, S.B. 1984. The influence of initial and boundary conditions on gaseous detonation waves. Ph.D. thesis, McGill University, Montreal.

Ng, H.D. 2005. The effect of chemical reaction kinetics on the structure of gaseous detonations. Ph.D. thesis, McGill University, Montreal.

Oppenheim, A.K. 1985. Dynamics features of combustion. *Phil. Trans. R. Soc. Lond. A* 315:471.

Pintgen, F., C.A. Eckett, J.M. Austin, and J.E. Shepherd. 2003a. *Combust. Flame* 133(3):211–220.

Pintgen, F., J.M. Austin, and J.E. Shepherd. 2003b. In G.D. Roy, S.M. Frolov, R.J. Santoro, S.A. Tsyganov (Eds.), *Confined detonations and pulse detonation engines.* (pp. 105–116) Moscow: Torus Press.

Presles, A.N., D. Desbordes, and P. Baner. 1987. *Combust. and Flame* 70:207–213.

Radulescu, M.I., G.J. Sharpe, C.K. Law, and J.H.S. Lee. 2007. *J. Fluid Mech.* 580:31–81.

Schott, G.L. 1965. *Phys. Fluids* 8(1):850.

Shchelkin, K.I. 1945. *C. R. Acad. Sci. U.R.S.S.* 47:482.

Shchelkin, K.I., and Ya. K. Troshin. 1965. *Gasdynamics of combustion.* Baltimore: Mono Book Corp.

Shepherd, J.E., I. Moen, S.B. Murray, and P.A. Thibault. 1986. *Proc. Combust. Inst.* 21:1649–1658.

Strehlow, R., and A. Crooker. 1974. *Acta Astronaut.* 1:303–315.

Taylor, G.I., and R.S. Tankin. 1958. Gasdynamic aspects of detonations. In *High speed aeronautics and jet propulsion*, Vol. 3, ed. H. Emmons. Princeton University Press.

Theodorsen, T. 1952. Mechanism of turbulence. In *Proc. Second Midwestern Conf. on Fluid Mechanics*, Vol. 21, No. 3, 1–18.

Voitsekhovskii, B.V., V.V. Mitrofanov, and M. Ye. Topchiyan. 1966. "The structure of a detonation front in gases." English translation, Wright Patterson Air Force Base Report FTD-MT-64-527 (AD-633,821). This monograph conveniently summarizes all the work of the Novosibirsk group of the late 1950s and early 1960s.

Westbrook, C.K., and P.A. Urtiew. 1982. Chemical kinetic prediction of critical parameters in gaseous detonations. *Proc. Combust. Inst.* 19:615–623.

Zeldovich, Y.B. 1946. *C. R. Acad. Sci. U.R.S.S.* 52:147.

# 6 デフラグレーション・デトネーション遷移（DDT：deflagration-to-detonation transition）

## 6.1 はじめに

一般にデフラグレーション（火炎）とデトネーションの２つの燃焼モードを識別する方法は多数ある（伝播速度、波の性質［デフラグレーションが膨張波でデトネーションが圧縮波］、波前方の混合気に対する速度［デフラグレーションが亜音速でデトネーションが超音速］、伝播機構の差異）。デフラグレーション波は、火炎領域からの熱・物質拡散により前方の反応物に火がつくことで伝播する。伝播速度は熱と物質の拡散率によって支配され、また拡散流束は火炎を横切る急な（熱と化学組成の）勾配を維持する反応速度にも依存する。他方、デトネーション波は、先頭衝撃波での断熱昇温によって混合気に火がつくような超音速の圧縮衝撃波である。逆に衝撃波は、燃焼している気体および燃焼生成物の波面背後での膨張によって維持される。すなわち、この膨張が衝撃波の駆動に必要な前向きの力を生み出すのである。一般に、伝播する火炎はその前方に先行する衝撃波を有し、それゆえ火炎は実験室系に対して超音速で伝播できる。理論的には火炎それ自体を横切る圧力降下があるが、それにもかかわらず反応物の初期圧力に対する（衝撃波–火炎複合体を横切る）生成物での正味の圧力増加がありうる。それゆえ実験室系でみると、デフラグレーションもデトネーションも正味の圧力上昇を伴って超音速で伝播しうるので、両者に明確な区別はないだろう。しかしデトネーションでは先頭衝撃波を横切ることによって自発着火するのとは対照的に、デフラグレーションの場合は拡散的な輸送によって反応面が伝播する。

デトネーションの直接起爆には、感度の高い燃料酸素混合気を用いる場合ですら数 J（～数 kJ）のエネルギーが必要であるのに対し、デフラグレーションの点火のためには典型的には数 mJ 以下のエネルギーを必要とするだけである。それゆえ一般にデフラグレーションの方が発生しやすく、より目にすることの多い燃焼モードである。しかし自走するデフラグレーションは一般に不安定で、点火後に加速する傾向がある。適切な境界条件の下では火炎は連続的に加速し、デトネーション波への突然の遷移が起こりうる。適切な臨界条件が満たされれば、火炎領域中で局所的にデトネーションが発現し、どのようにしてこれら臨界条件が満たされたかという履歴は、デトネーションの発現過程には無関係である。一般的に、必要な臨界条件が満たされる限り、デトネーションの発現前に達成されなければならないような臨界最高火炎速度というものは存在しない。しかし、もし長い滑らかな管の中におけるデフラグレーションからデトネーションへの遷移（デフラグレーション・デトネーション遷移［deflagration-to-detonation transition：DDT］）の古典的な実験を考えるならば、一般にデトネーションの自発的な発現が起こるときには、デフラグレーションがCJデトネーション速度のおよそ半分くらいのオーダーのある最大速度へと加速されているだろう。滑らかな管におけるデフラグレーションからデトネーションへの遷移に議論を絞り、層流の初期火炎核が加速して最終的にデトネーションへと遷移する際に関係する諸過程の顕著な特徴のすべてに言及しよう。デトネーションの発現に要求される臨界条件の「直接的な」生成（例えばジェットの中での生成物と反応物の乱流混合）については、直接起爆過程として後で議論する。

気体動力学の問題として捉えると、デフラグレーションの解はユゴニオ（Hugoniot）曲線の下側の部分にあり、（火炎前方の与えられた初期状態に対する）最大のデフラグレーション速度は、レイリー（Rayleigh）線とユゴニオ曲線が接する点に対応する。デトネーションについては、解はユゴニオ曲線の上側の部分にある。そして最小のデトネーション速度の解が、レイリー線がユゴニオ曲線の上側の部分に接する点に対応する。したがってデフラグレーション・デトネーション遷移は、ユゴニオ曲線の下側の部分から上側の部分へのジャンプと考えることができる。しかし伝播しているデフラグレーション波では通常、火炎前方に先行する衝撃波が形成される。先行する衝撃波は、火炎前方の初期状態を変化させ、したがって火炎前方の初期状態に依存するユゴニオ曲線を変化させる。先行する衝撃波の強さが異なれば、異なるデフラグレーションの解を示す異なるユゴニオ曲線を得る。一方、デトネーションは超音速で伝播するので、デトネーションが形成されると、前方の初期状態は混合気の元々の乱されていない状態になる。もしデフラグレーションの加速段階における準定常な衝撃波-火炎複合体を考えるならば、その場合のユゴニオ曲線のデフラグレーションの部分から、（乱されていない状態を初期状態とする）ユゴニオ曲線のデトネーションの部分へと、（密度は低下するのに圧力は増加する、速度が虚数でなければならないような）ユゴニオ曲線の物理的に無意味な象限を横切ることなしに行くことができるだろう[※1]。

長い滑らかな管内でのデフラグレーションからデトネーションへの遷移は、一般的に火炎加速段階と、デトネーション発現段階に大別できる。初期の火炎加速段階は、火炎加速機構のすべての様相（不安定性、乱流、音響的相互作用など）を網羅している。どの火炎加速機構が支配的であるか（あるいは欠けているか）は、初期条件と境界条件に強く依存する。したがって遷移現象の、この段階に対する一般的な理論を定式化することはできない。しかしデトネーション発現の最終段階に対しては、少なくとも定性的には、自発的なデトネーション発現に必要な臨界条件を記述することは可能なようである。滑らかな管では、火炎は一般に混合気のCJデフラグレーション速度に近い速度まで加速されることが実験的に知られている。しかし、この状態は不安定で、最終的には局所爆発中心（ホットスポット）の形成をもたらす。そして

※1：原書では定常解析を前提とした記述にみえるがデフラグレーションからデトネーションに遷移する現象は突発的であり、準定常的に遷移するわけではないので、遷移している途中の状態とユゴニオ曲線とは本質的に無関係であることに注意する。

オーバードリブンデトネーションがこれらのホットスポットから発生し、成長した後にCJデトネーションへと減衰する。

遷移過程に関連する燃焼現象の豊かな多様性を示すため、「加速段階に続いてデトネーションが発現し、発生したオーバードリブンデトネーションが減衰してCJ速度で伝播するようになる」という「長い滑らかな管における標準的な遷移過程」を議論しよう。

## 6.2 デフラグレーション波の気体力学

デフラグレーション波の伝播はユゴニオ曲線の下側の部分で記述され、そこでは反応面（すなわち火炎）背後の圧力と密度は初期状態（$p_0$, $\rho_0$）よりも低い。さらにデフラグレーション波は、その前方の未燃反応物に対して亜音速で伝播する。それゆえデフラグレーションの下流の境界条件が反応物の火炎前方の状態に影響することができる。例えば、もしデフラグレーションが管の閉端（そこでは流速0）から伝播するならば、火炎面を横切る比体積の増加（あるいは密度の低下）によって火炎前方の反応物が押し退けられる。つまり火炎は反応物を押し退ける（漏れのある）ピストンのように振る舞い、反応物を火炎の伝播方向に動かす。火炎を横切る混合気の比体積の増加速度（単位時間あたりの増加量）が原因となって圧縮波が形成され、火炎面の前方に送り出される。次々と送り出される圧縮波はやがて他の圧縮波に追いつき、火炎に先行する衝撃波を形成する。最終的に、閉管端からのデフラグレーション伝播に対応する流れ場は、先行する衝撃波（その後方の反応物を運動させる）と、先行する衝撃波を追いかける火炎から構成される。このとき火炎（あるいは反応面）は、初期状態の反応物混合気ではなく、衝撃圧縮された反応物の中を伝播する。反応面の背後では、管の閉端における境界条件に合わせるため、流速は0である。火炎背後の圧力が先行する衝撃波よりも前方の初期圧力よりも高いので、衝撃波と火炎の間の気体の（全）運動量は時間とともに増加しなければならない※2。結果として衝撃波と火炎の間の（分離）距離は増加する（すなわち火炎と衝撃波の速度は異なる）。

デフラグレーション速度が異なると、先行する衝撃波の強さも異なるので、デフラグレーション前方（先行する衝撃波の後方）の状態はデフラグレーション速度に依存する。それゆえ加速している火炎の背後でとりうる最終状態は、異なるユゴニオ曲線の上に表される。伝播しているデフラグレーションの状態は、衝撃波と火炎面を横切る保存則から容易に決定できる。閉管端からのデフラグレーションの伝播について考えよう。

図6.1のスケッチを参照し、2つの不連続面の後方の状態を添え字1と2で表す。便宜上、先行する衝撃波前方の気体（この気体の流速を$u_0=0$とする）に対する、先行する衝撃波後方の流速を$u_1$とし、流速$u_1$で流れている前方の混合気に対する火炎後方の流速を$u_2$とする。した

---

※2：　原書の文の意味は以下の通りだろう。「単位断面積の管を考え、その中に同じ断面積の検査体積をとり、前面(面0)は先行する衝撃波のはるか前方に、後面(面2)は管の閉端に一致させる。この検査体積に運動量保存則を適用すると、側面の粘性を無視し、座標軸は後面から前面に向かう向きを正として、$\frac{\partial}{\partial t}\int_{V_0}\rho u dV = -p_0 + p_2$となる。したがって、$p_2 > p_0$なら$\frac{\partial}{\partial t}\int_{V_0}\rho u dV > 0$となり、検査体積内の全運動量は増加する。流速が0でないのは、先行する衝撃波と火炎面の間だけである。」$\rho u$が一定であれば領域が増加しているということなので、距離の増加につながる。

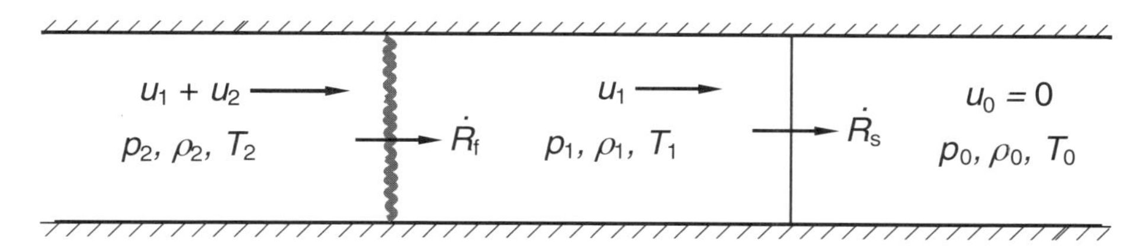


図6．1　滑らかな管の中を伝播する、先行する衝撃波とその後方を伝播する火炎

がって実験室系における火炎後方の流速は$u_1 + u_2$である。先行する衝撃波を横切る保存則は、

$$\rho_0 \dot{R}_s = \rho_1 \left(\dot{R}_s - u_1\right) \quad (6.1)$$

$$p_0 + \rho_0 \dot{R}_s^2 = p_1 + \rho_1 \left(\dot{R}_s - u_1\right)^2 \quad (6.2)$$

$$h_0 + \frac{\dot{R}_s^2}{2} = h_1 + \frac{\left(\dot{R}_s - u_1\right)^2}{2} \quad (6.3)$$

$$h = \frac{\gamma}{\gamma - 1} \frac{p}{\rho} \quad (6.4)$$

と書ける。ここで、$\dot{R}_s$は実験室系における衝撃波速度である。火炎を横切る保存則は、

$$\rho_1 + \left(\dot{R}_f - u_1\right) = \rho_2 \left(\dot{R}_f - u_1 - u_2\right) \quad (6.5)$$

$$p_1 + \rho_1 \left(\dot{R}_f - u_1\right)^2 = p_2 + \rho_2 \left(\dot{R}_f - u_1 - u_2\right)^2 \quad (6.6)$$

$$h_1 + Q + \frac{\left(\dot{R}_f - u_1\right)^2}{2} = h_2 + \frac{\left(\dot{R}_f - u_1 - u_2\right)^2}{2} \quad (6.7)$$

となる。ここで、$Q$は火炎における単位質量あたりの化学エネルギー放出量であり、$\dot{R}_f$は実験室系における火炎の速度である。垂直衝撃波を横切る密度比、圧力比、流速比、温度比に対して解くと、

$$\frac{\rho_1}{\rho_0} = \frac{\gamma_0 + 1}{\left(\gamma_0 - 1\right) + \dfrac{2}{M_s^2}} \quad (6.8)$$

$$\frac{p_1}{p_0} = \frac{2\gamma_0}{\gamma_0 + 1} M_s^2 - \frac{\gamma_0 - 1}{\gamma_0 + 1} \quad (6.9)$$

$$\frac{u_1}{c_0} = \frac{2\left(M_s^2 - 1\right)}{\left(\gamma_0 + 1\right) M_s} \quad (6.10)$$

$$\frac{T_1}{T_0} = \left(\frac{p_1}{p_0}\right)\left(\frac{\rho_0}{\rho_1}\right) \quad (6.11)$$

を得る。ここで$M_s = \dot{R}_s / c_0$であり、$c_0^2 = \gamma_0 p_0 / \rho_0$は（先行する）衝撃波の前方の混合気の音速（の２乗）である。一般に、先行する衝撃波は、衝撃波を横切る混合気に顕著な化学変化（解離）をもたらすほどには強くないので、$\gamma_0 = \gamma_1$と仮定した。したがって衝撃波を横切る状態変化（つまり$p_1, \rho_1, T_1, u_1$）は、衝撃波速度（あるいは衝撃波マッハ数）の関数として式（6．8）～（6．11）で与えられる。ただし完全気体の状態方程式（$p = \rho RT$）を仮定した。

火炎面を横切る質量と運動量の保存則（つまり式（６．５）と式（６．６））は、

$$\rho_1 S^2 = \frac{p_2 - p_1}{1 - \dfrac{\rho_1}{\rho_2}}$$

を与える。ここで、$S = \dot{R}_f - u_1$は火炎前方の混合気に対する火炎の燃焼速度（burning velocity of the flame）である。ここで、$y = p_2 / p_1$, $x = \rho_1 / \rho_2$と定義すると、

$$\frac{S^2}{c_0^2} = \frac{T_1 (y-1)}{\gamma_0 T_0 (1-x)} \tag{6.12}$$

と書ける。ここで、状態方程式$p = \rho RT$を用いた。式（６．５）は

$$\rho_1 S = \rho_2 (S - u_2)$$

と書くことができ、これは

$$\frac{u_2}{S} = 1 - x \tag{6.13}$$

を与える。

エネルギー式（式６．７）を質量と運動量の保存則と連立させて解くと、火炎を横断するユゴニオ関係式が与えられる。それは、簡単に

$$(x - \alpha)(y + \alpha) = \beta \tag{6.14}$$

と書くことができる。ここで、

$$x = \frac{\rho_1}{\rho_2},\quad y = \frac{p_2}{p_1},\quad \alpha = \frac{\gamma_2 - 1}{\gamma_2 + 1}$$

であり、また、

$$\beta = \alpha \left\{ \frac{\gamma_0 + 1}{\gamma_0 - 1} + \frac{2\gamma_0 Q}{c_1^2} - \alpha \right\}$$

である。ただし$\gamma_1 = \gamma_0$を仮定し、火炎前方の音速（の２乗）を$c_1^2 = \gamma_0 p_1 / \rho_1$とした。火炎後方の境界条件も、指定される必要がある。閉端の管に対しては、

$$u_1 + u_2 = 0 \tag{6.15}$$

と書ける。

以下の９つの物理量に対して８つの方程式（式６．８～６．１５）がある。

$$M_s,\ \frac{p_1}{p_0},\ \frac{\rho_1}{\rho_0},\ \frac{u_1}{c_0},\ \frac{T_1}{T_0},\ \frac{S}{c_0},\ \frac{u_2}{S},\ x = \frac{\rho_1}{\rho_2},\ y = \frac{p_2}{p_1}$$

もし燃焼速度（$S$）が、火炎前方の反応物の状態量の関数として与えられるならば、問題の解をすべて得ることができる※3。しかし燃焼速度は、火炎前方の反応物の熱力学的な状態のみでなく、流体力学的な状態（すなわち乱流パラメータ）にも依存する。一般に、この流体力学的な状態は未知である。それでもなお、もし衝撃波速度$M_s$が既知ならば、辻褄の合う燃焼速度を見つけるという逆問題は解くことができる。最初に先行する衝撃波の強さを選び、そしてそ

※3：　整理して書くと、8個の物理量（波の速度が2個と状態量が2×2＝4個と流速が2個）$(M_s, S), (p_1, \rho_1, p_2, \rho_2), (u_1, u_2)$に対して7個の式(6.8)～(6.10)と式(6.12)～(6.15)（保存則が3×2＝6個と境界条件が1個）があるので、燃焼速度$S$がわかれば全部わかる、ということだろう。

の後方の状態を式（６．８）～（６．１１）から計算する。その後、後方の境界条件（すなわち $u_1 + u_2 = 0$）を満たすような燃焼速度を繰り返し計算で探すことで解が得られる。

高温の生成物（気体）中の音速（$c_2$）は比較的高いので、後方の境界条件の情報はすばやく火炎面に伝達されうる。しかし火炎の（実験室系における）速度$\dot{R}_f$が $\dot{R}_f \geq c_2$ のときは、後方の境界条件はもはや火炎後面の状態に影響を与えることはできない。この限界速度（$\dot{R}_f = c_2$）は Taylor and Tankin（1958）によって第１臨界火炎速度と呼ばれた。もし火炎速度がこの臨界値より高ければ、（デトネーションに対する希薄波と類似した）希薄波が火炎の後面に（張り付いて）続くだろう。希薄波の前面は（実験室系において）$u_1 + u_2 + c_2$で伝播する。それゆえ第１臨界火炎速度以上の火炎速度に対しては、境界条件 $u_1 + u_2 = 0$（式６．１５）を、

$$\dot{R}_f = u_1 + u_2 + c_2 \tag{6.16}$$

で置き換えることが可能である。

第１臨界火炎速度 $\dot{R}_f = c_2$を決定するためには、先行する衝撃波の強さ$M_s$の値を様々に仮定し、$\dot{R}_f / c_0$と$c_2 / c_0$を比較する必要がある。火炎の後面における音速は、

$$\frac{c_2}{c_0} = \frac{\gamma_2 p_2}{\rho_2} \frac{\rho_0}{\gamma_0 p_0} = \frac{\gamma_2}{\gamma_0}\left(\frac{p_2}{p_1}\right)\left(\frac{p_1}{p_0}\right)\left(\frac{\rho_1}{\rho_2}\right)\left(\frac{\rho_0}{\rho_1}\right) = xy\frac{\gamma_2}{\gamma_0}\left(\frac{p_1}{p_0}\right)\left(\frac{\rho_0}{\rho_1}\right) \tag{6.17}$$

と書くことができる。

任意のマッハ数に対し、$p_1 / p_0$ と $\rho_0 / \rho_1$ は、ランキン–ユゴニオ方程式（式（６．８）と式（６．９））から得ることができる。求めたい燃焼速度の値 $S = \dot{R}_f - u_1$ は、境界条件 $u_1 + u_2 = 0$（すなわち式（６．１５））を満たすような値を繰り返し計算によって探すことで決定される。第１臨界火炎速度は、

$$\frac{\dot{R}_f}{c_0} = \frac{c_2}{c_0}$$

となるときに得られる。

第１臨界火炎速度を超える火炎速度に対しては、希薄波が生成物の気体中に形成され、火炎から後方の境界条件を本質的に孤立させる。その場合の解を求めるには、上で述べたのと同様にやればよいが、ある与えられた衝撃波強さに対する燃焼速度（火炎速度）を繰り返し計算で探す際に、$\dot{R}_f = c_2$の代わりに式（６．１６）を使う。

$\dot{R}_f = u_1 + u_2 + c_2$という火炎速度は、火炎の後面において（火炎に乗った座標系における）流速が音速となる（CJ デトネーションと類似の）CJ デフラグレーション速度に対応する。したがって、（火炎前方の）初期状態からのレイリー線は、ユゴニオ曲線の下側部分に接する。火炎前方の状態は、先行する衝撃波の後面の状態に対応し、初期の乱されていない状態ではない。乱されていない混合気（$p_0, \rho_0$）の中に伝播する CJ デトネーションとは異なり、CJ デフラグレーションは先行する衝撃波の後方の擾乱を受けた混合気の中に伝播する。先行する衝撃波の強さが異なれば、衝撃波後面の状態（$p_1, \rho_1$）は異なる。したがって、初期状態に依存するユゴニオ曲線も先行する衝撃波の強さに応じて変化する。ある初期状態（$p_0, \rho_0$）のある混合気に対し、CJ デトネーション速度はただ１つしか存在しないが、CJ デフラグレーション速度は複数存在しうる。

上記の議論から、後方の境界条件がもはや火炎伝播に影響できなくなるときに第１臨界火炎速度が現れることがわかる。そして火炎の速度$\dot{R}_f$と先行する衝撃波の速度$\dot{R}_s$が等しくなるときに第２臨界火炎速度が現れる。第２臨界火炎速度が現れるとき、先行する衝撃波と火炎の間の距離は一定になる。式（６．１６）によって与えられる境界条件はまだ満たされている（すなわち火炎の後面において音速条件が成り立つ）。この第２臨界火炎速度に対しては、

$$\dot{R}_s = \dot{R}_f = u_1 + u_2 + c_2$$

であり、ここでは２つの波面間の距離が一定なので、初期状態（$p_0, \rho_0$）と火炎後面の生成物状態（$p_2, \rho_2$）の間の保存則を書くことができる。第２臨界デフラグレーション速度（第２臨界火炎速度）は、CJ デトネーション速度でもある。CJ デトネーション解は、初期状態（$p_0, \rho_0$）から（その初期状態に基づいた）ユゴニオ曲線へのレイリー線の接点に対応する。しかし、この解はCJ デフラグレーション解にも対応するわけで、火炎の前方ではあるが先行する衝撃波の後方でもある状態（$p_1, \rho_1$）からのレイリー線が、先行する衝撃波の後面の状態（$p_1, \rho_1$）に基づくユゴニオ曲線に接する点だとみることもできる。

現実にはそうはならないのだが、デフラグレーションからデトネーションへの遷移が以下の経路を通って進んでもかまわない。火炎は閉管端から伝播し始め、第１臨界火炎速度（$\dot{R}_f = c_2$）に達するまで加速する。この第１臨界火炎速度は、$u_1 + u_2 = 0$のときのCJ デフラグレーション速度に対応する。火炎速度がさらに上がるときは、$\dot{R}_f = u_1 + u_2 + c_2$であるような、やはりCJ デフラグレーション速度である。そして$\dot{R}_f = \dot{R}_s = u_1 + u_2 + c_2$になると火炎速度は第２臨界火炎速度（第２臨界デフラグレーション速度）に達し、CJ デトネーションになる。

CJ デトネーションである第２臨界火炎速度に達する前に、先行する衝撃波はすでに断熱的な衝撃圧縮によって混合気を点火できる強さに達しているだろう（訳者注：原書ではこのときの火炎速度を「第３臨界火炎速度」と呼んでいるようである）。たいていの炭化水素と酸素の混合気の自発点火温度は1200 K 程度であり、これは衝撃波強さ$M_s \approx 3.5$に対応し、これは第２臨界火炎速度の約半分である。自発点火が起こるとき、反応面（火炎）はもはや先行する衝撃波から独立したものではない。実際、反応面は衝撃波温度によって決まる誘導距離だけ離れて衝撃波のすぐ後ろを進むのである。もし火炎が先行する衝撃波を自発点火限界まで加速すると、初めてそうなったときに第2の反応面が火炎の前方に現れるだろう。これら２つの反応面の間でその後に爆発が起こり、この爆発からの衝撃波が先行する衝撃波に追いつくとき、デトネーションの発現が引き起こされうる。

これらの多様な臨界火炎速度の大きさを説明するために、Taylor と Tankin が用いた混合気$C_2H_2 + O_2$について考えよう。この混合気に対するユゴニオ方程式は、

$$(x - 0.08)(y + 0.08) = 0.474 + 22.326\frac{288}{T_1} \qquad (6.18)$$

によってよく近似できる。ここで、$x = \rho_1/\rho_2$, $y = p_2/p_1$である。1.174という$\gamma_2$の値がこのユゴニオ方程式から得られる。式（６．１８）は初期温度が変わっても妥当であり、Taylor とTankin は、この式が最高$T_1$ = 700 Kまで、Manson（1949）の計算とよく一致することを示した。式（６．１８）を用いると、異なる値の燃焼速度$S/c_0$に対する先行する衝撃波の強さ$M_s$が図６．２

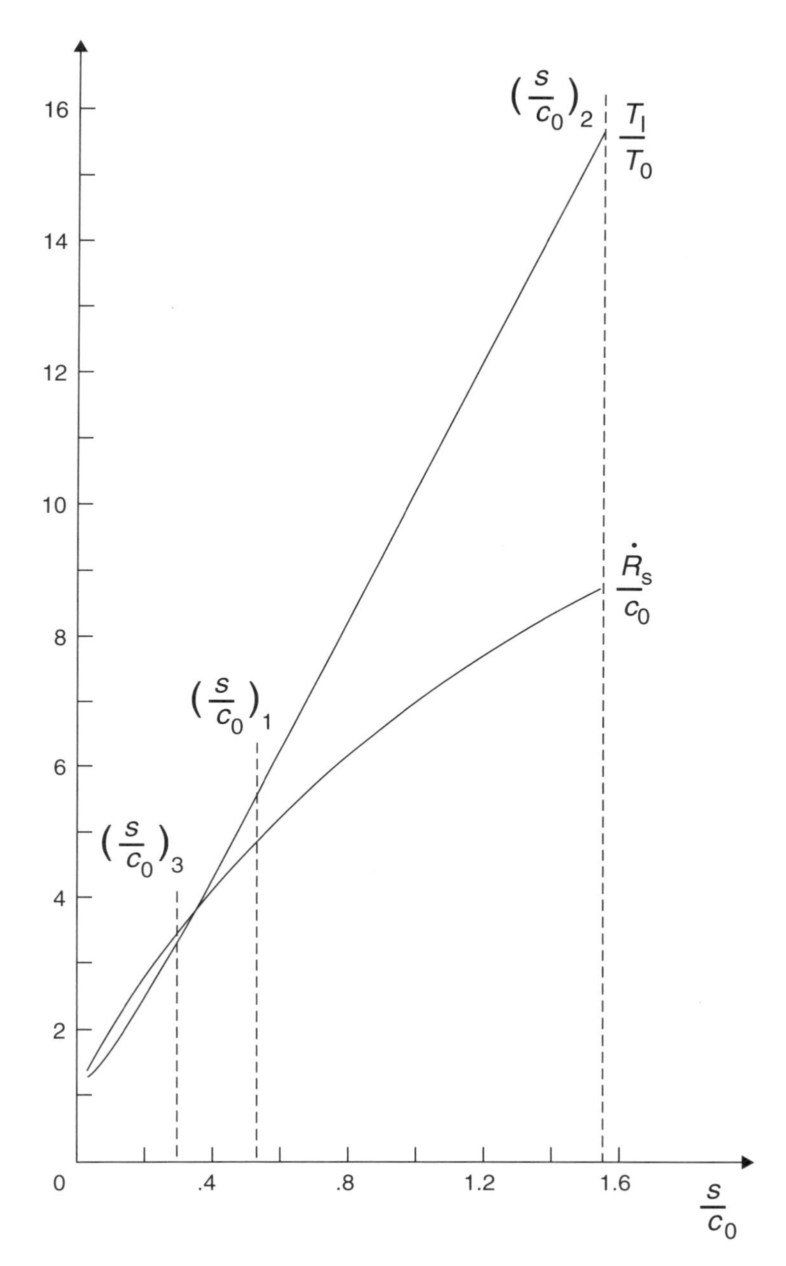


図６．２　燃焼速度の様々な値に対する、先行する衝撃波の強さ$M_s$(Lee and Moen,1980)

に示すようになる。図には先行する衝撃波前後の温度比も示されている。３つの臨界火炎速度が縦の破線で示されている。

第１臨界火炎速度は、$u_1 + u_2 = 0$で$\dot{R}_f = c_2$となる速度であり、$S / c_0 = 0.53$に対応している。音速の値が$c_0 = 340$ m/s で、燃焼速度は 180.2 m/s である。$C_2H_2 + O_2$の層流燃焼速度は 11.4 m/s である。したがって第１臨界火炎速度に達するためには、層流燃焼速度の約 16 倍に相当する乱流燃焼速度が必要である。

第２臨界火炎速度は$\dot{R}_f = \dot{R}_s$となる速度であり、$S / c_0 = 1.54$ という値に対応する。こうなるためには523.6 m/sの燃焼速度が必要である。先行する衝撃波と火炎の速度は$\dot{R}_f / c_0 = \dot{R}_s / c_0 =$ 8.69（あるいは 2954.6 m/s）であり、この速度は初期状態（$p_0, \rho_0$）をもとに式（６．１８）

から計算されるCJデトネーション速度2951 m/sに非常に近い。これが偶然の一致であることに注意しよう。他の混合気に対しては、第2臨界火炎速度とCJデトネーション速度の違いは大きくなりうる。しかし混合気$C_2H_2+O_2$に対する式（6．18）で与えられるユゴニオ曲線の場合は、初期状態（$p_0,\rho_0$）に基づいたユゴニオ曲線に対するレイリー線の上側の接点が衝撃圧縮状態（$p_1,\rho_1$）に基づいたユゴニオ曲線に対するレイリー線の下側の接点に対応するようにみえる。比熱比$\gamma$が一定の完全気体で熱放出が$Q$（解離なし）の場合については、Courant and Friedrich（1948）が、初期状態（$p_0,\rho_0$）におけるCJデトネーションと、衝撃圧縮状態（$p_1,\rho_1$）に基づくCJデフラグレーションの等価性を示した。

自発点火温度を1200 Kと仮定すると、混合気$C_2H_2-O_2$に対する第3臨界火炎速度は$S/c_0=0.3$となり、これは衝撃波強さ$M_s\approx3.5$に対応する。マッハ数$M_s=3.5$の先行する衝撃波に対応する誘導時間は10 μs程度である。こうして$C_2H_2+O_2$という特定の場合に対し、$(S/c_0)_3<(S/c_0)_1\leq(S/c_0)_2$であることに留意しよう。しかし他の爆発性混合気に対しては、必ずしもこうではない。

デフラグレーションからデトネーションへの遷移に対する古典的な考え方に従えば、衝撃圧縮された混合気の中で自発点火が起こるくらい先行する衝撃波が強くなるような臨界速度まで、デフラグレーションが加速しなくてはならない。こうして第3臨界火炎速度が、デトネーションが発現するための基準を与える。しかし実験によれば、デトネーションの発現は通常、デフラグレーションの乱流燃焼領域中で起こり、先行する衝撃波の強さとは独立である。このようにデトネーション発現の臨界条件は、未解明のまま残されている。

## 6．3　遷移現象の特徴

デフラグレーションからデトネーションへの遷移は、デトネーションの発現にきっかけを与える個々の振る舞いに依存するので、多くの条件下で起こりうる。しかし、まずは滑らかな壁面の長い管内で起こる古典的な遷移現象を考察しよう。この現象では点火に続いてデフラグレーションが連続的に加速し突然デトネーションに遷移する。$C_2H_2+O_2$混合気における遷移過程の典型的なストリーク写真（流し撮り写真）を図6．3に示す。小さなオリフィスのある板の上流（左側）でデトネーション（1）を反射させ、オリフィス（2）から（右側に）噴出する高温生成物の小さなジェットによって点火が行われる。オリフィス板（3）は本質的に、点火が起こる管の閉端の役割を果たす。デフラグレーションは最初は層流デフラグレーション（4）として伝播し、最後には乱流（5）となる。乱流燃焼は幅広で強い乱流反応領域として図に表れている。（6）にて、デトネーションへの突然の遷移が起こり、その遷移によってオーバードリブンデトネーション（7）が最初に形成された後、混合気のCJデトネーション速度に減衰する。レトネーション波（9）として知られる衝撃波がデトネーション波と同時に形成され、生成物内へと逆向きに伝播する。横方向の衝撃波（8）もデトネーションの発現時に形成され、管の壁面で反射し、生成物気体の圧縮に伴う周期的な発光帯を形成する。点火（2）からデトネーション発現（6）までの距離は、古い文献では「誘導距離」と呼ばれている。し

図6.3　高温生成物のジェットによるデトネーションへの突然の遷移をとらえた典型的なストリーク写真
時間軸は上向き(Lee *et al.*,1966)。

かし、いまではZNDデトネーション構造の誘導領域厚みとの混乱を避けるため、一般に「助走距離（run-up distance)」と呼ばれている。助走距離は、爆発性混合気の特性だけでなく、初期条件と境界条件（点火源の形式・強さ・位置、管の寸法と形状、壁面の粗さ、管端の開閉など）にも依存する。それゆえ助走距離と混合気の化学組成とを相互に関係づける試みは、一般に成功してこなかったし、意味あるものともならなかった。

加速しているデフラグレーションの重要な特徴は、火炎面による圧力波の生成である。図6.4は、点火に引き続いて起こる火炎の体積燃焼速度[※4]の増大の結果として生成される圧力波を示すストリークシュリーレン写真である。最初期に生成される一連の圧縮波は、火花点火後に成長する球状火炎核の体積燃焼速度の増加に起因するものである。約0.1 mの位置（あるいは約0.50 msの時刻）における減速は、初期の球状火炎核が壁面に触れて火炎が平らになり火炎表面積が減少することに起因するものである。約1 msの時刻での第2の加速は、火

※4：　burning rateは「体積燃焼速度」、burning velocityは「燃焼速度」と訳し分けている。

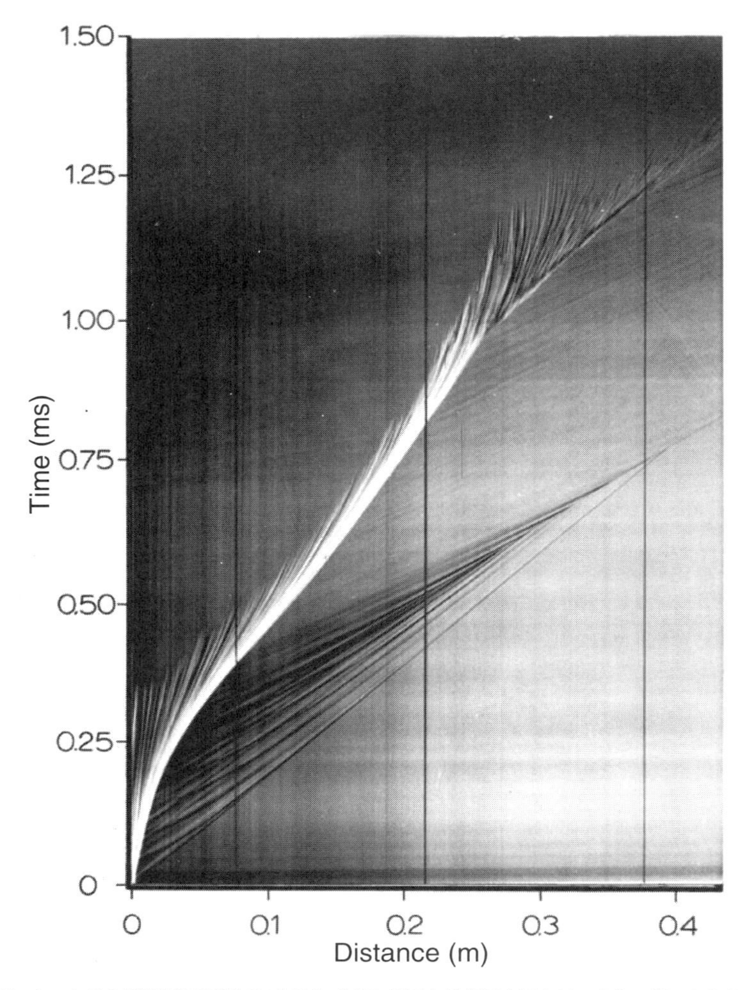


図6．4　火炎の燃焼速度の増加により生成される圧力波を示すストリークシュリーレン写真
(Urtiew and Tarver,2005)

炎が乱流になることが原因であり、その火炎は管軸近傍よりも壁面近傍でより速く広がるいわゆるチューリップ型火炎を形成する。チューリップ型火炎形成時の火炎表面積の大幅な増大は、図6．4に示したストリーク写真の第２の火炎加速を引き起こす。火炎の形態学的変化に起因する体積燃焼速度の増大は、火炎の実効的な燃焼速度の増大を引き起こす。その結果、火炎前方における反応物が押し退けられることによる流れの速度が増大し、体積燃焼速度の増大に付随する圧力波の生成も増える。

デトネーション発現についてのよりよい例解が高速度シュリーレン動画によって得られる。図6．5は、点火に続いて起こる火炎加速の初期段階を示している。火炎は不安定性に起因するセル状構造を有しており、伝播火炎の前方に一連の弱い圧縮波がみえる。図6．6は、乱流火炎の加速の終期段階を示している。火炎のセル状構造はここで、より微細な寸法になっている。さらに、圧縮波同士が合体し、一連の強い圧縮波が火炎の前方にみえる。この一連の圧縮波は最終的に合体して、火炎前方の先行する衝撃波を形成する。

デトネーションの発現は図6．7に示される。第３コマにおいて、局所爆発中心が乱流火炎領域の中の流路底面上で２つ形成されるのがみえる。これらの爆発中心は時間とともに成長す

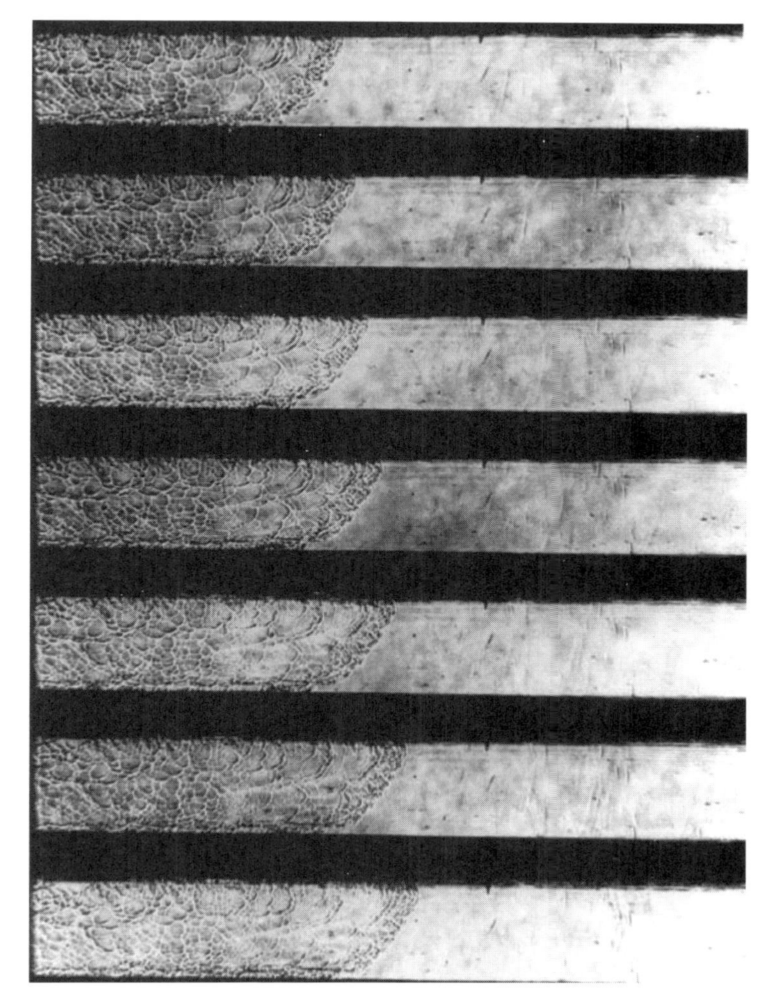

図6.5　$p_0$＝83.7 Torrの化学量論$H_2$-$O_2$混合気における点火に続く初期の火炎加速段階をとらえたシュリーレン連続写真
各コマの時間間隔は5 μsで上から下に向かって時間が経過している（A. K. Oppenheim 提供）。

るが、それらからデトネーションが発生するのではない。第5コマにおいて、流路底面の近くで第3番目の爆発中心が前の2つの爆発中心の間に形成されている。第5コマではデトネーションバブルがすでに形成されている。この第3の爆発中心に由来する半球状のデトネーションバブルが、オーバードリブンデトネーションとして、圧縮された反応物中を前方に伝播する。後方の反応生成物中へと伝播する衝撃波はレトネーション波と呼ばれている。流路の天井と底面で反射される横方向の衝撃波は、局所爆発により生じた半球状の波に関係している。流路の天井と底面で横波が何度も反射される状況が図6.3のデトネーションの軌跡とレトネーションの軌跡の間の周期的な波に対応する。

図6.3～6.7は、長い滑らかな管における典型的なデトネーション遷移現象を説明するものである。しかし遷移過程は一通りではなく、デトネーションはデフラグレーションから多くの異った道筋で形成されうる。このため遷移現象に対する一般的な理論は、定性的にでさえも発展させることができない。だから、関連する火炎加速機構とデトネーションの発現が起こり

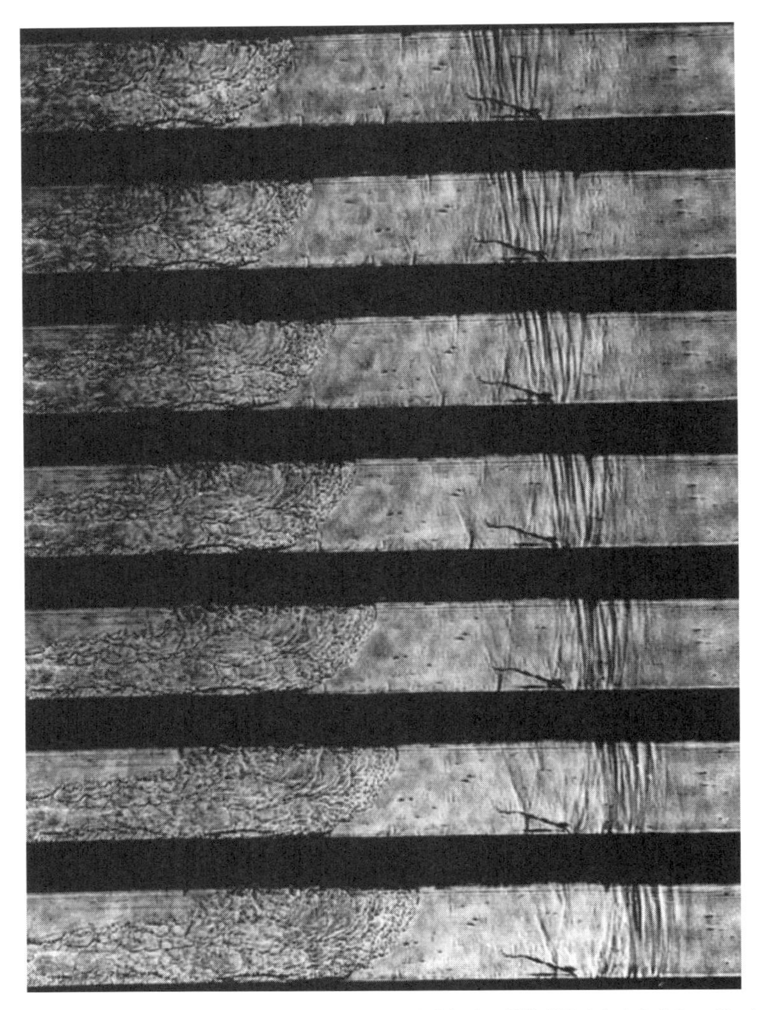

図6．6　$p_0$＝83.7 Torrの化学量論$H_2$-$O_2$混合気における火炎加速の後期段階をとらえたシュリーレン連続写真
各コマの時間間隔は5 μsで上から下に向かって時間が経過している（A. K. Oppenheim提供）。

うる色々な道筋とを、すべて議論しよう。異なる初期条件および境界条件の下では、これらのうちのいくつかが異なる組み合わせで、デトネーションへの遷移の実現に対して支配的になるだろう。

## 6．4　火炎加速機構

先に示したストリーク写真（図6．3と図6．4）から、火炎面の速度は、デトネーションへの遷移が起こるまで連続的に増加することがわかる。ここで、この火炎速度の連続的な増大を担う機構について議論しよう。管内を伝播する1次元の平面的な火炎面に対し、「火炎速度（flame speed）」は実験室系に対して平面的な火炎面が伝播する速度を指す。しかし、その伝播がデトネーションに遷移する少し前の段階にあるような火炎面は、3次元的で時間的に変化するものである。それゆえ、この3次元的で時間的に変化する燃焼面の（伝播方向への）火炎速度が何を意味するのかを最初に定義することが重要である。局所的には、（火炎の前方の未

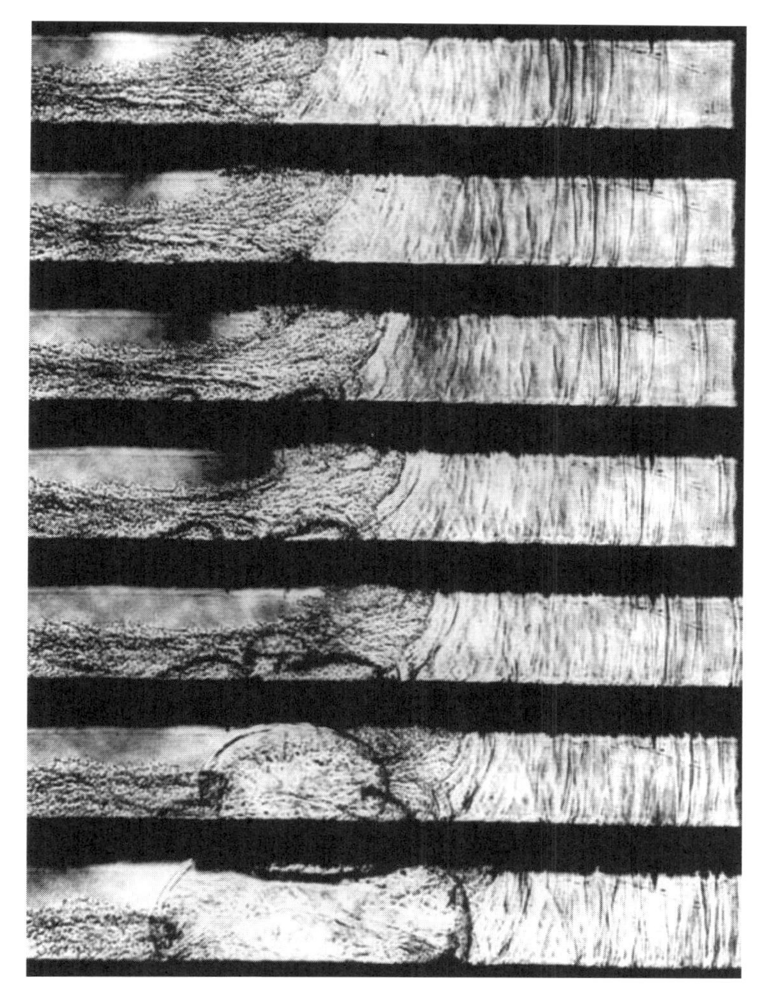

図6．7　$p_0$＝83.7 Torrの化学量論$H_2$-$O_2$混合気中におけるデトネーションの発現をとらえたシュリーレン連続写真
各コマの時間間隔は5 μsで上から下に向かって時間が経過している（A. K. Oppenheim 提供）。

燃混合気に対する）燃焼速度（burning velocity）は乱流火炎表面上でかなり変化しうるものであり、火炎面の一部は過度な曲率と伸長が原因で消炎することさえあるかもしれない。しかし、それでもなお、伝播方向に垂直な２つの平面を検査体積の表面として設定することが可能である。つまり、１つの平面は未燃反応物中の乱流火炎の先端よりも前方にとり、もう１つの平面は気体が燃焼生成物であるような火炎領域の後流にとる。この２つの平面の間における有限幅の乱流燃焼領域の時間的な発展は計測でき、それによって、管軸に沿った１次元的な伝播という文脈内での火炎速度（または燃焼速度）を定義できる。つまり燃焼速度は、その定義によれば本質的に実効燃焼速度であり、管の断面積をかければ３次元的で時間的に変動する「乱流」火炎の体積燃焼速度を与えるから、検査体積内の体積燃焼速度が測れれば燃焼速度に換算できるわけである。「乱流」とカギ括弧つきで表現するのは、火炎前方の未燃混合気の流れにおける乱流変動以外にも、３次元的な燃焼面を作り出すことのできる多くの機構が存在するためである。「乱流」火炎領域における体積燃焼速度は、燃焼面の全面積と火炎面の局所的な燃焼速度に依存する。火炎面の面積を増大させる機構はすべて体積燃焼速度を増加させることになる。局所的な燃焼速度は乱流輸送、火炎の曲率、火炎の伸長によって高められもするし抑えられもする。このように火炎の加速というのは、３次元的な「乱流」火炎領域における平均的な燃焼速度の増大のことなのである。

伝播している層流火炎は本質的に不安定であり、気体力学的な効果および熱拡散と物質拡散との競合に起因する熱拡散不安定性により、最初は平面的な火炎が３次元的なセル状火炎面に発達しうる。火炎面はまた、火炎を横切る密度比が典型的には７くらいの、強い密度界面でもある。加速と音響励起が急峻な密度勾配に対して及ぼす影響は、不安定性をもたらし、したがって不安定性が成長すると結果として火炎の面積を増大させる。また火炎面が流れに乗って速度勾配のあるところや乱流になっているところに入り込むと、火炎面が折り畳まれたりしわになったりして燃焼面の面積が増大する。このように伝播している火炎を不安定にする機構は多数存在し、それらはみな燃焼速度（実効燃焼速度）の増大をもたらす。

擾乱のある火炎面の前方の発散（または収束）する流線のディフューザー（またはノズル）効果により、伝播する火炎はすべて気体力学的に不安定である。つまり接近してくる流れの速度の減少（または増加）が、火炎の擾乱を成長させるのである[※5]。これはランダウ-ダリウス（Landau－Darrieus）不安定性として知られている。また燃料分子と酸化剤分子の拡散率の不一致は、（当量比が１でないときに）それらのうちの足りない方を擾乱のある火炎面の凸凹に沿って供給してくれたりそうでなかったりする傾向があり、局所的な燃焼速度に（凸凹に沿って）違いを生み出す。もし擾乱のある火炎面の凸凹に沿って熱の拡散に違いがあれば、物質拡散と熱拡散のある組み合わせでは、火炎の擾乱の成長が引き起こされうる。これは熱拡散不安定性と呼ばれている。火炎の不安定性は Markstein（1964）によってしっかりとまとめられている。より最近の火炎面の不安定性に関する総括論文としては、Matalon and Matkowsky（1982）、Sivashinsky（1983）、Clavin（1985）によるものがある。

図６．８に、空気と重い炭化水素燃料との過濃混合気中の不安定なセル状火炎の形態学を示す。同様のセル状構造は、空気と水素あるいはメタンとの希薄混合気においてもみられる。多くの層流火炎には、不安定になってセル状構造をとり、燃焼表面積をより大きくするという生まれつきの傾向がある。

デフラグレーションは亜音速であり、火炎によって生成された流れの擾乱を上流の未燃混合気中に伝播させることができ、そのため、その後の火炎伝播が自ら生成した擾乱に影響されるというフィードバックが起こりうる。伝播している火炎によって火炎前方の混合気中に引き起こされる２つの重要な現象は、反応物が押し退けられてできる流れと圧力波である。反応物が押し退けられてできる流れは、気体が火炎を横切る際に比体積が増大する結果として生じる。化学量論比の炭化水素・空気の火炎を横切る際の比体積の増大（あるいは密度の減少）は典型的には約７倍である。質量保存則から、火炎前方の未燃混合気の速度（図６．１参照）は $u_1=(\Delta v/v_1)S$ となる。ここで $S$ は燃焼速度で、$\Delta v=v_2-v_1$ は気体が火炎を横切る際の比体積の増大

※5：　例えば、Clanet, C. and G. Searby. 1998. *Phys. Rev. Lett.*, Vol. 80, pp. 3867-3870. の図１をみながら、火炎面では流線が波面から離れる方向に屈折し、同時に波面から十分離れた下流では十分離れた上流と同様に等間隔になる（波面の凸凹が時間とともに指数関数的に成長しても、流速や圧力などの物理量の擾乱は波面から離れるに従って指数関数的に消えていく）ことを考え合わせれば、流線がなぜこのような曲がり方をするのかを理解できるだろう。

量である。上に示した関係は、$u_1+u_2=0$（図６．１参照）であるような閉管端から伝播する火炎の伝播に基づいている。約 0.5 m/s という典型的な層流燃焼速度に対し、反応物が押し退けられてできる流れの速度は$u_1 \approx 3$ m/s となる。

反応物が押し退けられてできる流れだけでは、燃焼速度の増大には至らない。なぜなら、その場合には火炎が単純に流れに沿って移流するだけだからである。しかし火炎が通る経路に境界面（例えば管壁と障害物）が存在すれば、速度勾配場が発達する。火炎が速度勾配場に流されるとき、火炎表面の異なる部分が速度勾配場の中で異なる速度で流されるので火炎表面は変形する。また反応物が押し退けられてできる流れのレイノルズ（Reynolds）数が十分大きくなるとき、速度勾配場によって乱流渦が形成され、乱流の変動速度場に応じて火炎がしわ状になる。

図６．９に、乱れた流れ場の中へと移流する層流火炎の非常にわかりやすい例を示す。熱線が初期の浮力により立ち上る流れ（plume：プルーム）を生成する。いくらか下流でプルームは乱流となり、これはくすぶっているタバコから立ち上る煙に似ている。点火に続く火炎の移流と、その火炎がプルームの乱れた部分に移動するにつれて層流火炎の表面が分裂していく様子とが、はっきりと示されている。

障害物の存在によって生じる火炎前方の反応物中の不均一流れ場の影響の劇的な結果が図６．１０に示されている。矩形流路の閉端から火炎が伝播し、その流路の底面には流れの障害

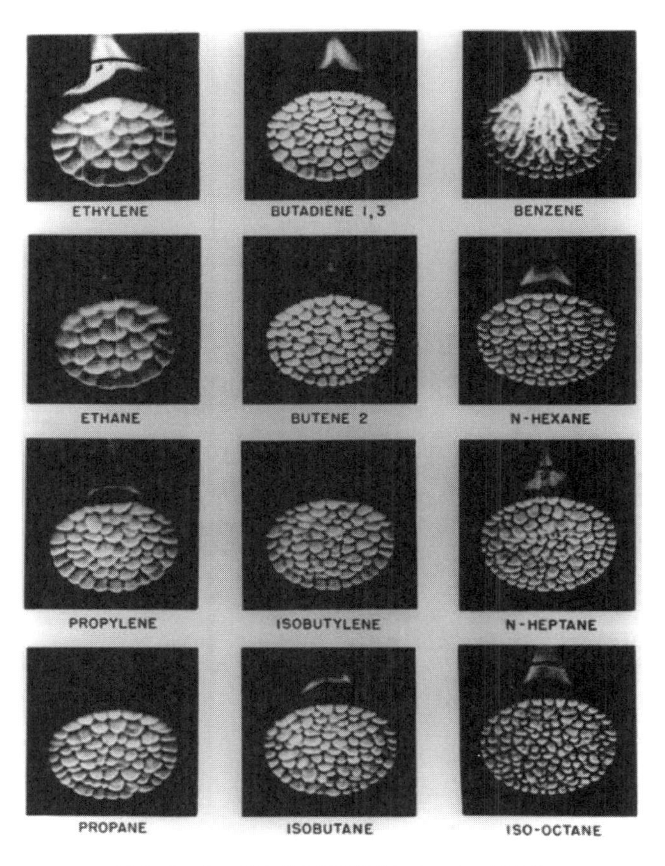


図6．8　セル状火炎の形態学（Markstein, 1951）

物として振る舞う阻流板を周期的に配置してある。１枚目の阻流板を越える反応物が押し退けられてできた流れは比較的遅く、その阻流板の下流に層流渦が生成される。火炎がその渦の中に伝播するにつれ、火炎は渦の中へと巻き込まれ、火災の表面積が著しく増大する。体積燃焼速度の増大は、火炎前方の（反応物が押し退けられてできる）流れの速度を増大させる。流路の２番目の窓の中において、後流流れが１つの大きな層流渦というよりも、１つのせん断層になっている。火炎はそのせん断層上部の流れとともに下流へと速やかに流され、その後、そのせん断層を通り抜けて阻流板後方の再循環領域の中へと伝播する。障害物は火炎前方の流れ場を大きく変形させることができ、障害物を過ぎ去るごとに体積燃焼速度が顕著に高まる。十分に感度の高い混合気なら、障害物の下流の乱流せん断層において高められた体積燃焼速度がデトネーションの発現を引き起こすことさえできる。

図６．１１は、初期圧が 0. 27 atm の $C_2H_2+O_2$ 混合気（おそらくすべてのデトネーション可

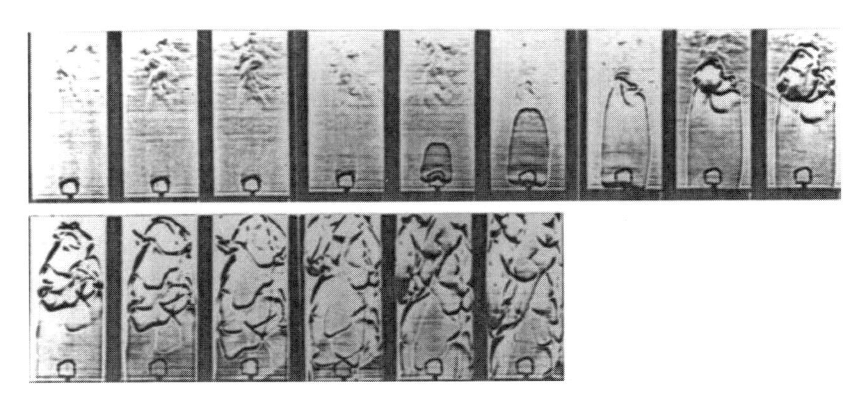

図６．９　乱れた流れ場の中へと移流する層流火炎（R. Strehlow 提供）

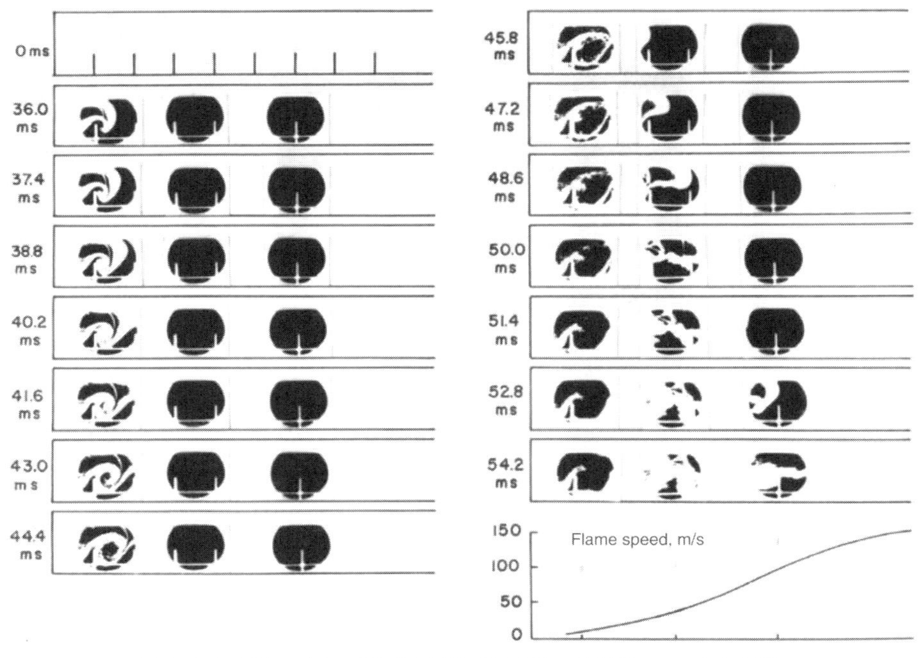


図６．１０　不均一な流れ場が火炎の伝播に及ぼす影響（Chan *et al.*, 1983）

能な混合気のうちで最も感度が高い）中において障害物を通過する火炎の伝播を示す。乱流火炎が阻流板直後の再循環領域へ巻き込まれると、デトネーションが発現する。図６．１１の最後のコマでは、レトネーション波が上流に遡って伝播する様子がみられる。

不均一な勾配場と障害物により生成されうる乱流とから離れると、火炎が不均一な速度勾配場に運ばれたときの強い加速場は界面の不安定性を誘起することもありうる。図６．１２は流路内の障害物を通過する火炎の伝播を示している。阻流板の存在による流路断面積の減少は、先細ノズルの中のように流線を収束させる。この加速する流れ場の中に火災が流されると火炎面は不安定になり、図６．１２の第２コマに、火炎面に小さな周期的な擾乱が出現するのをまず観測できる。その後に続くコマでは、擾乱が爆発的に成長し、火炎を強く乱流化された面に変える。乱流となった流れ場では、火炎面が渦に乗って流されて加速場にさらされる。火炎を

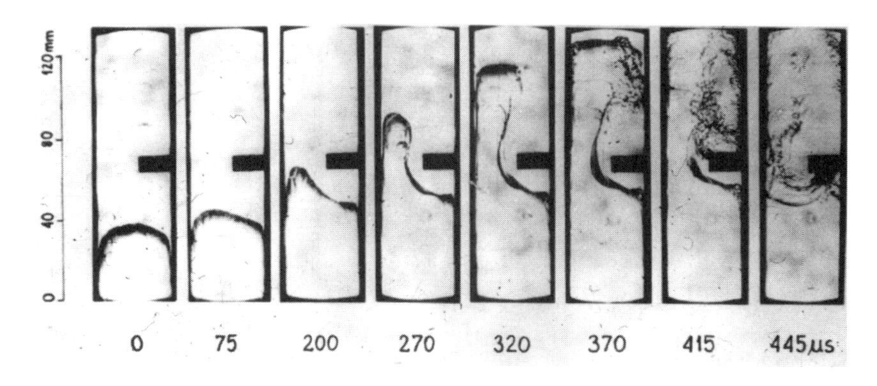

図6．1１　障害物を通過する火炎の伝播：デトネーションの発現（P. Wolanski 提供）

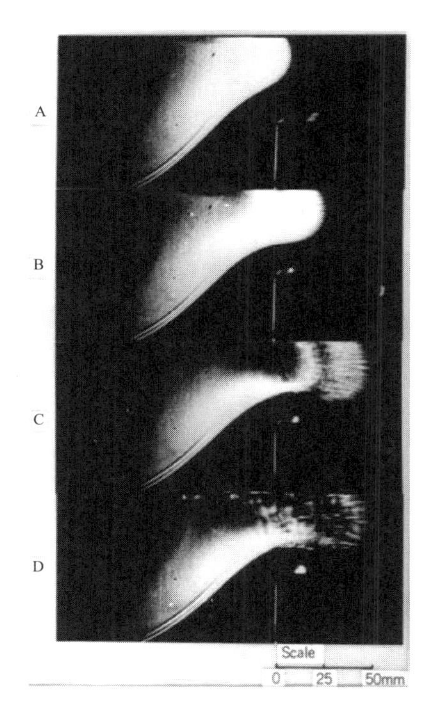

図6．1２　流路内の障害物を通過する火炎の伝播：火炎面における界面不安定性の形成（T. Hirano 提供）

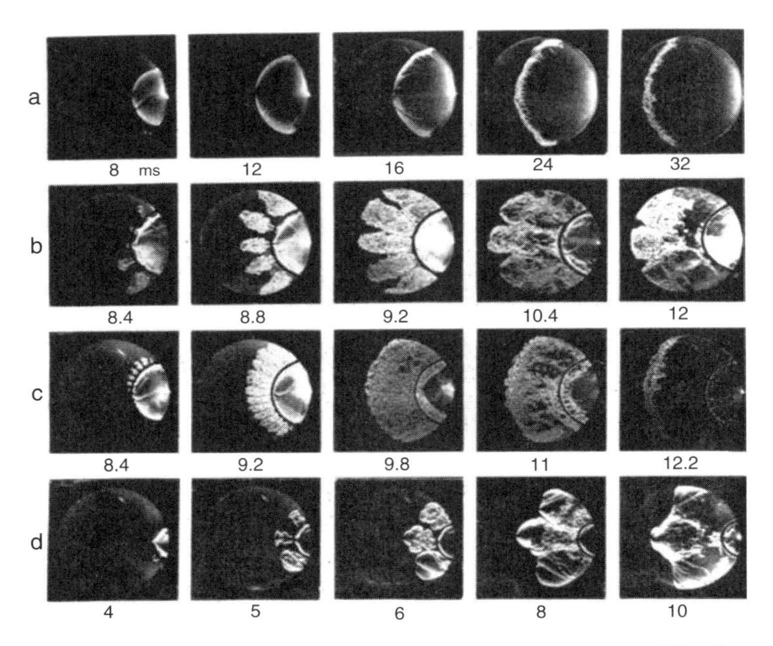


図6．１３　障害物の形状が火炎の伝播に与える影響を示すシュリーレン連続写真
(a)障害物なし、(b)穴が５個の半球状障害物、(c) 穴が70個の半球状障害物、
(d) 穴が３個の半球状障害物(Kumagai and Kimura, 1952)。

横切る密度勾配に作用するテイラー不安定性※6により、火炎がスケールの小さな乱流構造へとバラバラにされる。

障害物の形状によるが、障害物の下流において体積燃焼速度の非常に劇的な増大が起こりうる。図6．１３は、半球状の障害物を通り抜けて火炎が伝播する様子を写したシュリーレン写真である（Kumagai and Kimura, 1952)。図ａでは、火炎の通り道に流れの障害物はない。半球状の火炎は最初は層流で、その後、燃焼容器内側の音響振動誘起不安定性によって乱流になる。このとき容器内の混合気が燃え尽きるのにかかる時間は32 msである。図ｂでは、５個の穴があいた半球状の障害物を火炎の通り道に配置している。火炎が障害物に到着するより前に、まず押し退けられた未燃気体の５つの噴流が障害物下流に形成される。その後、火炎が障害物を通過すると、最初５つの舌状火炎の燃焼ジェットが現れ、それらは合体して折り畳まれたような形の火炎面を作る。折り畳まれたような形の火炎面の各々の先端部では微小スケールの乱流となって急速に燃焼する。そして容器内の混合気が燃え尽きるのにかかる時間は 12 msであり、障害物なしの場合の約１/３の時間である。図ｃ、図ｄは、２つの極端な実験条件の場合を示し、半球状の障害物にはそれぞれ70個の穴、３個の穴がある。燃え尽きるのにかかる時間はほぼ同じである。70個の穴がある場合にはスケールの大きな速度勾配によって火炎が折り畳まれ、そのことによって初期に火炎面積の大きな増大がある。しかし火炎の小さな襞は急速に燃え尽き、容器の混合気の残り半分の燃焼においては、障害物のない図ａの場合に似た細かなスケールの火炎となる。図ｄではたった３つのジェットによる火炎面積の初期増大はわずかで、大きなスケールの火炎の襞は燃え尽きるまでの時間を長くする。ゆえにこの場

※6：　火炎面が加速されているときは、常に軽い既燃ガスが重い未燃ガスを押している形になるので、油の上に水が乗っているのと同じ状態になってレイリー−テイラー不安定性が起こる。

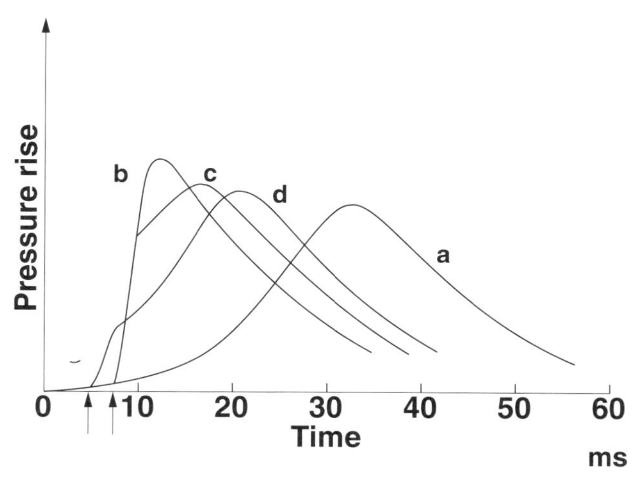

図6．１４　図6．１３のシュリーレン写真に対応する圧力履歴（Kumagai and Kimura, 1952）

合、火炎は大きな燃焼面積を長い期間にわたって維持する。

図６．１４は、図６．１３に示した４つの場合に対応した圧力履歴である。障害物がない場合、圧力は約 32 ms にある頂点へ向かってゆるやかに上昇する。この 32 ms という時刻は図６．１３a の最後のコマの時刻に対応する。５個の穴がある障害物の場合、急激な圧力上昇は約９ ms（図６．１３b の第３コマ）における障害物下流の体積燃焼速度の顕著な増大に対応する。図６．１３の c と d に示された、70 個の穴と３個の穴の障害物の場合は、火炎が障害物を通り抜けた直後において急激な体積燃焼速度の増大と圧力上昇がみられる。

火炎上流の反応物が押し退けられてできる流れから離れると、伝播する火炎は、火炎上流に圧力波も生成する。（火炎の表面積あるいは局所的な体積燃焼速度の変化による）エネルギー放出速度の突発的な変化は、火炎を横切って比体積が増大する速度の変化に起因する圧力波の生成をもたらす。火炎速度、熱放出、比熱比、および火炎前方の未燃混合気のエントロピー、圧力、速度の変化に起因する火炎での圧力波の生成に関する理論解析は、Chu（1952）によってなされた。反応物が押し退けられてできる流れの場合と同様、生成される圧力波は、火炎の体積燃焼速度を増大させる強い正のフィードバックループをもたらしうる。火炎は本質的に、流れの擾乱にとても鋭敏なエネルギー放出速度を持つ熱源である。系の中の音響振動と火炎とのカップリングに対する共鳴条件は、レイリー基準によって与えられる。このレイリー基準によると、熱放出の増大は振動サイクルの圧縮フェーズに対応しなければならない。熱放出速度の増大は、火炎表面積の変化によって容易に成し遂げられる。ゆえに、もし火炎表面積の変動が音響振動に適切な位相関係で同期すれば、自律的に維持される共鳴的振動が実現されうる。

図６．１５は、実験装置の音響振動と共鳴的にカップリングしている火炎の形状を示す。実験装置は鉛直な管であり、底部から可燃性気体（メタン−空気）の上方へ向かう流れを流入させ、管の上部に下向きに伝播する平面火炎を落ち着かせている。化学量論比から離れた混合気組成に対しては、その平面火炎の平均位置周りの揺動を伴う小さな音響振動が観測される。しかし混合気組成を化学量論比に向けて変化させると火炎の振動の振幅が急に増大し、音響的な励起による火炎面積の増大が起こる。

図６．１５ａは、振動の振幅が増大するにつれて火炎の面積が徐々に増大する様子を示す。図の各コマは、音響振動の１サイクルの高圧フェーズに対応する。つまり全部で８サイクルが示され、その中で火炎が管内を逆向きに進むようになるまで音響振動の振幅が増大している。図６．１５ｂには１サイクルの間の火炎の形が示されており、サイクル中の高圧フェーズと低圧フェーズに対応して火炎面積がかわるがわるに増大･減少している。レイリー基準に従って、体積燃焼速度は実験装置の音響振動とカップルしうるのである。

振動している流れ場では､火炎面に周期的なセル状構造が誘起されるのがわかる（Markstein and Somers, 1952）。セルサイズは主として振動の振幅と周波数に依存し、熱拡散不安定性の場合に混合気組成に依存するのとは異なる。図６．１６は、閉じた容器内の伝播火炎において振動誘起されたセル状構造を示している。

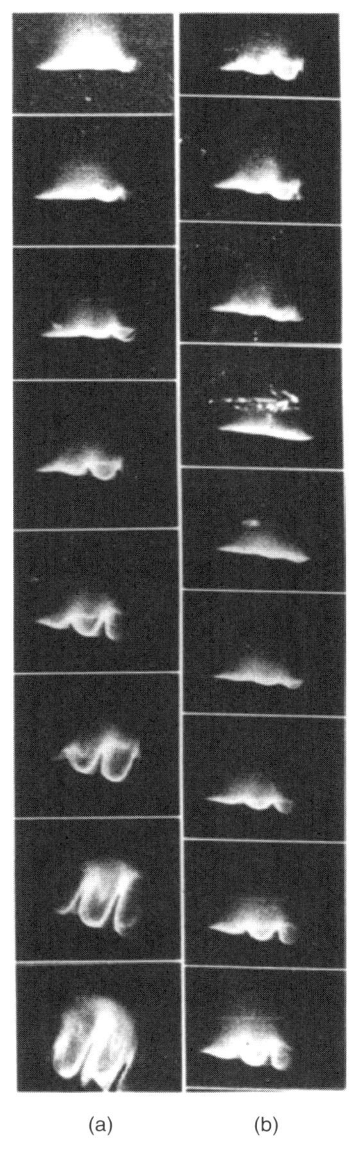

(a)　　　(b)

図６．１５　鉛直管において音響振動との共鳴的なカップリングにより変化する火炎の形状（Kaskan, 1952）

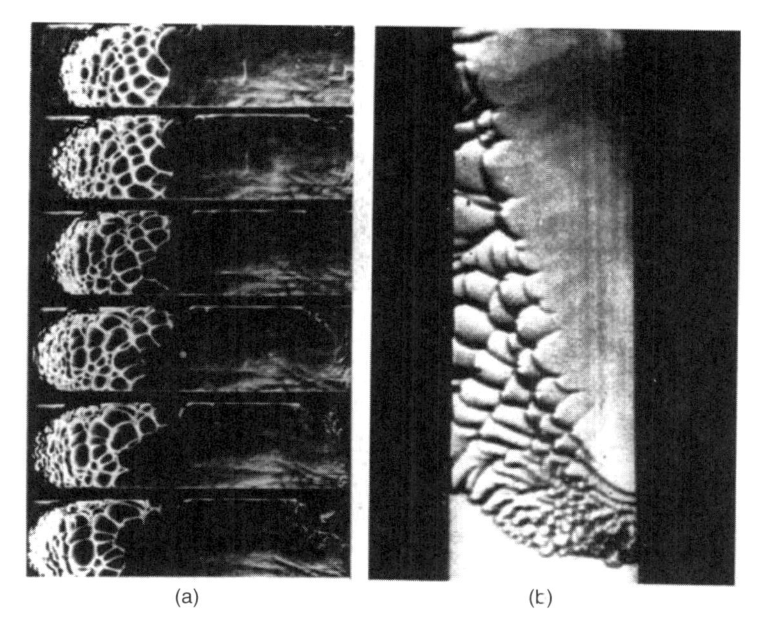


図6．16　振動によって誘起された伝播火炎のセル状構造((a) Leyer 1970；(b) Markstein, 1952)

図6．16aには、Leyer（1970）によって得られた長さ 78.5 cm、断面 3.3 cm × 3.3 cm の正方形断面の管におけるシュリーレン動画が示されている。混合気は、初期圧が 1 atm の化学量論比のプロパン-空気である。曲がっている火炎の管軸に垂直な部分は音響振動に伴う振動流れにさらされ、この部分では、火炎の曲がった横腹部分（振動流れと平行）に比べて小さなセルサイズである。火炎の曲がった横腹部分におけるセルサイズは大きく、それは火炎中心部分の振動誘起セルというよりはむしろ、火炎本来の不安定性に対応する。

図6．16bは Markstein（1952）によって撮影されたシュリーレン動画のひとコマであり、下方に向かって伝播している過濃ブタン-空気混合気火炎の様子である。この場合でも、火炎の曲がった横腹部分における混合気固有の不安定性による自発的なセル構造と、管軸に垂直で音響振動の振動流れにさらされる火炎部分の振動誘起セルとを比較すると、前者は後者に比べてずっと粗い。振動誘起セルは周期的であり、流れ場による周期的な励起に従って現れたり消えたりする。

振動の振幅が増大すると、火炎が（火炎領域内部に埋め込まれる）未燃混合気のバブルを火炎が放つ様子が観察される。火炎は、激しい乱流ブラシ状火炎の構造に似た、泡立ったような構造をとる。図6．17は長さ 10 cm、断面 4 cm × 2.5 cm の閉端を有する管において、初期圧力 1 atm の混合気 $C_3H_8 + 4.17 O_2 + 6N_2$ 中を伝播する火炎のシュリーレン動画の数コマを示している（Leyer and Manson, 1970)。音響的な励起により、火炎が初期の層流構造から最後の泡立ったような乱流構造へと遷移する様子が、これらのシュリーレン写真に示されている。火炎が泡立ったような構造を呈するとき、体積燃焼速度は著しく増大する。火炎領域に埋め込まれた未燃混合気のバブルが燃え尽きることによって放射される圧力波は、それらが管の側壁で反射して火炎領域を再び横切るとき、燃焼波をさらに強める。管軸を横切る方向の圧力変動は管軸方向の密度勾配と相互作用し、バロクリニック機構によって渦度を生成する。速度勾配

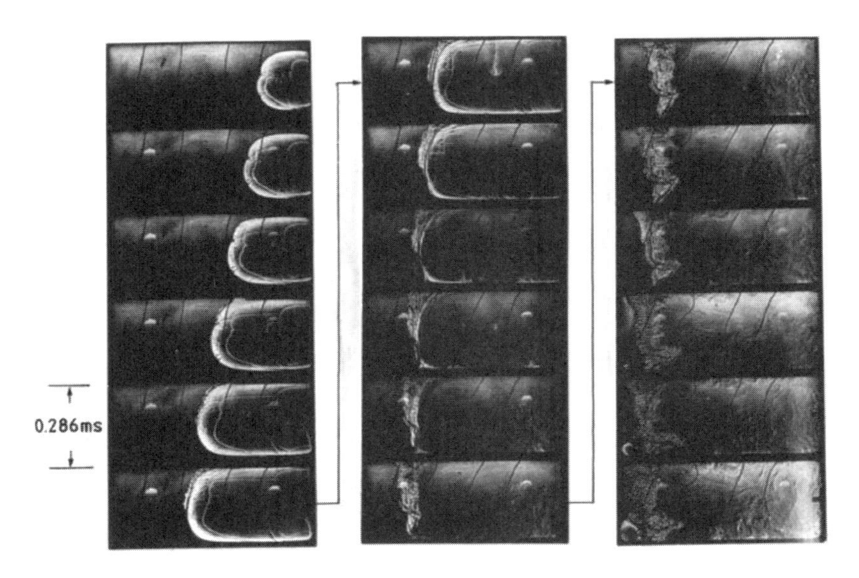


図６．１７　閉端を有する管の中を伝播する火炎のシュリーレン連続写真(Leyer and Manson, 1970)

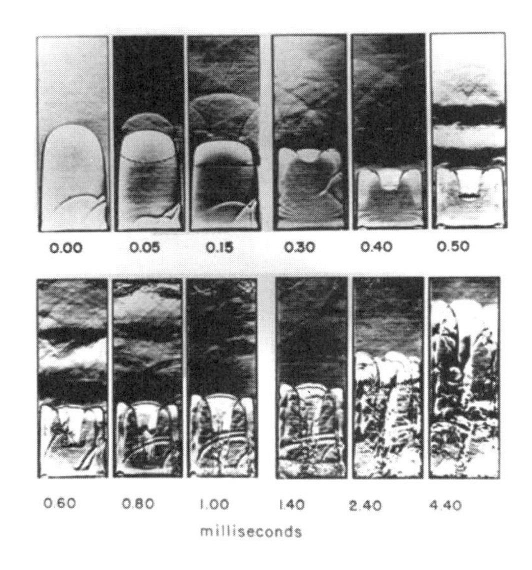


図６．１８　はじめ層流的な火炎に衝撃波が真正面から衝突する様子をとらえたシュリーレン連続写真(Markstein, 1964)

場からの乱れが全くなくても、圧力勾配場と密度勾配場の相互作用によるバロクリニック渦度生成機構から火炎領域の乱れが生じうる。

先に図６．４で示したシュリーレン写真から、火炎の前方に生成された圧力波が急峻になって衝撃波を形成することがわかる。これらの衝撃波は、管の閉端で反射し戻ってきて火炎と相互作用することができる。衝撃波との相互作用に続く密度境界面の不安定性はMarkstein (1957)、Rudinger (1958)、Richtmyer (1960)、Meshkov (1970) によって研究された。図６．１８は、はじめ層流的な火炎が衝撃波と真正面から相互作用する様子をとらえたシュリーレン連続写真である。上側の最初の６コマは、入射衝撃波が火炎を通過した後に、曲がりのある火炎面の中央のくぼみが発展する様子を示す。Markstein (1964) の理論解析によれば、これは安定

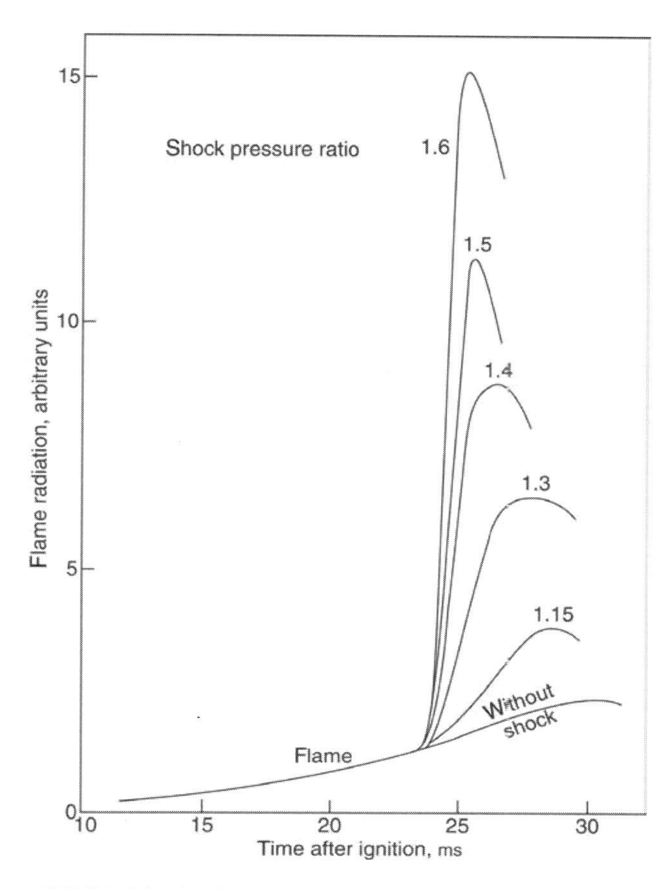


図6．19　衝撃波と火炎の相互作用の結果として得られた光の放射強度(Markstein, 1957)

化フェーズであり※7、はじめ上に凸状に曲がっていた火炎がその曲率を反転させようとしているところである。火炎を下向きに通過した衝撃波が管の底部で反射して上向きに伝播してくると、チューリップ形状になった火炎と再び相互作用する。これは不安定化フェーズであり、最後の数コマに示されるように、火炎の擾乱は急速に成長する。

この衝撃波と火炎の相互作用によって生じる燃焼強度の増大を表す指標として、Marksteinは相互作用過程において火炎からの光の放射を記録した。図6．19は、火炎が様々な強さの衝撃波と相互作用した後に続いて起こる光の放射の強度を示す。かなり弱い衝撃波であっても、マークスタイン−リッヒトマイヤー−メシュコフ（Markstein－Richtmyer－Meshkov）不安定性の結果として、燃焼の強度は桁で増大しうる。

閉じた容器においては衝撃波は容器の境界のあちらこちらで反射し、伝播する際に何度も火炎と相互作用することができる。それぞれの相互作用で擾乱は成長し、結果として体積燃焼速度が増大する。図6．20は円筒容器の中心で点火された円筒状火炎の半径方向の伝播を示す。火炎が大きくなるにつれ、円筒状の先行する衝撃波が生成される。この円筒状の衝撃波が壁で反射すると、収束衝撃波となって発散してくる火炎と相互作用する。衝撃波後方の流速のために、火炎は速度を落とし静止するかもしれないし、容器壁面と逆の後方へ動くことさえある。

※7：　衝撃波が密度不連続面を高密度側から低密度側に通過すると、凸凹の位相が反転してから擾乱が成長する。この場合は、凸凹が反転する最初の時期の「平らになるまでの時間帯」のことを述べている。

火炎を通過した衝撃波は中心で反射し、外向きに伝播して再び火炎と相互作用する。これら２つの相互作用は前に図６．１８で示した相互作用と似ている。衝撃波が壁面で反射した後、戻って来て再び火炎と相互作用する。これらの相互作用の間、火炎は（実験室系に対して）減速し静止状態となるか、あるいは収束衝撃波に伴う内向きの流れによってわずかに押し返されることすらある。

火炎は、やって来る衝撃波との個々の相互作用の間は容器に対してほぼ静止した状態を維持する。そのため、内向きに伝播する衝撃波と火炎とのこれらの相互作用の各々の期間の火炎形状をシャッター開放写真に収めることが可能である。一番内側の明るい輪は、収束衝撃波と最初に相互作用したときの火炎形状に対応している。火炎はまだかなり円筒状であることがわかる。２番目の明るい輪においては、円筒火炎の折り畳まれたセル状構造が容易にみてとれる。これに続く内向き衝撃波と火炎との正面衝突的な相互作用に対しては、火炎がすでに伝播の終わりに近づいているため円筒状火炎を明確に識別するのは困難である。繰り返される衝撃波と火炎の相互作用を受けて体積燃焼速度は急激に増大し、そして多くの場合、円筒状火炎がその伝播行程の終わりに近づいたときにデトネーションの発現が観測される。

伝播している火炎の体積燃焼速度の増大につながりうる様々な機構を手短に概説した。これらの機構の多くは、火炎そのものの前方にある混合気中の実際の乱れとはほとんど関係がない。未燃混合気中の乱れが伝播している火炎の体積燃焼速度に及ぼす影響に関しては、燃焼の機構が強く依存するのは燃焼過程そのものの特性長（例えば層流火炎の厚み）よりも、乱流のサイズと強さである。

乱流燃焼の多様な様式は、ボルギ（Borghi）図表（Borghi, 1985）によって包括的に分類されうる。この図表は本質的に、一対のパラメータ$\sqrt{k}/S_1$（乱流の運動エネルギーの平方根の層流燃焼速度に対する比）と$l/\delta$（乱流の積分スケールの層流火炎厚みに対する比）を座標とす

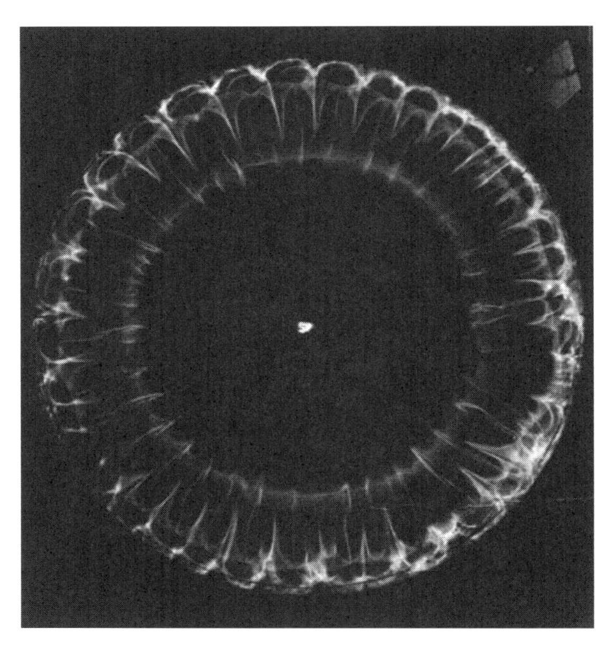

図６．２０　発散する円筒状火炎と内向きに伝播する衝撃波をとらえたシャッター開放写真（Lee and Lee, 1966）

るマップである。デフラグレーションからデトネーションへの遷移において興味ある様式は、高い乱流強度かつ小さな乱流スケールに対応する。また反応は分厚く引き伸ばされた領域で進み、そこでは未燃混合気のバブルあるいはポケットが高温生成物と反応している気体の海の中に埋め込まれているような状況である。埋め込まれたバブルはしばしば自発着火し、圧力波を生成する。渦度生成において強力かつ、しばしば支配的になる機構は、ここでは圧力勾配場と密度勾配場の相互作用によるものである。衝撃波–衝撃波相互作用、衝撃波–密度境界面相互作用、衝撃波–渦度相互作用は、デトネーションの発現に先立つ高速デフラグレーションに対して重要な機構である。しかしデフラグレーションからデトネーションへの遷移における火炎加速フェーズの定量的な記述を定式化することは、手に負えない大仕事である。

## 6.5 デトネーションの発現

乱流火炎領域で適切な局所条件が達成されると、デトネーションが発現する。要求される局所条件が達成されるまでの火炎加速過程の履歴は、デトネーション波の形成過程には無関係である。例えば、高温燃焼生成物の乱流ジェットが反応物と混合する領域でデトネーションの発現が起こりうることが示されている（Knystautas *et al.*, 1979）。この場合、ジェットは様々な方法で生成可能なため火炎加速フェーズは存在しない。しかし、もし長い滑らかな管においてデトネーションへと遷移する古典的な実験を考えるならば、デフラグレーションがある臨界速度にまで加速されたときに、乱流火炎領域において、デトネーション発現のための適切な条件が達成される。

図６．２１は、火炎加速過程の最終段階とデトネーション波の発現を示す典型的なストリークシュリーレン写真である。特定の時刻（約 130 μs：水平な白い一点鎖線で表示）に同時撮影された単一閃光写真も示されている。圧電素子型圧力変換器が約 0.25 m のところに配置され、その圧力履歴の時間軸は鉛直の白い破線で示されている。この圧力変換器から得られた圧力–時間履歴は図６．２１に挿入されており、ストリーク写真と同じ時間軸に対応するようにプロットし直されている（図中の白い波形）。

デトネーションの発現の前に、乱流反応領域が長さ約 0.05 m を超えて広がっており、これは管断面の特性長の約２倍に対応する。衝撃波の速度は約 1480 m/s であるが、反応領域の速度はこれよりもわずかに遅いようである。この混合気に対する CJ 速度は 2837 m/s であり、したがって先行する衝撃波と反応領域の速度は CJ デトネーション速度の半分程度である（概ね混合気の CJ デフラグレーション速度にも対応している）。デトネーションの発現は流路の底面近傍の乱流ブラシ状火炎の中で局所的に起こり、半球状のデトネーション波と、反対方向に伝播するレトネーション波を形成しているのがみえる。圧力履歴から、先行する衝撃波と、それを追いかけるオーバードリブンデトネーションがはっきりとわかる。圧力履歴は、ストリークシュリーレン写真で示される波動ダイヤグラムに対応している。横波が流路の上部と下部の壁で周期的に反射する様子もまた、ストリークシュリーレン写真と圧力履歴の両方に示されている。横波とレトネーション波の速度は 1400 m/s くらいであり、これはデトネーション生成

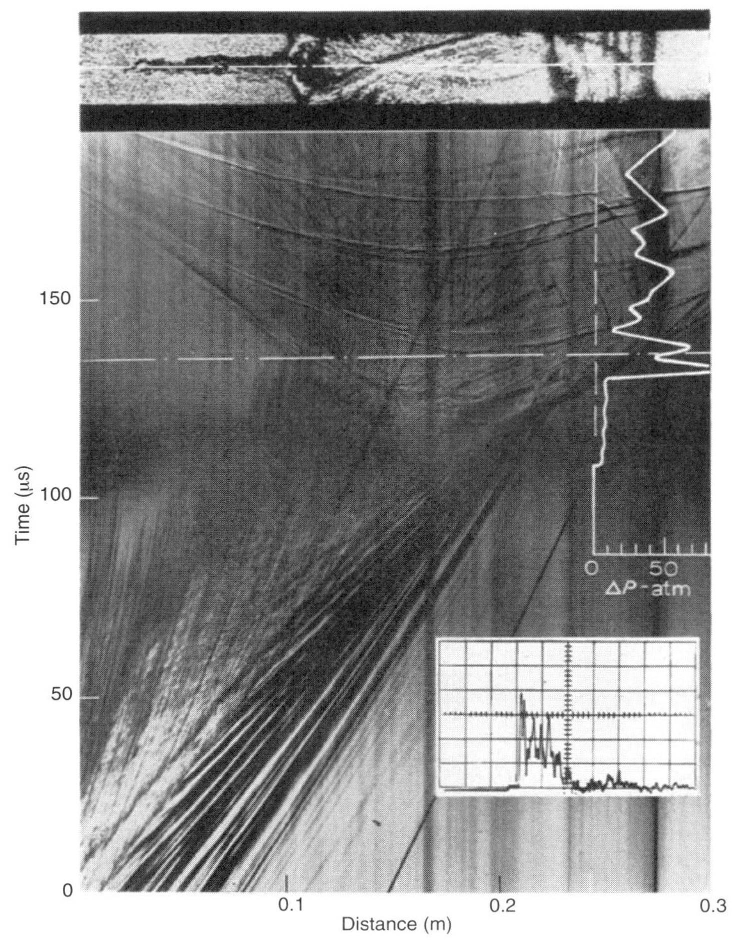


図6．21　デトネーションの発現の最終段階を示すストリークシュリーレン写真
および単一閃光写真（Urtiew and Oppenheim, 1966）

物の音速に対応する。図6．21には滑らかな管におけるデトネーション発現時の典型的な波動過程が余すところなく記述されている。

爆発中心で形成される波が確かにデトネーション波であることの決定的な証拠は、ストリークシュリーレン写真と同時に記録されたすす膜とから得られる。図6．22には、デトネーション流路の天井部および底部の壁のすす膜記録が、同時撮影した遷移過程のストリークシュリーレン写真とともに示されている。ストリーク写真は2つのスリットから得られるストリーク像の重ね合わせであり、1つのスリットはデトネーション流路の天井部の近くに位置し、他方は底部の近くに位置している。デトネーションにおいて典型的な魚のウロコ模様がすす膜上に突然出現するということは、デトネーションが乱流ブラシ状火炎の爆発中心から確かに発現したことを示す決定的な証拠である。また、すす膜上に最初に突然出現するセル状構造がCJ速度で伝播しているデトネーションのセル状構造に比べて小さな寸法のものであるということは、最初に形成されるデトネーションが非常にオーバードリブンな状態であるということを示している。セル模様の寸法は、デトネーションが発現してからCJ値に減衰するにつれて大きくなる。

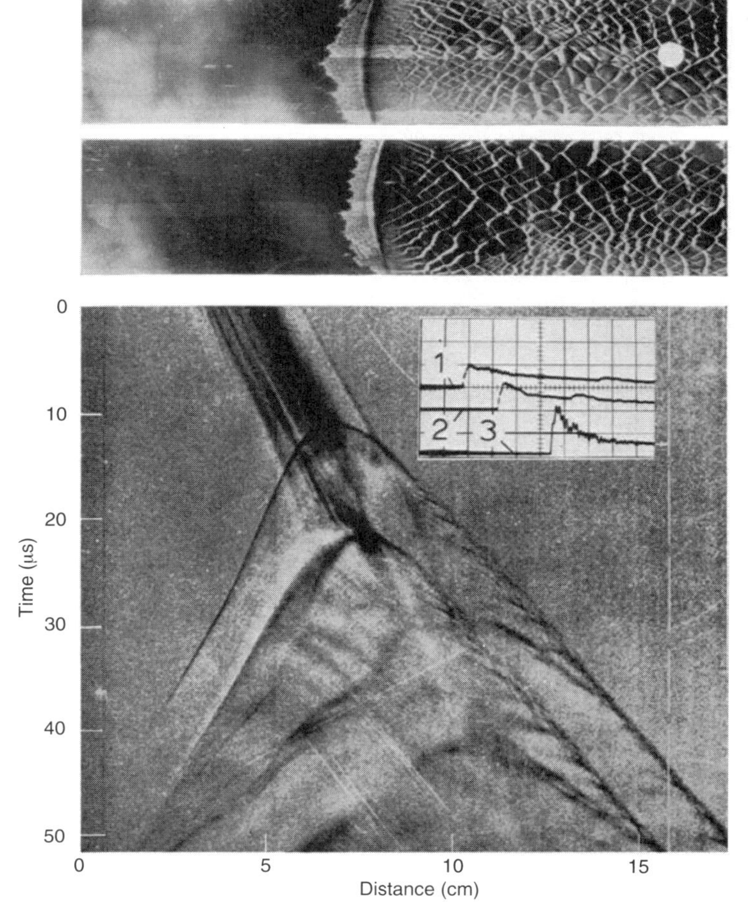


図6．22　デトネーションへの遷移過程をとらえたすす膜およびストリークシュリーレン写真（Urtiew and Oppenheim, 1966）

図6．22には3つの圧力履歴も挿入されている。圧力ゲージ1と2は、写真左端よりもさらに上流にある。圧力ゲージ3の位置は、すす膜記録に白い円で示されている。圧力履歴1と2から圧力比が約15であることがわかり、これは先行する衝撃波が $M_s \approx 3.6$ であることに対応する。このマッハ数はストリーク写真から得られる速度と一致する。圧力ゲージ3は圧力比が約24.5であることを示し、ストリーク写真から導かれるデトネーション速度は2500 m/sである。この混合気におけるCJデトネーションの圧力比と速度は、それぞれ17.3と2240 m/sである。これは、波がまだオーバードリブンであることを示している。デトネーションはいつもオーバードリブンデトネーションとして発現し、その後に混合気のCJ値へと減衰していくようだ。オーバードリブンデトネーションを作り出す激しい爆発は、いつもレトネーション波の形成を伴う。このレトネーション波は運動量の保存則に従うよう、生成ガス中を上流へと、デトネーション波とは逆向きに伝播する。

古典理論に従えば、デフラグレーションは着火機構の違いによってデトネーションと区別される。すなわち拡散（デフラグレーション）と自発着火（デトネーション）の違いである。したがって遷移は、衝撃圧縮を通じた拡散から自発着火への切り替えにより定義されるべきであ

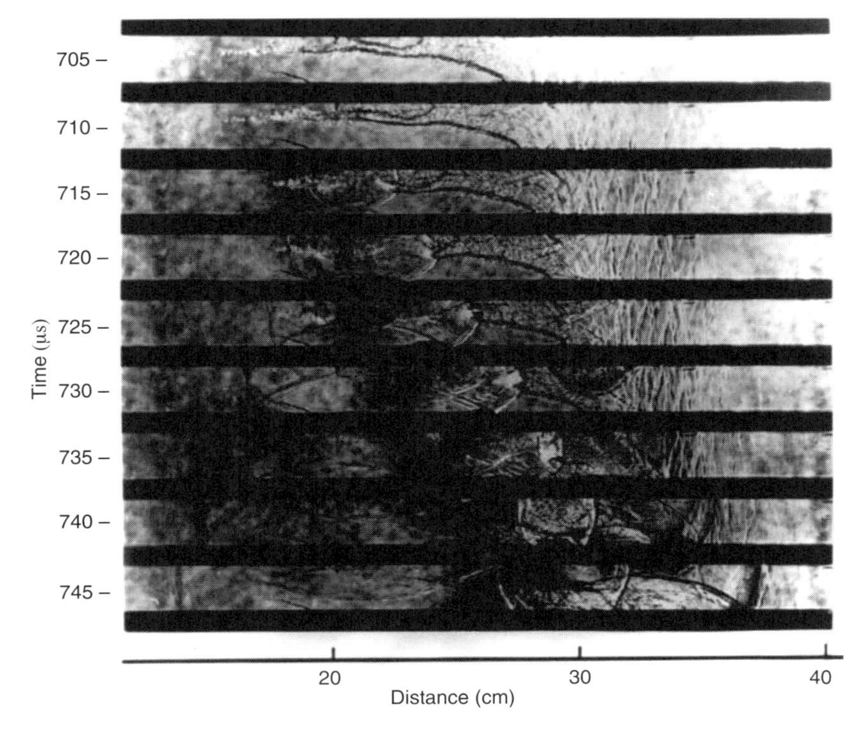


図6．23　デトネーションの発現をとらえたシュリーレン連続写真（Meyer *et al.*, 1970）

る。事実、前に示した実験的観測では、デトネーションが形成されるときはいつも突然の爆発が起こっている。この突然の爆発の原因は、おそらく火炎領域前方を先行する衝撃波または先行する圧縮波による反応物の断熱圧縮だろう。

Meyer *et al.*（1970）は、突然のデトネーションの発現に先立つ、先行する衝撃波による断熱圧縮過程について詳細な解析を行った。図6．23に、彼らが実行した計算の対象となった実験データを示す。シュリーレン連続コマ撮り写真には、初期の拡大された乱流燃焼領域と、その前方の強い圧縮パルスの列がはっきりと示されている。上から3つ目のコマに示されているように、乱流火炎領域の中で最初の爆発が起こる。しかし、この爆発によって生成された衝撃波がデトネーションを形成するに至るには、2つの舌状に伸びた火炎の間に存在した未燃反応物の量が足りなかったようだ。時刻730 μsのコマをみると、流路の上壁近くで次の爆発が起こっている。この爆発によってデトネーションの形成がもたらされる。

彼らは反応物の小さな塊が火炎領域前方の圧縮パルスの列によって状態を変える際の温度履歴を詳細に解析した。また得られた温度–時間履歴から誘導時間も計算した。彼らは火炎前方の圧縮波の列の気体力学的過程は、自発着火とデトネーション発現をもたらすには全く不十分であると結論した。Meyerらは火炎からの熱と物質の輸送が、デトネーションに至る爆発をもたらすのに不可欠だろうと示唆した。さらに乱流ブラシ状火炎の中には2つ以上の爆発地点（中心）が存在しうるということにも留意しておきたい。しかし爆発中心の近傍における混合気の条件が、爆発中心からの衝撃波が増幅されてオーバードリブンデトネーション波の形成に至るようになっていなければならない。

乱流火炎の加速過程と圧力波の生成過程は初期条件と境界条件に依存するものの非線形性が

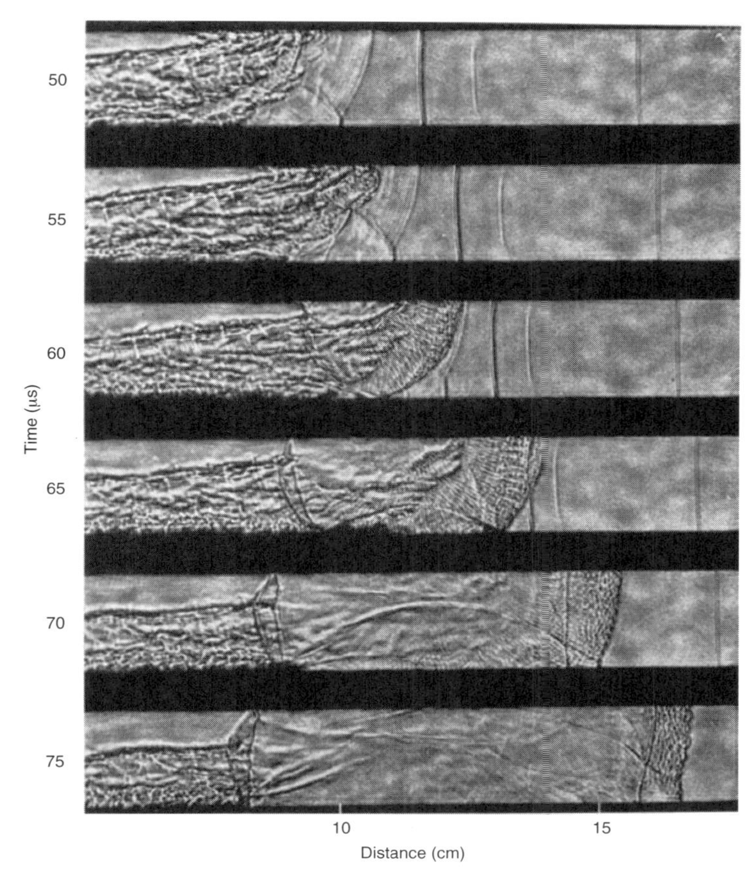


図6.24　乱流ブラシ状火炎で起こったデトネーションの発現をとらえたシュリーレン連続写真(Urtiew and Oppenheim, 1966)

強く、再現性が悪い。そのためデトネーションの発現という現象は一通りではありえない。図6.24は、火炎の加速過程で生じた多数の先行する衝撃波の後方に位置する乱流火炎の先端で起こったデトネーション発現現象を示している。デトネーションは、第2コマ（55 μs）から第3コマ（60 μs）にかけて火炎から発現する。そしてさらに爆発中心が上壁の境界層中にみえる。後方に伝播するレトネーション波は、この爆発中心を起源とするようである。

図6.25では、境界層に沿って広がる乱流火炎が先行する衝撃波面に届くときに、その先行する衝撃波の裾においてデトネーションが起こっている。形成されたデトネーションはその後、衝撃波に沿って下方に広がり、生成物の中へと逆方向に伝播するレトネーションも形成される。後にデトネーション流路の上方壁と下方壁との間で反射される横波の形成が、はっきりと示されている。

デトネーションは必ずしも乱流ブラシ状火炎において起こらなければならないというわけではない。図6.26では、2つの衝撃波が合体したのに続いて接触面でデトネーションの発現が起こっている。2つの先行する衝撃波が合体し、最初のコマ（40 μs）では（右向きの）衝撃波と（左向きの）反射衝撃波、およびそれらの間の接触面が示されている。これらの波は乱流火炎の前方にあり、火炎は後からついてくる。衝撃波がもう1つの衝撃波に追いつき2つの衝撃波が合体することにより、接触面の局所温度は流れ場の他の場所より高くなる。誘導時間

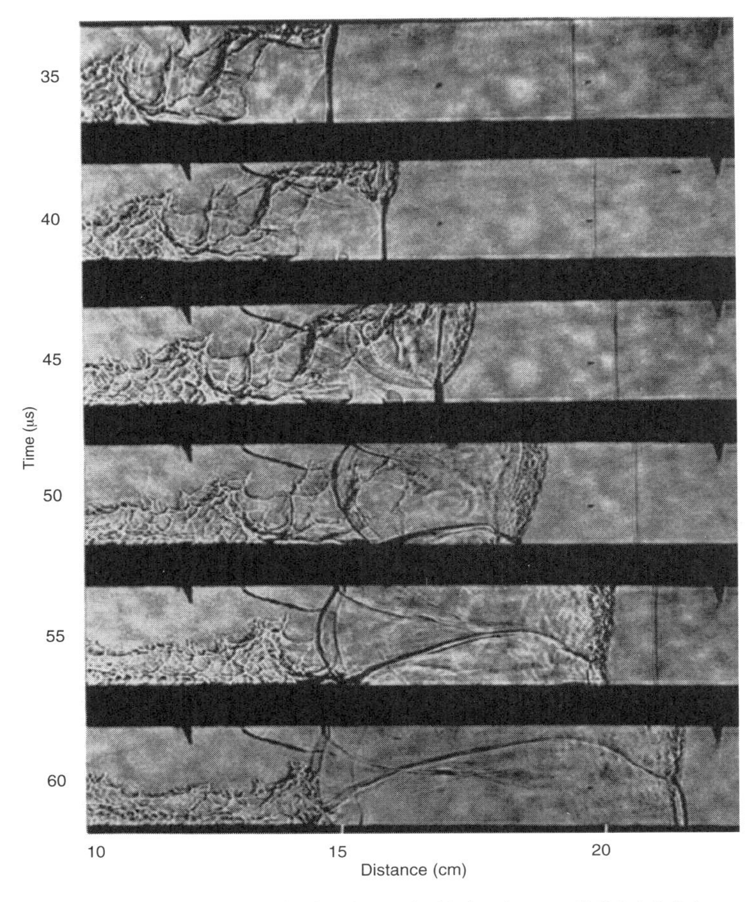


図6．25　先行する衝撃波の裾で起こったデトネーションの発現をとらえたシュリーレン連続写真（Urtiew and Oppenheim, 1966）

の後に接触面で自発着火が起こり、そしてこの爆発から生じた反応面が前方の先行する衝撃波に追いつきデトネーションを発現する。付随するレトネーションの形成がみられ、それは燃焼生成物中に逆向きに伝播する。図6．27に示されているが、デトネーションが形成された後、デトネーションの後方の乱流火炎領域の中で他の爆発が起こるということは面白い。

図6．27は、図6．26の続きのコマである。最初のコマ（80 μs）では、形成されたセル状デトネーションが右方向に、レトネーション波が左方向に伝播している様子がみてとれる。第4コマでは、乱流ブラシ状火炎の中の大きな爆発によって生じた球状衝撃波がみえる。この第2の爆発で生じた前方に伝播する衝撃波は、第1のレトネーションと合体し、後方に伝播する衝撃波は第2のレトネーションになる。デトネーション流路の中心近くで起こるこの球状爆発により、横方向の衝撃波が2つ形成される。

非常に再現性の悪い火炎加速フェーズの間に形成される様々な異なる種類の流れ場の結果として、デトネーションの発現というのは一通りの現象ではない。したがってデトネーションの発現に対する唯一の理論というものはありえない。しかし長い滑らかな管では、火炎がまず何らかの臨界速度に達してからでなければ、デトネーション発現のこれらの多様なモードが自然発生的にトリガーされることはないようである。実験的には、この臨界火炎速度は生成物の音

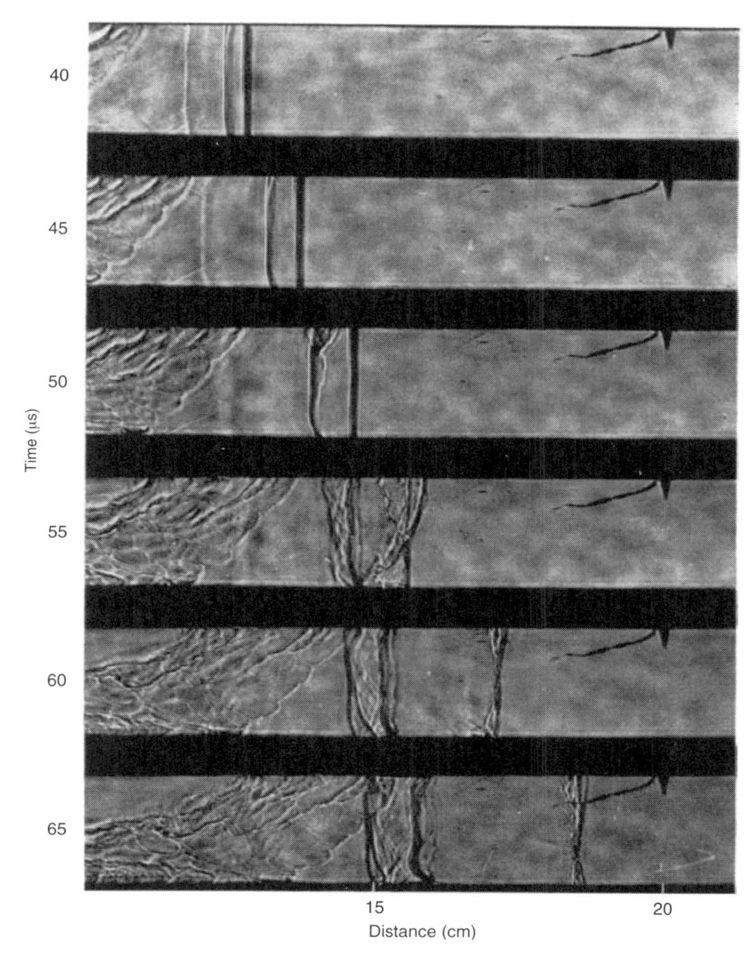


図6.26　2つの先行する衝撃波が合体した後に接触面で起こったデトネーションの発現をとらえたシュリーレン連続写真（Urtiew and Oppenheim, 1966）

速と同程度、あるいは別の言い方をすればCJデトネーション速度の半分程度である。また、この臨界火炎速度は、その混合気のCJデフラグレーション速度にも対応している。遷移過程では火炎がまず実現可能な最大デフラグレーション速度（すなわちCJデフラグレーション速度）に加速されなければならず、その後、不安定性が発達してデトネーションの発現をトリガーすると期待することは妥当と思われる。もちろん人為的に導入した大きな擾乱によって、どのような火炎速度に対してもデトネーションの発現はもたらされうる。しかし自然発生的なデトネーションの発現は、火炎がCJデフラグレーション速度に近い速度に達してから起こるようである。

詳細は変化しうるが、デトネーションの発現はいつも「爆発の中の爆発（explosion within the explosion：この用語は、A. K. Oppenheimが乱流火炎領域内の局所爆発を記述するために造り出した）」によって引き起こされるようである。球状デトネーションがこの局所爆発中心から瞬時に作り出されるようであり、外向きに伝播してデトネーション波–レトネーション波–横波が組み合わさったパターンを形成する。デトネーションがホットスポットから最初に形成されるとき、そのデトネーションは非常にオーバードリブンな状態であり、それは強力なエネ

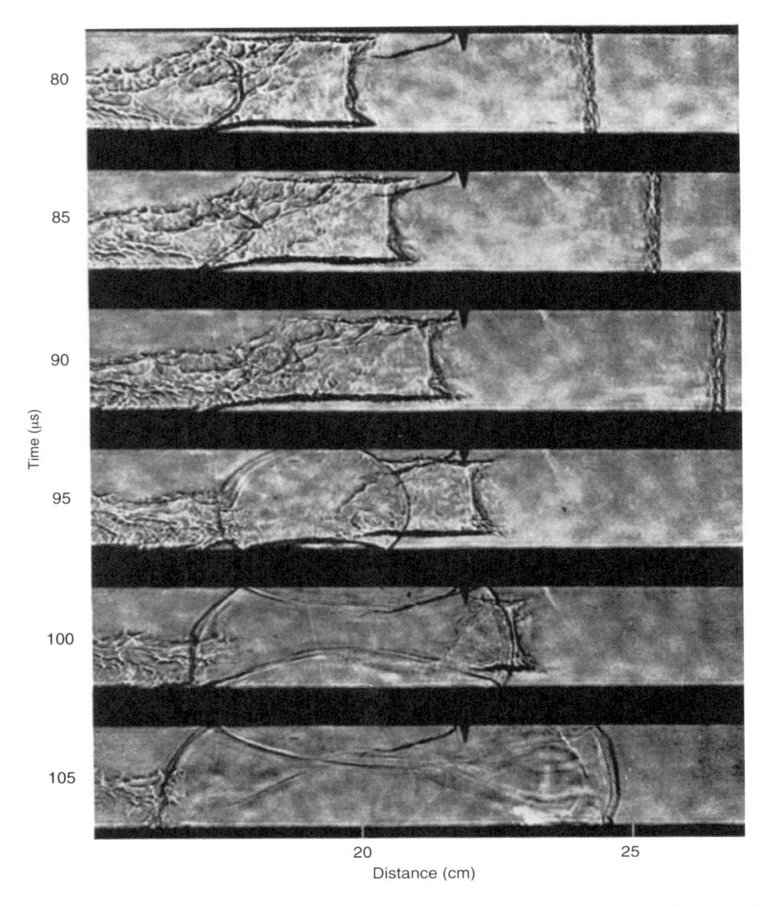


図6．27　[図6．26の続き]新しく生まれたデトネーションの背後における局所爆発をとらえたシュリーレン連続写真(Urtiew and Oppenheim, 1966)

ルギー源により球状デトネーションが直接起爆されるのに類似している。もし爆発中心における瞬間的な定容爆発を考えるならば、定容爆発で形成される衝撃波の強さはわずか $M_s \approx 2$ 程度でしかない。爆発中心からは、弱い衝撃波ではなく非常にオーバードリブンなデトネーションが瞬間的に発生することが知られているので、定容爆発によって生じる衝撃波をオーバードリブンデトネーションの状態へと非常に短い距離（cm またはそれ以下のオーダー）で増幅する、とても効果的な増幅機構が存在するに違いないと思われる。

局所的なホットスポットにおける定容的な爆発により生じる比較的弱い衝撃波からオーバードリブンデトネーションが急速に形成されることを説明するために、Lee *et al.*（1978）によって SWACER 機構が提案された。SWACER 機構は、混合気中の局所的な化学エネルギー放出が混合気中の圧縮パルス（あるいは衝撃波）の伝播と適切な同期関係にあるという考えに基づいている。SWACER は実験装置の音響振動と熱源との共鳴的なカップリングに類似している。レイリー基準を満たすためには、サイクルの圧縮フェーズに加熱が同期していなければならない。したがって SWACER 機構は、要するに移動する圧縮パルスに対するレイリー基準なのである。

Lee らは共鳴的なカップリングが起こるためには媒質中に誘導時間の勾配が存在しなければ

ならないと提案した。つまり個々の流体粒子は誘導過程を経ていて、圧縮パルスが到着するときにはいまにも爆発するような状態になっているというわけである。そして圧縮に伴う追加の温度上昇が流体粒子の爆発をトリガーする。エネルギー放出が適切に機能することで、誘導時間の勾配があるところを伝播する圧縮パルスを強めるようにエネルギー放出による圧力上昇が同期できる。SWACER 機構によって、弱い衝撃波は急激にデトネーション波へと増幅されうる。

Zeldovich *et al.*（1970, 1980）は、内燃機関におけるノッキング現象を解明しようとして、不均一に予熱された混合気中の爆発の進展を数値計算した。彼らの計算でも、適切な温度勾配があれば非常に大きな圧力スパイクが発達することが示されており、これはデトネーションにおけるのと同様に、衝撃波と反応領域の結合を示唆している。

## 6.6 デフラグレーション・デトネーション遷移に対する判定基準

デトネーション波の伝播に対しては、（ある与えられた境界条件について）デトネーション限界（それを超えるとデトネーション波の自律的な伝播が不可能になる）の判定基準が存在する。デトネーション限界の外側では、デフラグレーションからデトネーションへの遷移もまた不可能であると仮定することは理に適っている。しかし種々の条件がデトネーション限界の内側であったとしても、それは遷移が可能であるということを必ずしも意味するわけではない。限界近傍のデトネーションは通常、強力な点火源によって起爆される。そしてこの強力な点火源は最初はオーバードリブンであるようなデトネーションを生み出し、そのデトネーションが減衰して最後には CJ 値になる。火炎加速の機構はデトネーション伝播の機構とは全く違う。したがってデトネーションの自律的な伝播を許す条件は、火炎加速を許す条件とは全く違ったものでありうる。火炎加速には様々な機構のあらゆる側面が関与するので、火炎加速の判定基準を定義することは有意義でないし、できるものでもない。しかしデトネーションの発現に対する判定基準を定義することは可能かもしれない。別の言い方をすれば、デフラグレーションが境界条件に適合する何らかの最高速度まですでに加速されたものと仮定すれば、自然発生的なデトネーションの発現が起こる前に満たされなければならない何らかの必要条件がおそらく存在する。Lee と共同研究者ら（Lee *et al.*, 1984；Knystautas *et al.*, 1986；Peraldi *et al.*, 1986；Lee, 1986）は、管における遷移の判定基準を確立しようと試みた。境界条件が重要な役割を果たすので、指定された境界条件（滑らかな壁面の円管、粗い壁面の管、自由空間での球状構造など）に対して遷移を議論することだけが意味を持つ。

まず特別な場合として滑らかな壁の円管を考えよう。火炎の加速機構によって火炎が最高速度のデフラグレーションになっていると仮定し、そして「デトネーションの発現が起こる前にどのような判定基準が満たされなければならないのか？」という問いを考える。Lee と共同研究者らによって行われた研究では、一部に粗い壁面の部分を持つ管（すなわち周期的な障害物のある管）を使い、最初に火炎を急激にある速度まで加速した。火炎はその後、管の壁が滑らかな部分へ出ていった。そして、（初期圧力、組成、不活性な希釈剤の濃度を変化させて）火炎速度と混合気の反応の感度を変えながら、遷移を調べた。

図6．28は、管の障害物区間で2つの異なる火炎速度に加速したときの、それに続く滑らかな壁面の部分における遷移の典型的な結果である。空気中に5%の$C_2H_2$が含まれる混合気組成において初期火炎速度が約800 m/s（混合気のCJ速度1704 m/sの約半分）のときは、火炎が滑らかな壁面の部分に入ると火炎速度が急激に低下するが、その後、火炎は急激に再加速し、下流でデトネーションへと遷移する。障害物が存在する部分で約1200 m/sという高い火炎速度となったときは、滑らかな壁面の部分に入って管直径の数倍以内の距離で火炎が自然発生的にデトネーションに遷移した。

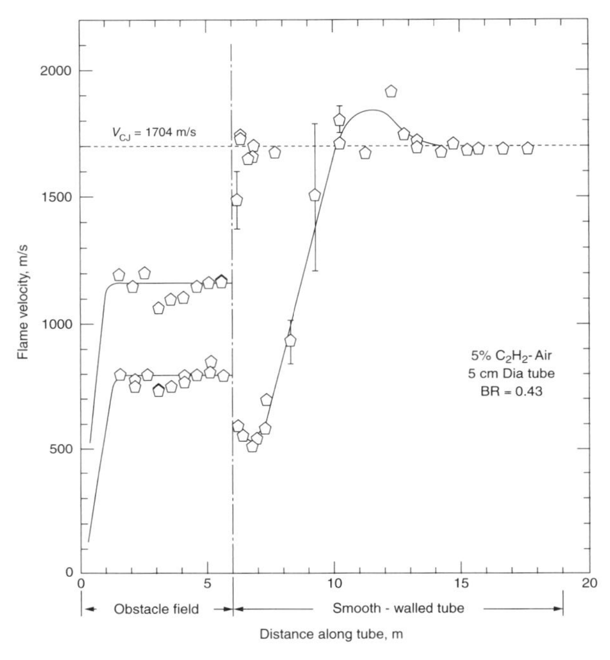


図6．28　障害物区間とそれに続く滑らかな壁面の区間を通じ、管軸方向の距離の関数として表した火炎速度（Knystautas *et al.*, 1986）

図6．29では、空気中に4%の$C_2H_2$が含まれるという混合気組成であり、火炎が滑らかな壁面の部分に入ってから後にデトネーションの発現が起こった。ある実験では、（滑らかな壁面の部分に入ってから）初期の速度低下の後に火炎が加速しデトネーションへと遷移した。しかしある実験では、火炎は最初に再加速しようとするものの加速し続けることがなく、そして減衰した。図6．29は、遷移に成功した場合と失敗した場合の2つの代表的な例を示している。初期の火炎速度は約700 m/sで、これもまたCJデトネーション速度（1595 m/s）の約半分に対応する。滑らかな壁面の部分で遷移を起こすためには、CJデトネーション速度の約半分のデフラグレーション速度が必要とされるようである。この速度は燃焼生成物の音速でもあり、混合気のCJデフラグレーション速度でもある。最小速度の必要条件から離れると、さらに管の直径が十分に大きくなければならないようである。デトネーションの発現に対する必要な条件は、$\lambda/d\approx1$であることが見出されている。つまり管の直径が混合気のセルサイズに対応するくらいでなければ、自然発生的なデトネーションの発現は起こりえない。表6．1には、様々

な燃料の種類と混合気組成、およびデトネーションへの遷移が成功した場合の比$\lambda/d$が載っている。表に示された混合気に対する$\lambda/d$はすべておよそ1であることに留意したい。(伝播するための限界条件である) デトネーション限界に対しては$\lambda/d \approx \pi$である。したがって遷移に対しては、同じ直径の管においてデトネーションを伝播させる場合に比べて、より感度の高い混合気が必要なのである。

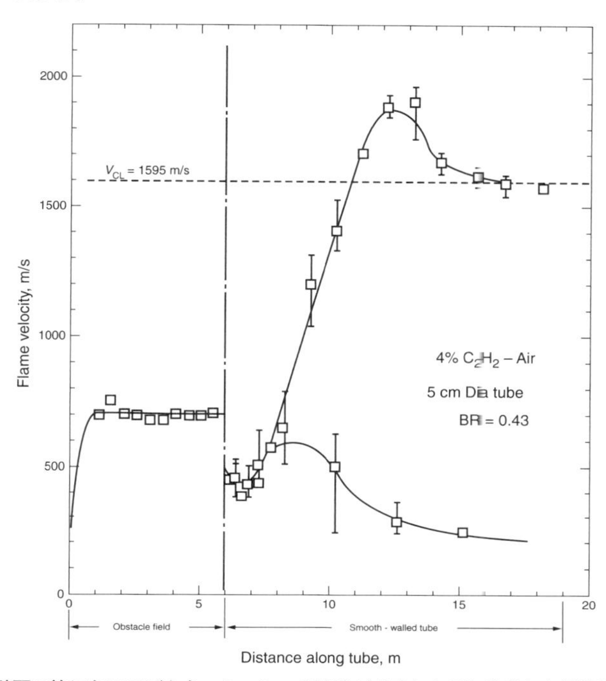


図6．29　滑らかな壁面の管においてデトネーションへの遷移が成功した例と失敗した例(Knystautas *et al.*, 1986)

粗い壁面の管（管内に複数枚のオリフィス板が配置されている）では、デトネーション（あるいは準デトネーション）へ遷移する前に火炎が加速して燃焼生成物中の音速くらいの火炎速度（あるいはCJデフラグレーション速度）になる。粗い管で遷移が起こるためには$\lambda/d \approx 1$も必要とされる。しかし粗い壁面の管では、オリフィスの直径が伝播方向（すなわち管軸に沿った方向）の障害物がない管としての特性長であるため、$d$としては管そのものの内径ではなく、オリフィスの直径を参照することになる。表6．2には、粗い壁面の管で遷移が観測されたときの$\lambda/d$の値が載っている。アセチレン（$C_2H_2$）を除き、滑らかな壁面の管の場合と同じで、これらの燃料は$\lambda/d \approx 1$を示している。アセチレンは特に感度の高い燃料であり、セルサイズの測定では、その結果が2倍程度変動することもしばしばである。アセチレンよりも感度の高いジアセチレン重合体が少なからず形成されうるのではないかと推測されているけれども、満足のいく説明はまだなされていない。しかしアセチレンにまつわる疑問を解決しようとする決定的な研究はこれまでのところ行われていない。

滑らかな壁面の管における遷移のより古い実験結果を検討してみると、デトネーションの発現は通常、デフラグレーション速度がCJデトネーション速度の半分程度（あるいは生成物の音速程度）であるときに起こると結論づけられているようだ。Eder and Brehm (2001) による最近の実験でも、デトネーションへ遷移するために必要とされる障害物がある部分の終端で

表6．1　滑らかな壁面の区間における遷移の臨界条件（Knystautas *et al.*, 1986）

| Mixture | D (cm) | $\lambda$(mm) | $\lambda$/D |
|---|---|---|---|
| 4% $C_2H_2$–air | 5 | 58.3 | 1.18 |
| 5% $C_2H_4$–air | 5 | 65.1 | 1.32 |
| 10% $C_2H_4$–air | 5 | 39.1 | 0.80 |
| 4% $C_3H_8$–air | 5 | 52.2 | 1.06 |
| 5% $C_3H_8$–air | 5 | 59.0 | 1.19 |
| 20% $H_2$–air | 5 | 55.4 | 1.12 |
| 51% $H_2$–air | 5 | 52.5 | 1.06 |

表6．2　粗い壁面の管における遷移の条件（Peraldi *et al.*, 1986）

| | | Transition | | |
|---|---|---|---|---|
| D (cm) | d (cm) | Mixture | $\lambda$(cm) | $\lambda$/d |
| 5 | 3.74 | 22% $H_2$–air | 3.07 | 0.82 |
| | | 47.5% $H_2$–air | 4.12 | 1.10 |
| | | 4.75% $C_2H_2$–air | 1.98 | 0.51 |
| | | 6% $C_2H_4$–air | 3.78 | 1.01 |
| | | 9% $C_2H_4$–air | 3.01 | 0.81 |
| 15 | 11.4 | 18% $H_2$–air | 10.7 | 0.94 |
| | | 57% $H_2$–air | 11.7 | 1.03 |
| | | 4% $C_2H_2$–air | 5.8 | 0.51 |
| | | 4.5% $C_2H_4$–air | 8.7 | 0.76 |
| | | 13.5% $C_2H_4$–air | 11.5 | 1.01 |
| | | 3.25% $C_3H_8$–air | 11.2 | 0.98 |
| | | 5.5% $C_3H_8$–air | 11.6 | 1.02 |
| 30 | 22.86 | 18% $H_2$–air | 21.0 | 0.92 |
| | | 57% $H_2$–air | 18.5 | 0.81 |
| | | 4% $C_2H_2$–air | 10.6 | 0.46 |
| | | 4.5% $C_2H_4$–air | 18.0 | 0.79 |
| | | 13.5% $C_2H_4$–air | 20.0 | 0.87 |
| | | 3.25% $C_3H_8$–air | 21.0 | 0.92 |
| | | 5.5% $C_3H_8$–air | 9.2 | 0.40 |
| | | No transition | | |
| D (cm) | d (cm) | Mixture | $\lambda_{min}$ (cm) | $\lambda_{min}$/d |
| 5 | 3.74 | $CH_4$–air | 30.0 | 8.02 |
| | | $C_3H_8$–air | 5.2 | 1.40 |
| 15 | 11.4 | $CH_4$–air | 30.0 | 2.63 |
| 30 | 22.86 | $CH_4$–air | 30.0 | 1.31 |

最も加速されたときのデフラグレーション速度は、生成物の音速にぴったりと対応している。

デトネーションへと遷移するために必要とされる条件を理解する際に特に重要なのは、横波が弱められてしまって（結果としてセル構造が破壊されて）デトネーションが消失するときに速度がCJデフラグレーション速度に低下する現象を観測することである。図6．30はDupré *et al.*（1988）の研究結果を示している。この実験では管の内壁に消音材をつけた部分を設置することで横波を弱め、そこを通過した後にデトネーションが消失している。みてわか

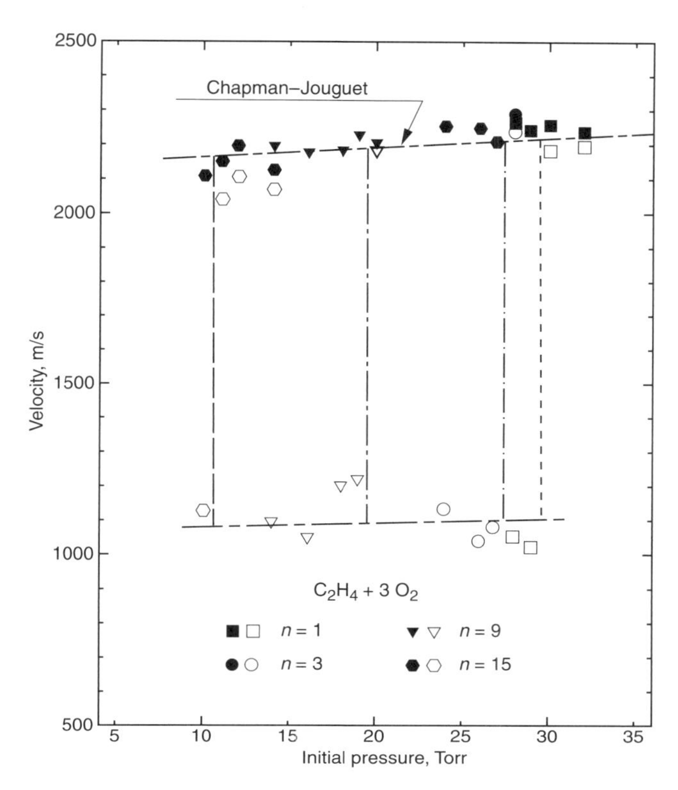


図6．30　消音材（その層数は$n$）が壁面に設置された部分の上流側の速度（黒色記号）と下流側の速度（白色記号。Dupré *et al*., 1988）

るように、CJ デトネーション値からその約半分の値に速度が落ちる。

この実験結果の重要な点は、デトネーションの自律的な伝播に必要な機構が取り除かれると、デトネーションがCJ デフラグレーションになるということである。それゆえ遷移が起こるためには、デフラグレーションが最初にその最大速度であるCJ デフラグレーション速度（これは約$\frac{1}{2}V_{CJ}$で、生成物の音速でもある）まで加速しなければならないと結論づけてよいだろう。そしてデトネーションの発現には、自律的に伝播するデトネーションの規則的なセル状構造を形成するために横波が生成される必要がある。デトネーションの発現は、自律的に伝播するデトネーションのセル状構造を形成するために衝撃波とカップルする横波を生成する過程として、とらえることができる。前節で議論したように、この過程が必要とするのは局所的な爆発中心からのブラスト波の形成であり、このブラスト波が増幅されてオーバードリブンデトネーションになることであり、そしてそれに続いて減衰していくオーバードリブンデトネーション波面中の不安定性の自然発生的な成長から横波が形成されることである。オーバードリブン条件は、振幅が小さくて周波数が高い擾乱が成長するために必要であり、最終的な横方向の擾乱はCJ 条件に近づくにつれて混合気に固有の周波数と強さを持つようになる。オーバードリブンデトネーションがCJ 条件へと減衰する際にはいつも自然発生的なセルの出現が観測される。

閉じ込められた条件（例えば剛体壁の管）の下では、横方向の擾乱が管の側壁で行ったり来たりと反射して反応領域を横断する際に繰り返し増幅され、セル状デトネーションの横波が発達することも可能である。レイリーの判定基準が満たされれば横波は次第に増幅され、最終的にはデトネーションの発現につながる。図６．２８と図６．２９が示すように、デトネーションの形成は本来もっとゆっくりとしたものであり、管直径の何倍もの距離を伝播した後に最終的なデトネーションの発現が起こる。このゆっくりとデトネーションが形成されるモードは、爆発中心から突然にデトネーションが発現し、SWACER 機構を通じて非常にオーバードリブンなデトネーションを形成するモードとは対照的である。幾何学的に閉じ込められていない場合は、デトネーションの発現に対するこのゆっくりとしたモードは実現不可能である。なぜなら横波が繰り返し反射して反応領域を横切るたびに徐々に増幅されるということが起こらないからである。

図６．３１のストリークシュリーレン写真にはデトネーション発現の２つのモードが示されている。図ａでは、デトネーションが、管壁で反射する横方向の擾乱のゆっくりとした増幅によって形成されている。デトネーションへと向かう、このゆっくりとした増幅では、突然の遷移やレトネーション波の形成は観測されない。

図６．３１　デトネーション発現の2つの異なるモードをとらえたストリークシュリーレン写真（J. Chao提供）

デトネーションの発現を引き起こす横波の増幅が、図６．３２の一連の圧力履歴に示されている。縦の破線は、準安定デフラグレーションに先行する衝撃波の後方にある反応領域の到着時刻を示している。図ａの最初の圧力プロファイルでは、横波を原因とする圧力変動が、先行する衝撃波の後方の反応領域内にみられる。準安定デフラグレーションが管内を伝播すると、横波は管壁で反射して反応領域を横切るときに増幅される。増幅された横波を図ｂにみることができる。（縦の破線で示されている）反応領域の中の圧力変動は、図ａに比べてずっと振幅が大きくなっている。反応領域を通じた圧力変動のこのゆっくりとした増幅によってデトネーションの発現が起こり、図ｃでは完全に発達した CJ デトネーションがみられる。

デトネーションの発現につながるゆっくりとした（徐々なる）増幅は、図６．３１ｂのストリークシュリーレン写真で示された機構、つまり乱流火炎領域の中の局所爆発を原因とするデトネーションの発現とは対照的である。SWACER 機構を通じて非常にオーバードリブンなデトネーションへの増幅が起こり、附随するレトネーション波（運動量保存のために必要となる）

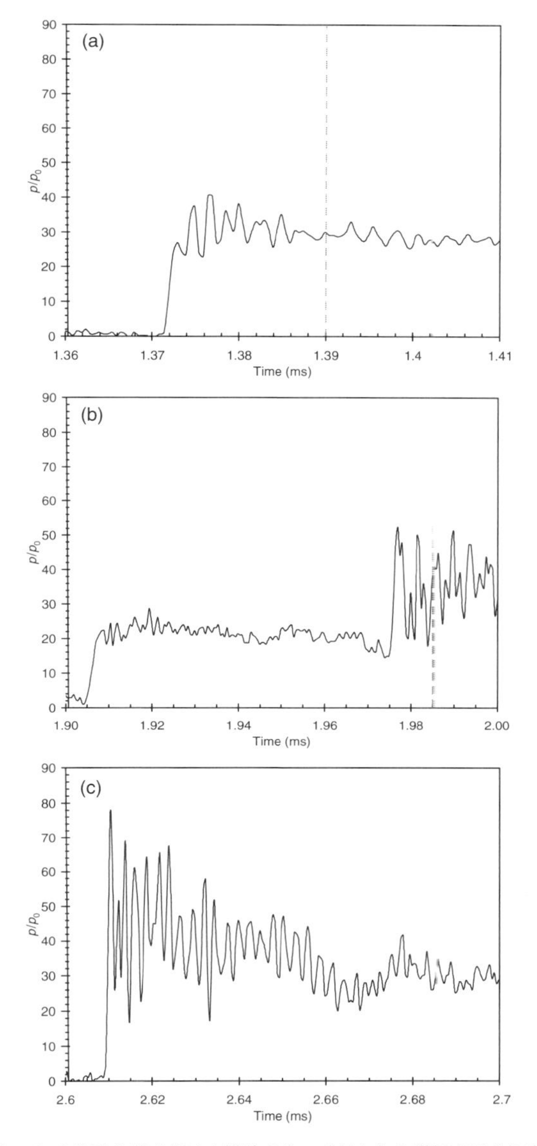


図6.32　デトネーションの発現を引き起こす横波のゆっくりとした増幅を示す圧力履歴（J. Chao 提供）

の形成がストリークシュリーレン写真にはっきりと示されている。横波が繰り返し反射することが許されない幾何形状では、局所的な爆発中心からの突然の発現のみが可能である。

デフラグレーションからデトネーションへの遷移は一通りの現象ではないと結論づけてよいだろう。衝撃波面で横方向の擾乱が成長し、気体動力学的な振動が化学反応によるエネルギー放出によって支持されるような自己共振的な系が出来上がることによって、デトネーションが形成される。遷移が起こるために必要なのは、不安定性が発達・成長する条件を作り出し、それがデトネーションのセル状構造の形成につながることである。

## 6.7　おわりに

デフラグレーションからデトネーションへの遷移は、これら２種の燃焼波をあいまいさなしに区別することが困難であるという意味で、明確に定められていない現象である。伝播速度の観点からは、これら２種の燃焼波は互いに重なり合っている。デトネーションは前方の反応物に対して超音速で伝播する。超音速で伝播するので、前方の反応物はデトネーションに影響されず、通常は静止している。したがってデトネーションは実験室系に対しても（前方の反応物に対する速度と）同じ速度で伝播する。伝播しているデフラグレーション波の場合は、先行する衝撃波と、それに続く反応面も、先行する衝撃波前方の反応物に対しては超音速で伝播しうる。したがって反応面自身は反応面直前の反応物に対しては亜音速で伝播するものの、実験室系に対してはデフラグレーションも超音速で伝播するのである。反応物は先行する衝撃波が通過すると動き出し、反応面は先行する衝撃波後方のこの流れに乗って動く。

２種の燃焼波の性質について、デトネーションは一般に圧縮波と考えられ、対するデフラグレーションは気体が波面を横切ると圧力が下がる膨張波である。しかし、もし先行する衝撃波と反応面を、擾乱を受けていない反応物（あるいは実験室系）に対して超音速で伝播する複合体として考えるならば、生成物気体の圧力は反応物の初期圧力より高く、衝撃波と火炎の複合体の全体としての効果は圧縮波による効果となる。

伝播機構の観点からは、古典理論はデトネーションを衝撃波誘起の自発着火によって伝播するようなものと定義する。しかし不安定なセル状デトネーションにおいては、着火機構やその後のデトネーションを横切る反応物の燃焼は、もはやそれほどはっきりしたものではない。不安定なセル状デトネーションの先頭衝撃波面の局所的な速度は 1.8 $V_{CJ}$ から 0.5 $V_{CJ}$ へとかなり変わりうるし、局所的な衝撃波速度がブラスト波のように減衰するため、気体が先頭衝撃波を横切ると衝撃圧縮された気体は急速な膨張を受ける。そして先頭衝撃波通過後の気体は、デトネーションの反応領域の複雑な流れ場の中で乱流混合を受けつつ、さらに横方向の衝撃波で圧縮されることもある。もし衝撃波圧縮と乱流拡散が先頭衝撃波を通り抜けた反応物に着火して急速に燃やすことがない場合は、反応物の大きな未反応ポケットが下流に押し流されて生成物の中に入り込むことも珍しくはない。こうして、不安定なセル状デトネーションでは、燃焼機構はもはや古典的な CJ 理論で記述されるような断熱衝撃昇温による直線的な自発着火機構ではない。

デフラグレーションについては、古典理論は拡散によって制御された波として記述する（すなわち熱とラジカル種が反応領域から拡散して、その前方の反応物の化学反応を誘起する）。しかし高速で伝播するデフラグレーションについては、反応面は非常に乱れており、反応領域中には強い圧力変動が存在する。高速デフラグレーションにおける圧力変動が音響吸収壁によって弱められるとデフラグレーションの速度は著しく低下し、乱流だけでは高速デフラグレーションの反応速度を維持することができない。このように高速デフラグレーションの燃焼機構は、不安定なセル状デトネーションの機構とやや似ているところもある。

伝播速度、波の性質（すなわち圧縮か膨張かということ）、そして燃焼機構といった点からはデフラグレーションとデトネーションを明確に線引きして区別することができないので、ある種の波から他の種の波への「突然の遷移」をはっきりと識別することが難しいのである。

Borghi, R. 1985. On the structure and morphology of turbulent premixed flames. In *Recent advances in aerospace sciences*, ed. C. Casci, 117–138. Plenum Press.

Chan, C., I.O. Moen, and J.H.S. Lee. 1983. Influence of confinement on flame acceleration due to repeated obstacles. *Combust. Flame* 49:27–39.

Chu, B.T. 1952. In *4th Int. Symp. on Combustion*, 603.

Clavin, P. 1985. Dynamical behavior of premixed flame fronts on laminar and turbulent flows. *Prog. Energy Combust. Sci.* 11:1.

Courant, R., and K.O. Friedrich. 1948. *Supersonic flow and shock waves*, 226. New York: Interscience.

Dupré, G., O. Peraldi, J.H. Lee, and R. Knystautas. 1988. *Prog. Astronaut. Aeronaut.* 114:248 – 263.

Eder, A., and N. Brehm. 2001. *Heat Mass Transfer* 37:543–548.

Kaskan, W. 1952. In *4th Int. Symp. on Combustion*, 575.

Knystautas, R., J.H. Lee, I. Moen, and H. Gg. Wagner. 1979. Direct initiation of spherical detonation by a hot turbulent gas jet. *Proc. Combust. Inst.* 17:1235–1245.

Knystautas, R., J.H.S. Lee, O. Peraldi, and C.K. Chan. 1986. *Prog. Astronaut. Aeronaut.* 106:37–52.

Kumagai, S., and I. Kimura. 1952. In *4th Int. Symp. on Combustion*, 667.

Lee, B.H.K., J.H.S. Lee, and R. Knystautas. 1966. *AIAA J. Tech. Note* 4:365.

Lee, J.H.S. 1986. *Prog. Astronaut. Aeronaut.* 106:3–18.

Lee, J.H.S., and B.H.K. Lee, 1966. *AIAA J.* 4:736.

Lee, J.H.S., and I. Moen. 1980. *Prog. Energy Combust. Sci.* 6:359.

Lee, J.H.S., R. Knystautas, and N. Yoshikawa. 1978. *Acta Astronaut.* 5:971–982.

Lee, J.H.S., R. Knystautas, and A. Freiman. 1984. *Combust. Flame* 56:227–239.

Leyer, J.C. *Rev. Gén. Thermique* 1970. 98:121–138.

Leyer, J.C., and N. Manson. 1970. In *13th Int. Symp. on Combustion.*

Manson, N. 1949. Propagation des détonations et des déflagrations dans les mélanges gaseux. L'Office National d'Etudes et de Recherches Aéronautiques et L'Institut Francais de Pétrole.

Markstein, G.H. 1951. *J. Aeronaut. Sci.* 18:428.

Markstein, G. 1952. In *4th Int. Symp. on Combustion*, 44–59.

Markstein, G. 1957. In *6th Int. Symp. on Combustion*, 387–389.

Markstein, G. 1964. *Non-steady flame propagation.* Pergamon Press.

Markstein, G., and L.M. Somers. 1952. In *4th Int. Symp. on Combustion*, 527.

Matalon, M., and M.J. Matkowsky. 1982. *Fluid Mechanics.* 124:239–259.

Meshkov, Y.Y. 1970. Instability of a shock wave accelerated interface between two gases. NASA

TT F-13 074.

Meyer, J.W., P.A. Urtiew, and A.K. Oppenheim. 1970. *Combust. Flame* 14:13–20.

Peraldi, O., R. Knystautas, and J.H.S. Lee. 1986. In *21st Int. Symp. on Combustion*, 1629–1637.

Richtmyer, R.D. 1960. Taylor instability in shock acceleration of compressible flows. *Comm. Pure Appl. Math.* 23:297–319.

Rudinger, G. 1958. Shock wave and flame interactions. In *Combustion and Propulsion 3rd AGARD Colloq.*, 153–182. London: Pergamon Press.

Sivashinsky, G.I. 1983. *Ann. Rev. Fluid Mech.* 15:179–199.

Taylor, G.I., and R.S. Tankin. 1958. In *fundamentals of gasdynamics*, ed. H.W. Emmons, 622–686. Princeton Univ. Press.

Urtiew, P., and A.K. Oppenheim. 1966. *Proc. R. Soc. Lond. A* 295:13.

Urtiew, P., and C. Tarver. 2005. Shock initiation of energetic materials at different initial temperatures. *Combust. Explos. Shock Waves* 41:766.

Zeldovich, Ya. B. 1980. Regime classification of an exothermic reaction with nonuniform initial conditions. *Combust. Flame* 39:211–214.

Zeldovich, Ya. B., V.B. Librovich, G.M. Makhviladze, and G.I. Sivashinsky. 1970. Astronaut. Acta 15:313–321.

Zeldovich, Ya. B., A. A. Borisov, B. E. Gelfand, S. M. Frolov, and A. E. Mailkov. 1988. Nonideal detonation waves in rough tubes. *Prog. Astronaut. Aeronaut.* 144:211–231.

# 7 デトネーションの直接起爆

## 7.1 はじめに

直接起爆とは、デトネーションが発生する前段階としての火炎加速を経ることなく、デトネーションが瞬間的に形成されることを指す。「瞬間的」という言葉で、デトネーションの発現に必要な条件が点火源によって直接作られるということを表しており、デフラグレーション・デトネーション遷移のときのように火炎の加速によって条件が作られるのではないということを表している。

直接起爆ははじめ、球状デトネーションを発生させるために使われた。その理由は、開放空間では様々な火炎加速機構が効果的に働かず（あるいは存在せず）、それゆえ球状デフラグレーションから球状デトネーションへの遷移は通常は実現されないからである。Laffitte (1925) は 1923 年に、1 g の雷酸水銀からなる強力な点火源を用いて $CS_2+3O_2$ 混合気中に球状デトネーションを直接起爆した。彼はまた、同じ $CS_2+3O_2$ 混合気で満たされた球状フラスコの中心に、直径 7 mm の管内を伝播してきた平面デトネーションを入射させるという起爆も行った。しかし、この方法では球状デトネーションを起爆することはできなかった。先ほどと同じ雷酸水銀からなる強力な点火源を用いたところ、$2H_2+O_2$ 混合気中においても球状デトネーションが起爆された。Laffitte が撮影したストリーク写真（流し撮り写真）からは、点火源から瞬間的にデトネーションが形成されたようにみえ、デトネーションの前段階というものは認められなかった。凝縮相爆薬のデトネーションは周囲の気体中に非常に強いブラスト波を生成し、そのブラスト波は急速に減衰しつつ膨張して CJ デトネーションを作る（ゆえにこの起爆モードはブラスト起爆：blast initiation とも呼ばれる）。点火源のごく近傍では、初期のブラスト波の減衰は、非反応性のブラスト波の場合と同様に起爆エネルギーによって支配される。ブラスト波が広がるにつれて、衝撃波で放出される化学エネルギーがブラスト波の伝播に影響し始める。その結果、ブラスト波はオーバードリブンデトネーション波となる。最終的に、起爆源から遠く離れた位置において化学エネルギーの放出が衝撃波の伝播を完全に支配し、自律的な CJ デトネーションが得られる。ここで注意すべきことは、直接起爆における初期のオーバードリブンデトネーションから CJ 波への減衰は、デフラグレーション・デトネーション遷移におけるデトネーションの発現（その場合も乱流火炎領域中の局所的な爆発中心からオーバードリブンデトネーションが最初に形成された後にCJ波へと減衰する）と似ていないこともないということである。

デトネーションは本質的に、背後における化学エネルギーの放出によって支持される強い衝撃波であるから、その直接起爆には、十分な時間伝播し続ける強い衝撃波が起爆源によって生成されなければならないと考えるのが妥当である。Shepherd（1949）、Berets *et al.*（1950）、Mooradian and Gordon（1951）、Fay（1953）によって、衝撃波管を用いたデトネーションの直接起爆が行われた。衝撃波の強さが（CJデトネーション速度で伝播する衝撃波と比べて）低い場合には、衝撃波によるデフラグレーションの着火もまた起こりうる。いったんデフラグレーションが着火されれば、その後のデトネーションの発現には通常の遷移過程と同様に、火炎の加速がさらに必要とされる。したがって瞬間的にオーバードリブンデトネーションを形成するような非常に強い衝撃波を用いた場合にのみ、デフラグレーション過程を経ずにデトネーションを発生させるような直接起爆が観測されうる。衝撃波管の代わりに、ある混合気（駆動混合気）から発生するデトネーションによっても、はじめ薄い隔膜によって駆動混合気と隔てられていた別の混合気中に強い衝撃波を生成できる。Berets *et al.*（1950）やGordon *et al.*（1959）は、管内の直接起爆を実現するためにこのようなデトネーション駆動法を用いた。特に、感度の低い限界付近の混合気に対しては、強いデトネーション駆動領域を用いる直接起爆によってのみデトネーションが得られる。デトネーションによる直接起爆は、駆動領域の下流にある試験混合気中において、初期のブラスト波がオーバードリブンデトネーションを形成し、それがCJデトネーションへ減衰する点でブラスト起爆と同様である。その減衰の速さは、起爆源となるデトネーションの背後における膨張波の急峻さ（つまり駆動領域の長さ）に依存する。

強いブラスト波やデトネーション波から離れると、直接起爆は他の様々な方法でも可能である。例えば高温の燃焼生成物の乱流ジェットや、反応性の高い化学物質（例えばフッ素、塩素、三フッ化物）を含むジェットが、ジェットと反応物の混合領域においてデトネーションを直接起爆することが示されてきた（Knystautas *et al.*, 1978; Murray *et al.*, 1991）。この過程は、火炎の加速フェーズの最終段階においてデフラグレーションの乱流混合領域中でデトネーションの発現が起こるのに似ている。Wadsworth（1961）およびLee *et al.*（1978）によって、閃光光分解による直接起爆も実験的に示されている。閃光光分解による起爆では、反応物中において紫外光パルスの吸収経路に沿ってフリーラジカルの濃度勾配が生成され、これが誘導時間の勾配を生じさせる。その後の爆発、および爆発により生じる衝撃波と化学エネルギー放出の勾配場におけるカップリングが、衝撃波をオーバードリブンデトネーションへとその勾配場において急激に成長させる。すべてのデトネーション形成過程においてみられるように、オーバードリブンデトネーションはその後、CJデトネーションへと減衰する。

本質的に直接起爆というのは、火炎の加速フェーズを経ることなくデトネーションが発現する臨界条件を起爆源によって直接的に整えることを指す。起爆源には様々な種類があり、起爆源が生成するデトネーションの発現に必要な条件も多様である。だから、多様な直接起爆の手法について記述することは興味深い。デトネーションの発現そのものはどのような起爆源においても共通にみられるし、それはデフラグレーション・デトネーション遷移の場合と同様である。遷移過程においてはデトネーションの発現に必要な臨界条件は火炎の加速によって生成されるが、直接起爆では起爆源が直接的に臨界条件を整える。

## 7.2 ブラスト起爆（実験的観測）

Laffitteは強力な着火源（1 gの雷酸水銀の固体爆薬）を用いて$CS_2+3O_2$混合気中で球状デトネーションを起爆することに最初に成功したが、直接起爆の臨界条件については研究しなかった。後にZeldovich *et al.*（1957）が直接起爆の過程をより詳細に研究し、$C_2H_2+2.5O_2$および$2H_2+O_2$の混合気が充填された様々な直径の管内において、直接起爆に必要とされる最小スパークエネルギーが存在することを明らかにした。有限な直径を持つ管の中では、管の側壁でのブラスト波の反射がデトネーションを起爆することがある。ゆえに管直径が小さくなるほど、必要とされるスパークエネルギーは小さくなる。管の直径が十分に大きい極限においてのみ、スパークエネルギーは開放空間における球状デトネーションの起爆に必要とされる値に近づく。Zeldovich らが認識していたように、直接起爆の過程には、着火源によって十分な時間にわたり持続する強い衝撃波が生成される必要がある。初期には、着火源によって生成されたブラスト波は、一般的に混合気のCJデトネーションと比べてずっと強い。ブラスト波が減衰するにつれて、衝撃波の背後で始まる化学反応による発熱が衝撃波の動きに影響し始め、強いブラスト波がオーバードリブンデトネーション波になる。もし着火エネルギーが十分に大きければ、オーバードリブンデトネーションはCJデトネーションへと減衰する。ブラスト波の減衰特性は着火源のエネルギー–時間曲線（つまりパワー密度）にも依存する。パワー密度が無限大の極限では、起爆源の体積は無視できるほど小さく、またエネルギー放出の持続時間は0に近づき、起爆源は理想的な瞬間的にエネルギーを放出する点（線または面）源とみなせる。これらの理想的な起爆源に対しては、初期の強いブラスト波の減衰は起爆エネルギーによってのみ特徴づけられる。凝縮相の爆薬ではパワー密度が十分に高く、ブラスト波の減衰を理想的な瞬間的点源からのブラスト波でよく近似できる。したがって凝縮相の爆薬を用いれば、理想的な点状起爆源および線状起爆源による球状デトネーションおよび円筒状デトネーションの直接起爆を実験的に実現することができる。しかし、平面のシート状爆薬を瞬間的に爆発させることは実験的には非常に困難である。よって、以下では点状起爆源および線状起爆源による球状デトネーションおよび円筒状デトネーションの直接起爆に対する実験結果を記述するだけにしよう。

Bach *et al.*（1969）は球状デトネーションの直接起爆を実験的に研究し、起爆エネルギーが臨界値に比べて「低い」か「高い」か「同じくらい」かに対応する3つの状況が存在することを示した。実験では、瞬間的で理想的な点状起爆源を実現するために、Qスイッチルビーレーザーを用いたレーザー誘起ブレークダウンによる火花を使った。火花の体積は数分の一$mm^3$のオーダーであり、火花へのエネルギー投入時間は10 nsだった。したがってレーザー火花は瞬間的にエネルギーを放出する理想的な点状起爆源に近い状況だった。図7.1に球状ブラスト波のシュリーレン写真を示す。図aはブラスト波のエネルギーが臨界値よりも低い場合、図

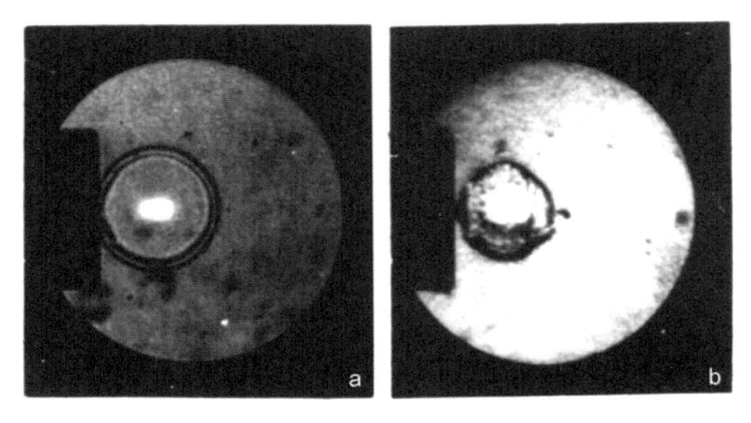


図7．1　レーザー火花を用いた球状デトネーションのブラスト起爆のシュリーレン写真
(a)亜臨界の状況、(b)超臨界の状況。

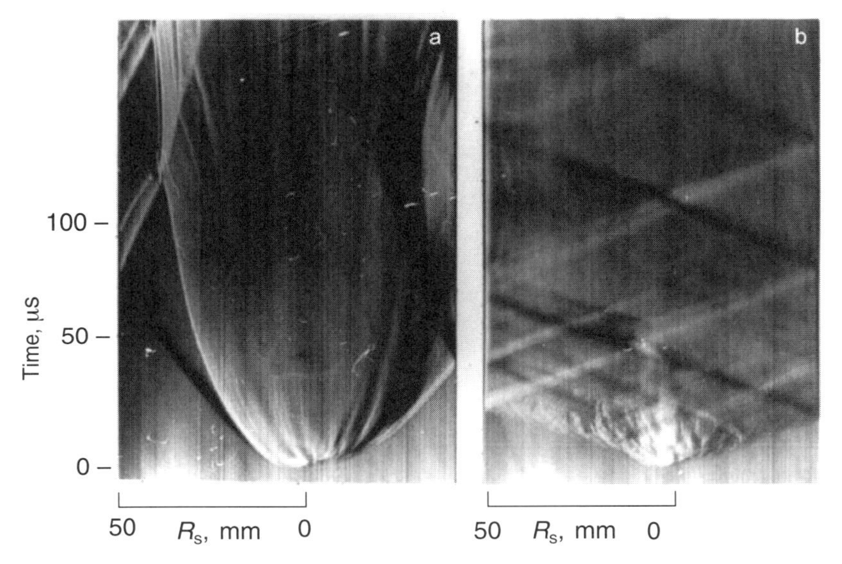


図7．2　球状デトネーションのブラスト起爆のストリークシュリーレン写真（Bach *et al.*, 1969）
(a)亜臨界の状況、(b)超臨界の状況。

b は高い場合である。亜臨界エネルギーの状況（subcritical energy regime）では、オーバードリブンデトネーションが減衰するにつれて、反応面が先頭衝撃波から徐々に分離する。その後、衝撃波は減衰して音波に漸近していき、反応面は層流デフラグレーションとして伝播する。ブラスト波のエネルギーが臨界値を上回る超臨界の状況（supercritical regime）では、減衰していくオーバードリブンデトネーションの衝撃波と反応面がずっと一体になっている。デトネーションが CJ 速度へ近づくにつれて不安定性が生じ始め、デトネーション波面は図 b にみられるように特徴的な乱れたセル状構造を持つようになる。図7．2には、亜臨界の状況（図 a）と超臨界の状況（図 b）で撮影されたストリークシュリーレン写真を示している。

図7．3は亜臨界の状況のより詳細なシュリーレン連続写真である。初期（$t$ = 1.6 $\mu$s）には衝撃波と反応領域がまだ一体化しておりオーバードリブンデトネーションになっている。その後（$t$ > 4.8 $\mu$s）、反応面が衝撃波から徐々に離れていく様子がみえる。最終的に、反応面と離れた衝撃波は音波に減衰し、反応面は層流デフラグレーションとして伝播する。図7．4は亜

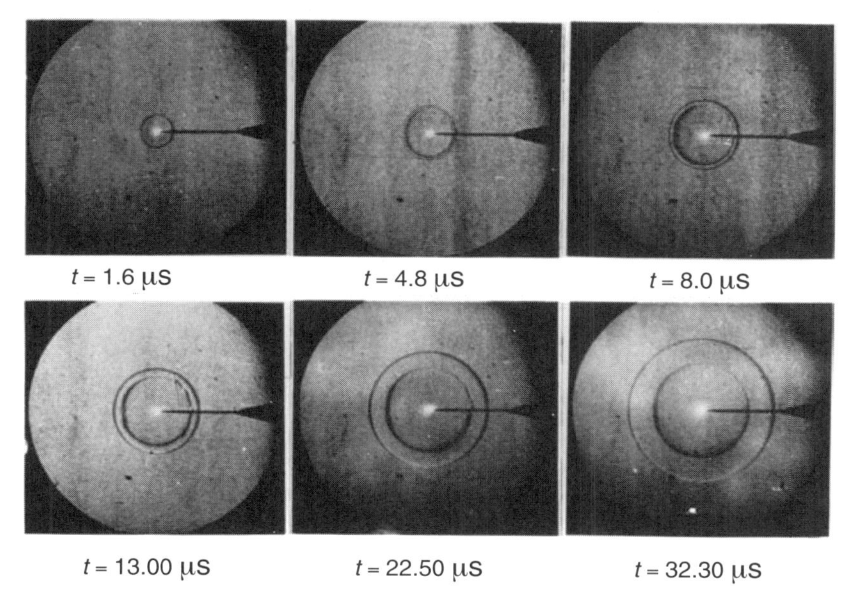


図7．3　亜臨界の状況におけるシュリーレン連続写真（Bach *et al.*, 1969）

臨界の状況におけるブラスト波面と反応面の軌跡を示している。また比較のため、２つの極限的な場合における衝撃波面と反応面の軌跡※1 も示している。

ブラスト波が非反応性のブラスト波として減衰する（つまり化学的な発熱が衝撃波の動きに影響しない）と仮定すると、衝撃波の軌跡および減衰していくブラスト波背後における流体粒子の軌跡に沿った熱力学的な状態変化は爆風理論によって計算できる。衝撃波を横切る各々の流体粒子に対し反応誘導時間を計算でき、減衰していくブラスト波背後における反応面の位置を計算できる。しかしブラスト波が非反応性であると仮定されているため、爆風理論から得られる軌跡は亜臨界の状況における反応性ブラスト波には対応しない。もし反応領域が衝撃波と反応性衝撃波として一体化していると仮定するならば、ブラスト波は最終的にCJデトネーションへと減衰する。その軌跡は反応性爆風理論（Lee, 1965; Korobeinikov, 1969）によって計算できる。比較のために、その軌跡も図７．４に（theoretical reacting blast－wave solution として）示されている。反応面が衝撃波と一体化している初期の時間帯においては、亜臨界の状況のブラスト波の軌跡は、反応性爆風理論から得られる軌跡と一致している。しかし反応面が衝撃波から離れ始めると、ブラスト波の軌跡は反応性爆風理論の解から外れる。

図７．５は超臨界の状況におけるシュリーレン連続写真である。起爆源は、高電圧・低インダクタンスのコンデンサー放電による電気火花である。この場合、反応領域は衝撃波と常に一体化しており、オーバードリブンデトネーションがCJデトネーションへと急激に減衰するにつれて不安定性が起こり始め、特徴的なセル状構造を持ったデトネーションが観測される。超

※1：　化学反応による発熱が流体運動に影響しないと仮定した場合（finite kinetic rates solution）、および衝撃波面で遅れることなく反応して衝撃波速度が発熱に影響されると仮定した場合（theoretical reacting blast－wave solution）のモデル計算の結果。

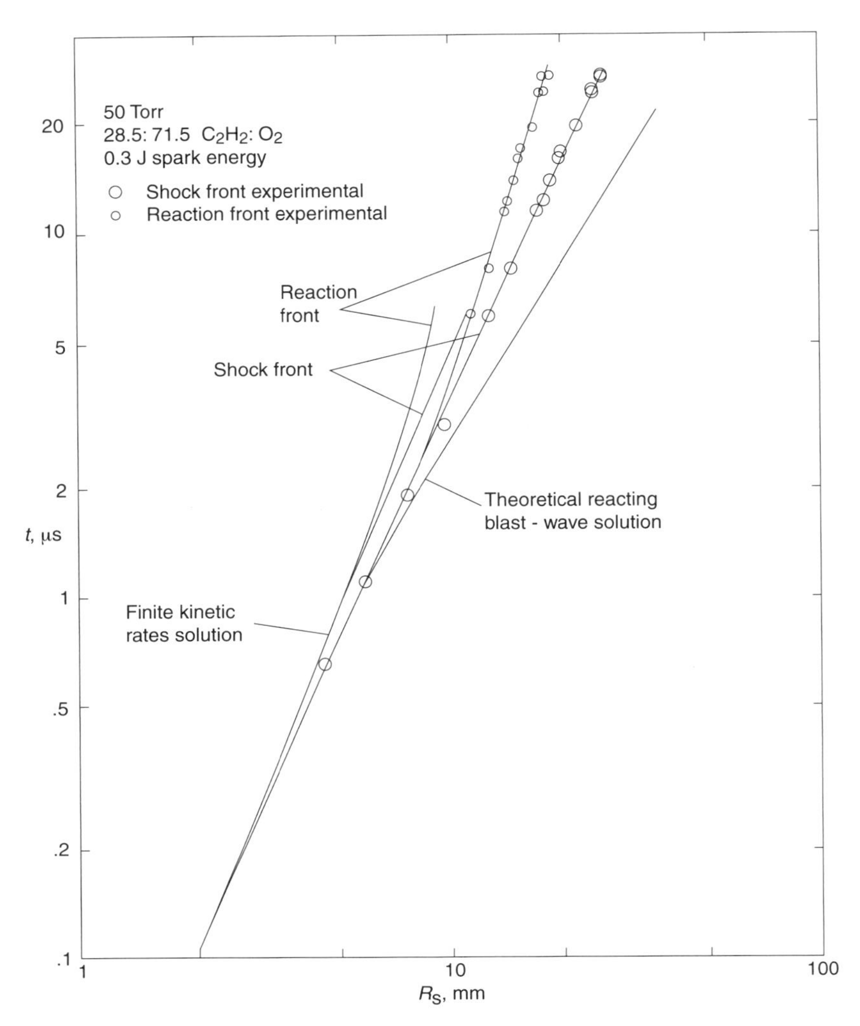


図7．4　亜臨界の状況における衝撃波面と反応面の軌跡
アセチレン–酸素の当量混合気、$P_0$＝50 Torr（Bach *et al.*, 1969）。

臨界の状況においてブラスト波がCJデトネーションへと減衰する様子を表す典型的な軌跡を図７．６に示す。ブラスト波がCJ速度に減衰する様子を記述する反応性爆風理論の解が、実験結果とともに示されている。両者はよく一致しているが、実験で得られる最終的な定常伝播速度は混合気のCJ速度よりもわずかに低い。これはデトネーション速度をわずかに減少させる波面の曲率の効果だろう。

すす膜を用いる観測により、デトネーション波面のセル状構造の発達をわかりやすく示す結果が得られる。図７．７に、円筒状デトネーションにおける亜臨界の状況（図a）と超臨界の状況（図b）に対するすす膜模様を示す。亜臨界の場合、反応領域が衝撃波と一体化している初期段階ではセル状構造がみられる。ブラスト波は初期段階では本質的にオーバードリブンデトネーションであり、それが減衰するにつれて反応面が衝撃波から離れ、デトネーションが消失する。すなわちセル模様は大きくなっていき、最終的になくなる。超臨界の場合も、半径の小さい初期段階のオーバードリブンデトネーションでは細かいセル模様がみられ、オーバードリブンデトネーションが減衰するにつれてセル模様が大きくなっていく。発散するデトネー

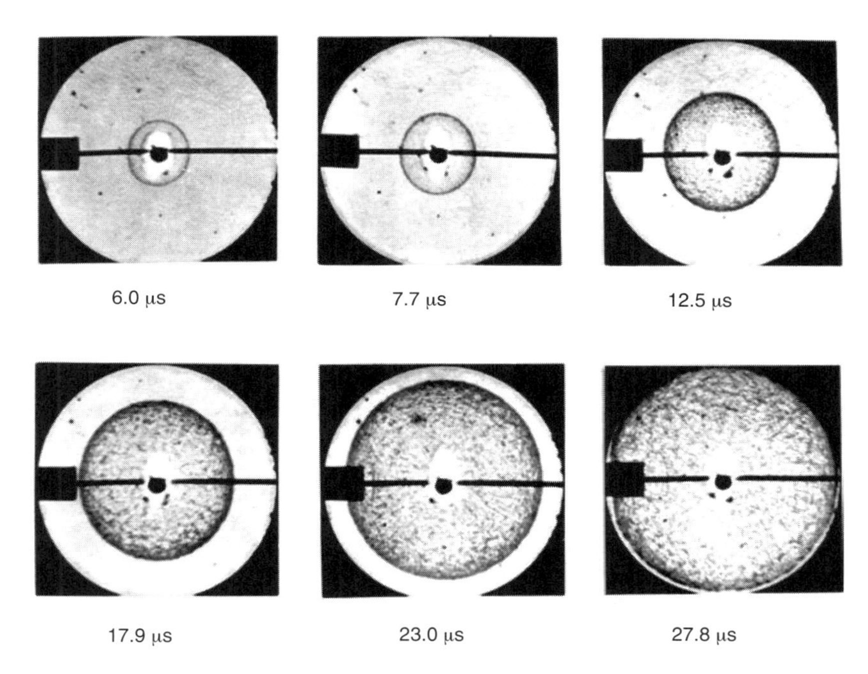


図7．5　超臨界の状況におけるシュリーレン連続写真（Lee *et al.*, 1972）

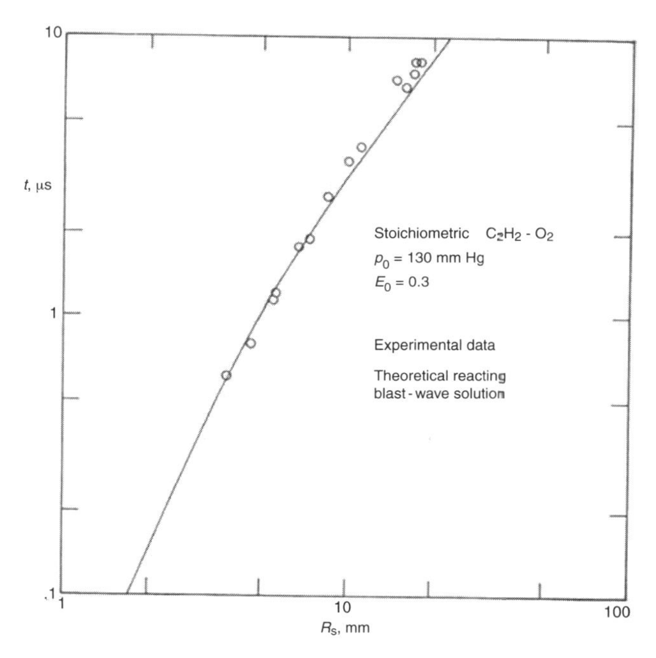


図7．6　超臨界の状況におけるブラスト波の軌跡
アセチレン-酸素の当量混合気、$P_0$ = 130 Torr（Bach *et al.*, 1969）。

ションでは波面の面積が大きくなるので、定常伝播するCJデトネーションに対する一定の平均セルサイズを維持するためには新しいセルが形成されなければならない。図7．7では、波面の面積が大きくなるにつれて、大きくなったセルから新しいセルが生成される様子がみられる。発散するデトネーションでは新しいセルが生成され続けるため、そのセル模様は一般的に、

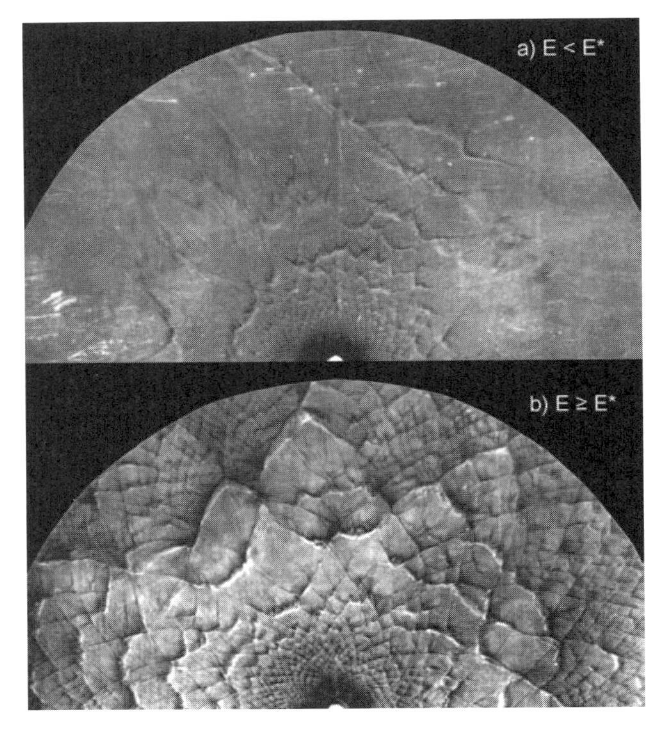


図7．7　円筒状ブラスト起爆におけるすす膜模様（A.A. Vasilievの厚意による）
（a）亜臨界の状況、（b）超臨界の状況。

一定断面の管内におけるデトネーションのセル模様と比べて不規則である。

起爆エネルギーが臨界値に近いとき、現象はもっと複雑になる。化学的なエネルギー放出に比べて起爆エネルギーの方が十分に大きな初期の時間帯では、ブラスト波は次第にオーバードリブンデトネーションへと減衰する。そこからさらにCJ速度へ向けて減衰する様子は亜臨界の状況と似ている。つまり衝撃波はCJ速度を通り越して減衰し続け、同時に反応面は衝撃波から離れる。しかしCJ速度以下のある速度に達すると衝撃波は減衰するのを止め、衝撃波と反応面が一体となった準安定的な複合体としてほぼ一定の速度で伝播し続ける。この準定常で準安定な速度でしばらく伝播した後、反応面において局所的な爆発中心が成長する。そしてオーバードリブンデトネーションバブルが爆発中心から形成され、成長し、先頭衝撃波全体を飲み込んで非対称なデトネーション波を形成する。図7．8に臨界の状況をわかりやすく示すシュリーレン連続写真を示す。時刻6.5 $\mu$sの最初のコマでは、局所的な爆発中心から生じたデトネーションバブルがみえる。その後のコマではデトネーションバブルが成長して衝撃波と反応面の複合体を飲み込んでいき、最終的には非対称なセル状デトネーションが形成される。

図7．9は起爆エネルギーが臨界値に近い状況のストリークシュリーレン写真である。図の右側ではデトネーションが形成されているが、左側では亜臨界の場合と同様に準定常状態の後に衝撃波と反応面が互いに離れていくのがみえる。

しかし衝撃波面の一部分に形成されるデトネーションバブルは最終的には先頭衝撃波全体を飲み込み、非常に非対称なデトネーションを形成する。したがって起爆エネルギーが臨界値に近い状況では、デトネーションの形成は局所的な現象のようである。初期の球状ブラスト波は、

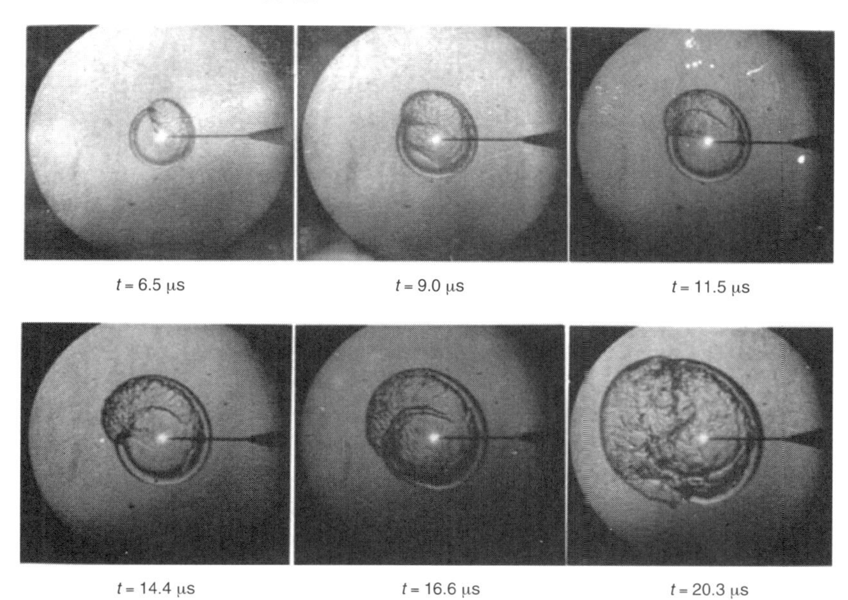


図7．8　起爆エネルギーが臨界値に近い状況のシュリーレン連続写真（Bach *et al.*, 1969）

図7．9　起爆エネルギーが臨界値に近い状況のストリークシュリーレン写真（Bach *et al.*, 1969）

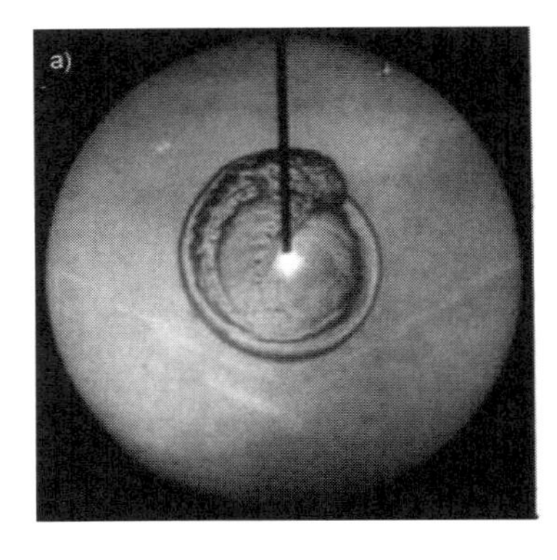


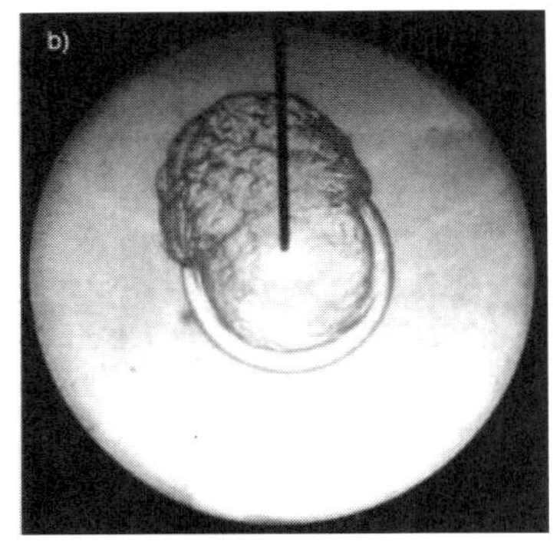


図7.１０　デトネーションバブルの成長をとらえたシュリーレン写真
(a) 時計回りの成長、(b) 時計回りと反時計回りの両方向への成長(Bach *et al.*, 1969)。

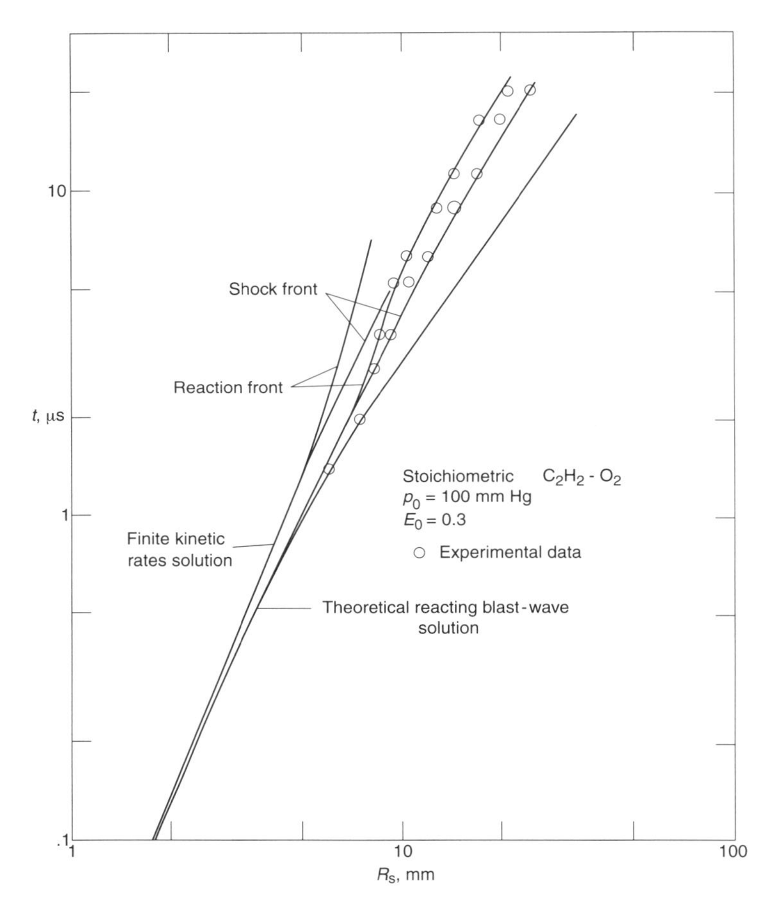


図7.１１　起爆エネルギーが臨界値に近い状況における衝撃波面と反応面の軌跡
アセチレン–酸素の当量混合気、$p_0$ = 100 Torr (Bach *et al.*, 1969)。

反応面の近傍においてデトネーションの発現が起こる臨界条件を整えるだけである。いったん局所的に爆発が起こると、それに続くデトネーションバブルの成長は初期の球状ブラスト波の流れ場とは無関係である。爆発中心から成長するデトネーションバブルは、一方向または両方向に球状衝撃波の表面を掃くように成長する。図7.１０aでは時計回りに螺旋を描くデトネーションバブルの成長がみられ、一方、図7.１０bでは時計回りと反時計回りの両方向にバブ

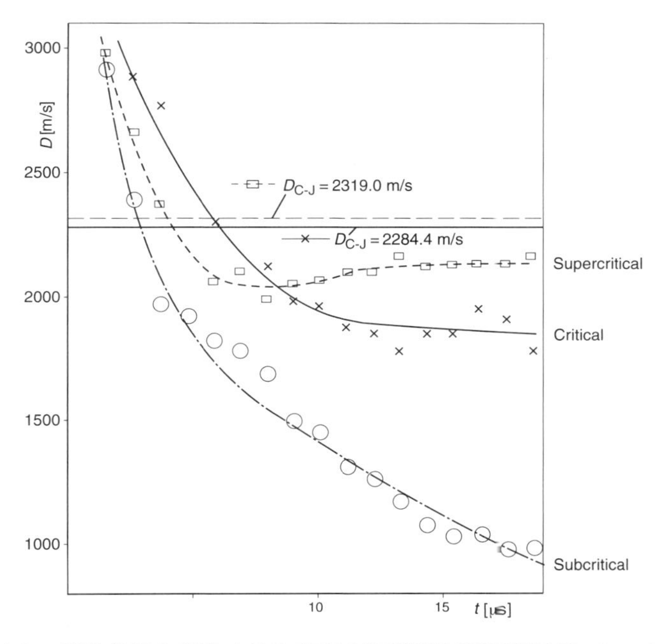


図７．１２　球状ブラスト起爆におけるブラスト波の速度と時間の関係（Bach *et al.*, 1969）

ルが成長している。どちらの場合でも、最終的にはデトネーションバブルは衝撃波面全体を飲み込み、非対称なセル状デトネーションを形成する。

起爆エネルギーが臨界値に近い状況における衝撃波面と反応面の軌跡を図７．１１に示す。ブラスト波とオーバードリブンデトネーションの軌跡は、はじめは反応性爆風理論の解とよく一致している。ブラスト波がCJ速度以下に減衰するにつれて反応面は先頭衝撃波から離れ、その伝播はもはや、常に反応面と衝撃波が一体化したデトネーションを仮定している反応性爆風理論の解では記述できない。図７．１１には、準定常で準安定な時間領域において衝撃波と反応面が一定の距離だけ離れて伝播する様子も示されている。デトネーション形成後の非常に非対称なデトネーションは、もはや図７．１１の１次元的な $R(t)$ 線図上には描くことはできない。

起爆エネルギーとその臨界値との関係が異なる状況に対するデトネーション速度と時間（これは半径と等価だと思ってもよい）の関係を図７．１２に示す。亜臨界の状況では、ブラスト波は時間の経過とともに音波にまで減衰する。しかし起爆エネルギーがその臨界値よりも大きいか同程度の場合には、減衰していくオーバードリブンデトネーションは、混合気のCJ速度よりも低いある速度で減衰するのを止める。超臨界の状況では、実験結果によれば最終的な定常デトネーションの速度がCJ速度よりも低く、これは球状デトネーションの曲率による影響だと考えられる。起爆エネルギーがその臨界値と同じくらいのときは、準定常で準安定な時間帯の伝播速度が混合気や起爆エネルギーに依存するようであり、混合気のCJデトネーション速度の半分にまで低下することもある。図７．１３は、$C_2H_2+2.5O_2$ 混合気中の円筒状デトネーションにおけるデトネーション速度と半径の関係を示している。亜臨界の状況では、ブラスト波が漸近的な限界として音波にまで減衰する様子が示されている。超臨界の場合は、ブラ

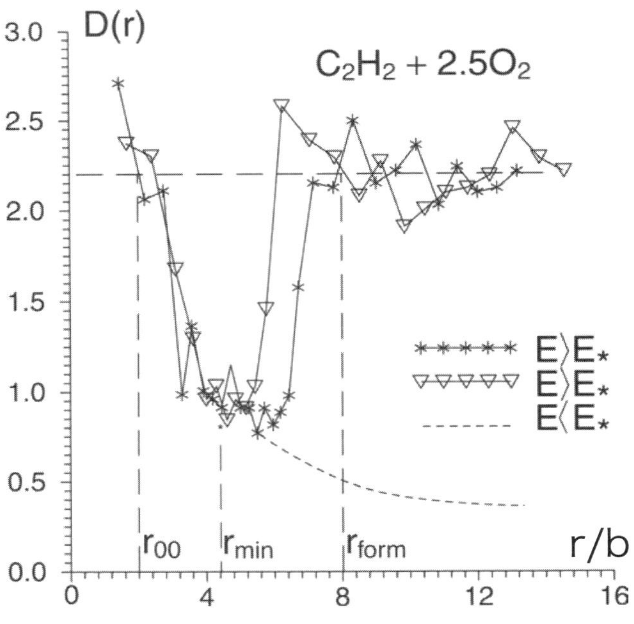


図７．１３　円筒状ブラスト起爆におけるブラスト波の速度
$E_*$は臨界起爆エネルギー（A.A. Vasilievの厚意による）。

スト波が準安定な時間帯においてCJデトネーション速度の半分よりもわずかに低い速度にまで減衰し、その後再加速してCJデトネーションになる様子が示されている。ブラスト波の速度がいったんCJ速度以下にまで低下するというのは、直接起爆現象の特徴のようであり、これは起爆エネルギーがその臨界値よりも大きい場合でも起こるようである。

円筒状デトネーションの直接起爆に対しては、もし円筒の長さが短くて数cm以下ならば、電気火花あるいは爆発細線（exploding wire）が必要な短時間の線状起爆源となりうる。円筒状デトネーションは（その長さを制限するため）２枚の板の間を広がるようにアレンジされ、壁面での反射だけでなく境界層も起爆過程に影響しうる。開放空間で円筒状デトネーションを起爆できるような、長い瞬間的な線状起爆源を用意することは困難なのである。しかし瞬間的な線状起爆源は、$x$軸に沿って無限大の速さで移動する点状起爆源によって近似できる。もし点状起爆源が有限の速さで移動するならば、軸対称の円錐状ブラスト波が生成され、その円錐と$x$軸がなす角度は$\theta = \sin^{-1}\left(V_s / V_{DC}\right)$で与えられる。ここで、$V_s$は衝撃波の速度、$V_{DC}$は$x$軸に沿って移動する点状起爆源の速度である。もし$\theta \ll 1$ならば、点状起爆源から距離$x$の位置における衝撃波とその背後の流れ場は、時刻$t = x/V_{DC}$の瞬間における円筒状ブラスト波とその背後の流れ場とみなせる※2。本質としてこれは極超音速ブラスト波のアナロジーであり、軸対称な鈍頭物体を通過する極超音速流れが円筒状ブラスト波（Lin, 1954）と等価だということである。ブラスト波のエネルギーは、極超音速流れ中にある物体の単位長さあたりの抗力に対

※2：　この近似は、$\sin\theta \approx \tan\theta$が十分に高い精度で成り立っているときに限ることに注意する。$\sin\theta = V_S / V_{DC}$は球面波の源が$x$軸上を移動していくときに無数に並んだ球面波の包絡面のコーン角であり、円筒面波の源が$x$軸上を移動していくときに無数に並んだ円筒面波の包絡面のコーン角は$\tan\theta = V_S / V_{DC}$である（この場合、円錐状の波の伝播速度の法線成分は$V_S$でなく、$x$軸に直交する方向の成分が$V_S$である）。デトネーションの場合は$V_{CJ} \ll V_{DC}$が必要であり、この条件を満足させるのは容易ではない。

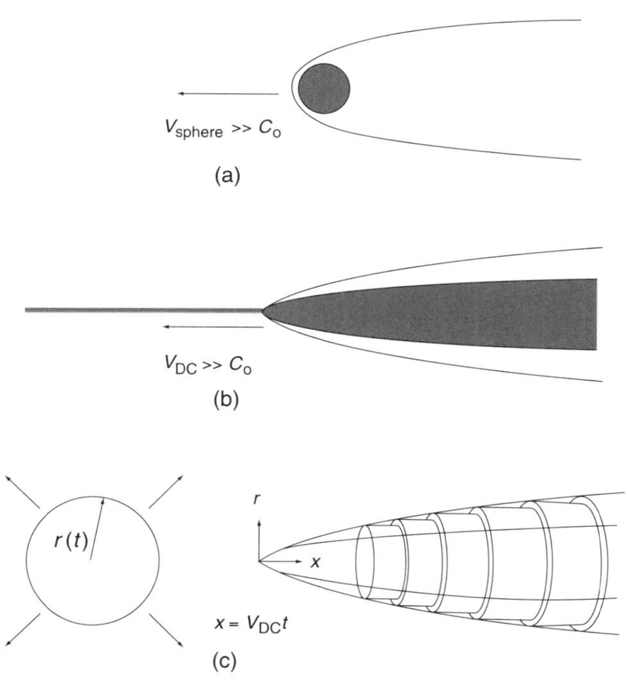


図7．14　円筒状ブラスト波のアナロジー（Radulescu *et al.*, 2003）

応する。図7．14aは極超音速で飛行する球体の弓状衝撃波を示している。これと等価な円筒状ブラスト波の流れ場を図7．14cに示している。

ブラスト波のアナロジーが妥当であるためには、衝撃波の半径が球体の直径に比べて大きくなければならない。さらに線状起爆源という近似が妥当であるためには、起爆源の大きさがブラスト波の半径に比べて小さくなければならない。強力な線状起爆源を得るために、極超音速の鈍頭飛行体の代わりに、高性能爆薬を用いた導爆線（detonating cord）が利用できる。四硝酸ペンタエリスリトール（pentaerythritol tetranitrate: PETN）導爆線を用いれば、導爆線に沿ったデトネーション速度は6.5 km/s程度になり、これに相似な極超音速飛行体の速度は$M \approx 18.5$程度になる。円筒状ブラスト波の特性長（explosion length：表7．1参照）を1 mのオーダーにするような、様々な強さの導爆線を用いることができる。このようにすれば導爆線の太さと導爆線の爆薬から発生するデトネーション生成物の広がりサイズは円筒状ブラスト波の特性長に比べて小さく、流れ場は理想的な爆風理論でよく近似できる（Sakurai, 1953, 1954）。表7．1は、PETN導爆線の強さと、それに対応する円筒状ブラスト波の特性長の値を示している。

表7．1　PETN導爆線の強さと、それに対応する円筒状ブラスト波の特性長

| PETN content ($gm^{-1}$) | Equivalent line energy $E_s$ (kJ/m) | Cylindrical explosion length $R_0 = (E_s/p_0)^{0.5}$ (m) |
|---|---|---|
| 4.9 | 31 | 0.58 |
| 10.6 | 67 | 0.85 |
| 14.8 | 94 | 1.01 |
| 21.2 | 134 | 1.21 |
| 42.4 | 269 | 1.71 |
| 84.8 | 537 | 2.42 |

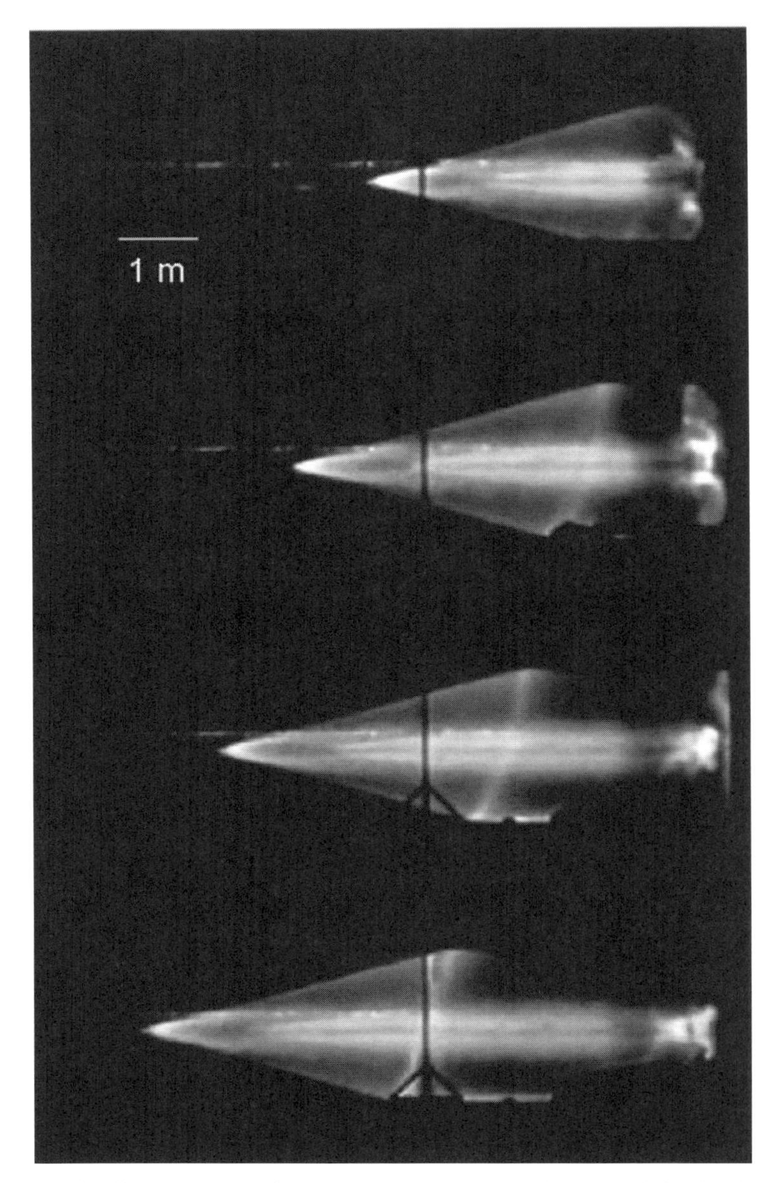


図7.15　臨界値を超えたエネルギーで円筒状デトネーションを起爆した際の高速度自発光連続写真
$\phi$ = 1.07のエチレン–空気、$E$ = 67 kJ/m（Radulescu *et al.*, 2003）。

このように開放空間における円筒状デトネーションの直接起爆の研究に対しては、固体爆薬の導爆線の使用が最適である。Radulescu *et al.*（2003）は、$C_2H_4$−air 混合気中において導爆線を用いた円筒状デトネーションの直接起爆に関する実験を行った。亜臨界エネルギーの状況では空気中のブラスト波が爆風理論に従って減衰し、超臨界エネルギーの状況（図7.15）では円錐状デトネーションが観測される。円錐状の斜めデトネーションの半頂角を計測すると $\theta \approx (16 \pm 0.3)^\circ$ である。この計測結果は、

$$\theta = \sin^{-1}\frac{V_{CJ}}{V_{DC}} = \sin^{-1}\frac{1.825\ \mathrm{km/s}}{6.4\ \mathrm{km/s}} = 16.6^\circ$$

とよく一致している。ここで、$V_{CJ}$ は CEA（McBride and Gordon, 1996）のような熱力学平衡計算プログラムによって求まる。

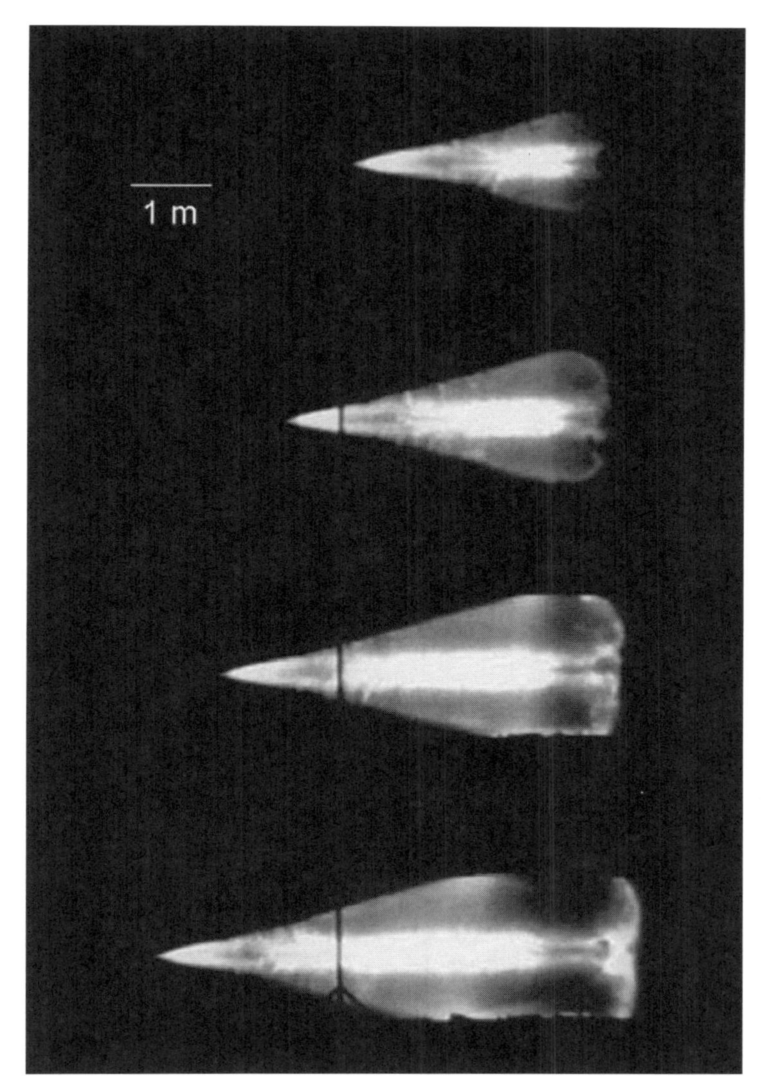


図7.16　臨界値に近いエネルギーで円筒状デトネーションを起爆した際の高速度自発光連続写真
$\phi$ = 1.03のエチレン–空気、$E$ = 67 kJ/m（Radulescu *et al.*, 2003）。

起爆エネルギーが臨界値に近いときは、円錐状デトネーションは少しくぼんだ形状になり、デトネーションが外に膨らむにつれて加速する（図7.16）。対称軸から離れるにつれてデトネーションは円錐状になり、半頂角は約16°になり、理論値と一致する。このように臨界エネルギーの近傍では、デトネーション波の伝播の初期段階において幾分非定常な加速過程がみられる。

起爆エネルギーが臨界値に等しい場合（図7.17）、起爆現象はもっとずっと複雑である。超臨界の場合とは異なり、（起爆源の近傍の）初期の強いブラスト波は滑らかに減衰してオーバードリブンデトネーションとなり、最終的に円錐状のCJデトネーションへと漸近するわけではない。その代わりに、減衰していくブラスト波の外周付近において局所的な爆発中心が現れる。複数の爆発中心から発生するデトネーションバブルは合体し、最終的に導爆線の軸周りに円錐状デトネーションを形成する。しかしデトネーション波の表面は、すべてのデトネーショ

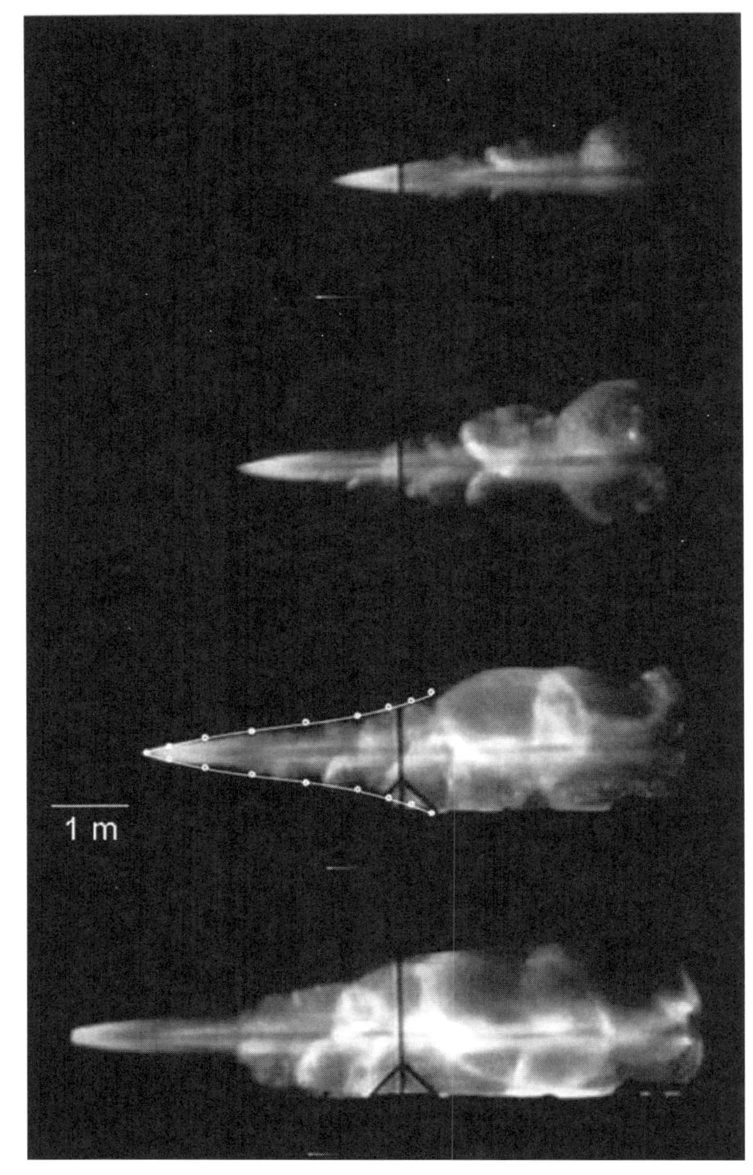


図7.17　臨界値に等しいエネルギーで円筒状デトネーションを起爆した際の高速度自発光連続写真
$\phi$ = 1.0のエチレン−空気、$E$ = 67 kJ/m（Radulescu *et al.*, 2003）。

ンバブルが合体するため、まだ非常に不規則である。図7.17の第3コマには、複数の接触式計測器で測った弓状衝撃波の軌跡をコマ撮り写真の上に重ね合わせている。デトネーションバブルが現れると、デトネーションが発現する間の衝撃波のわずかな加速をみることができる。

理想的な平面状ブラスト波を作り出すためのエネルギーを瞬間的に放出する平面状起爆源を、実験的に実現することは難しい。したがって平面状ブラスト起爆に関する実験結果はほとんどない。平面状デトネーションの直接起爆は、平面状の衝撃波あるいはデトネーション波を用いて実現できる。しかし起爆源となる平面状ブラスト波の減衰速度は平面状衝撃波を生成する手法によって異なり、臨界エネルギーに影響を与えうる。

点状および線状の起爆源を用いた球状デトネーションおよび円筒状デトネーションの直接起

爆に関する実験結果から、これらの現象はほぼ同一であることがわかる。強いブラスト波がオーバードリブンデトネーションへと減衰し、その後、超臨界エネルギーの状況ではCJデトネーションへと漸近し、亜臨界の場合には音波にまで減衰し続ける。起爆エネルギーが臨界値に近い場合には、準安定で準定常な、CJ速度よりも低い速度で衝撃波が伝播する時間帯が存在し、その後、反応領域の中に局所的な爆発中心が形成され、そこからデトネーションバブルが作られる。それらのデトネーションバブルは最終的にブラスト波を飲み込んで非対称なセル状デトネーションを形成する。起爆エネルギーが臨界値に近い場合のデトネーションの形成は、デフラグレーション・デトネーション遷移の場合のデトネーション発現に似ている。

## 7.3 ブラスト起爆の数値シミュレーション

ブラスト起爆の数値シミュレーションは容易に実行でき、実験に比べブラスト波背後の過渡的な流れの構造に関するもっとずっと詳しい情報が得られる。反応性のオイラー方程式を正確に積分するための多くの計算スキームが存在し、様々な複雑さの度合いの化学反応モデル（一段階アレニウス速度則から詳細反応モデルまで）を数値積分の中に組み込むことができる。初期の数値シミュレーション研究のほとんどは、単純な一段階アレニウス反応速度モデルを使った。反応の一般的で定性的な記述は一段階反応モデルで可能だが、重大な欠点を持っている。例えば一段階アレニウス則は有限の温度で有限の反応速度を与えるため、直接起爆のための臨界エネルギーの値をただ1つに決めることができない。つまり損失がなければ化学反応は常に完了に向かって進行するのであり、時間さえかければいかなる有限の強さの衝撃波によっても起爆が起こりうるのである。

素反応に対するすべての反応速度式を同時に積分する詳細反応モデルを使うこともできる。しかしデトネーションが発現する際の物理過程の数値モデルについては、いまだ解決されていない困難さがあるため、この手法が正当化されることは滅多にない。カットオフ温度（cutoff temperature）が考慮されるように三段階反応モデル［Short and Quirk（1997）によって最初に導入され、後にNg and Lee（2003）がブラスト起爆現象の研究に用いた］を選び、臨界エネルギーが決まるようにしよう。

Short と Quirk の三反応連鎖分枝モデルは、温度に依存した2つのラジカル生成反応と温度に依存しない1つの連鎖停止反応で構成される。

1. 連鎖開始：　F → Y　　$k_{\mathrm{I}} = \exp\left[E_{\mathrm{I}}\left(\dfrac{1}{T_{\mathrm{I}}} - \dfrac{1}{T}\right)\right]$

2. 連鎖分枝：　F + Y → 2Y　　$k_{\mathrm{B}} = \exp\left[E_{\mathrm{B}}\left(\dfrac{1}{T_{\mathrm{B}}} - \dfrac{1}{T}\right)\right]$

3. 連鎖停止：　Y → P　　$k_{\mathrm{C}} = 1$

ここで、F, YおよびPは燃料、ラジカルおよび生成物であり、$E_{\mathrm{I}}$ と $E_{\mathrm{B}}$ は開始反応と分枝反応の活性化エネルギーである。特性温度 $T_{\mathrm{I}}$ と $T_{\mathrm{B}}$ は連鎖開始反応と連鎖分枝反応に対するクロスオーバー温度（crossover temperature）と呼ばれ、開始反応または分枝反応の速度が停止

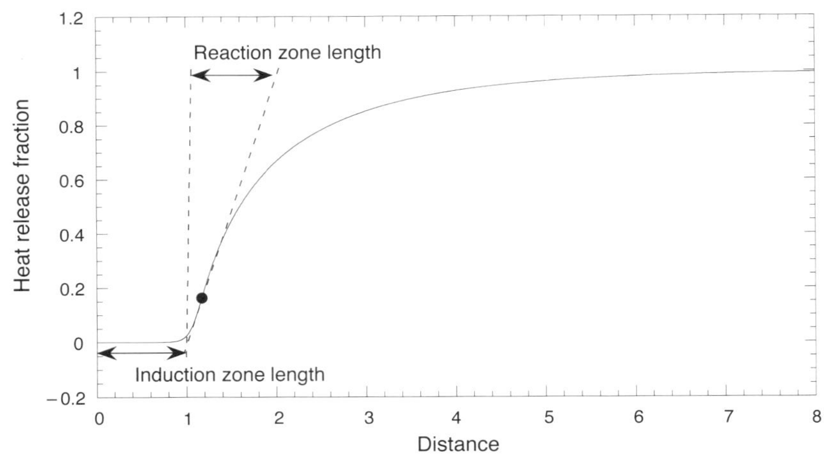


図7．18　三段階反応モデルを用いた場合の発熱分布（Ng and Lee, 2003）

反応の速度と同じくらいになる温度である。典型的な連鎖分枝反応を表現するためには、活性化エネルギーと特性温度を以下のように選ぶべきである。

$$E_{\mathrm{I}} \gg E_{\mathrm{B}}, \qquad T_{\mathrm{I}} > T_{\mathrm{shock}}, \qquad T_{\mathrm{B}} < T_{\mathrm{shock}}$$

ここで、$T_{\mathrm{shock}}$ はデトネーションのフォンノイマン温度である。図7．18に、この三段階反応モデルを用いたZNDデトネーションの発熱（または温度）分布の例を示す。熱的に中立な誘導領域と反応領域がはっきりと存在し、詳細反応を使って得られる発熱分布と合っている。一段階アレニウス速度則では発熱分布が連続的になり、誘導領域と反応領域の明確な違いがなくなってしまう。一段階アレニウス速度則では、デトネーションの安定性を支配するパラメータは活性化エネルギーである。三段階連鎖分枝モデルの場合、Ng (2005) によるZNDデトネーションの安定性研究によれば、安定性は誘導領域と反応領域の長さの比

$$\delta = \frac{\Delta_{\mathrm{induction}}}{\Delta_{\mathrm{reaction}}}$$

によって支配される。$\delta < 1$ の場合に安定なデトネーションとなり、$\delta > 1$ の場合に不安定なZNDデトネーションとなる。

ブラスト起爆現象を数値シミュレーションするためには、数値積分の初期条件としてTaylor (1950)、Sedov (1946)、von Neumann (1941) が導き出した理想的な平面状ブラスト波、円筒状ブラスト波、球状ブラスト波に対する古典的な自己相似解を用いることができる。安定性パラメータの値として $\delta = 0.604$ を選ぶと（このときデトネーションは安定）、平面状ブラスト起爆における衝撃波圧力と距離の関係は図7．19のようになる。起爆エネルギーが（図7．19の計算で用いたパラメータの値に対応する）ある臨界値よりも低い場合（曲線1）、非反応性ブラスト波の場合と同様にブラスト波は減衰し続け、衝撃波が弱くなるにつれて反応領域が衝撃波から後方に離れていき、最後には音波になる。起爆エネルギーが臨界値を超える場合（曲線3）は、ブラスト波はCJデトネーション波に漸近するように減衰し、この場合は反応領域が常に先頭衝撃波と一体化している。起爆エネルギーが臨界値近傍の狭い範囲にある場合（曲線2）は、ブラスト波は最初CJ速度よりも低い速度へ減衰し、反応領域が次第に衝撃

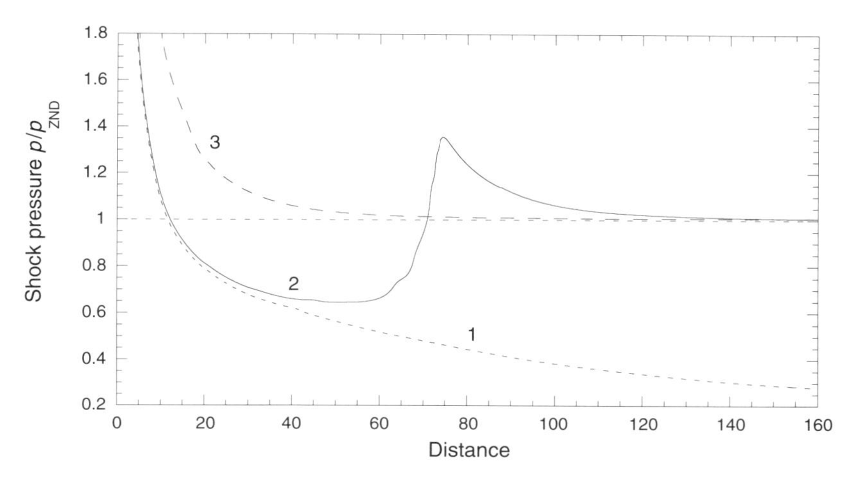


図7.19　安定なデトネーションの条件において、起爆エネルギーを変化させた場合の衝撃波圧力と距離の関係
$E_{S1}=350$, $E_{S2}=362$, $E_{S3}=746$ (Ng and Lee, 2003)。

波から分離する。しかし減衰していくブラスト波がある臨界的な状態（図７．１９の計算で用いたパラメータの値に対しては、衝撃波圧力が $p/p_{ZND}\approx 0.65$）に達すると、衝撃波は減衰を止めるようであり、その臨界的な衝撃波強さで伝播し続ける。これは準定常で準安定な状況であり、この準定常的な状況は衝撃波が急加速してオーバードリブンデトネーションになることで終わり、その後はCJデトネーションへ漸近するように減衰する。起爆エネルギーが臨界値に近いような状況では、ブラスト波が最初にCJ状態以下のある状態まで減衰し、短い時間ではあるがその状態で準安定的に伝播し続け、その後、急加速してオーバードリブンデトネーションになるというのは面白い現象である。この現象は、デフラグレーション・デトネーション遷移におけるデトネーション発現のフェーズに似ている。

起爆エネルギーが亜臨界の状況、超臨界の状況、および臨界に近い状況について、ブラスト波背後の温度分布を、それぞれ図７．２０、７．２１、７．２２に示す。図７．２０に示されている亜臨界エネルギーの状況では、ブラスト波が減衰するにつれ、反応領域が徐々に先頭衝撃波から後方に離れていき、やがて衝撃波から完全に離れる。図７．２１に示されている起臨界の場合では、ブラスト波が減衰するにつれて、はじめは反応領域が先頭衝撃波から後方に離れる。その後、反応領域は衝撃波から離れるのを止め、ある一定の誘導距離を維持しつつ、波の状態はCJ状態に近づく。図７．２２に示されている起爆エネルギーが臨界値に近い状況では、衝撃波がCJ状態を通過して準安定状態まで減衰しつつ、反応領域が衝撃波から徐々に後方に離れる。そして、反応領域が再び衝撃波に向かって加速してオーバードリブンデトネーションを形成することで、この準定常的な状況は終わる。その後、オーバードリブンデトネーションは減衰し、反応領域は衝撃波から再び少し後方に離れ、混合気のCJデトネーションの状態に対応した最終位置に落ち着く。

図７．２３に起爆エネルギーが臨界値に近い状況における圧力分布を示す。初期の圧力分布は図７．２３の上段の一番左側に示されている。興味深いことに、準定常な時間帯の後の再加速フェーズにおいて、反応領域中で圧力が高まり、そのことによって衝撃波背後の圧力勾配が0（準定常期間において衝撃波が一定速度で伝播しているときの状態）から負の勾配（つまり

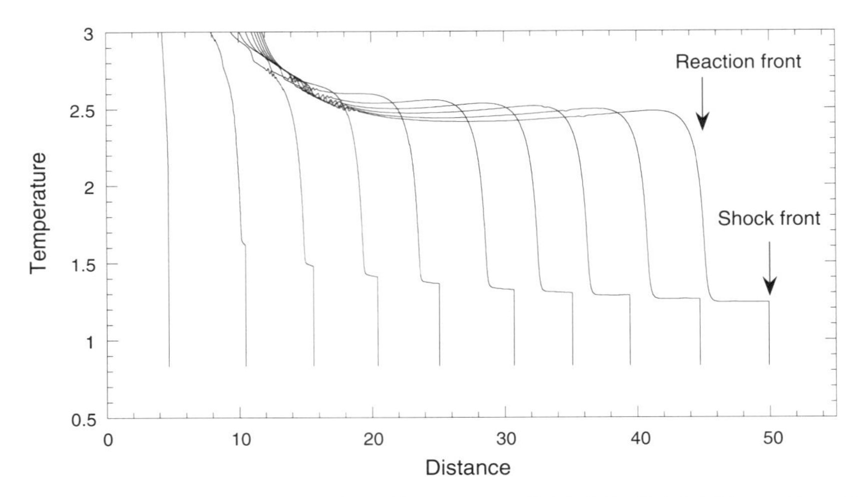


図7．20　平面状デトネーション起爆の亜臨界の状況における、様々な時刻の温度分布（Ng and Lee, 2003）

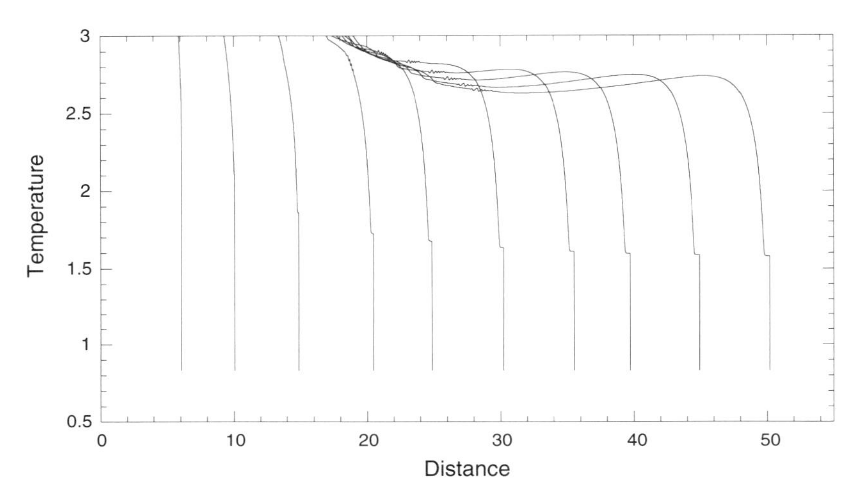


図7．21　平面状デトネーション起爆の超臨界の状況における、様々な時刻の温度分布（Ng and Lee, 2003）

衝撃波から離れる方向に圧力が上昇している状態）に変化し、その結果として衝撃波がオーバードリブンデトネーションにまで加速する。数値シミュレーションの優れたところは、ブラスト波の背後の時間的に変化する気体力学的な流れ場の詳細が容易に得られるところである。

デトネーションが不安定であるような安定性パラメータ $\delta$ の値においては、直接起爆の過程がわずかに異なる。ZND デトネーションが不安定であるため、1次元の場合は振動デトネーションが現れる。もし2次元（あるいは3次元）のオイラー方程式を使うならば、不安定性はセル状デトネーションとなって現れるだろう※3。図7．24は、デトネーションが非常に不安定である $\delta = 1.429$ の場合における、様々な値の起爆エネルギーに対する衝撃波圧力と伝播距離の関係を示している。オーバードリブンデトネーションは安定なので、強いブラスト波の初期

※3：　安定または不安定な1次元デトネーションは、セル状デトネーションにおいては規則的または不規則なセル構造に対応する。1次元デトネーションが安定な条件でも不安定な条件でも、実際にはセル状デトネーションとなることに注意する。

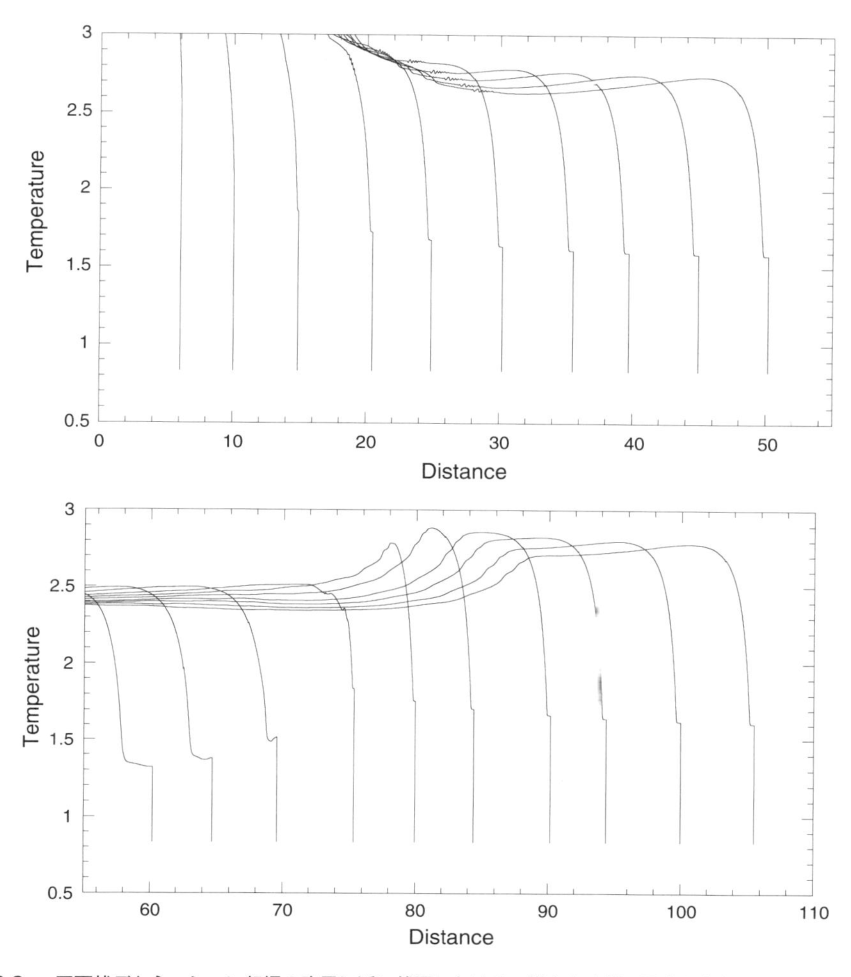


図7．22　平面状デトネーション起爆の臨界に近い状況における、様々な時刻の温度分布(Ng and Lee, 2003)

の減衰過程は安定なデトネーションの場合と同様である。曲線1では、ブラスト波は減衰し続け、衝撃波背後の温度が連鎖分枝過程のクロスオーバー温度 $T_B$ よりも低くなる。そして連鎖分枝反応は停止し、連鎖停止反応が優位になり、ブラスト波はさらに減衰して音波になる。起爆エネルギーがより大きい場合（曲線2)、ブラスト波は最初、CJ 状態よりもわずかに低い、ある強さまで減衰する。その後ブラスト波は再加速し、不安定性に起因する振動の脈動サイクルを開始しようとする。しかし脈動の最初のサイクルの低速度フェーズにおける反応性流体粒子の温度が連鎖分枝反応のクロスオーバー温度よりも低いところまで落ち込み連鎖停止反応が優位になり、デトネーションが消失する。さらに大きな起爆エネルギーの場合（曲線3)、波面は最初の脈動サイクルの低速度フェーズを生き残る。これは、起爆エネルギーが大きいほどブラスト波背後の膨張勾配が緩やかになって、反応性流体粒子の温度が連鎖分枝反応のクロスオーバー温度を下回らなくなるためである。したがってデトネーションが再加速でき、脈動を継続できる。不安定なデトネーションの場合、最終的に漸近する伝播状態は脈動デトネーションであり、図7．19に示したより低い $\delta$ の値の場合（$\delta$ = 0.604）のような定常的な ZND デトネーションではない。

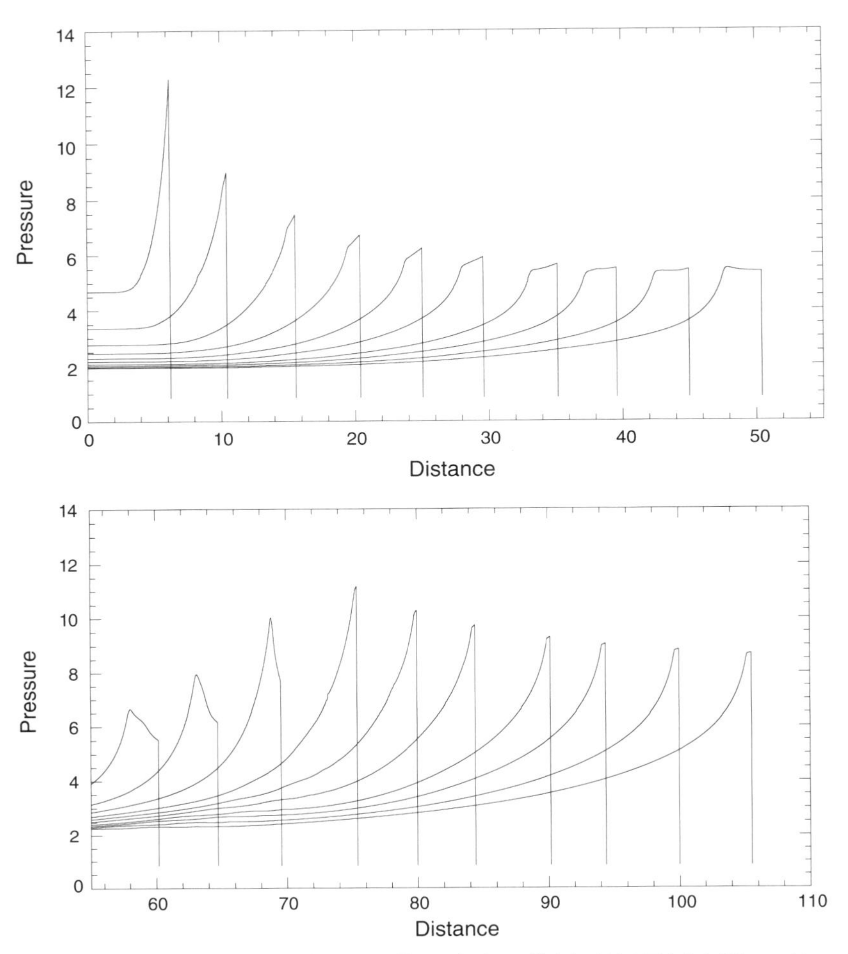


図７．２３　平面状デトネーション起爆の臨界に近い状況における、様々な時刻の圧力分布（Ng and Lee, 2003）

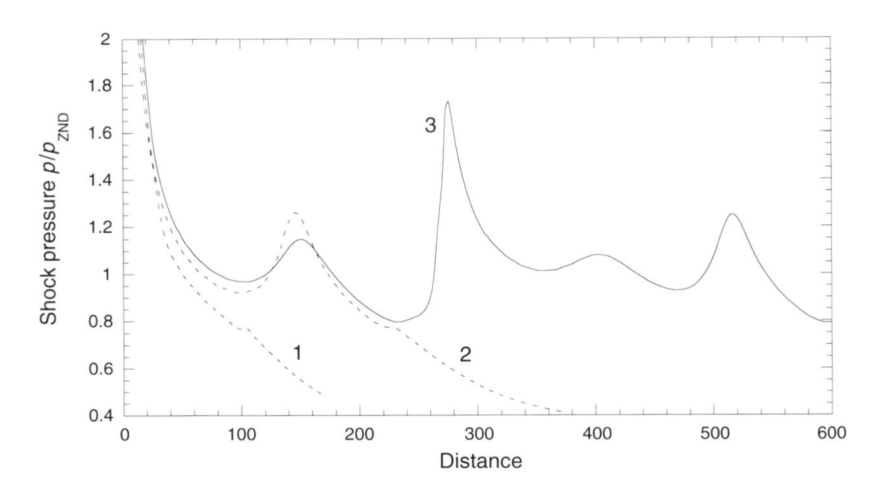


図７．２４　非常に不安定なデトネーションの条件において、起爆エネルギーを変化させた場合の衝撃波圧力と伝播距離の関係
$E_{S1}$ = 1195, $E_{S2}$ = 1371, $E_{S3}$ = 1445（Ng and Lee, 2003）。

安定したデトネーションから非常に不安定なデトネーションまでの様々な値の安定性パラメータに対し、起爆後のデトネーションの漸近的な振る舞いに目を向けることは興味深い。図

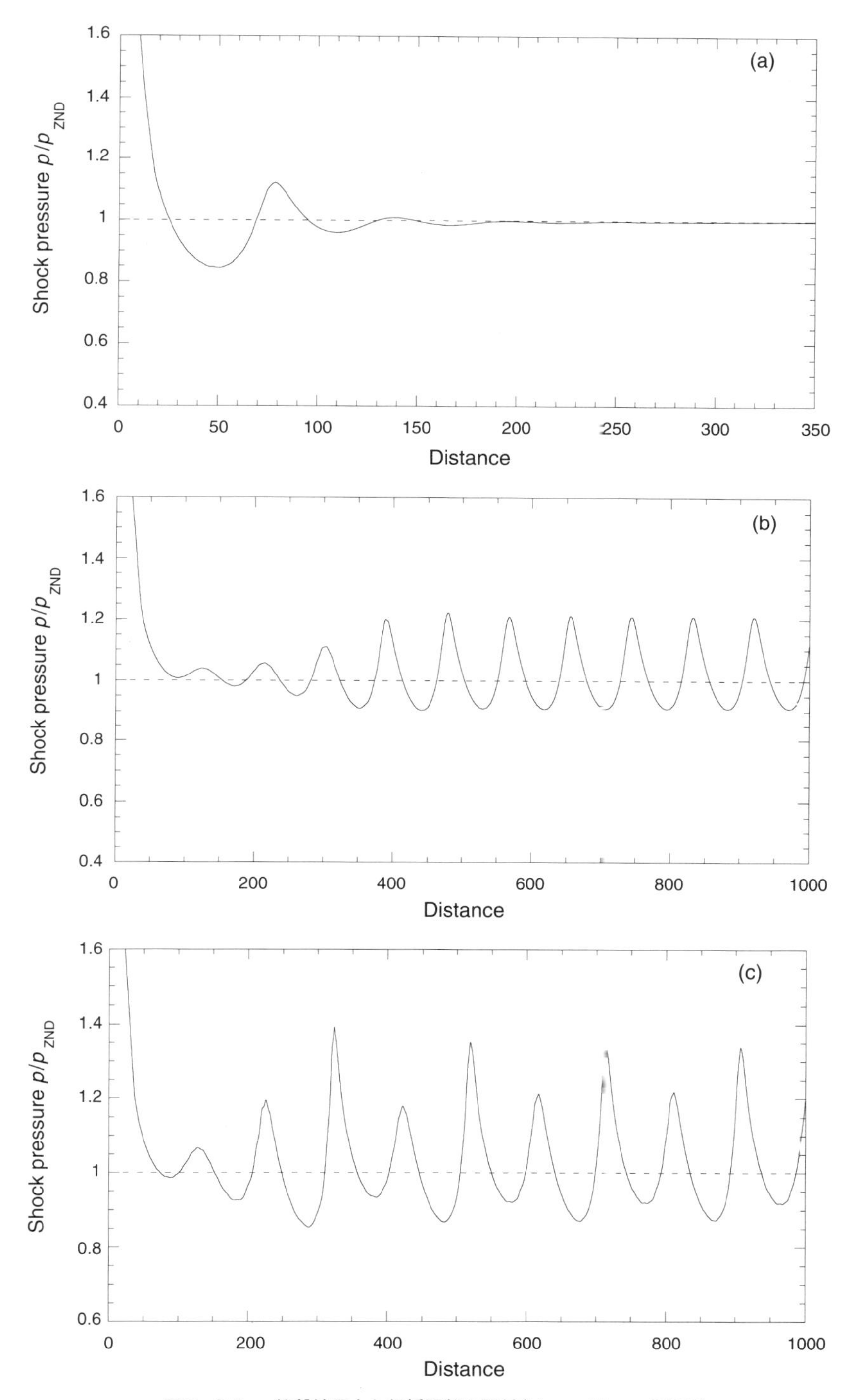


図７．２５　衝撃波圧力と伝播距離の関係（Ng and Lee, 2003）
(a) 安定なデトネーション：$\delta = 0.891$、(b) 不安定なデトネーション（単一周期の振動モード）：$\delta = 1.240$、
(c) 不安定なデトネーション（周期が二重に分岐した振動モード）：$\delta = 1.328$。

７．２５は、安定性パラメータの範囲 $0.891 \leq \delta < 1.468$ における、衝撃波圧力と距離の一連の関係を示している。

これらすべての場合において、十分に大きな起爆エネルギーを与え、超臨界な状況になるようにした。すでに述べたように $\delta = 0.891$ の場合（図７．２５a）は、（$\delta = 0.604$ の場合［図７．１９］

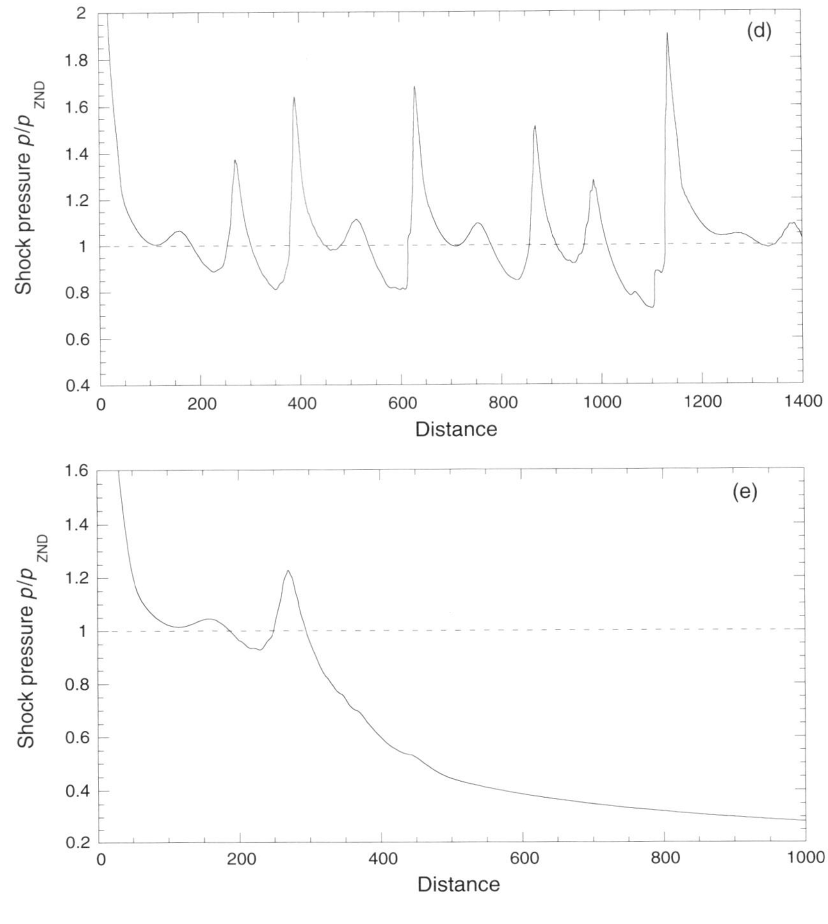


図７．２５(続き)　(d) 不安定なデトネーション(多重モードの振動)： $\delta = 1.429$、
(e) 消炎(デトネーション限界)： $\delta = 1.468$。

とは異なり）はじめデトネーションは脈動しようとする。しかしその脈動は勢いを失い、定常ZND デトネーションに漸近する。$\delta$ = 1.240 の場合（図７．２５b）はデトネーションは規則的に脈動するが、安定性境界に近い条件であるため、その振動は単周期モードであり、調和振動に近い。$\delta$ の値が大きくなるにつれて脈動はより非線形性を増し、$\delta$ = 1.328 の場合（図７．２５c）では振動が二重の周期に分岐したモードとなる。さらに $\delta$ の値を大きくすると、$\delta$= 1.429 の場合（図７．２５d）のようにデトネーションが多重モードの振動状態となる。デトネーションがさらに不安定になると非線形振動の振幅が著しく大きくなり、衝撃波振動の低速度フェーズにおいて衝撃波背後の温度がより低いところまで落ちる。そして反応性流体粒子の温度が連鎖分枝反応のクロスオーバー温度よりも低くなると、化学反応が停止してデトネーションは消失する。

図７．２５eは、脈動サイクルの低速度フェーズにおいて衝撃波背後の温度がクロスオーバー温度を下回り、デトネーションが消失した場合である。ただし、この自己消失現象は、不安定性が伝播方向内の脈動となって現れる１次元的な不安定デトネーションに対してだけみられることに注意すべきである。実際には、不安定性はセル状デトネーションのように３次元的に起こり、自己消失はおそらく起こらない。セル構造形成のサイクルにおける周期的な揺動は局所

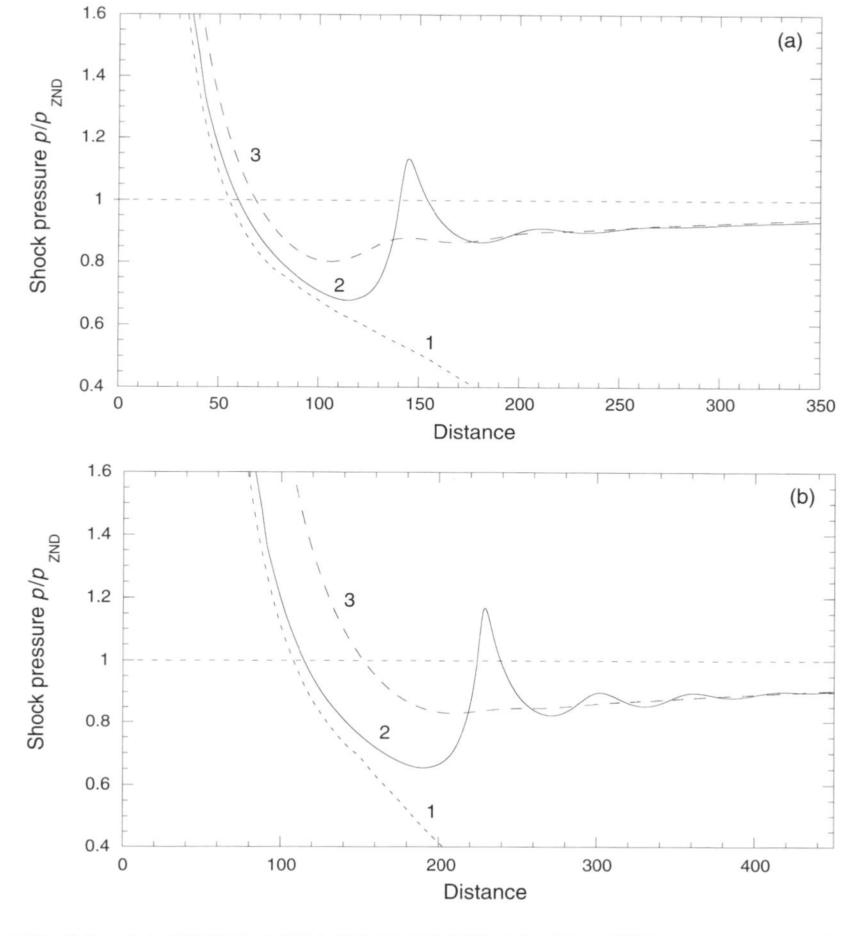


図7．26　(a) 円筒形状および (b) 球形状の直接起爆における3つの状況 (Ng and Lee, 2003)

的な消炎を引き起こすかもしれないが、隣り合うセルの揺動が互いにランダムな位相差を持っていて、局所的に消炎したセルを再起爆することが可能なため、デトネーションが全体として消失することはほとんどありえない。非常に不安定なデトネーションに対しては、実験的に得られるすす膜が周期的かつ局所的な消失と再起爆を示し、結果として非常に不規則なすす膜模様が作り出される。

ここまでは平面形状のデトネーションに議論の焦点を当ててきた。円筒形状や球形状の場合は、デトネーション波面が曲率を持つため、ブラスト波自身が弱まることに伴う膨張に加えて、曲がった衝撃波の背後で反応するガスの断熱膨張が起こる。安定なデトネーションの条件である $\delta = 0.604$ における、円筒形状および球形状の場合の起爆の状況を図7．26に示す。これらを対応する平面形状の場合（図7．19）と比較すると、3つの起爆の状況すべてに対し、ブラスト波はいつもCJ状態よりも低い状態まで減衰することがわかる。$\delta$ の値が安定限界よりもかなり低い場合でさえ、円筒形状および球形状の両者の臨界的な状況は周期的な減衰振動を示し、それと同時にデトネーションは最終的な定常状態へと漸近していく。これはおそらく、衝撃波背後の流体粒子に対して横方向の膨張を追加して誘起する曲率の効果によるものだろう。曲率に起因するさらなる膨張は温度を低下させることになり、ゆえに誘導領域長さが増大

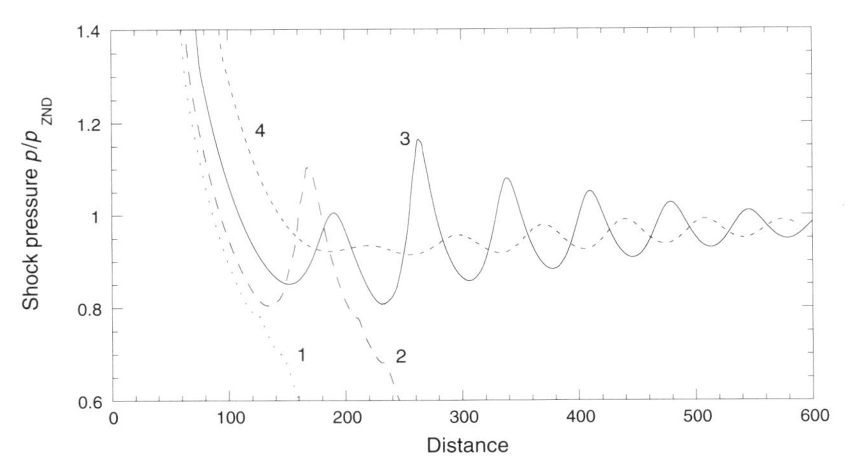


図７．２７　様々な無次元起爆エネルギーにおける不安定な円筒形状デトネーションの直接起爆
$E_{S1} = 2.74\times10^5$, $E_{S2} = 3.01\times10^5$, $E_{S3} = 3.74\times10^5$, $E_{S4} = 5.60\times10^5$（Ng and Lee, 2003）。

し安定性パラメータ $\delta$ の実効的な値が増加して、デトネーションがより不安定になる。しかしデトネーションが広がって半径が大きくなるにつれ曲率は小さくなり、波面はどんどん安定になっていく。

漸近状態へ向かう変化が非常にゆっくりと起こることもまた、興味深い点である。円筒形状および球形状では、形成されたデトネーションの速度は混合気の通常の CJ 状態よりも低く、その状態が長い時間持続する。この要因としては、曲率を伴うデトネーションの固有速度が通常の CJ 値よりも低いということが考えられる。しかし音速面の存在によって波面は後方の流れ場から事実上切り離されているため、固有速度の変化は衝撃波と反応領域の間の局所的な条件で決まらなければならない。

少し高い値である $\delta = 0.891$ では、平面形状の場合には安定な ZND デトネーションが得られる一方、円筒形状の場合には脈動デトネーションが得られるのがわかる（図７．２７）。しかし脈動はほぼ調和的であり、起爆後に波面が外側に広がるにつれて非常にゆっくりと減衰している。したがって発散デトネーションでは、曲率によって衝撃波背後における横方向の膨張が追加され、誘導領域長さと安定性パラメータ $\delta$ が実効的に増大する。半径が大きくなるに従って曲率の効果は弱くなるが、音速面が存在するため既燃ガス中の非定常な流れ場は波面から事実上切り離される。これにより波面の速度変化はゆっくりとしたものになり、半径が小さいときの初期の起爆過程の記憶が長い時間持続することになる。

すでに述べたように、一段階アレニウス速度則を用いると臨界起爆エネルギーの明確な値を得ることができない。図７．２８は、一段階反応モデルを用いて平面状デトネーションの起爆エネルギーを変化させた際の起爆過程を示している。図からわかるように起爆エネルギーを減少させると、単純に再加速過程が遅くなる（曲線１～6）。長い時間待てば（曲線７の場合）、曲線１～６と同様に衝撃波はいつも再加速してオーバードリブンデトネーションに戻る※4。これとは対照的に三段階連鎖分枝反応モデル（図７．１９）では、連鎖分枝反応のクロスオーバー

※4：　図７．２８の曲線７ではまだ再加速が起こっていないが、十分に長い時間待てば当然、再加速が起こるということだろう。

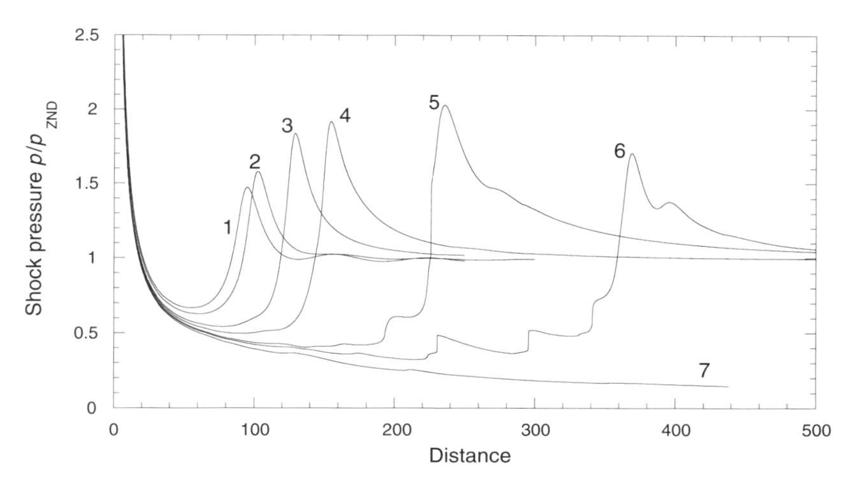


図７．２８　様々な無次元起爆エネルギーにおける、一段階反応速度則を用いた場合の衝撃波圧力と伝播距離の関係
$E_{S1}=3243$, $E_{S2}=3285$, $E_{S3}=3302$, $E_{S4}=3361$, $E_{S5}=3420$, $E_{S6}=3601$, $E_{S7}=3724$（Ng and Lee, 2003）。

温度を下回る温度まで温度が低下するような起爆エネルギーでは、反応の停止が明確に現れていた。したがってブラスト起爆の数値シミュレーションでは、より現実的な化学反応モデルが使われなければならない。

異なる幾何形状での数値シミュレーションの結果を用いれば、ブラスト起爆における爆発長さ不変性の概念を示すことができる。幾何形状が異なると起爆エネルギーの単位が異なる。例えば起爆エネルギーは球形状、円筒形状、平面形状のそれぞれに対して、エネルギー、単位長さあたりのエネルギー、単位面積あたりのエネルギーの単位を持つ。したがって異なる幾何形状間で直接起爆の臨界エネルギーを直接比較することはできない。強いブラスト波の減衰はTaylor、Sedov、von Neumannによる古典的な相似解から導かれる爆発長さによってスケールされることに着目し、Lee（1977）は、異なる幾何形状において直接起爆の臨界爆発長さは等しくあるべき、すなわち以下のようであるべきだと提案した。

$$R_0^*=\left(\frac{E^*_{\text{spherical}}}{p_0}\right)^{\frac{1}{3}}=\left(\frac{E^*_{\text{cylindrical}}}{p_0}\right)^{\frac{1}{2}}=\left(\frac{E^*_{\text{planar}}}{p_0}\right)$$

ここで$E^*$は直接起爆の臨界エネルギーであり、それぞれの幾何形状に対して適切な単位を持っている。Ng and Lee（2003）による数値シミュレーションから、それぞれの幾何形状に対する臨界爆発長さを、様々な爆発性混合気における誘導領域長さ（これはデトネーションの安定性を表す）に対してプロットしたのが図７．２９である。同じ混合気に対しては、異なる幾何形状に対して臨界爆発長さが同程度である。誘導領域長さが小さい（ゆえに安定性パラメータ$\delta$の値が小さい）安定なデトネーションに対してよりよく一致している。不安定なデトネーション（つまり誘導領域長さが大きい）では、デトネーションの発現において不安定性がより大きな役割を果たし、起爆源から発生するブラスト波の減衰によって直接起爆が完全に支配されるのではないだろう。爆発長さの比例則はブラスト波の減衰に対してのみ適用される。それゆえ起爆過程に他の要因が入るときは、爆発長さの比例則という考え方は適用できないだろう。

上記の数値シミュレーションの結果は、ブラスト起爆のゼルドビッチ判定基準を検証するためにも使える。Zeldovich *et al.*（1957）によると、ブラスト起爆の臨界エネルギーは混合気の

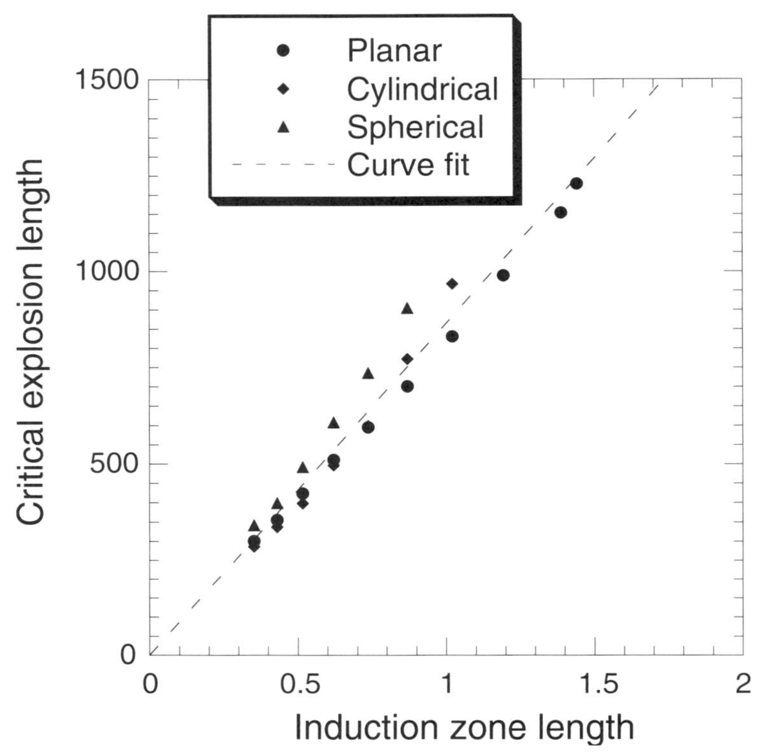


図７．２９　異なる幾何形状におけるブラスト起爆に対する爆発長さ不変性（Ng and Lee, 2003）

誘導領域長さに依存し、

$$E_c \propto \Delta_{induction}^{j+1}$$

となるべきである。ここで平面形状、円筒形状、球形状のそれぞれに対して $j = 0, 1, 2$ である。Zeldovich の判定基準は、ブラスト波の起爆エネルギーが次のようでなければならないという考察に基づいている。すなわち、ブラスト波が CJ 状態にまで減衰した時点で、ブラスト波の半径が少なくとも誘導領域長さと同程度でなければならないという考察である。図７．３０は平面形状、円筒形状、球形状に対する Ng の数値計算結果を示している。爆発長さの場合と同様、誘導領域長さが小さく、$\delta$が小さくてデトネーションが安定な場合に、数値計算結果はゼルドビッチ判定基準：$E_c \propto \Delta_{induction}^{j+1}$ とよく一致している。しかし起爆過程の成否において不安定性がより重要な役割を果たす不安定なデトネーションに対しては、数値シミュレーションの結果はゼルドビッチ判定基準から逸脱している。

## ７．４　臨界管直径

Laffitte（1925）は、おそらく最初に球状デトネーションの起爆を試みた人物である。Laffitte は、直径 7 mm の管内を伝播する $CS_2 + 3O_2$ 混合気中の平面状デトネーションを球状容器の中心へ入射させたが、直接起爆を行うことはできなかった。後の研究で、Zeldovich *et al.*（1957）は様々な直径の管を用いて次のことを見出した。それは、与えられた混合気に対して直接起爆を行うには管直径の臨界値が存在するというものである。管直径が臨界管直径より

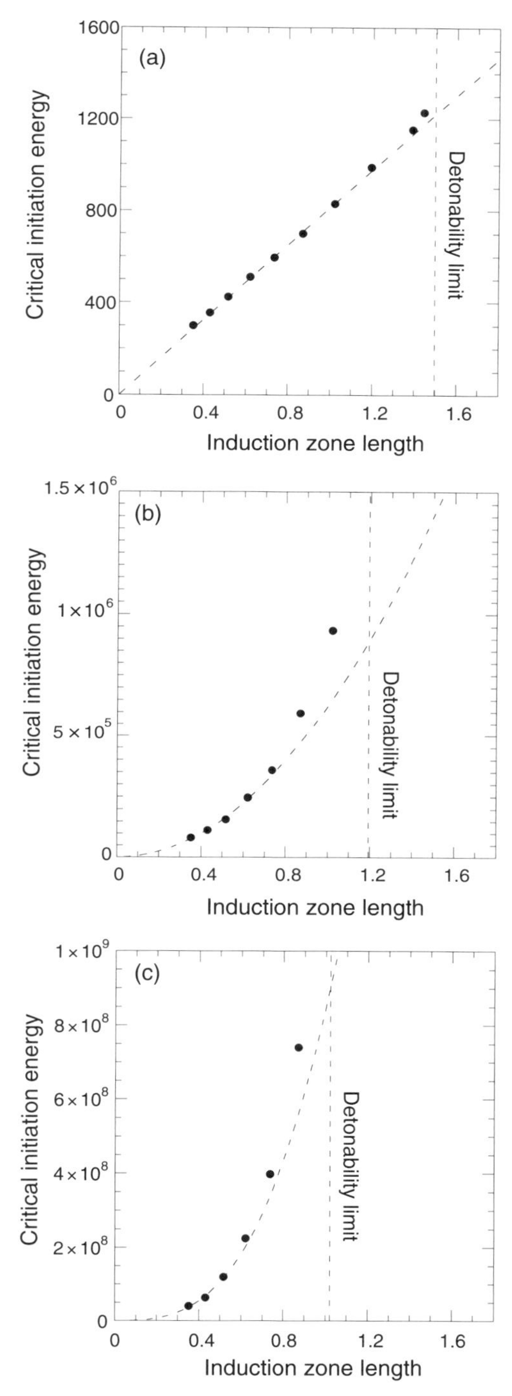


図7．30　(a) 平面形状($j=0$)、(b) 円筒形状($j=1$)、(c) 球形状($j=2$)における、ZND誘導領域長さに対する臨界起爆エネルギーの変化(Ng and Lee, 2003)

も大きい場合には、(管から開放空間に向けて入射された) 平面状デトネーションは消失せずに球状デトネーションへうまく遷移する。臨界管直径よりも小さい場合には、管から出たデトネーションは球状デトネーションへ遷移できない。

図7．31は管内の平面状デトネーションが開放空間に飛び出た直後をとらえた連続シュリーレン写真を示している。この場合では、管直径が混合気に対する臨界管直径よりも小さい。

デトネーションが消失し、衝撃波から分離した球状デフラグレーションがみえる。図７．３２では管直径が混合気に対する臨界値よりも大きく、球状デトネーションの直接起爆がみえる。ここで注意すべきは、球状デトネーションの前半分には乱れたセル構造がみえる一方で、回折したデトネーションの後ろ半分には分離した滑らかな衝撃波面と反応面がみえることである。これは管出口の角部で生成される急峻な膨張波によるものであり、デトネーションが開放空間に飛び出る際にこの膨張波が管出口の角部に近い部分のデトネーションを消失させるのである。膨張波の勾配は管軸に近づくにつれて緩やかになり、デトネーションが完全な消失を免れて自らを再起爆するのである。最終的に、球状波面の前半部分の管軸に近いところで再起爆さ

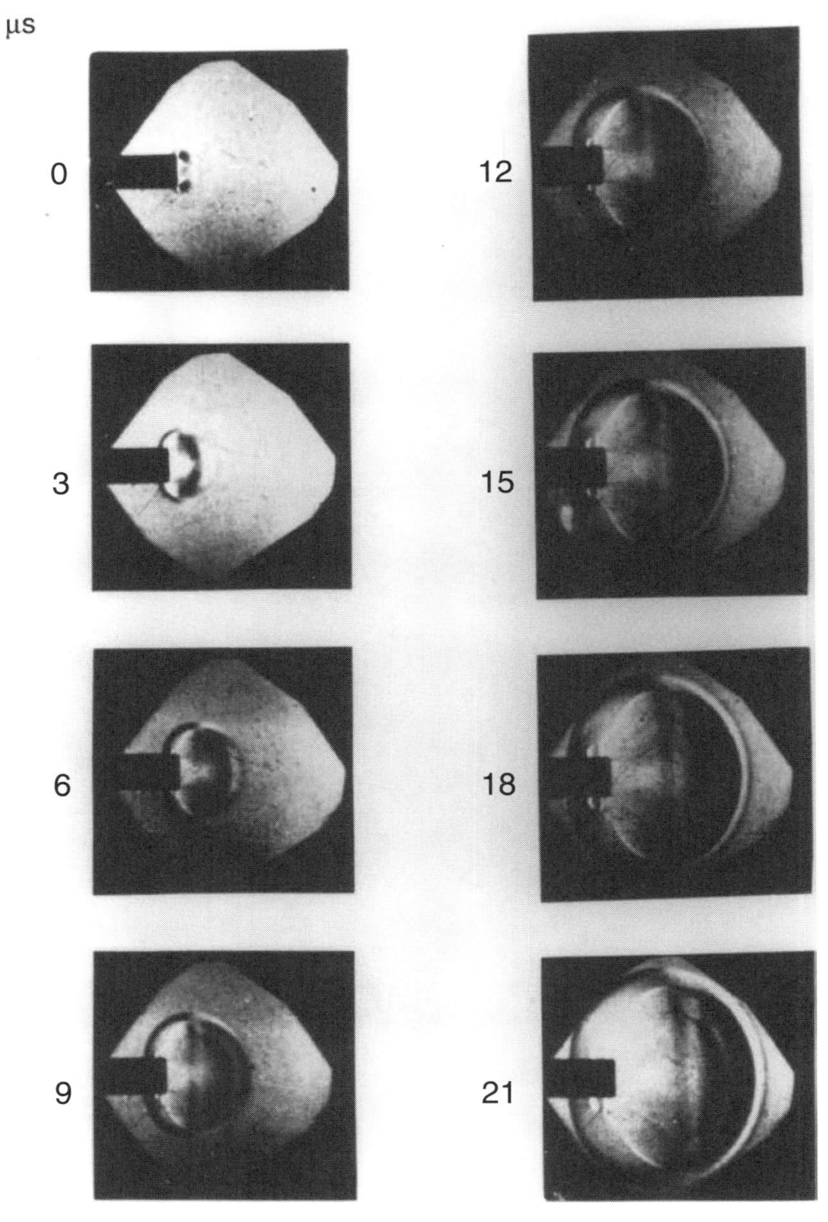


図７．３１　管内の平面状デトネーションが開放空間に飛び出た直後をとらえた連続シュリーレン写真
亜臨界の場合（R.I. Soloukhinの厚意による）。

れたセル状デトネーションは後方へ伝播し、消失したデトネーションを再起爆する。いずれは、回折した球状波面の全体が自走するセル状デトネーションとなる。

同様な臨界的な管の現象は２次元の場合でも起こる。この場合、流路内の平面状デトネーションは開口部に突然出くわし、円筒状デトネーションとなる。奥行き方向に薄い流路を用いればシャッター開放写真を撮影することができる。そのセル構造から、横波の軌跡、デトネーションの消失、そして回折したデトネーションの再起爆がはっきりと観測できる。図７．３３aは流路高さが臨界値に及ばない亜臨界の場合を示しており、回折したデトネーションは完全に消失していて、円筒状デトネーションの直接起爆はみられない。図７．３３bは流路高さが臨界

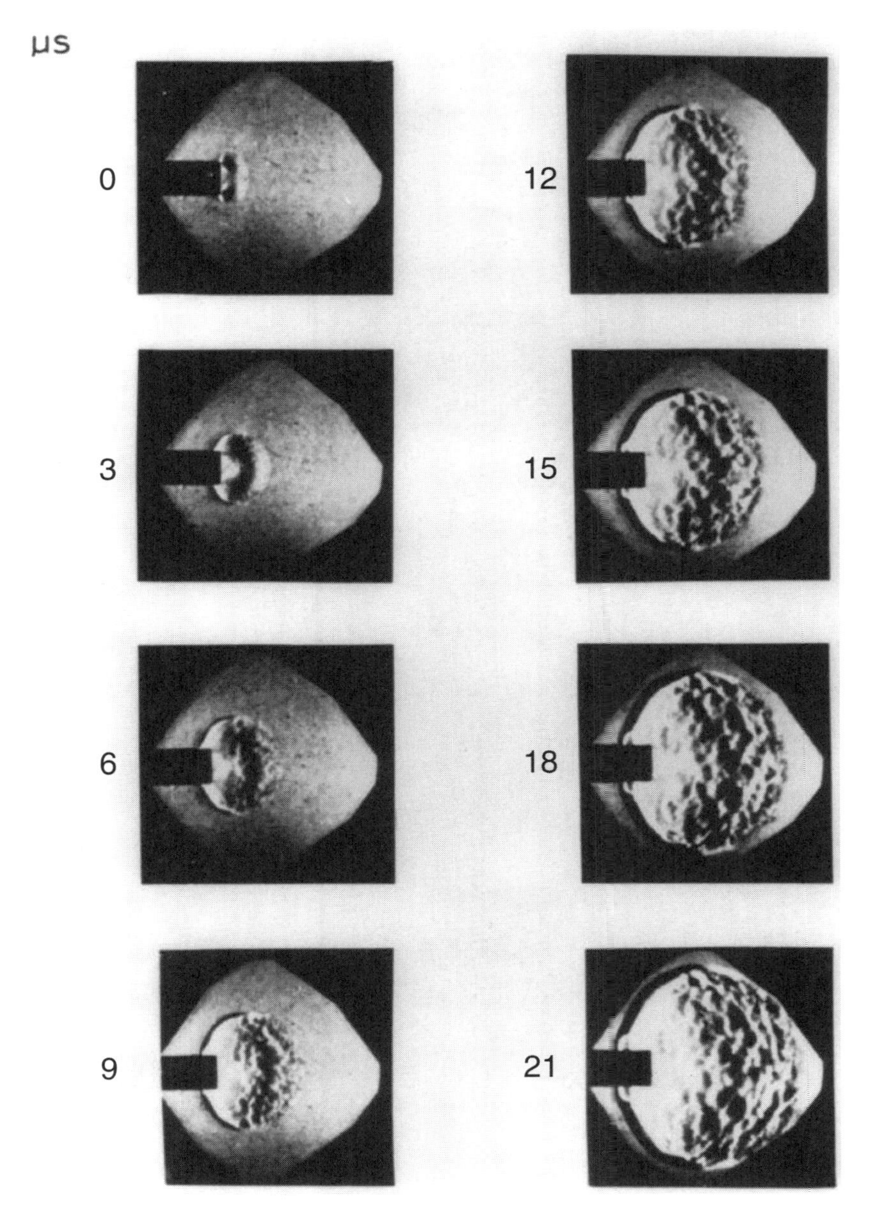


図７．３２　管内の平面状デトネーションが開放空間に飛び出た直後をとらえた連続シュリーレン写真
超臨界の場合（R.I. Soloukhinの厚意による）。

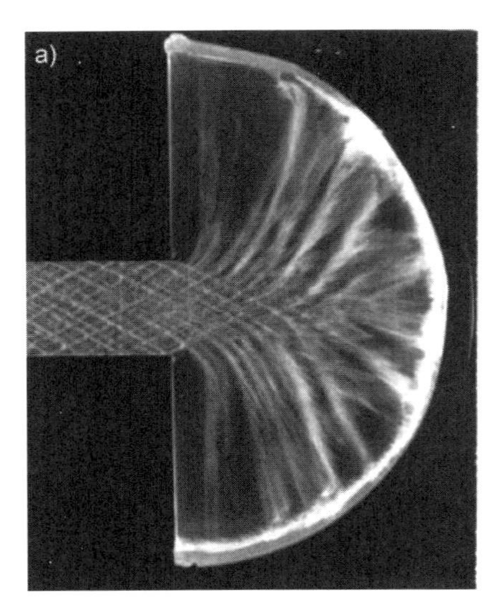


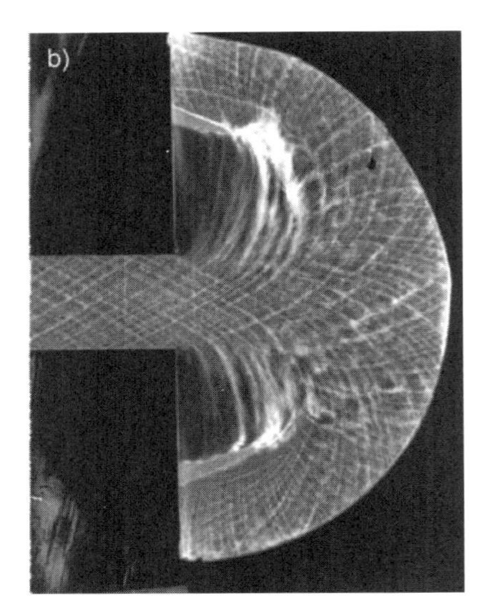


図７．３３　奥行き方向に薄い流路を使い、平面状デトネーションが広い空間に飛び出た様子を撮影したシャッター開放写真
円筒状デトネーションの起爆に失敗した場合(a) と成功した場合(b) (Lee, 1995)。

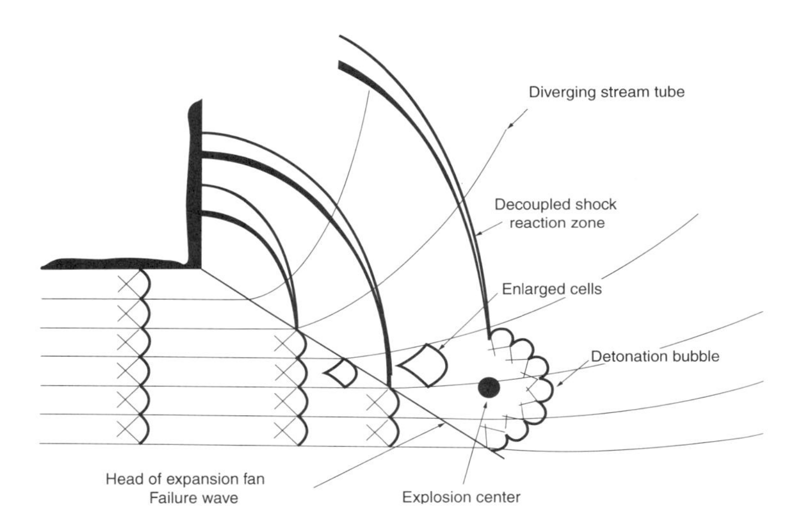


図７．３４　不安定な混合気におけるデトネーションの消失と再起爆を示す模式図(Lee, 1995)

値を超える超臨界の場合を示していて、平面状の波面が円筒状デトネーションに遷移する様子がみえる。

図７．３４はシャッター開放写真で観測される現象を描いたスケッチである。混合気の反応速度は非常に温度依存性が強く、(デトネーションが流路出口から離れるに従って) 流路の中心軸方向へ伝播する有心希薄波の波頭における温度擾乱が、反応領域を衝撃波から分離させてデトネーションを消失させるのに十分なほどである。したがって希薄波の波頭の軌跡は、実質的に、その背後で反応領域と衝撃波が分離しているような消失波 (failure wave) の軌跡である。膨張したという情報は希薄波の波頭とともに伝わるため、消失波の前方ではデトネーションは乱されていない。希薄波が中心軸に向かって伝播するにつれ (自己相似希薄波の性質により) 膨張の勾配は小さくなる。したがって、もし流路壁面近傍の流管を考えるならば、急峻な希薄波によって流管の断面積は急激に増加することになる。しかし、もし流路中心軸近くの流管を

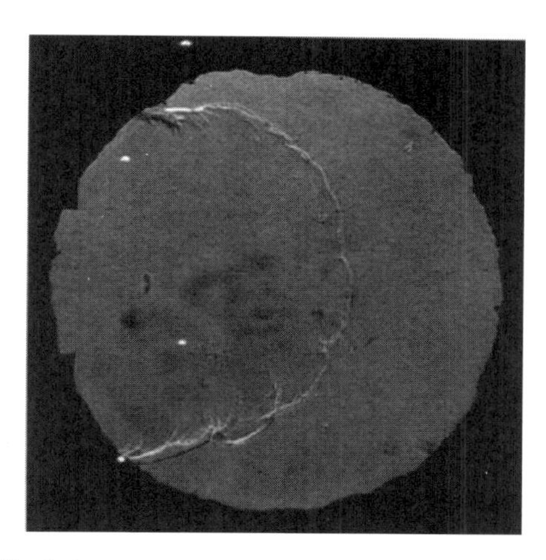

図7．35　円筒幾何形状における デトネーションの超臨界透過現象 のシュリーレン写真(Lee, 1995)

考えるならば、希薄波の勾配は減少して流管の発散は少なくなる。もし流管をデトネーションが伝播する流路とみなすならば、断面積の発散はデトネーションの減衰と、それに伴うデトネーションのセルサイズの増大をもたらす。ここでShchelkinの判定基準を使い、デトネーションのセルサイズが通常の値の約２倍に増大するとデトネーションが消失するというように定量的に説明できる。このように流路出口の角部に近い流管に対しては、流管の断面積の増大が急激であり、デトネーションは消失する。断面積が発散する度合は管軸に向かって小さくなるため、デトネーションを消失させるほどには断面積は発散せず、セルサイズを大きくするだけの結果となる。もしセルサイズが大きくなる度合が十分に小さければ、不安定性が成長し、拡大されたセルの中に新しいセルが生成されデトネーションの再起爆が起こる。この場合の拡大されたセルの中に新しいセルが生成される過程は、発散する自走球状デトネーションの伝播の場合と似ていないこともない。発散する自走球状デトネーションの場合は、半径の増大とともにデトネーションの表面積が増大し、それに伴って単位面積あたりに存在するセルの平均的な数が一定に保たれるように十分速い速度で新しいセルが生成されなければならない。図７．３３ｂでは、希薄波の波頭が流路の軸に向かって伝播する過程で、その波頭近傍の数カ所に再起爆している部分がみられる。再起爆が起こった領域は、細かい横波模様の出現でわかり、これはデトネーションバブルが生成された初期段階ではオーバードリブン状態であることを示している。

図７．３５は、円筒幾何形状における超臨界の場合のデトネーションのシュリーレン写真である。流路軸から離れた場所では、回折したデトネーションの消失部分、すなわち衝撃波と反応領域が完全に分離している部分がみえる。円筒形状デトネーションの再起爆は、もっと下流の流路軸に近いところでみられる。

管直径が臨界値に近い場合、希薄波の波頭が管（または流路）の軸にまで進入した時点でデトネーション波全体が消失するかもしれない。しかし、もし衝撃波の強さがまだ十分に高いならば、衝撃波と反応面が分離している領域の管軸に近い部分の様々な場所で局所的な爆発中心が作られうる。そして、それらの爆発中心からオーバードリブン状態のデトネーションバブルが成長し、衝撃波と反応面が分離した層状の領域をなでるように伝播して回折した波面を再起

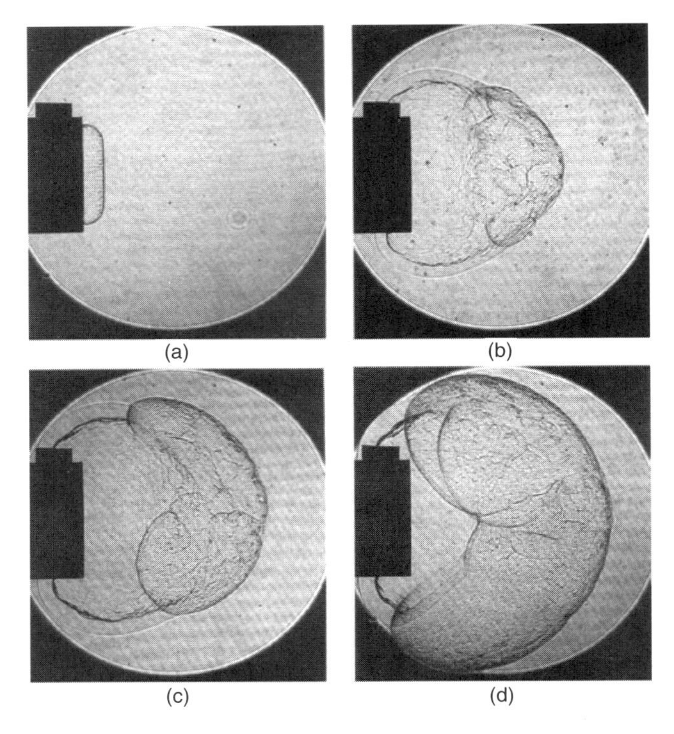


図７．３６　球幾何形状における臨界に近い状況でのデトネーション透過現象をとらえた連続シャドウグラフ写真（Schultz and Shepherd, 2000）

爆し、非対称な球状（または円筒状）デトネーションを作る。図７．３６の連続シャドウグラフ写真は、臨界に近い状況において、デトネーションバブルが衝撃波と反応面が分離した層状の領域を飲み込んでいってデトネーションを再起爆させる成長の様子を示している。

このように、臨界に近い条件において管内の平面状デトネーションが開放空間に飛び出すことによる開放空間でのデトネーション直接起爆は、ブラスト起爆の場合によく似ている。どちらの場合にも、類似した亜臨界の状況、臨界の状況および超臨界の状況が存在する。それらの流れ場は初期条件に依存する。ブラスト起爆の問題では、初期の流れ場は減衰していく強いブラスト波の流れ場であり、一方、臨界管直径の問題では、初期の流れ場は管から開放空間に飛び出た平面状デトネーションが回折した状況の流れ場である。注意すべき特に重要なことは、臨界の場合では、爆発中心がオーバードリブン状態のデトネーションバブルを作り、それが最終的に衝撃波の表面全体を飲み込むが、これらが臨界管直径現象とブラスト起爆現象の双方で同じにみえるということである。

Matsui and Lee (1979) により、様々な燃料–酸素混合気に対する臨界管直径が、当量比と初期圧力の関数として得られた。図７．３７は当量比に対する臨界管直径の依存性を示す。臨界管直径 $d_c$ は概ね量論組成で最小である。図７．３８は混合気の初期圧力に対する臨界管直径の依存性を示している。圧力のオーダーが 1 atm およびそれ以下の場合には、臨界管直径は概ね初期圧力に反比例して変化する。当量比と初期圧力に対する $d_c$ の依存性は、セルサイズのそれらに対する依存性に似ている。

デトネーションは反応領域長さによって特徴づけられ、デトネーションの回折過程は管直径

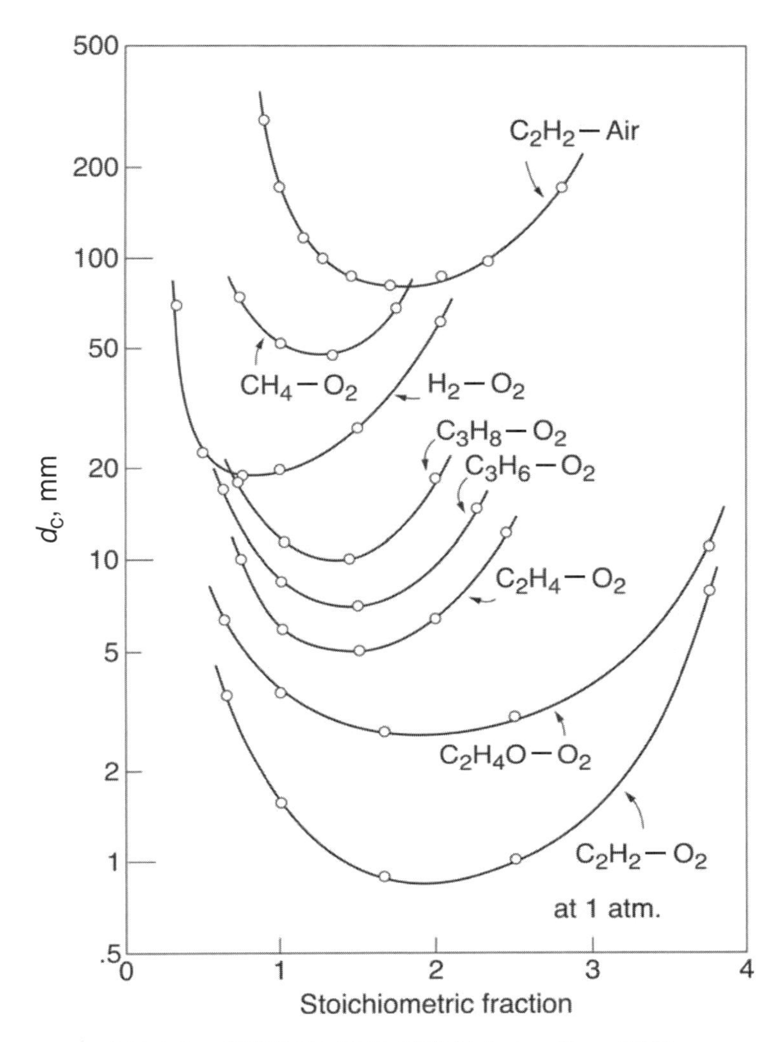


図７．３７　臨界管直径と当量比の関係（Matsui and Lee, 1979）

によって支配される。したがって、次元解析的な考察によりこれら２つの特性長の間には相関関係があるべきだと示される。不安定なデトネーションに対しては反応領域の特性長というものは明確でない。そのため、セルサイズあるいは横波間隔が不安定なデトネーションに対する特性長としてよく使われる。しかし不安定なデトネーションではセルサイズがある範囲にわたっており、一般的には代表値として、すす膜から得られる平均値（あるいは最確値）が選ばれる。臨界条件でのデトネーションの発現が不安定性の成長に依存するため、単一の平均値が再起爆過程を特徴づけることが可能かどうか、はっきりとはしていない。それにもかかわらず $C_2H_2-O_2$混合気に対する臨界管直径とセルサイズの間の経験的関係（すなわち $d_c \approx 13\lambda$）が Mitrofanov and Soloukhin（1965）により初めて見出された。後に Edwards *et al.*（1979）が同じ混合気に対してこの事実を確認し、この経験的関係は他の混合気に対しても適用できるだろうと示唆した。その後、Knystautas *et al.*（1982）によって体系的な研究が実施され、ある範囲の燃料–酸素そして燃料–空気の混合気に対して、この相関関係が確かに妥当であることが確かめられた。図７．３９は臨界管直径の実験値と 13$\lambda$ の相関関係の比較を示している（セルサ

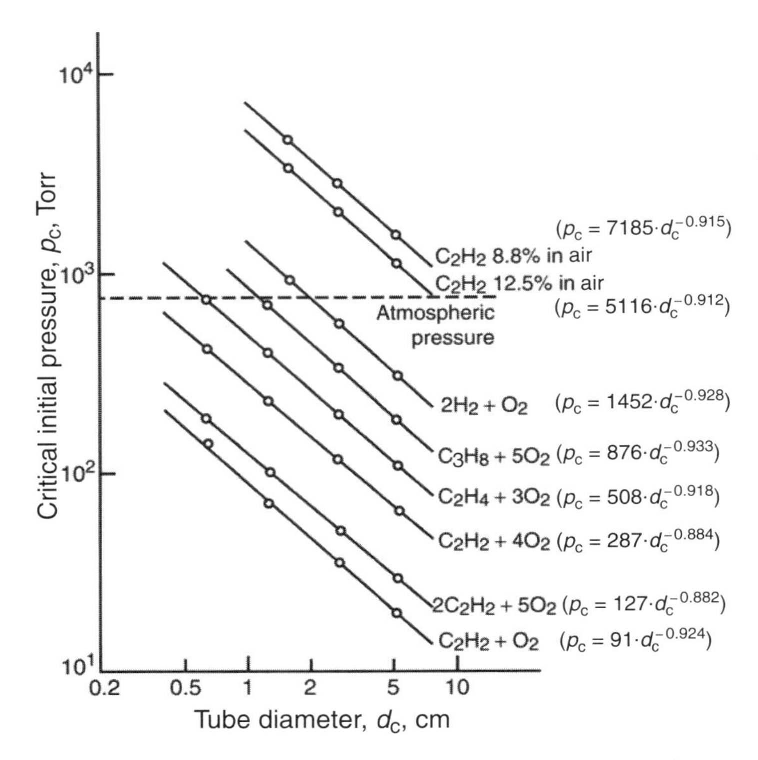


図７．３８　臨界管直径と初期圧力の関係（Matsui and Lee, 1979）

イズλは様々な研究者達によって独立に行われた実験から決定された）。起爆の成否を分ける限界を精度よく決定しようと試みたわけではないが、調べた燃料−空気混合気に対しては13λの相関関係と実験結果の一致は十分である。また、デトネーションセルサイズの実験的計測はあまり高精度ではないことにも注意したい。特に、とても不安定な混合気に対してセル模様が非常に不規則な場合はそうである。

しかし、すべての混合気が13λの相関関係に従って振る舞うわけではない。アルゴンで大幅に希釈された混合気に対しては、$d_c \approx 13\lambda$ の相関関係はあてはまらないことが実験的に見出された。そして、むしろ、アルゴン希釈された混合気では $d_c \approx 30\lambda$ またはそれ以上であることが見出された。アルゴンで大幅に希釈（80%またはそれ以上）された $C_2H_2-O_2$ 混合気では、デトネーションは安定である※5。セル模様は依然としてすす膜に刻まれるにもかかわらず、横波は弱く、セル模様は非常に規則的である。このことは、横波が弱い音波であり、デトネーション波の伝播において小さな役割しか演じていないことを示している。先頭衝撃波に沿って互いに逆向きに進む二組の弱い横波の群れが互いに交差する様子はすす膜にみられるが、それらの横波の群れは実質的に超音速流中のマッハ波あるいは特性線と類似のものであり、デトネーション波の構造の内部で起こる過程において重要な役割は果たさない。言い換えれば、アルゴンで大幅に希釈された混合気中のデトネーションは安定であり、実質的には１次元ZNDデトネーションのように振る舞う。この理由から、ZNDデトネーションの反応領域厚さが（セル

※5：　ここで「安定」といっているのは「セル構造が規則正しい」という意味である。

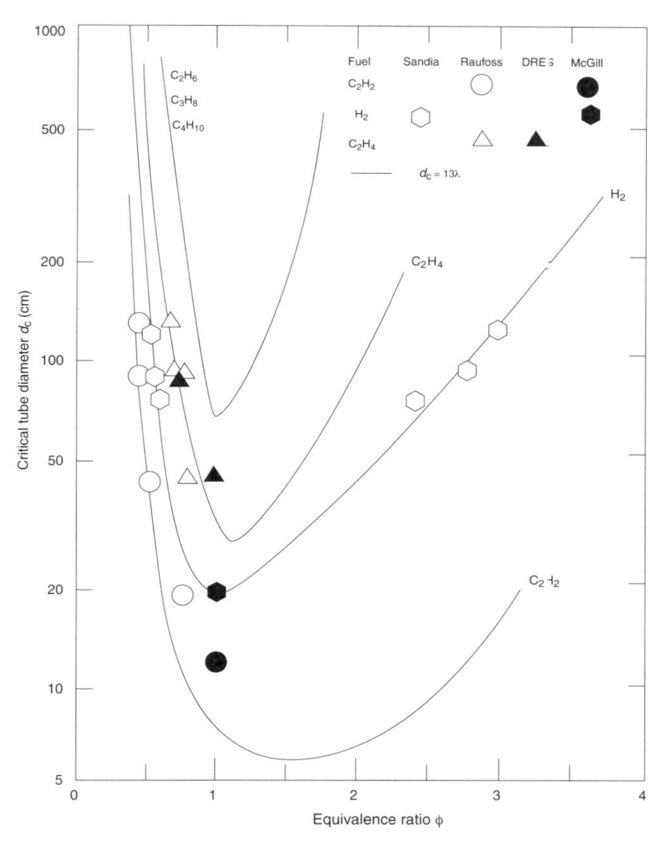


図7.39　燃料-空気混合気における臨界管直径の実験値と13λの相関関係の比較（Knystautas *et al.*, 1982）

サイズよりも）適切な特性長となり、13λの相関関係がまだあてはまるとは期待できない。もしアルゴンで大幅に希釈された混合気中の安定なデトネーションの伝播機構が不安定な混合気中のセル状デトネーションと違うならば、管から開放空間へ飛び出して回折する安定なデトネーションの消失と再起爆の機構もまた異なるはずである。

アルゴンで大幅に希釈された混合気中の安定なデトネーションでは、反応速度の温度感受性が小さいため、希薄波の波頭で作られる小さな擾乱は、先頭衝撃波と反応面の完全な分離に行きつくような波の突然の消失は引き起こさない。しかし膨張は伝播速度の低下を引き起こし、希薄波の波頭の背後においてデトネーション波面を湾曲させる。希薄波の波頭から波尾に向けて波面の曲率は徐々に大きくなる。曲率がある臨界値に達すると、曲率が過大になり、（流管の発散効果によって）デトネーションは最終的に消失する。安定なデトネーションでは、消失波（failure wave）はもはや希薄波の波頭には対応しない（不安定なデトネーションでは対応したのだが）。希薄波の波頭と消失波の間では、通常のCJデトネーションと比べて横波の間隔が大きくなった湾曲して弱まったデトネーションをみることができる。図7.40は、この様子を模式的に示している。希薄波の波頭が管軸に到達するとき、管軸から消失波に向かって伸びる弱まって湾曲したデトネーションをみることができる。（亜臨界の場合の）デトネーション全体の消失は、希薄波の波頭が管軸に到達したときに弱まったデトネーションの曲率がある臨界値を超えていれば起こる。

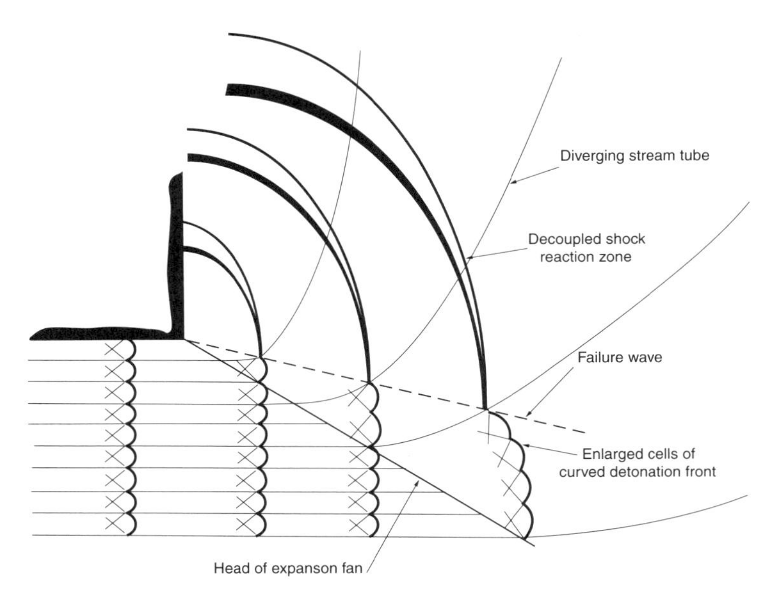


図7．40　安定な混合気における波面の消失と再起爆を示した模式図(Lee, 1995)

図７．４１は、安定なデトネーションの場合および不安定なデトネーションの場合における、臨界管直径現象のシャッター開放写真を示している。図ａ（希釈していない$C_2H_2-O_2$混合気中の不安定なデトネーション）では、消失波が流路の軸に向かって伝播し、それが希薄波の波頭に対応している。再起爆は、流路軸近傍の弱まったデトネーションの大きくなったセルの中に爆発中心が生成されることによって生じる。オーバードリブンデトネーションに対応する細かいセル模様は、デトネーションバブルが爆発中心から成長してデトネーション波面全体を再起爆するときにみられる。図ｂ（アルゴンで大幅に希釈された$C_2H_2-O_2$混合気中の安定なデトネーション）では、消失波の軌跡は希薄波の波頭（これはいまの場合、流路出口の角部から管軸に向かう横波の軌跡にすぎない）には対応しない。また図７．４０の模式図で示したように、希薄波の波頭と消失波の間の部分に湾曲したデトネーションの大きくなった横波間隔をみることができる。

興味深いことに、安定なデトネーションに対する超臨界の場合の様子は、不安定なデトネーションに対するそれ（デトネーションバブルが回折した衝撃波を飲み込んでデトネーション全体を再起爆する）とはかなり違っている。安定なデトネーションの場合、デトネーションが開放空間に飛び出ると、湾曲して弱まったデトネーションは、流路の側壁がもはや存在しないにもかかわらず軸に沿って伝播し続ける。再起爆は、回折した衝撃波面を飲み込むように成長するオーバードリブン状態のデトネーションバブルによって起こるのではない。湾曲したデトネーションは湾曲したデトネーションとして単純に流路軸に沿って伝播する。このデトネーションジェット（detonation jet）とでも呼べるものは、自らの不安定性のために、伝播するにつれて中心軸のどちらかの側にパッと動く傾向があり、自らの対称性を維持できない。安定なデトネーションに対するこの超臨界の場合の振る舞いは、図７．４２のシャッター開放写真に示されている。

安定なデトネーションおよび不安定なデトネーションに対して２つの消失機構が存在するこ

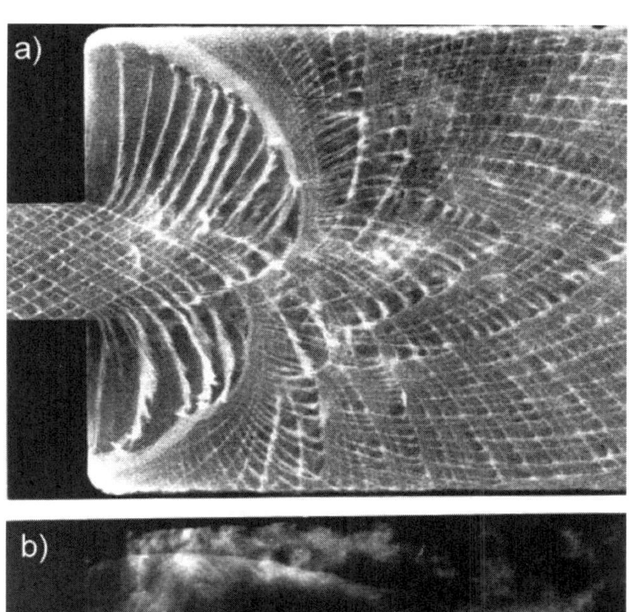


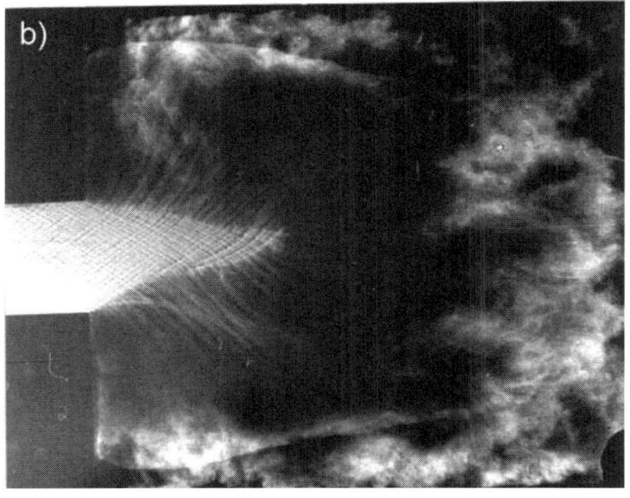


図7．41　円筒幾何形状における(a) 不安定および(b) 安定な混合気中の、臨界的な状況でのデトネーション透過現象をとらえたシャッター開放写真(A.A. Vasilievの厚意による)

とは、Lee (1995) によって初めて指摘された。安定なデトネーションと不安定なデトネーションの違いは、２次元および３次元の場合の臨界直径とセルサイズの相関関係にも表れている。不安定なデトネーションに対しては、３次元球幾何形状での臨界管直径は $d_c \approx 13\lambda$ の相関関係に従う。もし曲率が消失機構であったとするならば、アスペクト比の大きなスロット（溝）から平面状のデトネーションが開放空間に飛び出ることによって作られる２次元的な円筒形状デトネーションに対し、$w_c \approx 6\lambda$（$w_c$ はスロットの臨界高さ）というように２倍程度[※6]は異なる相関関係が期待される。Benedick *et al.* (1985) により行われた、様々なアスペクト比のスロットに対する実験から、アスペクト比が無限大に近づくにつれて臨界スロット高さが $6\lambda$ ではなく $w_c \to 3\lambda$ となることが示された。図７．４３はアスペクト比と臨界流路高さの関係を示している。アスペクト比が $L/w \approx 1$(つまり正方形断面で、現象は本質的に３次元的となる)の場合、臨界高さと $\lambda$ の相関関係は $13\lambda$ 程度である。アスペクト比が大きくなると臨界流路高

※6：　３次元から2次元になることで一方向の曲率が0になるため、曲率が半分になることを述べているのだろう($w_c \approx 6\lambda$ は $d_c \approx 13\lambda$ の約半分)。

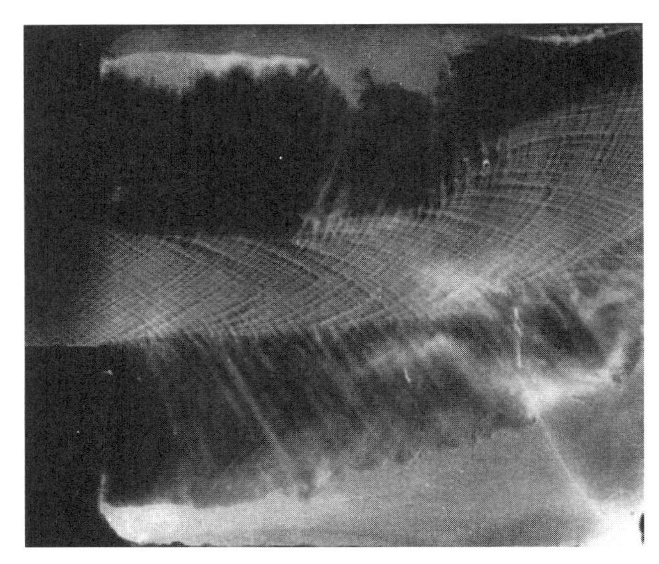

図7．42　円筒幾何形状における安定な混合気中の、超臨界的な状況でのデトネーション透過現象をとらえたシャッター開放写真（A.A. Vasilievの厚意による）

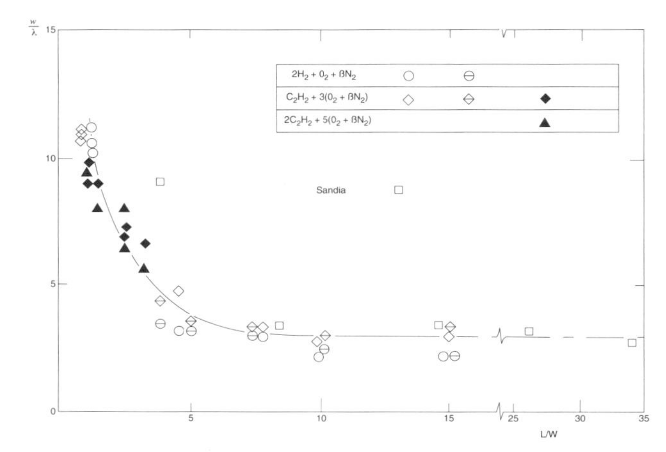


図7．43　アスペクト比と臨界流路高さの関係（Benedick *et al.*, 1985）

さは小さくなり、$L/w \to \infty$ につれて臨界流路高さは6ではなく3程度の値に漸近する。この結果は、不安定なデトネーションに対する消失と再起爆が、デトネーション波面の曲率よりはむしろ不安定性の成長によって支配されていることを示唆している。

## 7．5　直接起爆のための他の方法

デトネーションは、本質的には化学反応によって支持される強い衝撃波であり、初期のデトネーションの研究者たちは、爆発性混合気中で十分に強い衝撃波が生成されれば直接起爆を実現しうると認識していた。衝撃波によるデトネーション起爆の体系的な研究を行ったBerets *et al.* (1950) は、デトネーションを利用した駆動部を使って不活性ガスの緩衝領域中に衝撃波を作り出し、その衝撃波が爆発性の試験ガス中に伝播して試験ガスが着火するようにした。この手法では、デトネーション駆動部で生じたフリーラジカルと生成物は試験ガス中の着火過程から切り離され、衝撃圧縮による自発着火のみが下流でのデトネーション起爆を引き起こせるようになっていた。Berets らは、十分に強い衝撃波に対し、衝撃波が試験ガスに入射した直後に直接起爆が生じるのを観測した。もし起爆のための衝撃波が弱くて衝撃圧縮後の温度が自発着火限界よりも低いならば、試験ガス中に透過した衝撃波は非反応性混合気中を伝播する衝撃波と同様に減衰した。一方で、自発着火は引き起こせるがデトネーションを直接起爆するには不十分なくらいの強さの衝撃波では、現象が非常に複雑になった。衝撃波は化学反応による発熱の結果として加速され、しばらく伝播した後に、突然デトネーションの発現が起こった。このデトネーションの発現は、デフラグレーション・デトネーション遷移におけるデトネーションの発現と似ていなくもない。

Berets らによる平面状デトネーションの起爆に関する研究は管の中で行われた。もし透過衝撃波が開放空間に飛び出して球状デトネーションしか得られないのならば、球状デフラグレーションが加速してデトネーションに遷移するようなことはまず起こらない。それゆえに球状デトネーションの直接起爆は、透過衝撃波が非常に強いときにのみ起こる。そうでないときは球状デフラグレーションだけが結果として生じる。なお透過衝撃波が爆発性混合気に入射した際の直接起爆の詳細な過程については、Berets らは調べなかった。

後に Mooradian and Gordon（1951）が、衝撃波ではなく透過デトネーションによるデトネーションの起爆過程を調べた。つまり不活性ガスの緩衝領域を使わず、デトネーションを起爆部から試験部内の爆発性混合気中に直接透過させたのだ。Berets らの研究では、駆動部のデトネーションはまず、その高圧生成物が緩衝領域中に膨張するときに、不活性な緩衝ガス中に衝撃波を作り出した。その後、垂直衝撃波が試験ガス中に透過し、試験ガス中の下流領域で着火とデトネーションへの発達が始まらなければならず、このプロセスは透過衝撃波の強さによらず同じだった。他方、もし生成されたデトネーションが試験ガス中に直接透過するならば、駆動部のデトネーション構造が下流の混合気に適合するように自らを再調整しなければならないだけである。言い換えれば駆動部における入射デトネーションのセル構造は、試験ガスのセル構造へと進化しなければならない。しかしセル構造中に不安定性がすでに存在しているので、透過デトネーションによるデトネーションの起爆は透過衝撃波による場合と比べて容易である。

透過デトネーションと透過衝撃波の間の違いについてのわかりやすい結果が Mooradian と Gordon により報告された。図７．４４a は、下流の試験ガス中にデトネーションが透過した後の、試験ガス中のデトネーション速度を示している。この実験では、はじめ駆動部と試験部を分けていた隔膜は、駆動部中のデトネーションが起爆される直前に素早く取り除かれた。駆動部中の混合気（$2H_2+O_2$ 混合気）の反応性が高いのに対し、試験部中の混合気（30% および 20% 水素–空気混合気）の反応性は、駆動部に比べてずっと低い。駆動部のデトネーション速度は約 2800 m/s であり、図からわかるように透過デトネーションの速度はほぼ瞬間的に落ち、試験混合気の CJ 速度に落ち着く。試験混合気が使ったデトネーション管に対するデトネーション限界に近いときは、下流部で起爆されるデトネーションは不安定で、わずかな振動を伴う。

駆動部と試験部において異なる初期圧力を設定するためには、隔膜を設置しなければならな

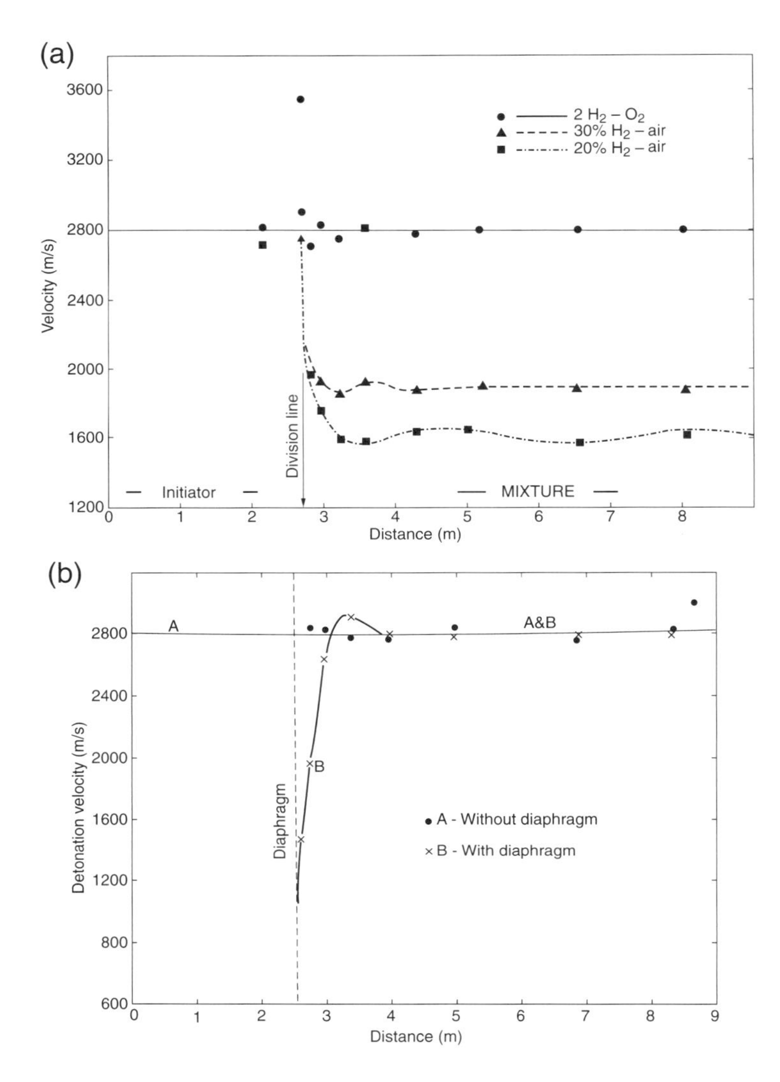


図7．44　駆動部と試験部の双方に$2H_2$–$O_2$を用いた場合の距離と速度の関係（Mooradian and Gordon, 1951）

い。どんなに薄い隔膜だとしても、隔膜の存在は透過の過程に大きな影響を与える。図7．44bは、駆動部と試験部の双方に同じガス（$2H_2-O_2$）を用いた場合の、距離に対する速度変化を示している。駆動部中でデトネーションを起爆する直前に隔膜を素早く取り除くと、デトネーションは一方から他方へと単純に透過し、速度の有意な変化はみられない。一方で、隔膜が設置されていると、隔膜を通過する透過波は最初はデトネーションというよりも単なる衝撃波である。透過衝撃波の速度はデトネーション速度の半分よりもわずかに低く、（直径のおよそ5または6倍ほど伝播する間に）波は急激に再加速してオーバードリブンデトネーションになり、その後に減衰してCJデトネーションへと戻る。隔膜の存在は入射デトネーションのセル構造を本質的に破壊し、衝撃波のみが下流へと透過する。試験混合気中にデトネーションが形成されるためには着火と、構造中における不安定性の再発達が起こらなければならない。透過デトネーションが透過衝撃波よりも効果的なのは明白であり、それは必要とされるデトネーション構造中の不安定性がすでに存在しているからである。

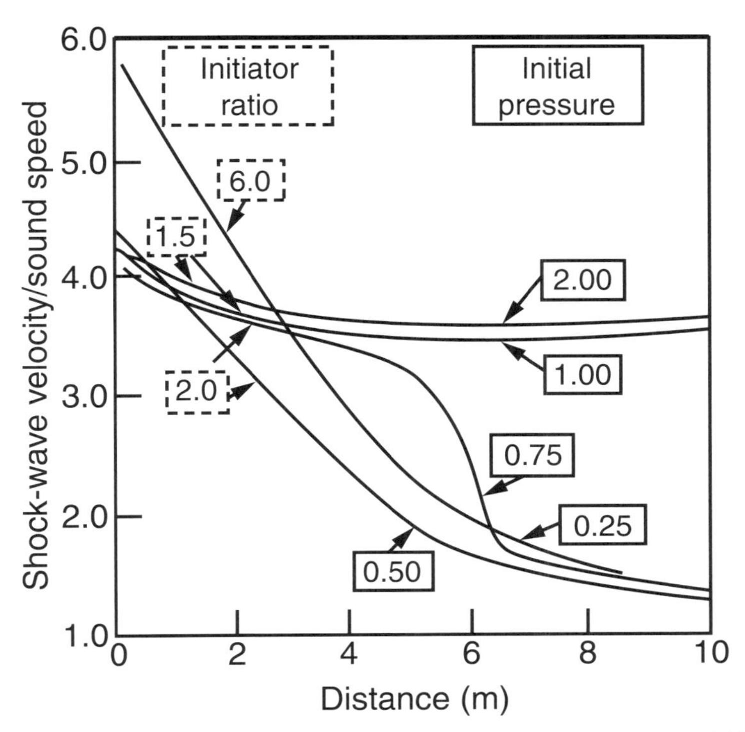


図7．45　駆動混合気として$2H_2$–$O_2$を、試験混合気として$2H_2$–$O_2$–26Arを用いて、駆動部の試験部に対する圧力比と試験混合気の初期圧力を様々に変化させた場合の速度と距離の関係（Gordon *et al.*, 1959）

Gordon *et al.*（1959）は、駆動部の圧力を下流の試験部の混合気圧力に対して変えられるように隔膜を使い、駆動部と試験部で初期圧力とガス種を異なるものとして、限界付近の混合気に対する起爆現象を調べた。図7．45は速度–距離の関係を示す典型的なグラフであり、駆動混合気として$2H_2-O_2$を、試験混合気として$2H_2-O_2-26Ar$を用い、駆動部の試験部に対する圧力比と試験混合気の初期圧力を様々に変化させた場合の結果である。調べた試験混合気に対し、直径20 mmの管における圧力限界は約1 atmである（つまり初期圧力が1 atmより低いと安定なデトネーションは得られない）。試験混合気の初期圧力が限界を下回る場合には、起爆部の試験部に対する圧力比によらず、伝播距離が長くなるにつれてデトネーションが音波へと漸近的に減衰するのがわかる。興味深いことに試験混合気の初期圧力0.75 atmでは、デトネーションはCJ速度付近で何とか起爆後5 mほど伝播した後、突然に弱い衝撃波へと減衰する。このように十分に強い駆動部を用いてオーバードリブンデトネーションを起爆するときは、かなりの長距離にわたって準安定状態が維持されうる。試験混合気の初期圧力が限界を上回る場合（つまり、≥ 1 atm）には、初期のオーバードリブンデトネーションは混合気のCJ速度へと漸近する。

MooradianとGordonはピエゾ型圧力変換器を用いて、試験部に沿った様々な位置での圧力–時間波形を得た。図7．46は様々な駆動部の試験部に対する圧力比と試験混合気圧力における、一続きの圧力–時間波形を示している。図aでは、駆動部に試験部に対する圧力比6：1の$2H_2-O_2$を用いた。試験ガスである$2H_2-O_2-17Ar$の初期圧力は0.28 atmである。この場合、試験混合気中でオーバードリブンデトネーションが減衰してスピンデトネーションにな

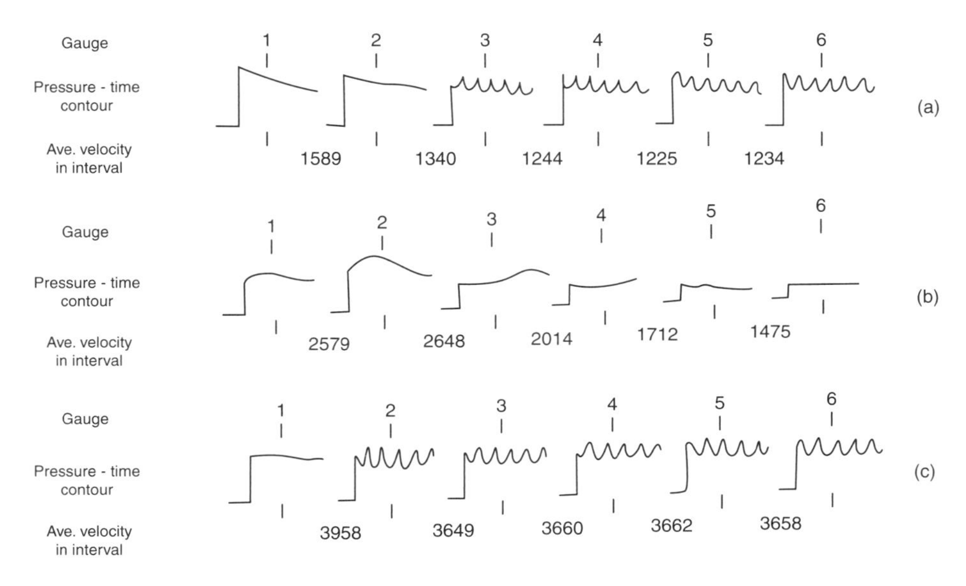


図７．４６　様々な、駆動部の試験部に対する圧力比と試験混合気の初期圧力における、圧力と時間の関係（Mooradian and Gordon, 1951）

る。初期のオーバードリブンデトネーション中にはスピンはない。図 b では、試験部に初期圧力 2 atm の $H_2$ と 7% $O_2$ の混合気を用いた。駆動混合気は$2H_2-O_2$であり、駆動部の試験部に対する圧力比は 1.7 : 1 である。この場合、デトネーションの直接起爆は実現せず、漸近極限として最終的に音波へと減衰する。また、衝撃波背後で着火して発熱するときの（最初の頃にだけ存在する）入射衝撃波背後の圧力の「こぶ」は興味深い。しかし反応領域は衝撃波と一体化できず、衝撃波が下流へ伝播するにつれ、反応領域は後方に遅れていく。図 c では、同じ試験ガスで$5H_2-O_2$の水素過剰な駆動混合気が用いられた。この場合、駆動部の試験部に対する圧力比がより低い 1.5 : 1 においても直接起爆が実現し、初期のオーバードリブンデトネーションは下流で定常なスピンデトネーションへと減衰する。より軽い駆動ガスがより強い被駆動衝撃波を試験部に生じさせることは、衝撃波管の理論においてよく知られている。これが理由で、$5H_2-O_2$ 混合気はデトネーションをうまく起爆できるが、$2H_2-O_2$ の量論混合気は、たとえデトネーション圧力が量論混合気中の方が高くてもデトネーションを起爆できない。

前述した衝撃波による起爆の研究では、Berets らも Mooradian と Gordon も入射衝撃波による直接起爆を研究した。直接起爆は、反射衝撃波を使っても実現しうる。図７．４７は、衝撃波管の終端壁で反射した衝撃波による直接起爆の３つの例を示している。図 a では、入射衝撃波が終端壁で反射したすぐ後に、セル状デトネーションが形成されるのがみえる。図 b では、起爆過程がよりよく分解されており、入射衝撃波、反射衝撃波、そして、ある誘導遅れ時間の後に形成されるデトネーション波がみえる。デトネーションは反射衝撃波に追いついて一体化し、その後はデトネーションとして入射衝撃波背後の衝撃加熱された混合気中を伝播し続ける。ある不安定な混合気中では、反射衝撃波背後における誘導期間後の混合気の着火は、終端壁上で一様に生じるというよりは離散的なホットスポットで起こる。続いて起こる反射衝撃波背後でのデトネーションの形成は、この場合もブラスト起爆やデフラグレーション・デトネーショ

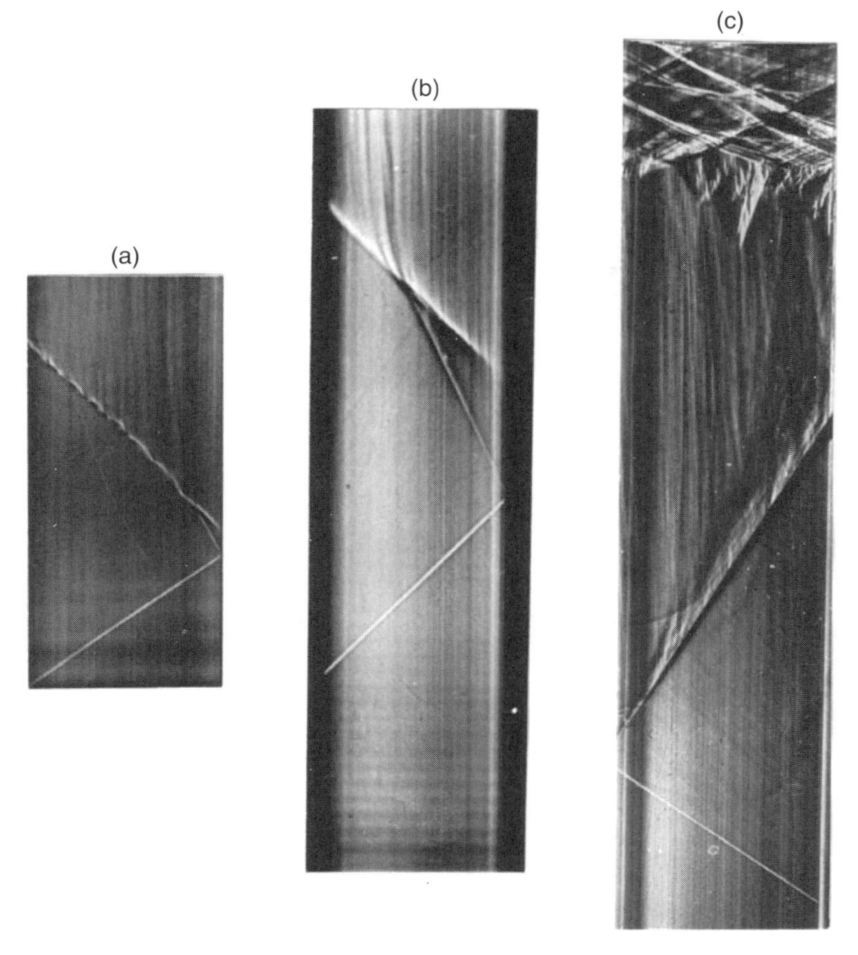


図7．47　衝撃波による直接起爆のストリークシュリーレン写真（R.I. Soloukhinの厚意による）

ン遷移の双方で観測されるような、臨界条件下における局所的な爆発中心からのデトネーションの発現に似ている。

衝撃波管の終端壁からの反射衝撃波による起爆が起こるときのデトネーション構造が最もわかりやすくみえるのは、おそらくすす膜を用いた場合であり、セル状のデトネーション構造を作り出す不安定性の発達がはっきりと示される。図7．48aは、$2H_2-O_2-3N_2$混合気で初期圧力が40 Torrのときのすす膜模様である。終端壁付近にはセル構造が存在せず、終端壁から約9インチ離れた局所的な爆発中心でデトネーションの発現が起きている。形成されたデトネーションは最初オーバードリブンであり（より小さなセルサイズがオーバードリブンであることを示している）、続いて混合気の通常のCJ速度へと減衰する。このことは、下側の続きのすす膜においてセルサイズが徐々に大きくなっていくことからわかる。図7．48bでは初期圧力がより低く30 Torrで、入射衝撃波と反射衝撃波はより強い。この場合は、終端壁のより近くでデトネーションが発現しており、誘導距離がより短いことを示している。図aと同様にデトネーションは最初オーバードリブン状態で、その後に通常のCJ状態へと落ち着く。図7．48は反射衝撃波による起爆現象が、ブラスト起爆やデフラグレーション・デトネーショ

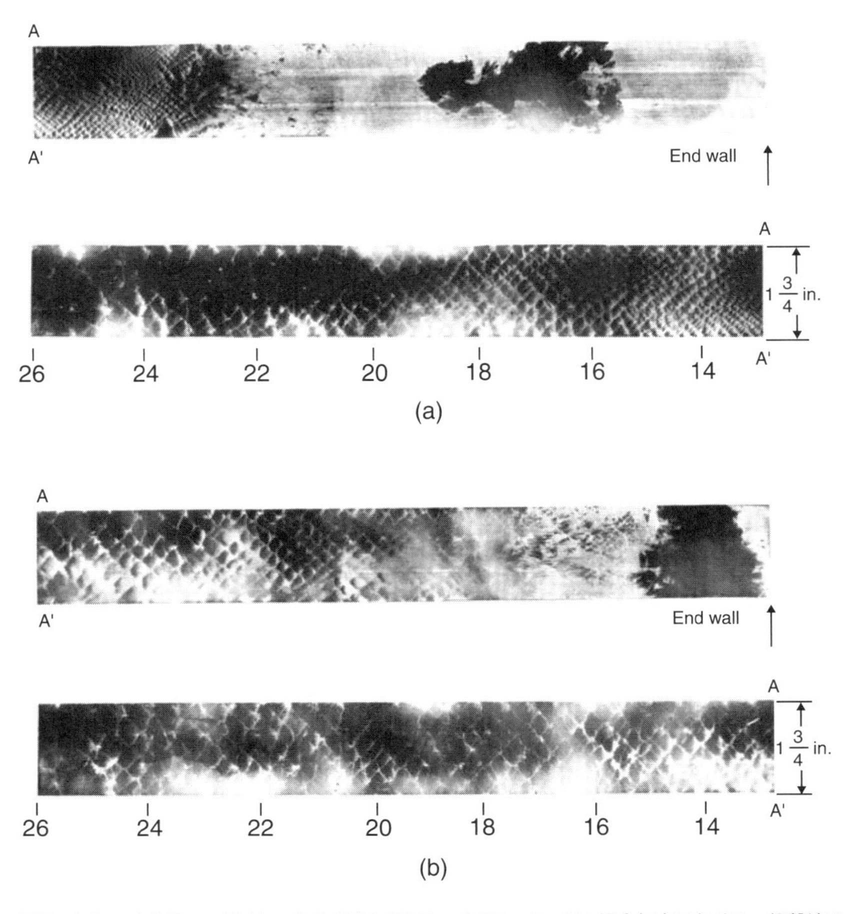


図７．４８　(a) $P_0$ = 40 Torrおよび(b) 30 Torrの$2H_2$–$O_2$–$3N_2$混合気中における、衝撃波の反射によるデトネーションの起爆のすす膜模様（A.K. Oppenheimの厚意による）

ン遷移と同様であることを示しており、どの場合でもセル構造の形成には不安定性の成長を必要とする。

デフラグレーション・デトネーション遷移におけるデトネーションの発現が、ほとんどの場合に乱流ブラシ状火炎の中で起こることに着目し、Knystautas *et al.*（1978）は燃焼生成物の噴流によるデトネーションの直接起爆を研究した。噴流中での反応物と生成物の急速な乱流混合は、伝播している高速乱流火炎における燃焼過程と本質的に同じである。図７．４９～７．５１は、乱流噴流起爆（turbulent jet initiation）のシュリーレン連続写真を示している。燃焼生成物は小さな副室で混合気を定容爆発させて作り、その生成物を同じ混合気で満たされた主室に噴射する。

図７．４９では、噴流の開始渦（starting vortex）が最初にみえる。隔膜を用いていないため、副室内の燃焼中に、副室内の少量の混合気がオリフィスから押し出されるのである。つまり開始渦は、本質的に副室から押し出された反応物である。その後に生成物の噴出が続き、その後のコマは急速な燃焼と乱流デフラグレーション前方における球状衝撃波の生成を示している。この場合には、直接起爆は起きていない。図７．５０では、噴流中でより急速な乱流混合を起こさせるために、多孔板が使われている。最初の数コマでは、副室から噴出した反応物と生成

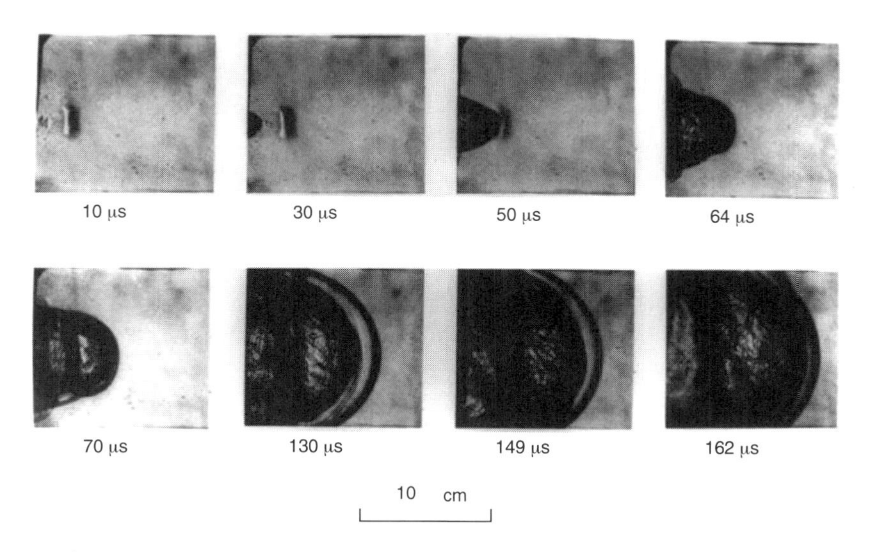


図7．49　燃焼生成物の噴流によるデトネーションの起爆に失敗した場合（Knystautas *et al.*, 1978）

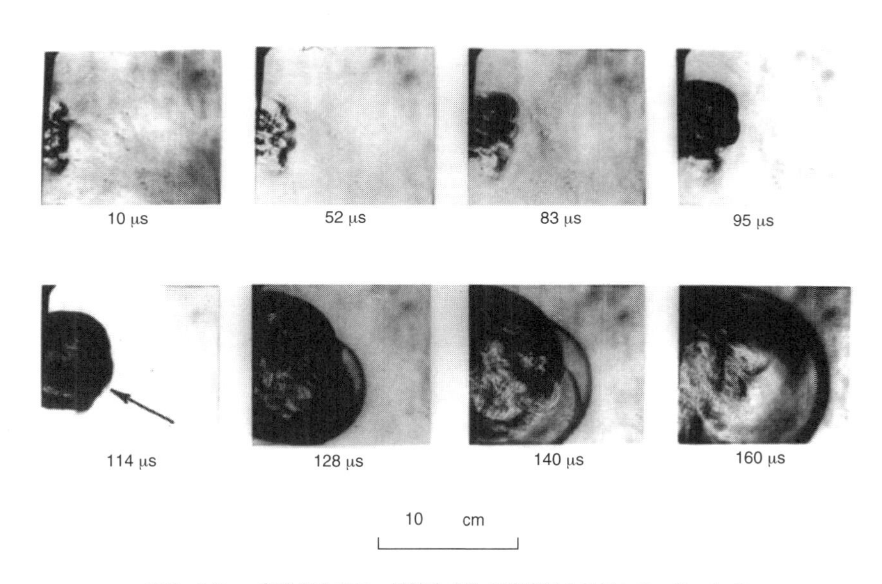


図7．50　多孔板を用い、燃焼生成物の噴流によるデトネーションの起爆に成功した場合（Knystautas *et al.*, 1978）

物の噴流の乱流構造がみえる。乱流混合領域内において、１つあるいは複数の局所的な爆発中心から起こるデトネーションの発現がみえる。その後、オーバードリブン状態のデトネーションバブルは成長して噴流を飲み込み、球状デトネーションを形成する。ここでもまた、起爆過程は臨界条件におけるブラスト起爆やデフラグレーション・デトネーション遷移の場合の起爆過程と似ていないこともない。強い乱流噴流を用いることで、デフラグレーション・デトネーション遷移における火炎加速過程を本質的に迂回したのだ。図７．５１では、別の多孔板が用いられ、混合領域中の多数の局所的な爆発中心からデトネーションが形成されている。より対称的な球状デトネーションが形成され、ブラスト起爆における超臨界的なエネルギーの状況に類似している。

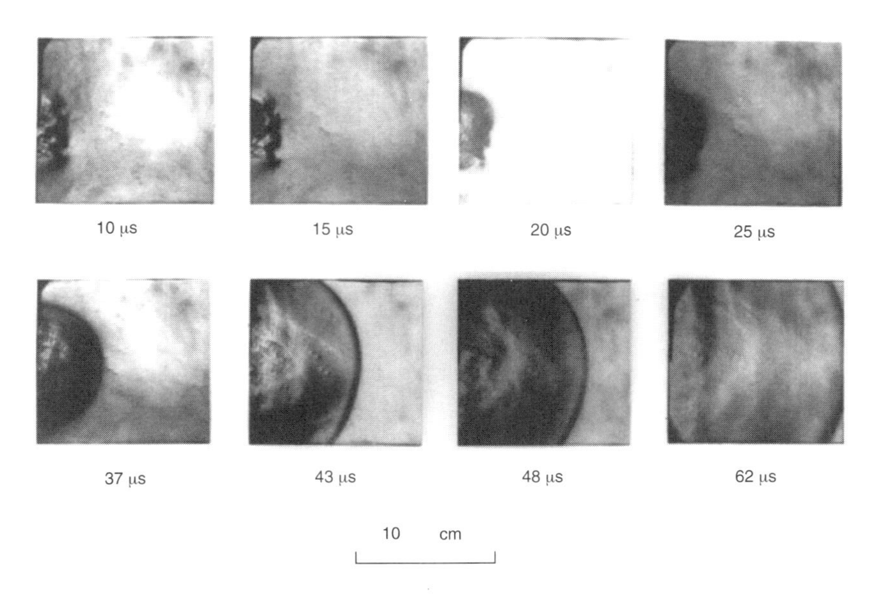


図7．51　別の多孔板を用い、燃焼生成物の噴流によるデトネーションの起爆に成功した場合（Knystautas *et al*., 1978）

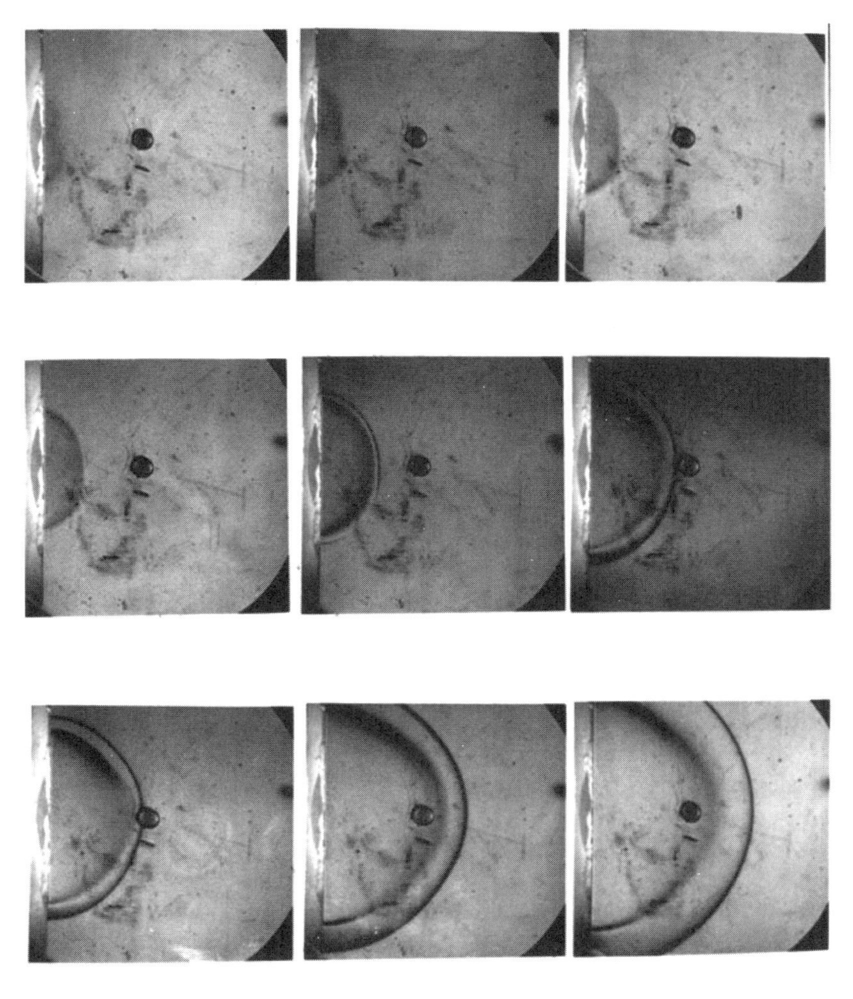

図7．52　閃光起爆に失敗した場合（Lee *et al*., 1978）

閃光放電管から放射される強い紫外光線を使って、光子吸収領域のラジカル勾配場において直接起爆を起こすこともできる（Lee *et al.*, 1978)。図７．５２と図７．５３は、閃光起爆（photoinitiation）の異なる状況を示している。図７．５２では、混合気は$H_2-Cl_2$であり、写真の左端に丸い石英窓があって、閃光放電管からの強い紫外光線がデトネーション実験容器に入射する。紫外光の吸収は塩素分子の解離を引き起こし、窓の内面から離れるに従って指数関数的に減少する塩素原子濃度の勾配が形成される。短い誘導期間の後に、吸収領域中で急速な化学反応が進展し、衝撃波の形成とそれに引き続いて吸収領域から離れるように伝播する球状デフラグレーションをみることができる。図７．５３では、吸収領域中に爆発中心が１つ形成されるような条件である。そしてオーバードリブン状態のデトネーションバブルが成長し、やがて球状デフラグレーションを飲み込む。光吸収領域の勾配場の中には、１つ以上の爆発中心が形成されることもありうる。興味深いことに、直接起爆が起こるためには勾配場が必要となる。紫外光線が極めて強い（したがって、より一様なフリーラジカルの分布が形成される）ような実験においては、照射された混合気が定容爆発するだけである。

デトネーションの直接起爆の様々な方法とは、デトネーションの発現に必要な臨界条件の達

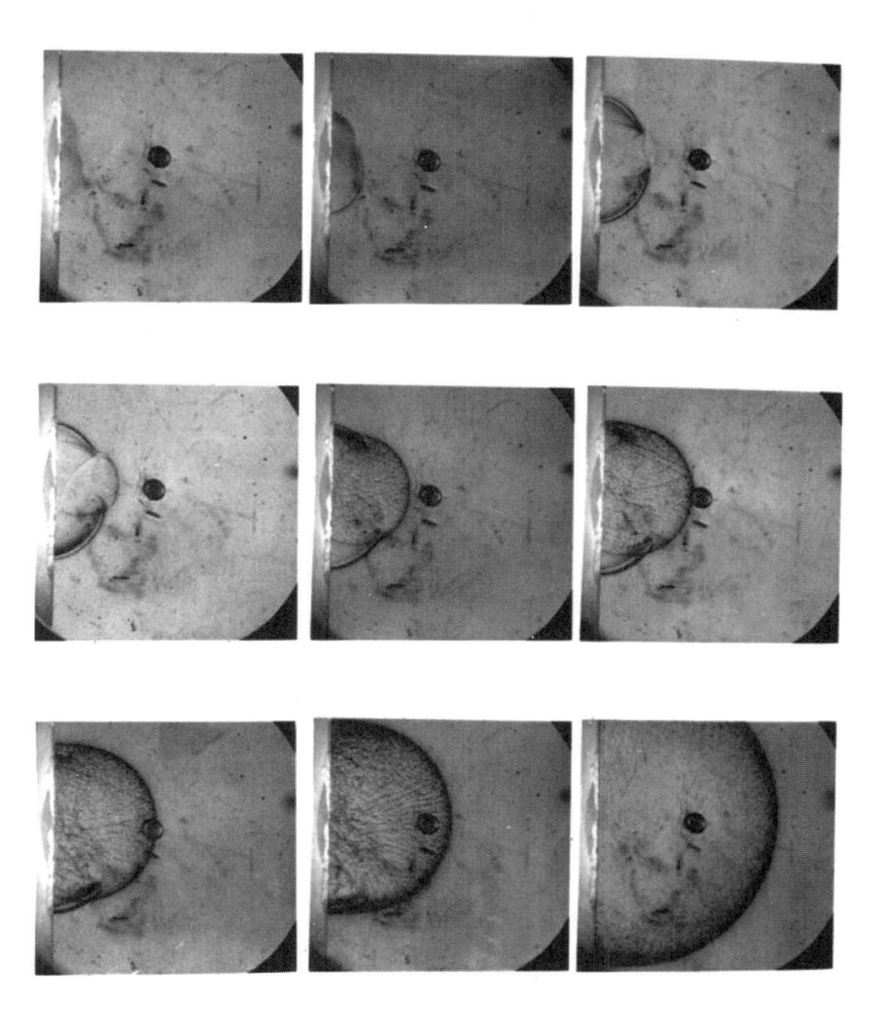

図７．５３　閃光起爆に成功した場合（Lee *et al.*, 1978）

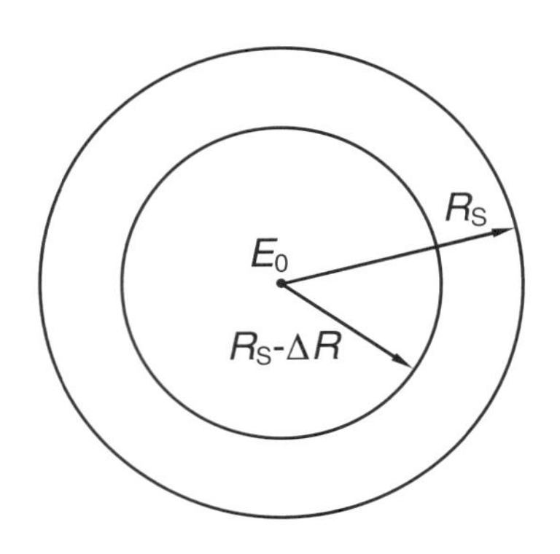


図7．54　起爆エネルギー $E_0$ で半径 $R_s$ のブラスト波の模式図

成に行きつくような様々な初期条件に対応しているのだと結論してもよいだろう。したがって異なる起爆方法というのは、デトネーションの発現に必要な臨界条件を達成するやり方が異なっているのだともいえよう。しかし火炎の加速によるデフラグレーション・デトネーション遷移も含めて、すべての起爆方法について、デトネーションの形成にとって決定的に重要な機構は共通であるようだ。

## 7．6　ブラスト起爆の理論

理想的な点状エネルギー源による球状デトネーションの直接起爆は、おそらく最も単純な起爆モードであり、理論的な記述に最も適している。起爆源の近傍では、強いブラスト波の減衰は von Neumann（1941）、Sedov（1946）、そして Taylor（1950）の解析的な自己相似解で記述される。ブラスト波が広がってより大きな半径になるに従い、化学エネルギーの放出が進行して、強い衝撃波をオーバードリブンデトネーションに変える。最終的に、半径が大きくなると化学的な発熱が衝撃波の伝播を支配し、ブラスト波は漸近的にCJデトネーションへ近づく。ブラスト波の減衰過程における起爆エネルギーと化学的な発熱の相対的な役割を記述する試みは、Zeldovich *et al.*（1957）によって初めてなされた。ブラスト波の強さは、球状ブラスト波内部の平均エネルギー密度に比例する。したがって

$$M_s^2 = A\left\{\frac{E_0 + \frac{4}{3}\pi\left(R_s - \Delta R\right)^3 \rho_0 Q}{\frac{4}{3}\pi R_s^3}\right\} \qquad (7.1)^{※7}$$

と書ける。ここで、$A$ はある比例定数、$E_0$ はブラスト波の起爆エネルギー、$R_s$ は衝撃波半径、$Q$ は単位質量あたりの発熱量、$\rho_0$ は混合気の初期密度、$\Delta R$ は誘導領域厚さである（図7．54の模式図を参照）。

Zeldovich によると、式（7．1）は以下のように書き直すことができる。

$$n = \frac{m}{r^3} + \left(1 - \frac{1}{r}\right)^3 \qquad (7.2)$$

---

※7：　実際には誘導領域の密度は（衝撃波で圧縮されているため）初期密度より高く、発熱した質量はこの式よりも小さくなるので、計算した衝撃波マッハ数 $M_s$ はやや過大評価になる。

ここで、

$$n = \frac{M_s^2}{A\rho_0 Q}, \qquad m = \frac{E_0}{\rho_0 Q \frac{4}{3}\pi(\Delta R)^3}, \qquad r = \frac{R_s}{\Delta R}$$

であり、無次元パラメータ$n$, $m$および$r$は、それぞれ衝撃波強さ、起爆エネルギーおよび衝撃波半径を表す。$r \leq 1$では化学エネルギーは無視でき、強い点源ブラスト波に対する相似解によって与えられる$M_s \propto 1/r^3$というようにブラスト波が減衰する。大きな半径では$M_s \to M_{CJ}$となり、与えられた混合気に対して一定値となる。

図７．５５は式（７．２）を図示したものである。図には様々な起爆エネルギー$m$の値に対し、衝撃波強さ$n$を衝撃波半径$r$の関数として示してある（半径が無限大の球面波は平面波に相当するので、縦軸の0、すなわち$n$＝１はCJデトネーションに対応する）。ブラスト波の起爆エネルギーの値にかかわりなく、ブラスト波はCJデトネーション強さよりも低い最小値に急速に減衰し、その後、ブラスト波は再加速して、大きな半径ではCJデトネーションに漸近する。したがって衝撃波がCJデトネーションへと再加速しないように、「起爆エネルギーがある値を下回ると化学エネルギーの効果を打ち切る」ための基準が必要となる。Zeldovichは、衝撃波の強さがCJ値を上回っている時間は少なくとも混合気の誘導時間と等しくあるべきだと提案した。この基準により最小起爆エネルギーを定義できるようになり、この基準は後にゼルドビッチ判定基準と呼ばれるようになった。

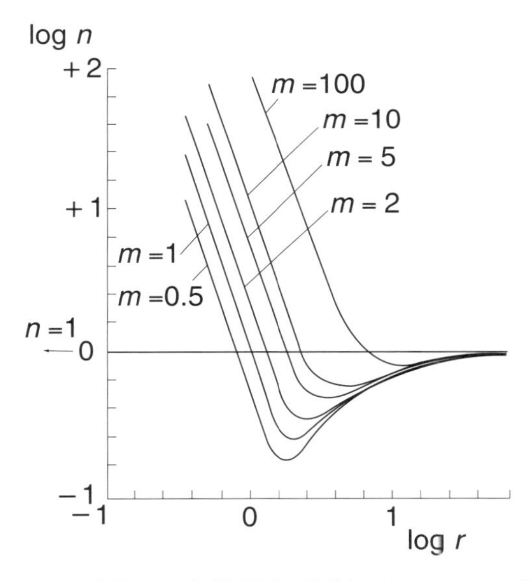


図７．５５　衝撃波強さと衝撃波半径の関係（Zeldovich *et al.*, 1957）

Lee *et al.* (1966) は、ゼルドビッチ判定基準に基づいた定量的な理論の構築を試みた。強いブラスト波の減衰に対する相似解を用いれば、衝撃波半径は$R = At^{2/5}$で与えられる※8。ここで、$A$はエネルギー積分から

$$A = \left(\frac{25E_0}{16\pi\rho_0 I}\right)^{\frac{1}{5}}$$

※8：　この$A$は式（７．１）の$A$とは違うので要注意。

と与えられる。$\gamma = 1.4$ に対し、相似解から得られる積分の値は、$I = 0.423$ である。衝撃波の軌跡から、衝撃波速度（すなわちマッハ数）が得られる：$D = dR/dt = \frac{2}{5} A t^{-\frac{3}{5}}$。衝撃波マッハ数が CJ 値に等しく、時刻が誘導時間 $\tau_{CJ}$ に等しいとすれば、起爆エネルギーは以下のように得られる。

$$E_0 = 62.5 \gamma I p_0 \pi M_{CJ}^5 \left(c_0 \tau_{CJ}\right)^3 \tag{7.3}$$

ある初期条件下のある混合気に対して、$p_0$, $c_0$ および $M_{CJ}$ は既知量であり、また衝撃波管実験で得られるデータから誘導時間の温度依存性（つまり衝撃波マッハ数に対する依存性）が与えられれば、誘導時間もまた計算可能である。Lee *et al.*（1966）は、式（7.3）が少なくとも３桁は、起爆エネルギーを過小評価していることを見出した。しかし反応領域厚さ（あるいは反応時間）に対して実験値を用いれば、正しいオーダーの大きさの起爆エネルギーが得られる。実験的に計測された反応領域厚さ（あるいは時間）は３次元的な乱流セル構造を考慮しており、流体力学的厚さ（hydrodynamic thickness）と呼ばれる。

後に Bach *et al.*（1971）によって、減衰していくブラスト波の背後における非一様な流れ場を考慮した、改良された理論が構築された。衝撃波が半径 $R_s$ であるときの化学的な発熱は、以下の積分によって与えられる。

$$E_{chem} = \int_0^{R_s - \Delta R} \rho(r, t) Q 4\pi r^2 dr$$

ここで反応領域は無視できる厚さであり、また $\Delta R$ は主として発熱のない誘導領域であることを仮定している。密度分布 $\rho(r, t)$ と誘導領域は未知であり、基礎となる保存則の厳密解から決定されなければならない。非反応性ブラスト波の研究から、質量、運動量およびエネルギーの全体的な保存則が満たされている限りは、ブラスト波の減衰はその背後の流れ場の分布に敏感ではないことがわかっている。これらのことから、Bach *et al.* は密度分布に対して以下のべき乗則の形を仮定した。

$$\frac{\rho}{\rho_0} = \frac{\rho_1}{\rho_0}\left(\frac{r}{R_s}\right)^q \tag{7.4}$$

ここで、べき指数 $q$ は質量積分から得られ、

$$\rho_0 \frac{4}{3}\pi R_s^3 = \int_0^{R_s} \rho 4\pi r^2 dr = \frac{4\pi R_s^3 \rho_0}{q+3}\left(\frac{\rho_1}{\rho_0}\right)$$

となり、したがって、

$$q = 3\left(\frac{\rho_1}{\rho_0} - 1\right) \tag{7.5}$$

となる。

密度分布の厳密解は、式（7.4）で与えられるべき乗則の形ではないだろうが、式（7.5）で与えられるべき指数を用いれば、全体的な質量の保存は満たされる。波面における密度比は、強い衝撃波に対する $\rho_1/\rho_0 = \frac{\gamma+1}{\gamma-1}$ から CJ デトネーション波に対する $\rho_1/\rho_0 = \frac{\gamma+1}{\gamma}$ までの間で変

化する。したがって$\frac{3}{\gamma} \le q \le \frac{6}{\gamma-1}$であり、$\gamma = 1.4$に対しては$2.14 \le q \le 15$である。一般的に密度分布は非常に急峻であり、質量のほとんどが衝撃波面の近傍に集中している。だから、たとえ小さな誘導領域厚さ$\Delta R$でも、ブラスト波が強ければ燃焼した質量（そして発熱量）は比較的小さく、結果としてブラスト波の初期の減衰は Taylor、Sedov そして von Neumann の相似解で表されるように主として起爆エネルギーに支配される。

任意の瞬間におけるブラスト波に取り囲まれた領域の全エネルギーの保存は、以下のエネルギー積分によって与えられる。

$$E_0 + \int_0^{R_s - \Delta R} \rho Q 4\pi r^2 dr = \int_0^{R_s} \rho \left( e + \frac{u^2}{2} \right) 4\pi r^2 dr$$

ここで、混合気の初期内部エネルギーは無視した。以下の無次元パラメータ

$$\xi = \frac{r}{R_s}, \qquad \psi = \frac{\rho}{\rho_0}, \qquad \phi = \frac{u}{\dot{R}_s}, \qquad f = \frac{p}{\rho_0 \dot{R}_s^{\,2}}$$

を定義すると、エネルギー積分は、

$$E_0 + 4\pi R_s^3 \rho_0 Q I_1 = 4\pi R_s^3 \rho_0 \dot{R}_s^2 I_2$$

となる。ここで、

$$I_1 = \int_0^{1-\frac{\Delta R}{R_s}} \psi \xi^2 d\xi$$

$$I_2 = \int_0^1 \left( \frac{f}{\gamma - 1} + \frac{\psi \phi^2}{2} \right) \xi^2 d\xi$$

であり、$\dot{R}_s = dR_s/dt$は衝撃波速度である。式（7．4）と式（7．5）を用いれば、積分$I_1$は以下のように得られる。

$$I_1 = \frac{1}{3} \left( 1 - \frac{\Delta R}{R_s} \right)^{q+3}$$

ここで、$q$は式（7．5）で与えられる。エネルギー積分は以下のように書ける。

$$M_s^2 = \frac{1}{4\pi\gamma I_2} \left( \frac{R_0}{R_s} \right)^3 + \frac{Q}{3c_0^2 I_2} \left( 1 - \frac{\Delta R}{R_s} \right)^{q+3} \qquad (7.6)$$

ここで、

$$M_s^2 = \frac{\dot{R}_s^{\,2}}{c_0^{\,2}}, \qquad c_0^2 = \frac{\gamma p_0}{\rho_0}, \qquad R_0 = \left( \frac{E_0}{p_0} \right)^{\frac{1}{3}}$$

であり、$R_0$は一般的に爆発長さ（explosion length）と呼ばれている。

式（7．6）は、Zeldovich によって導かれた元の式（つまり式（7．2））に比べて、よりよい近似になっている。しかし定性的には式（7．2）と式（7．6）は同様である。小さな（無次元）半径$(R_s/R_0)$に対しては式（7．6）の右辺第1項が支配的となり、強い点源ブラスト波に対する相似解によって与えられるように、$M_s^2$は$(R_s/R_0)^{-3}$というように減衰する。大きな半径では$\Delta R/R_s \to 0$および$M_s \to M_{CJ}$となり、第2項が支配的となる。

積分 $I_2$ は、半径が小さい場合の強い点源ブラスト波の解によって与えられる値と、半径が大きい場合（$M_s \to M_{CJ}$ および $R_s/R_0 \to \infty$）の漸近極限における値 $I_2 \to \dfrac{1}{3M_{CJ}^2}\dfrac{Q}{c_0^2}$ との間で変化する。$M_{CJ}^2 = 2(\gamma^2-1)Q/c_0^2$ だから、半径が大きい場合の $I_2$ の漸近値は $\dfrac{1}{6(\gamma^2-1)}$ となり、半径が小さい場合の強いブラスト波の極限では $\gamma = 1.4$ において $I_2 = 0.423$ となる。$\gamma = 1.4$ においては、$R_s/R_0 \to \infty$ および $M_s \to M_{CJ}$ となる大きな半径の漸近極限では $I_2 \to 0.174$ となり、$0.174 \le I_2 \le 0.423$ を得る。したがって強い衝撃波から CJ デトネーションの全範囲にわたって $I_2$ の変化は大きくない。式（7．6）で与えられるエネルギー積分は、半径に対する衝撃波強さの変化を表す式を与えるが、積分 $I_2$ と誘導領域 $\Delta R$ を記述するには追加の式が必要となる。

積分 $I_2$ を評価するためには、ブラスト波背後における圧力と流速の分布が必要である。連続の式は２つの従属変数（密度と流速）のみを含んでいるので、密度分布がわかれば流速分布を決定できる。そうすれば、運動量方程式から圧力分布を得ることができる。式（7．4）で仮定したべき乗則に従う密度分布に対し、流速と圧力の分布が Sakurai（1959）と Bach and Lee（1970）※9 によって以下のように得られた。

$$\frac{u}{\dot{R}_s} = \phi = \phi_1 \xi \qquad (7.7)$$

$$\frac{p}{\rho_0 \dot{R}_s^2} = f = f_1 - \frac{\psi_1\left(1-\xi^{q+2}\right)}{q+2}\left\{2\theta\eta\left(\frac{d\phi_1}{d\eta}\right) + \phi_1\left(1-\phi_1-\theta\right)\right\} \qquad (7.8)$$

ここで

$$\theta = \frac{R_s \ddot{R}_s}{\dot{R}_s^2} \qquad (7.9)$$

である。

パラメータ $\theta$ は、衝撃波速度の時間微分を含んでおり、衝撃波減衰係数と呼ばれている。式（7．4）、式（7．7）および式（7．8）で与えられる分布を用いて、積分 $I_2$ は以下のように計算される。

$$I_2 = \frac{1}{3(\gamma-1)}\left\{f_1 + \frac{\psi_1}{q+5}\left[\frac{3\gamma-1}{2}\phi_1^2 - (1-\theta)\phi_1 - 2\theta\eta\left(\frac{d\phi_1}{d\eta}\right)\right]\right\} \qquad (7.10)$$ ※10

ここで、$\eta = 1/M_s^2$ は衝撃波強さを表すパラメータである。

衝撃波後面における境界条件：$\psi_1, f_1, \phi_1$ は、ランキン-ユゴニオ方程式によって与えられ、それは衝撃波強さ $\eta$（あるいは $M_s^2$）の関数として表される。式（7．10）にパラメータ $\theta$ を加えたため $\theta$ に対する式がもう１つ必要となるが、これは $\theta$ の定義そのものから得ることができ、つまり式（7．9）は以下の形に書ける。

---

※9：　引用としては、Bach *et al.*（1971）の方が適切と思われる。式（7．7）、（7．8）、（7．9）はそれぞれ、Bach *et al.*（1971）の式（13）、（15）、（18）に対応している。

※10：　原書では $I_2 = \dfrac{f_1}{3(\gamma-1)} + \dfrac{\psi_1\phi_1^2}{2(q+5)} - \dfrac{\psi_1\left(1-\xi^{q+2}\right)}{q+2}\left\{2\theta\eta\left(\dfrac{d\phi_1}{d\eta}\right) + \phi_1\left(1-\phi_1-\theta\right)\right\}$ となっているが、$I_2$ は $\xi$ について0から1まで積分して得られるため、これは誤植だろう（式中に $\xi$ が残ってしまっている）。

$$\frac{d\eta}{dz} = \frac{-2\eta\theta}{z} \qquad (7.11)$$

ここで、$z = R_s/R_0$ は（爆発長さ $R_0$ を基準とした）無次元衝撃波半径である。エネルギー積分（式７．６）は、$z$ と $\eta$ を用いて以下のように書ける。

$$1 = 4\pi\gamma z^3 \left[ \frac{I_2}{\eta} - \frac{Q}{3c_0^2} \left( 1 - \frac{\varepsilon}{z} \right)^{q+3} \right] \qquad (7.12)$$

ここで $I_2$ は式（７．１０）で与えられる。$\varepsilon = \Delta R/R_0$ は無次元誘導領域厚さであり、衝撃波強さが変化する場合には、その計算のためにさらに追加の式が必要となる。誘導領域厚さの温度依存性は、衝撃波管のデータから知ることができる。原理的には、エネルギー積分は $I_2$ についての式、$\theta$ についての式（式７．１１）、そして誘導領域厚さに対する式と同時に積分される。$\phi_1$ の $\eta$ に関する導関数は境界条件から得られるし、べき指数 $q(\eta) = 3[\psi_1(\eta) - 1]$（式７．５）もまた衝撃波後面における境界条件で与えられる。しかし様々なパラメータが相互に依存するという非常に陰的な性質のため、エネルギー積分の数値積分は実際にはかなり難しい。Bach *et al.* (1971) の理論では、この問題の解を容易にするために、さらなる単純化を導入した。

任意の瞬間におけるブラスト波の強さは球面衝撃波内部の平均エネルギー密度に依存することから、Bach らは以下の等価化学エネルギーを定義した。

$$Q_e = Q \left( 1 - \frac{\varepsilon}{z} \right)^{q+3} \qquad (7.13)$$

この化学エネルギーは、衝撃波背後の少し離れた反応領域の中ではなく、衝撃波で発熱すると仮定する。球面衝撃波内部の平均エネルギー密度は（こう仮定しても）同じ値に保たれる。化学エネルギーが衝撃波で解放されると仮定することにより、波面は反応性不連続面となり、反応性衝撃波（あるいはデトネーション）に対する境界条件はランキン-ユゴニオ方程式より以下のように与えられる。

$$\frac{\rho_1}{\rho_0} = \psi_1 = \frac{\gamma + 1}{\gamma - S + \eta} \qquad (7.14)$$

$$\frac{u_1}{\dot{R}_s} = \phi_1 = \frac{1 + S - \eta}{\gamma + 1} \qquad (7.15)$$

$$\frac{p_1}{\rho_0 \dot{R}_s^2} = f_1 = \frac{\gamma + \gamma S + \eta}{\gamma(\gamma + 1)} \qquad (7.16)$$

ここで

$$S = \left[ (1 - \eta)^2 - K\eta \right]^{\frac{1}{2}} \qquad (7.17)$$

および

$$K = 2(\gamma^2 - 1)\frac{Q_e}{c_0^2} \qquad (7.18)$$

である。これらの方程式は、本質的にオーバードリブンデトネーションに対するものである。$M_s \gg 1$（あるいは $\eta \ll 1$）のとき $S \to 1$ となり、以下の強い衝撃波の条件を得る。

$$\psi_1 = \frac{\gamma + 1}{\gamma - 1} \quad \text{および} \quad \phi_1 = f_1 = \frac{2}{\gamma + 1}$$

また、$M_s \to M_{CJ}$（あるいは$\eta \to \eta_{CJ}$）のときは$S=0$であり、$\eta_{CJ} \ll 1$において以下のCJデトネーションの条件を得る。

$$\psi_1 \to \frac{\gamma+1}{\gamma} \quad および \quad \phi_1 = f_1 \to \frac{1}{\gamma+1}$$

式（７．１３）から、等価エネルギーが衝撃波強さ$\eta$と衝撃波半径（あるいは曲率）$z = R_s/R_0$の双方に依存することがわかる。衝撃波強さ$\eta$に対する依存性は、べき指数$q$とさらに誘導領域厚さ$\Delta R$を通じたものである。衝撃波が強いときは、$q=3(\psi_1-1)$および密度比$\psi_1=\rho_1/\rho_0$が衝撃波強さに対して比較的鈍感であることから、Bach らは極限の値を採用し$\psi_1=\dfrac{\gamma+1}{\gamma-1}$、すなわち$q \approx \dfrac{6}{\gamma-1}$とした。先頭衝撃波によって誘起される温度が高いときは、誘導領域厚さ$\Delta R$もまた温度（衝撃波強さ）に対して比較的鈍感である。したがってBach らは$\Delta R \approx \Delta R_{CJ}$とみなし、温度（つまり衝撃波強さ）の低下に伴って$\Delta R$が指数関数的に増大するような自発着火限界近傍における誘導領域厚さの変化を記述するような関数$G(\eta)$を定義した。その結果、式（７．１３）は以下のように近似される。

$$\begin{aligned} Q_e &= Q\left(1-\frac{\Delta R_{CJ}/R_0}{R_s/R_0}\right)^{\frac{6}{\gamma-1}+3} G(\eta) \\ &= Q\left(1-\frac{\delta}{z}\right)^{\frac{6}{\gamma-1}+3} G(\eta) \end{aligned} \qquad (7.19)$$

ここで、$\delta=\Delta R_{CJ}/R_0$であり、$G(\eta)$は以下のように定義される。

$$G(\eta)=\begin{cases} 0, & \eta_c \le \eta \\ \dfrac{\left(1-\dfrac{\eta}{\eta_c}\right)^2\left(1-\dfrac{3\eta_{CJ}}{\eta_c}+\dfrac{2\eta}{\eta_c}\right)}{\left(1-\dfrac{\eta_{CJ}}{\eta_c}\right)^3}, & \eta_{CJ} \le \eta \le \eta_c \\ 1, & 0 \le \eta \le \eta_{CJ} \end{cases} \qquad (7.20)$$

上式で与えられる$G(\eta)$の形は、導関数$dG(\eta)/d\eta$が連続で、さらに式（７．２０）で与えられる両端で求められる条件を満足するような最低次数の多項式である。より高次数の多項式を同じようにして選ぶこともできるが、それは$\eta$が２つの極限$\eta \to \eta_{CJ}$および$\eta \to \eta_c$に近づく際に、より鋭い上昇と遮断の効果を持つだけである。

等価エネルギー$Q_e$の衝撃波半径（つまり曲率）に対する依存性については、Bach らは以下のように仕分けした。

$$Q_e=\begin{cases} 0, & z \le \delta \\ Q\left(1-\dfrac{\delta}{z}\right)^{\frac{6}{\gamma-1}+3} G(\eta), & z>\delta,\ \eta_{CJ} \le \eta \le \eta_c \\ Q\left(1-\dfrac{\delta}{z}\right)^{\frac{6}{\gamma-1}+3}, & z>\delta,\ 0 \le \eta \le \eta_{CJ} \\ Q, & z \gg \delta,\ \eta=\eta_{CJ} \end{cases} \qquad (7.21)$$

もちろん$z>\delta$かつ$\eta\geq\eta_c$に対しては$G(\eta)=0$である。ゆえに$Q_e=0$となり、化学的な発熱は遮断される。

したがってBachらの理論では直接起爆過程の物理全体が、式（７．１９）から式（７．２１）によってモデル化されている。式（７．２０）と式（７．２１）は本質的には臨界条件を示しており、遮断衝撃波強さ$\eta_c$の設定が起爆エネルギーの臨界値を決定する。起爆エネルギーが非常に小さい（ゆえに爆発長さ$R_0$の値が小さい）ときは、衝撃波は急速に減衰し、$z<\delta$で$Q_e=0$のときに$\eta\to\eta_c$となり、ブラスト波は非反応性ブラスト波として減衰する。より大きな起爆エネルギーかつ$\delta/z<1$の場合には曲率が支配的であるが、衝撃波半径が増大して曲率が減少するにつれて、化学的な発熱が段々と衝撃波の伝播を支持するようになり、衝撃波の減衰速度は低下する。もし衝撃波強さが自己着火限界を下回るまで減衰すれば$\eta\to\eta_c$となるにつれて$G(\eta)\to 0$となり、化学的な発熱は事実上停止する。そして衝撃波は極限において音波にまで減衰する。直接起爆が成功するためには、化学エネルギーが衝撃波の減衰速度を低下させるくらいにブラスト波が十分ゆっくりと減衰するような起爆エネルギーでなければならない。もし$z\gg 1$のときに$\eta$が$\eta_c$よりも小さな値を維持できるならば、化学エネルギーが衝撃波を支持することができ、段々と加速して$z\to\infty$となるにつれてCJデトネーションに漸近する。したがってBachらは有限の誘導領域厚さと自発着火を遮断する限界をブラスト波の減衰過程に直接組み込むことで、本質的にはZeldovichの考え方を発展させたのだ。

半径の変化によってブラスト波が実際にどう減衰するかを求めるために、Bachらは$I_2$（式７．１０）、$\theta$（式７．１１）および$d\phi_1/d\eta$（$\phi_1$についての境界条件、つまり式（７．１５）より）に対する式とともに、エネルギー積分を式（７．６）から直接解いた。選んだ$\delta=\Delta R_{CJ}/R_0$の値に対し、衝撃波減衰曲線を図７．５６に示す。図からわかるように、起爆過程の特徴すべてが、臨界起爆エネルギーの予測も含めてBachらの理論によって再現されている。ブラスト波が最小伝播マッハ数まで減衰した後に再加速でき、最終的に$z\to\infty$の極限でCJデトネーションに近づくことができるような臨界値$\delta=\delta_c$が存在する。$\delta<\delta_c$ではブラスト波が再加速せず、$M_s<M_c$（つまり$\eta>\eta_c$）まで減衰し、化学エネルギーが遮断される。そして衝撃波は$z\to\infty$の極限において音波に近づく。エネルギー積分の解より、臨界起爆エネルギーは$\delta_c$の値を使って以下のように得られる。

$$\delta_c=\frac{\Delta_{CJ}}{R_0}=\Delta_{CJ}\left(\frac{p_0}{E_0}\right)^{\frac{1}{3}}\text{，あるいは}\quad E_0=p_0\left(\frac{\Delta_{CJ}}{\delta_c}\right)^3 \qquad (7.22)$$

こうして、ゼルドビッチ判定基準で示された臨界起爆エネルギーが誘導領域厚さの３乗に比例するという依存性が再現される。

衝撃波管のデータから計算されるZNDデトネーションの誘導領域厚さを用いると、Bachらの理論は臨界エネルギーを、実験値に対して３桁小さい値で予測するが、もし乱流セル状デトネーションの厚さに対する実験値を$\Delta_{CJ}$に用いれば、実験とよく一致する値を与える。Bachらの理論はまた、たとえ定性的にでも、臨界条件に近い場合のデトネーションの発現を表現することはできない。実験的な観測によれば、デトネーションの発現は突然であり、形成されるデトネーションはオーバードリブン状態で、その後CJデトネーションへ漸近的に減衰する。

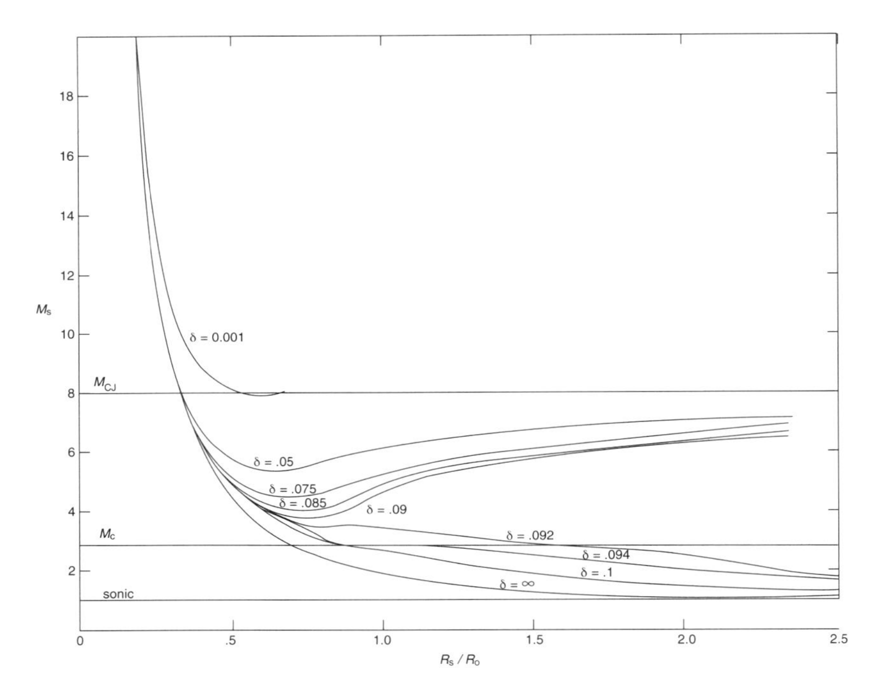


図７．５６　ブラスト波の減衰と半径の関係（Bach *et al.*, 1971）

Bach らの理論は緩やかな加速を示すが、これは実験では観測されない。

ブラスト波が最小の伝播速度から再加速する前の状態における衝撃波半径は、点火理論における最小火炎核と類似した最小デトネーション核（minimum detonation kernel）として考えることができる。Semenov－Frank－Kamenetsky の点火理論では、最小火炎核は火炎核内部での化学反応による熱発生速度と、火炎核表面からの熱伝導による熱損失速度とのバランスによって決定される。Lee and Ramamurthi（1976）は、デトネーション核をブラスト波の減衰速度と球状ブラスト波内部での化学的発熱による衝撃波の加速度とのバランスによって定義した。エネルギー積分（つまり式（７．６））には、２つの競合する項が右辺に存在する。それら２つの競合する項を等しいと置くことによってデトネーション核の半径を $R_s = R_s^*$ と書くことにすると、以下のように書ける。

$$\frac{1}{4\pi\gamma I_2^*}\left(\frac{R_0^*}{R_s^*}\right)^3 = \frac{Q}{3I_2^* c_0^2}\left(1-\frac{\Delta R^*}{R_s^*}\right)^{q^*+3} \qquad (7.23)$$

ここで「＊」は、臨界的なバランス条件を意味している。積分 $I_2$には、$M_s \gg 1$ あるいは $\eta \ll 0$ の極限における強い点源ブラスト波に対する相似解から得られる値を用いる。$\gamma=1.4$ では、強い点源ブラスト波の極限の値は（以前に示したように）$I_2=0.423$ である。また $M_s \to M_{CJ}$ および $R_s \to \infty$ の漸近極限では、$I_2$の値はエネルギー積分と式（７．２３）から得ることができて、（これも以前に示したが）以下のようになる。

$$I_2 \to \frac{Q}{3c_0^2 M_{CJ}^2}$$

$M_{CJ}^2 = 2\left(\gamma^2-1\right)Q/c_0^2$ なので、$I_2$の漸近値は（これも以前に示したが）

$$I_2 = \frac{1}{6(\gamma^2 - 1)}$$

と得られ、$\gamma$=1.4の場合には0.174となる。このように、$I_2$は衝撃波強さに関して強く変化する関数ではなく、$I_2^*$として平均値を用いてもよいだろう。

2つの競合する項を等しいと置くことで（式7．23）、デトネーション核のサイズ$R_s^*$はエネルギー積分から（$I_2^* = 1/\left[6(\gamma^2 - 1)\right]$として）以下のように得られる。

$$R_s^* = \frac{\Delta R^*}{1 - \left[\frac{1}{2}\left(\frac{M_s^*}{M_{CJ}}\right)^2\right]^{\frac{1}{q^*+3}}} \quad (7.24)$$

$M_s^*$の値には（衝撃波背後の温度が）自発着火限界になるような衝撃波の伝播マッハ数を選ぶことができ、$\Delta R^*$は衝撃波管のデータから計算できる。したがってデトネーション核の半径$R_s^*$は式（7．24）から計算できる。エネルギー積分より、競合する2項を等しいと置くことで

$$M_s^{*2} = \frac{2}{4\pi\gamma I_2^*}\left(\frac{R_0^*}{R_s^*}\right)^3 = \frac{2Q}{3c_0^2 I_2^*}\left(1 - \frac{\Delta R^*}{R_s^*}\right)^{q^*+3}$$

が得られ、起爆エネルギーについて解くと以下のようになる。

$$E_0^* = 2\pi\gamma p_0 I_2^* M_s^{*2} R_s^{*3} \quad (7.25)$$

デトネーション核のサイズ$R_s^*$が誘導領域長さに比例するから、上式もまた（臨界）起爆エネルギーが誘導領域厚さの3乗に比例することを示している。

ここまでみてきたように、すべてのブラスト起爆理論は、その核心部分で、臨界衝撃波強さに対応する何らかの特性長の指定を必要としている。1次元定常ZNDデトネーションの反応領域厚さは、実際の3次元的で時間的に変化するセル状デトネーションの構造を代表していない。しかしデトネーションのセルサイズは正確に測ることが難しい。臨界起爆エネルギーが反応領域の特性長に3乗で依存することから、（デトネーションのセルサイズを使ったのでは）臨界起爆エネルギーの推定誤差がかなり大きくなりうる。その一方で、臨界管直径は一般により精度よく決定できる。Lee and Matsui（1977）は、特性長として臨界管直径を使う起爆理論を提案した。彼らは、デトネーションを消そうと側面から進入する膨張波に対抗してデトネーションが消えないための最小表面積が臨界管直径によって与えられると指摘した。ブラスト起爆における臨界起爆エネルギーは次のような条件で決まると、Lee と Matsuiは主張した。その条件とは、非定常な膨張波や曲率によってデトネーションが消えないためには、ブラスト波がCJ速度まで減衰したときにブラスト波の表面積がある最小サイズ以上でなければならないというものである。このように、彼らは球状ブラスト波の最小表面積が臨界管の断面積に等しいと置き（つまり$4\pi R_*^2 = \pi d_c^2/4$）、臨界ブラスト半径を$R_* = d_c/4$と得た。強いブラスト波の理論から衝撃波強さと半径の関係を得ることができ、この理論から得られる臨界起爆エネルギーは以下のように書ける。

$$E_c = \frac{\gamma\pi p_0 I_2 M_{CJ}^2 d_c^3}{16} \quad (7.26)$$

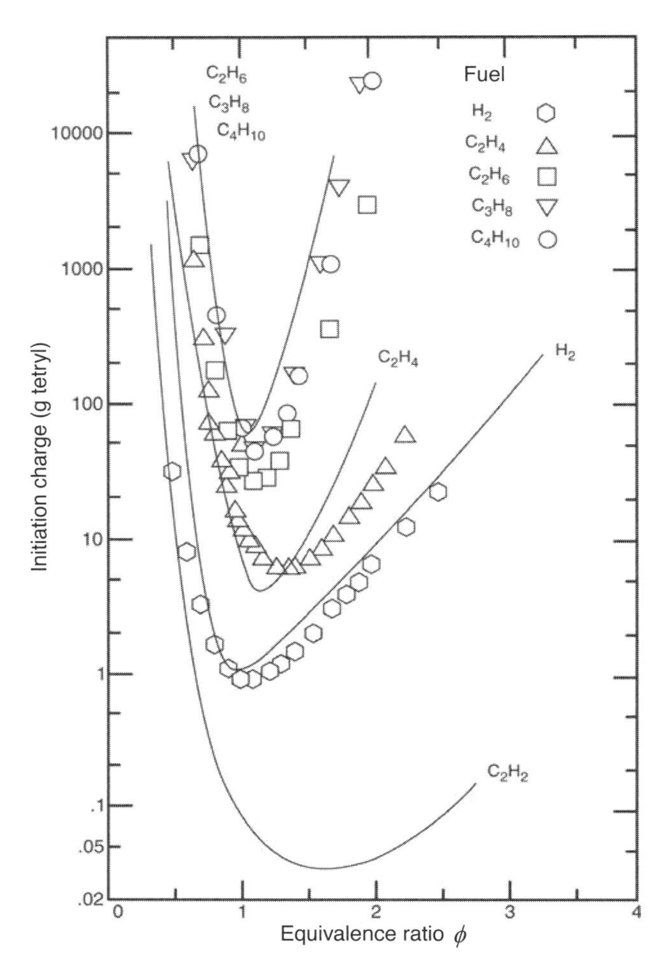


図７．５７　様々な燃料–空気混合気に対する、臨界起爆エネルギーの実験値と計算値の比較（Knystautas *et al.*, 1985）

$I_2$ の値は強い点源ブラスト波に対する相似解から得られ（例えば $\gamma=1.4$ ならば $I_2=0.423$）、CJ マッハ数は化学平衡計算から得られ、さらに臨界管直径に対する実験値を用いれば、式（７．２６）から臨界起爆エネルギーが決まる。あるいは、もし $d_c=13\lambda$ という経験式を使うなら、式（７．２６）を以下のようにセルサイズ $\lambda$ で書くことができる。

$$E_c=\frac{2197\gamma\pi p_0 I_2 M_{CJ}^2\,\lambda^3}{16} \qquad (7.27)$$

式（７．２７）によって予測される臨界起爆エネルギーと様々な燃料–空気混合気に対する実験値の比較を図７．５７に示す。セルサイズ $\lambda$ はすす膜により別の独立した実験で計測したものである。図からわかるようにモデルの単純さにもかかわらず、両者の一致具合はかなりよい。デトネーションが比較的安定な爆発性混合気に対しては、$\lambda$ はデトネーション構造を特徴づける適切な特性長ではないかもしれず、このような場合には、臨界管直径と式（７．２６）を用いるべきである。

## 7.7 SWACER機構

ほとんどの自走デトネーションは不安定であるため、デトネーションの形成には不安定なセル状デトネーションを形成するために不安定性の成長が必要となる。不安定性の成長は、本質的には化学的な発熱と気体力学的な擾乱のカップリングであり、そのカップリングには両者の適切な位相関係が必要とされる。SWACERの概念は、本質的には移動する圧力パルスに対して適用されるRayleighの安定性判定基準である。１次元デトネーションの直接起爆の数値シミュレーションでは、デトネーションの発現は、反応領域から発生する圧力パルスが衝撃波に向かって伝播するにつれてCJ圧力よりもはるかに高い大きさにまで急激に上昇することによってもたらされる。実験的に観測されるように、圧力パルスが先行する衝撃波と合体するときに強いオーバードリブンデトネーションが形成され、それがCJデトネーションへと緩和する。図7.58はブラスト起爆の臨界的な状況におけるデトネーションの発現過程を表している。反応領域から出た圧力パルスが先行する衝撃波に向かって伝播するにつれて急速に強くなり、最終的に衝撃波と合体してオーバードリブンデトネーションを形成する様子が図cにみえる。

移動している圧縮パルスが急速に強まるためには、化学的な発熱が伝播している波と適切に同期することが要求される。これをSWACER機構におけるコヒーレントな発熱（coherent energy release）と呼ぶ。伝播しているCJデトネーションにおいて、（反応領域における）化学的な発熱は衝撃波と同期しており、反応領域は先頭衝撃波から短い誘導領域を隔てて存在している。弱い圧力パルスの増幅過程においては、その圧力パルスの前方にある反応性媒質が、いまにも爆発するような状態に前もって整えられていなければならない。そして圧力パルスによってもたらされるわずかな圧縮加熱が爆発のきっかけとなり、発熱と伝播する圧力パルスとのカップリングを可能にする。これが実現されるためには、伝播している圧力パルスの前方に誘導時間の勾配がなければならず、圧力パルスが伝播すると通り道にある流体粒子がタイミングを合わせて次々に爆発するようになっていなければならない。

直接起爆の起爆エネルギーが臨界的な状況にあるときの準定常で準安定な期間では、先行する衝撃波は自発着火限界に近い強さであり、その背後に幅の広い誘導領域をもたらす。この幅の広い誘導領域の中では、各流体粒子の誘導期間はその流体粒子を衝撃波が通過した瞬間に始まっており、それが衝撃波の背後に順番に並んでいる。反応領域内のある流体粒子が爆発すると、圧力パルスが１つ生成され、その圧力パルスは衝撃波に向かって伝播する。もしその圧力パルスが弱過ぎると、その前方にある誘導期間中の流体粒子を圧力パルスが通過しても、その流体粒子を爆発させることはできない。それゆえ衝撃波背後に並んでいる流体粒子の爆発の時系列は、衝撃波が流体粒子を通過した時刻に始まる誘導期間の後に各流体粒子が爆発していくという元々の時系列に従うことになる。しかし、もし圧力パルスが十分に強くて通過する流体粒子の誘導時間を縮め、流体粒子を爆発させるきっかけとなりうるならば、発熱は伝播する圧力パルスとカップルすることが可能となり、圧力パルスを増幅させる結果となる。したがって、このコヒーレントな発熱のためには、伝播する圧力パルスの前方に並んでいる流体粒子に適切

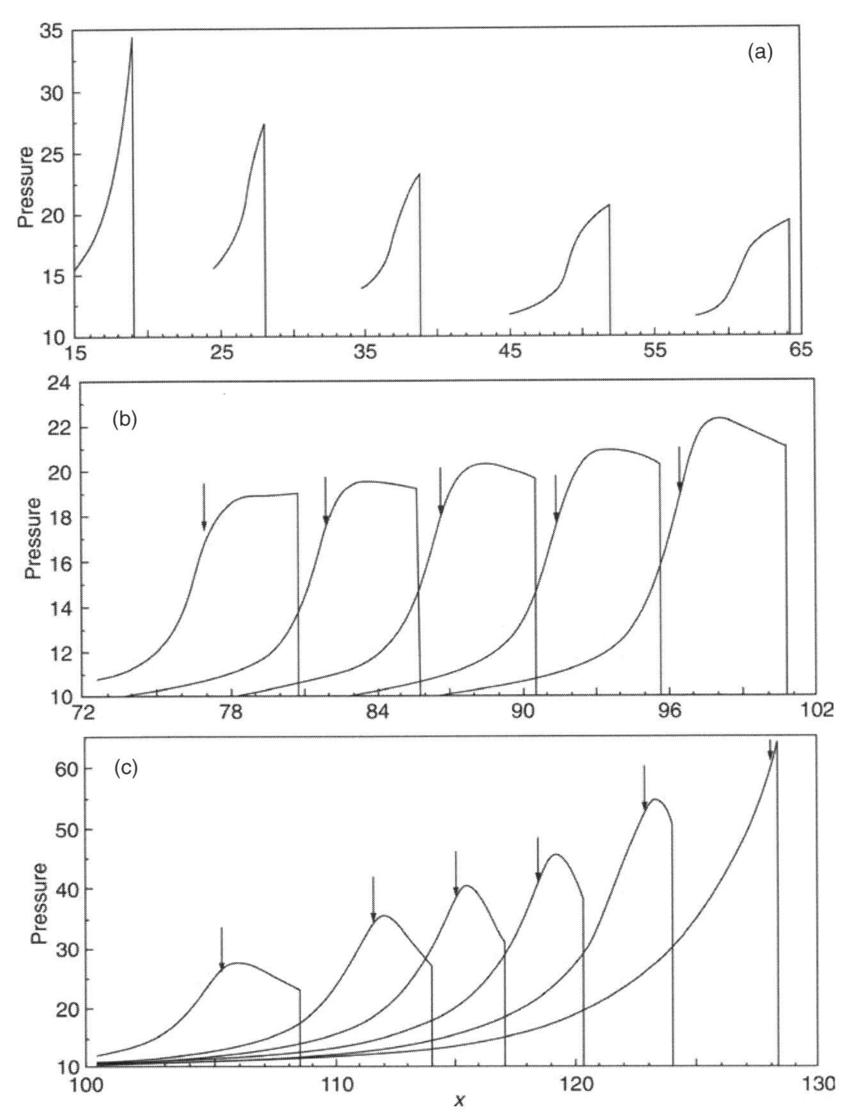


図7.58　起爆エネルギーが臨界に近い状況においてデトネーションの発現に至る圧力増幅
矢印は反応領域の位置を示している(Lee and Higgins, 1999)。

な誘導時間の勾配が存在することが必須なのである※11。発熱が伝播する圧力パルスとコヒーレントであるためには、発熱の時間変化もまた重要である。いくつかの爆発中心の爆発から発生する複数の強い圧力パルスというものが自発着火限界近傍という状態の特徴であり、この場合には小さな温度変動が誘導時間の大きな変動を招く。

※11：SWACERという名称は、レーザー（LASER：light amplification by stimulated emission of radiation）に由来している。レーザーの場合は光の誘導放出という仕組みで走っている光パルスと光の誘導放出による光パルスの増強が自動的に同期する。光パルスの移動速度は一定なので、この仕組みがないと走っている光パルスは増強されない。化学爆発の場合には誘導放出のような仕組みがないので、走っている圧力パルスが増強されるには、爆発寸前の状態にある流体粒子が走っている圧力パルスの前方にあらかじめ都合よく並んでいる必要がある、という話である。しかし、圧力パルスの場合は「後ろから追いかける圧力パルスが前方を走る圧力パルスに追いつく（前方の圧力パルスによって後方の圧力パルスの移動速度が上がる）」という性質があるため、「誘導時間の勾配の適切さ」の許容範囲は、平面波的な圧力パルスの増強という見方をすれば、それほど狭いものではないはずである。しかし、個々の爆発中心から発生する圧力パルスは3次元的な発散効果ですぐに弱まってしまうため、かなり短距離で増強されないとデトネーションの発現には至らず、その点では「誘導時間の勾配の適切さ」の許容範囲はかなり狭いと考えてよく、それをコヒーレントと呼ぶわけである。

SWACER 理論を実証するために、Lee *et al.*（1978）は閃光光分解によるデトネーション起爆に関する研究を行った。この場合、光解離した化学種の濃度勾配場が強い紫外閃光によって形成され、ラジカルの濃度勾配場の中に誘導時間の勾配が形成される。勾配場におけるデトネーションの直接起爆はSWACER 機構に帰された。デトネーション形成過程の数値シミュレーションもまた行われた（Yoshikawa and Lee, 1992）。図７．５９は、$H_2$－$Cl_2$ 混合気中の光解離によって形成された誘導時間勾配場におけるSWACER 機構の数値シミュレーションの結果である。

図７．５９ａは超臨界の場合（照射強度$I_0$＝2 kW/cm$^2$）であり、誘導時間勾配場の中を衝撃波が伝播する際の圧力分布を示している。約 10 cm の距離で衝撃波がオーバードリブンデトネーションへと成長し、その後にCJ デトネーションへと減衰する様子がみえる。照射強度を低下させていくと臨界値 $I_0$＝1 kW/cm$^2$ に到達する。この条件では、衝撃波は加速して圧力がデトネーション圧力にまで達するものの、急速に減衰して CJ 状態を下回り、CJ デトネーション圧力の約半分の圧力である準定常状態に至る。もしこの準安定状態から最終的にデトネーションに至るとすれば、それはSWACER 機構によるものというよりは不安定性機構によるものである。特に興味深いのは、もっとずっと強い放射パルスを使うと勾配場の急峻さが壊されてしまうということである。

図７．５９ｃは、増幅が観測されない場合の圧力分布を示している。圧力はほぼ定容爆発の値を維持しており、デトネーションは起爆しない。これらの数値シミュレーションは、実験研究とともに、はじめ CJ 状態未満である圧力パルスがオーバードリブンデトネーションに急速に増幅されるためには勾配場の存在が不可欠であることを裏づけている。デトネーションの発現は、乱流領域で局所的に起こる体積的な爆発とは別に、さらなる増幅過程が伴わなければならないようである。

誘導時間の勾配は、温度勾配や自由ラジカルの濃度勾配によって形成されうる。乱流反応領域中では、局所的な爆発中心やデトネーションの形成が実験的に観測されるが、必要とされる勾配場は反応中のガスや生成物が未反応の反応物と乱流混合することによって形成されている可能性が最も高い。

乱流混合領域では、非一様な勾配場が形成されうる※12。図７．６０は未反応の量論比の水素-空気混合気と燃焼生成物の非一様な場におけるSWACER 機構の数値シミュレーション結果を示している。30 cm の距離にわたって生成物の割合を０から１まで直線的に変化させて、非一様な勾配場をあらかじめ作った。$H_2$の酸化反応の詳細化学動力学と時間的に変化する流れ場の気体力学の両者が、Lagrangian McCormack flux－corrected transport code によって記述されている。計算結果によれば、初期の圧縮パルスが増幅されて急峻化し、最大値が 10 bar に達している。この場合の計算ではデトネーションは形成されていないが、もっと大きな混合領域に対する結果は、この勾配場中でデトネーションの発現を示すはずである。もし不活性な媒質で取り囲まれたホットスポットの定容爆発のみを仮定するならば、生成される衝撃波の強

※12：「非一様」とは「組成が一様でない」という意味だと考えられる。

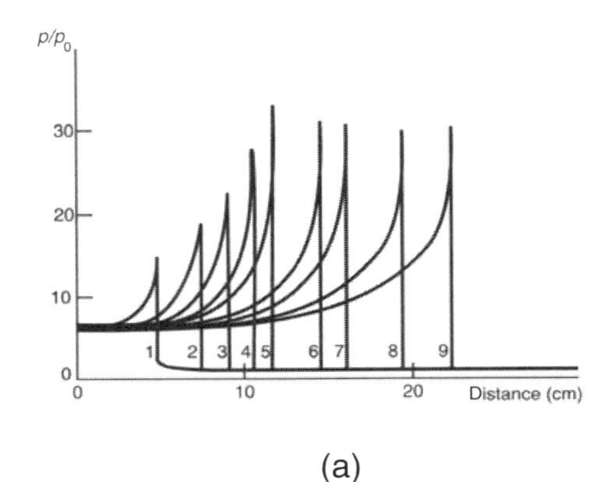


(a)

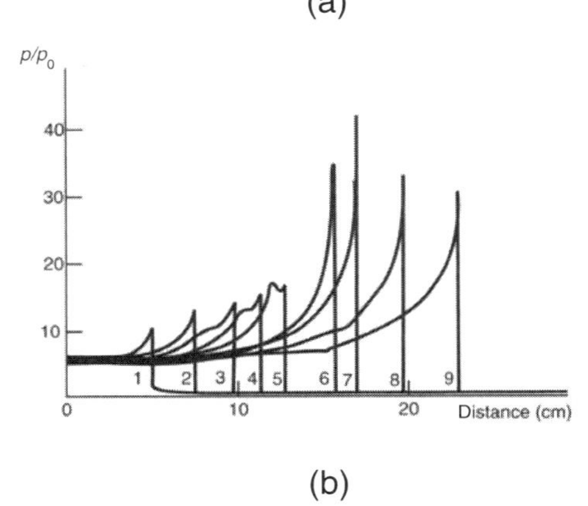


(b)

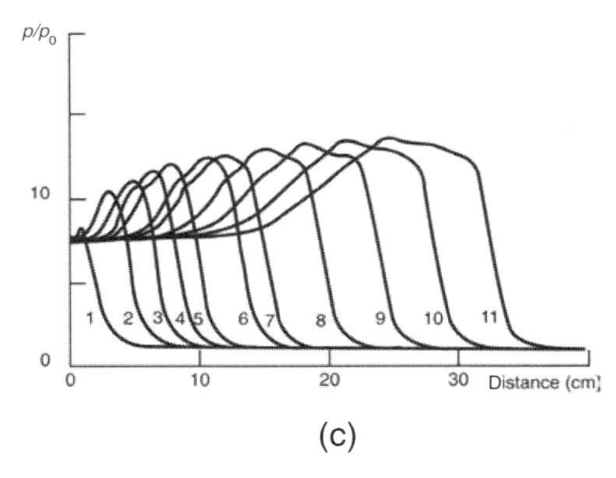


(c)

図７．５９　誘導時間勾配場におけるSWACERの数値シミュレーション（Yoshikawa and Lee, 1992）

さは約１桁小さくなる。それゆえデトネーションの発現のために勾配場が重要であることは明白である。

Thibault *et al.*（1978）は、反応性媒質中で発熱を時間的に制御することで、圧力パルスの急速な増幅について研究した。彼らは、一定速度 $V_0$ で移動するエネルギー源が、単位質量あたり $Q_0$ のエネルギーを速度 $\omega(t)$ で放出すると考えた。この移動するエネルギー源は、反応性混合気中における一定の誘導時間勾配を模擬している。$\omega(t)$ の関数形は

$$\omega(t) = Q_0 \frac{t}{\tau_R^2} \exp\left(-\frac{1}{2}\frac{t^2}{\tau_R^2}\right) \qquad (7.28)$$

と仮定されており、移動するエネルギー源の化学的な発熱速度 $\dot{q}(t)$ は

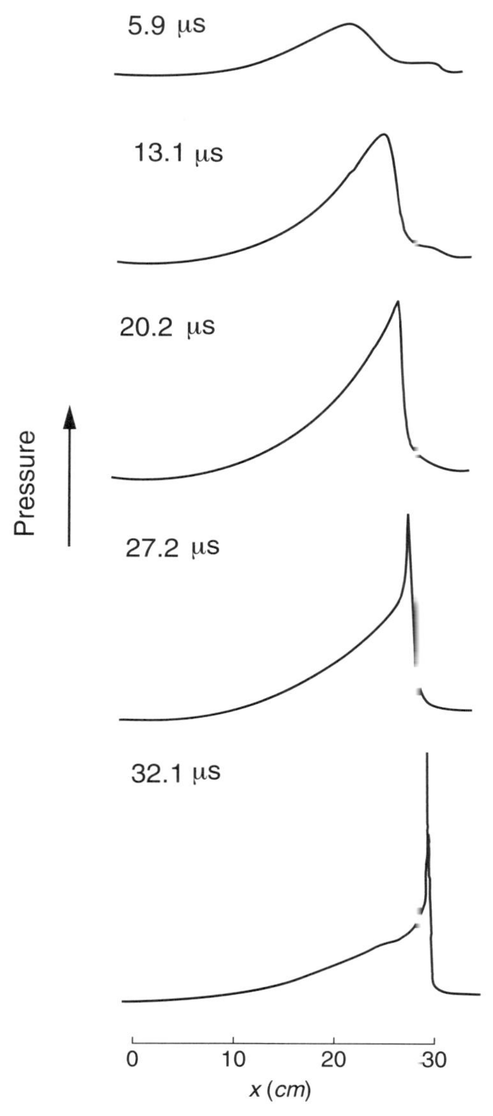


図７．６０　水素-空気系の生成物と反応物の勾配場におけるSWACERの数値シミュレーション
(P. Thibaultの厚意による)

$$\dot{q}(t)=\omega\left(t-\frac{x}{V_0}\right)H\left(t-\frac{x}{V_0}\right) \qquad (7.29)$$

のように書く。なお、$\omega(t)$ は以下の条件を満足する。

$$\int_0^\infty \omega(t)dt=Q_0 \qquad (7.30)$$

また、$H(y)$ は以下のヘヴィサイド関数である。

$$H(y)=\begin{cases}0, & y<0\\ 1, & y\geq 0\end{cases}$$

式（７．２８）において、$\tau_R$ は $\omega(t)$ が最大値へ到達するのに必要な時間を表しており、反応時間と呼ばれる。移動するエネルギー源により媒質中の圧力波が発達するが、これは反応性オ

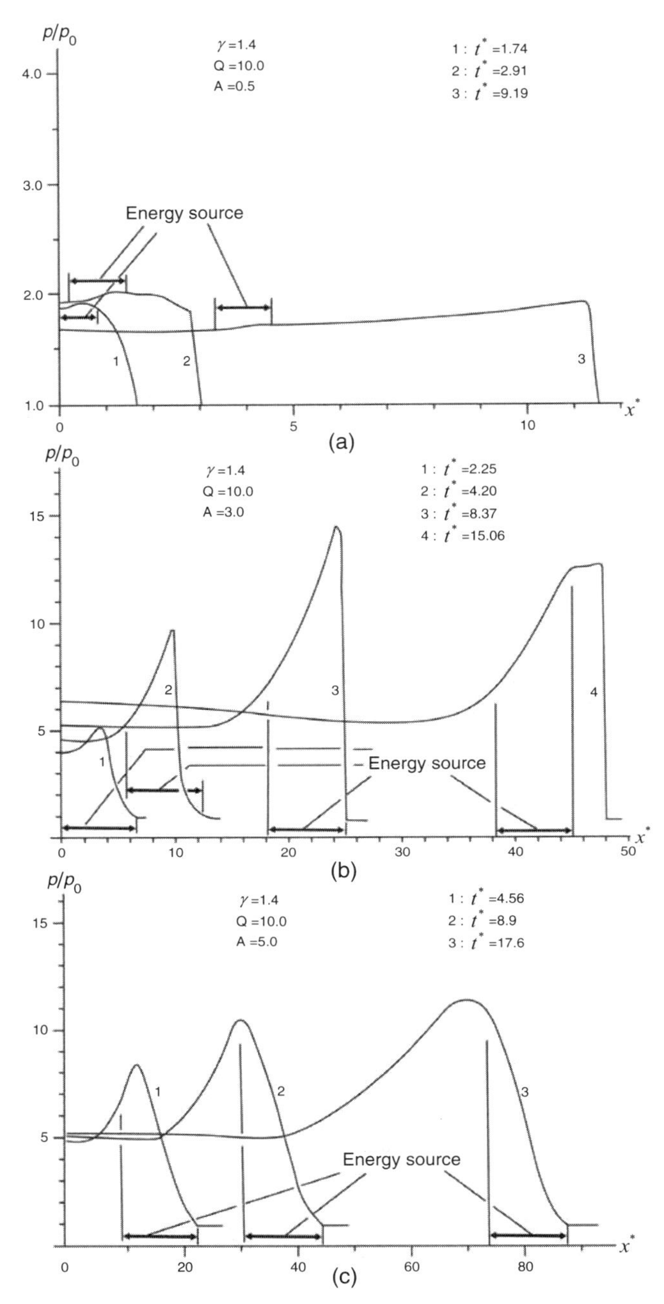


図7.61　様々な速度で移動するエネルギー源に対する時間と圧力分布の関係（Thibault *et al.*, 1978）

イラー方程式の数値積分によって計算される。図7.61は異なる瞬間の圧力分布を示している。無次元距離と無次元時間はそれぞれ$x^* = x/c_0\tau_R$と$t^* = t/\tau_R$で定義されており、また$Q = Q_0/c_0^2$（ここで$c_0^2 = \gamma p_0/\rho_0$は音速）である。エネルギー源の移動マッハ数$A = V_0/c_0 = 0.5$の場合（図a）では、圧力パルスはエネルギー源を置いて走り去ってしまう。エネルギー源が$A = 3$の超音速で移動する場合は、非常に高いピークを持つ圧力パルスが初期に発達し、この圧力パルスは急峻化して衝撃波を形成する。しかし時間が経過すると衝撃波は先行し、エネルギー源から分離して振幅が小さくなる（図b）。興味深いことに、エネルギー源が$A = 5.0$とい

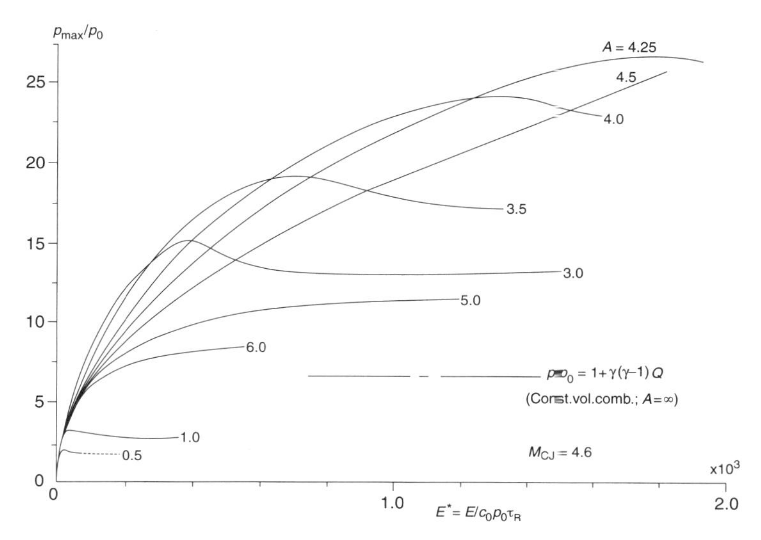


図７．６２　様々なエネルギー源のマッハ数に対する、全発熱量と最大圧力の関係（Thibault *et al.*, 1978）

うかなりの超音速で移動する場合（発熱量 $Q$ に対応する CJ マッハ数は $M_{CJ}=4.6$）、衝撃波が形成されない。なぜなら媒質の圧力を高める発熱の速度が、対流の非線形効果によって圧力パルスの先頭が急峻化する速度よりも速いからである（図ｃ）。到達する最大圧力は、衝撃波が形成されたよりマッハ数の低いエネルギー源の場合の最大圧力よりも低い。エネルギー源が無限大の速度で移動する極限（つまり $A=\infty$）では、混合気の全体が同時に爆発し、到達する圧力は定容爆発の圧力である $p/p_0=1+\gamma(\gamma-1)Q$ と等しくなる。

図７．６２は、全発熱量に対して最大圧力をプロットしたものである。異なる曲線は、エネルギー源の異なる移動マッハ数 $A=V_0/c_0$ に対応している。$A<1$（つまり $V_0<c_0$）では、エネルギー源によって生成される圧力パルスの最大圧力は非常に低い。これは生成される圧力波の先頭がエネルギー源の前方へ走り去り、圧力が集中しないためである。$A\gg1$ では、圧力上昇の速度が発熱速度によって支配され、$A\to\infty$ の極限では定容爆発となって圧力は $p/p_0=1+\gamma(\gamma-1)Q$ となる。$1<A<M_{CJ}$ の範囲においては、圧力パルスが集中して高い値になるが、その後、形成された衝撃波がエネルギー源から逃げ去って発熱と圧力波の最適な（コヒーレントな）カップリングが失われるにつれ、圧力パルスはより低い定常値に漸近する。

Thibault *et al.*（1978）の研究により、圧力パルスの急速な増幅が SWACER 機構によって実現されうることがはっきりと示された。このとき圧力パルスは発熱とコヒーレントにカップルされており、移動するエネルギー源の速度は媒質中の誘導時間勾配によって決まる：$V_0=(\partial\tau/\partial x)^{-1}$。図７．６１と図７．６２に示した結果において、エネルギー源の速度は最初に与えられており、その後、圧力パルスそのものによって影響されることはない。しかし現実には、圧力パルスの速度は圧縮に伴う温度上昇の影響を受け、両者のコヒーレントなカップリングをより容易にする。図７．５８ｂで示したようなコヒーレントなカップリングが達成された際の圧力増大は、臨界的な状況におけるデトネーションの発現と酷似している。この場合、反応領域から出た圧力パルスは集中して非常に高い値となり、先行する衝撃波と合体してオーバードリブンデトネーションを形成し、CJ 波へと減衰する。

使える起爆理論というものは、デトネーションの発現機構を説明しなければならない。デトネーション形成のすべてのモードに共通しているオーバードリブンデトネーションを作り出す圧力波の急速な増幅というものは、SWACER 機構によって説明されているようである。

## 7.8 おわりに

自発的なデトネーションの発現が起こるためには低速の層流火炎が加速して、ある臨界状態に達することが必要であるが、直接起爆とは単純に、その加速過程を経ることなしにデトネーション波が発生することを指す言葉である。それゆえ直接起爆の起爆源には、直接的なデトネーションの発現のための臨界状態を作り出すことが求められる。デトネーション発現のための臨界状態というものは、はっきりとは定義されてこなかった。しかし、もし自走デトネーションの伝播機構を考えるならば、ほとんどの爆発性混合気においてセル状不安定性が重要な役割を担うことは明白である。したがって不安定性の自発的な成長に必要な条件を整えればデトネーションの発現が起こるといえるかもしれない。不安定性の成長には、圧力擾乱が化学的な発熱とカップルして増幅されることが必要である。Rayleigh の安定性判定基準や SWACER の概念では、圧力振動（あるいは移動する圧力パルス）と化学的な発熱が適切に位相を合わせることが必要であり、Rayleigh の安定性判定基準あるいは SWACER の概念がデトネーションの発現に必要な条件であると思われる。

一般的に、デトネーションの発現は局所的な爆発中心から始まることが観察されている。ある量の爆発性混合気の爆発は圧力（衝撃）パルスを作り、そのパルスは局所爆発の位置から四方に離れていく。それに引き続く圧力パルスの急速な増幅には、圧力パルスの前方にある媒質が次のように事前調整されている（preconditioned）必要がある。つまり、その事前調整された反応物の中を移動していく圧力パルスと発熱が同期されうるようになっている必要がある。直接起爆とは、本質的にはこの臨界状態が起爆源によって作られることである。臨界的な状況のブラスト起爆では、ブラスト波はある準定常で準安定な状態まで減衰する。この状態において、複数の圧力擾乱が反応領域を横切って伝播し、急速に増幅して先行する衝撃波に追いつき、オーバードリブンデトネーションを形成する（例えば図７．２２や図７．５５）。閃光光分解による直接起爆では、光パルスの吸収経路において、誘導時間の勾配場が光解離によって形成される。この勾配場を通過する圧力パルスは SWACER 機構によって増幅される。図７．５９や図７．５８に示した閃光起爆の数値シミュレーションからは、圧力分布の類似性がみてとれる。

デトネーションとは本質的に、強い衝撃波がそれに誘起された化学反応による発熱とカップルした現象であり、強い衝撃波（$M_s > M_{CJ}$）が十分に長い時間（$t_s > t_{CJ}$）にわたって爆発性混合気中を伝播すれば、デトネーションを形成するであろうことは明白である。しかし衝撃波自体にはいかなる不安定性も付随していないため、爆発性混合気中において自走セル状デトネーションを形成するには、波面を横切るような擾乱の不安定性の発達が必要だろう。その一方で、もし駆動部分でデトネーションを起爆し、それを試験爆発性混合気が充填された被駆動部分へ透過させるならば、自走セル状デトネーションを容易に被駆動部分に形成できる。なぜなら、駆動デトネーション中にすでに不安定性が存在するからである。不安定性（セル構造）が被駆動部分におけるデトネーションのセル構造に適応するだけでよい。

もし起爆する衝撃波がデトネーションの先頭衝撃波よりも弱い（つまり$M_s < M_{CJ}$）としても、被駆動部分の爆発性混合気を自発着火させるのに十分な強さであれば、局所的な爆発中心の形成を通じてデトネーションの発現は起こる。この現象は別の起爆源に対する臨界条件下のデトネーション発現に似ているだけでなく、デフラグレーション・デトネーション遷移におけるデトネーション発現にも似ている。この類似性はデトネーションの起爆を司る物理が普遍的であることを示している。

## 参考文献


Bach, G.G., and J.H.S. Lee. 1970. *AIAA J.* 8:271.

Bach, G.G., R. Knystautas, and J.H.S. Lee. 1969. In *12th Int. Symp. on Combustion,* 855.

Bach, G.G., R. Knystautas, and J.H.S. Lee. 1971. In *13th Int. Symp. on Combustion,*1097–1110.

Benedick, W.R., R. Knystautas, and J.H.S. Lee. 1985. Dynamics of shock waves, explosion and detonations. In *Progress in astronautics and aeronautics,* Vol. 94, ed. J.R. Bowen, N. Manson, A.K. Oppenheim, and R.I. Soloukhin, 546–555.

Berets, D.J., E.F. Greene, and G.J. Kistiakowsky. 1950. *J. Am. Chem. Soc.* 7(2):1080.

Edwards, H., G.O. Thomas, and M.A. Nettleton. 1979. *J. Fluid Mech.* 95:79.

Fay, J. 1953. In *4th Int. Symp. on Combustion*, 507.

Gordon, W.E, A.J. Mooradian, and S.A. Harper. 1959. In *7th Int. Symp. on Combustion*, 752.

Knystautas, R., J.H.S. Lee, I. Moen, and H.G. Wagner. 1978. In *17th Int. Symp. on Combustion*, 1235.

Knystautas, R., J.H.S. Lee, and C. Guirao. 1982. *Combust. Flame* 48:63–82.

Knystautas, R., C. Guirao, J.H.S. Lee, and A. Sulmistras. 1985. Dynamics of shock waves, explosions, and detonations. In *Progress in astronautics and aeronautics*, Vol. 94, ed. J.R. Bowen, N. Manson, A.K. Oppenheim, and R.I. Soloukhin, 23–37. AIAA.

Korobeinikov, V.P. 1969. *Astronaut.* Acta 14(5):411–420. See also Lee, J.H.S. 1965. Hypersonic flow of a detonation gas. Rept. 65-1 Mech. Eng., McGill University, Montreal, Canada.

Laffitte, P. 1925. C.R. *Acad. Sci. Paris* 177:178. See also 1925. *Ann Phys. Ser.* 4:587.

Lee, J.H.S. 1965. The propagation of shocks and blast waves in a detonating gas.Ph.D. dissertation, McGill University.

Lee, J.H.S. 1977. *Am. Rev. Phys. Chem.* 28:75–104.

Lee, J.H.S. 1995. On the critical diameter problem. *In Dynamics of Exothermicity*, 321–335. Gordon and Breach.

Lee, J.H.S., and A.J. Higgins. 1999. *Phil. Trans. R. Soc. Lond. A.* 357:3503–3521.

Lee, J.H., and H. Matsui. 1977. *Combust. Flame* 28:61–66.

Lee, J.H.S. and K. Ramamurthi. 1976. *Combust. Flame* 27:331–340.

Lee, J.H.S., B.H.K. Lee, and R. Knystautas. 1966. *Phys. Fluids* 9:221–222.

Lee, J.H., R. Knystautas, C. Guirao, A. Bekesy, and S. Sabbagh. 1972. *Combust. Flame* 18:321–325.

Lee, J.H.S., R. Knystautas, and N. Yoshikawa. 1978. *Acta Astronaut.* 5:971.

Lin, S.C. 1954. *J. Appl. Phys.* 25(1).

Matsui, H., and J.H.S. Lee. 1979. In *17th Int. Symp. on Combustion*, 1269.

McBride, B.J., and S. Gordon. 1996. Computer program for calculation of complex chemical equilibrium compositions and applications II. Users manual and program description. NASA Rep. NASA RP-1311-P2.

Mitrofanov, V.V., and R.I. Soloukhin. 1965. *Sov. Phys. Dokl.* 9(12):1055.

Mooradian, A.J., and W.E. Gordon. 1951. *J. Chem. Phys.* 19:1166.

Murray, S.B., I. Moen, P., Thibault, R. Knystautas, and J.H.S. Lee. 1991. *Dynamics of detonations and explosions*, ed. A. Kuhl, J.C. Reyer, A.A. Borisov, and W. Siriguano, 91. AIAA.

Ng, H.D. 2005. The effect of chemical kinetics on the structure of gaseous detonations. Ph.D. dissertation, McGill University, Montreal.

Ng, H.D., and J.H.S. Lee. 2003. *J. Fluid Mech.* 476:179–211.

Radulescu, M., A. Higgins, J.H.S. Lee, and S. Murray. 2003. *J. Fluid Mech.* 480:1–24.

Sakurai, A. 1953, 1954. J. Phys. *Soc. Jpn.* 8(5), 9(2).

Sakurai, A. 1959. *In Exploding wires*, ed. W.G. Chase and H.K. Moore, 264. Plenum Press.

Schultz, E., and J. Shepherd. 2000. Detonation diffraction through a mixture gradient. Explosion Dynamics Laboratory Report FM00-1.

Sedov, L.I. 1946. Propagation of strong blast waves. *Prikl. Mat. Mekh.* 10:244–250.

Shepherd, W.C.F. 1949. In 3rd *Int. Symp. on Combustion*, 301.

Short, M., and J. Quirk. 1997. *J. Fluid Mech.* 339:89–119.

Taylor, G.I. 1950. *Proc. Roy. Soc. Lond. A.* 201:159–174.

Thibault, P., N. Yoshikawa, and J.H.S. Lee. 1978. Shock wave amplification through coherent energy release. Presented at the 1978 Fall Technical Meeting of the Eastern Section of the Combustion Institute, Miami Beach.

von Neumann, J. 1941. The point source solution. Nat. Defense Res. Comm. Div. B Rept. AM-9.

Wadsworth, J. 1961. *Nature* 190:623–624.

Yoshikawa, N., and J.H.S. Lee. 1992. *Prog. Astronaut. Aeronaut.* 153:99–123.

Zeldovich, Ya.B., S.M. Kogarko, and N.N. Simonov. 1957. *Sov. Phys. Tech. Phys.* 1:1689–1713.

# エピローグ

1世紀以上前に定式化されたチャップマン-ジュゲ（CJ）理論は、保存方程式および反応物と生成物の平衡熱力学量を使ってデトネーション速度を決定する単純なやり方を提供してくれる。1940年代に発展したデトネーション構造に対するZeldovich－von Neumann－Döring（ZND）理論は、化学反応の速度方程式と流れの方程式を同時に積分することで反応領域内の状態変化を計算できるようにしてくれる。CJ判定基準とは、平衡ユゴニオ曲線上の最小速度の（あるいは接する）解を選ぶことであるが、von Neumannによってその基準は、温度がオーバーシュートする（あるいは部分反応ユゴニオ曲線同士が交差する）ようなある種の爆発性物質に対しては妥当でないことが示された。これらの爆発性物質に対しては、デトネーション速度はCJ値よりも高く、平衡ユゴニオ曲線上の弱いデトネーションの解に対応する。過去50年にわたる実験的な検証から、デトネーションは本質的に不安定であり、時間的に変動する3次元構造を持つことが確認されている。この事実からも、定常1次元CJ理論の一般的な有効性はさらに疑わしいことになる。しかし、CJ理論に対する支持が全く足りないにもかかわらず、CJデトネーション速度は実験と極めてよく一致することがわかっている。3次元的で時間的に変動する効果が顕著なデトネーション限界近傍の混合気に対してですら、一般的に平均速度はなおも10%以内の精度でCJ値に一致するのである。これに対してはおそらく、化学的な発熱量に対するCJ速度の鈍感さ（$V_{CJ} \approx \sqrt{Q}$）で説明できるだろう。3次元的な揺動に投入されるエネルギーは、伝播方向にデトネーションを駆動するためには使われず、デトネーション速度へは小さな影響しか与えないというわけである。それゆえCJ理論はデトネーション理論の礎石として残っているのである。

一般に定常1次元ZND理論は、デトネーションの3次元的で非定常なセル状構造を記述できない。1次元ZND反応長さは、不安定なデトネーションの特性長（例えばセルサイズ）に比べて一般に2～3桁小さい。不安定なデトネーションの実効的な厚みを決定することができる理論を発展させることは、決定的に重要である。すべての重要な非平衡で動的なデトネーションパラメータ（デトネーション限界、直接起爆エネルギー、臨界管直径など）を予測するためには、セル状デトネーションの実効的な反応領域の厚みを特徴づける特性長の知識が必要である。不安定なデトネーションの実効的な厚みは、しばしば流体力学的厚みと呼ばれる。流体力学的厚みに対する理論を定式化するために、乱流理論で使われる取り組み方をたどることもできる。つまり、乱流におけるレイノルズ平均化されたナビエ-ストークス方程式に類似して、定常な平均的な流れとそれに重畳された3次元的な揺動を考えることができる。（レイノルズ応力、レイノルズ流束などに類似した）付加的な項が現れてくるだろうし、これらの項に対するモデルを発展させることは大変な仕事だろう。セル状デトネーションの「乱流」反応領域は、衝撃波、渦、せん断層、密度接触面相互作用といった多様で複雑な非線形過程から構成されている。これらの非線形過程のモデル化は、まだ解決されないまま残されている非圧縮性・非反応性乱流のモデル化に比べ、はるかに困難だろう。したがって、そう遠くない未来においてセル状デトネーションの乱流構造の記述を目にすることはできないだろう。流体力学的厚みを実験的に計測する手法に関しても、まだ満足できるほど十分に開発されたとはいえない。

この原稿を読んでくれた何人かの方々からは、デトネーションの実際的な応用に関する議論が全く欠けていることを指摘された。特に、デトネーションの推進への応用（つまりラム加速機とパルスデトネーションエンジン）に対する近年の世界的な関心について指摘された。推進システムにおいてデトネーションを使うことには、いくつかの基本的な困難さが存在する。1つはデトネーションの制御に関する困難さであり、それはデバイスそれ自身の制御にもつながっている。デトネーションは、初期条件と境界条件の変化に対してマイクロ秒の時間スケールでレスポンスする自律的に伝播する波である。一方、有限の質量を持つデバイスは、数桁以上大きな時間スケールでレスポンスする。したがってデトネーションを制御して、加速する質量とデトネーションをカップルさせることは極めて難しいのである。また、燃料–空気混合気は比較的デトネーションを起こしにくい。ブラスト波による直接起爆はMJオーダーのエネルギーを必要とし、それは混合気中でデフラグレーションに点火するために必要とされるmJレベルのエネルギーと対照的である。いまだ実用的なラム加速機あるいはパルスデトネーションエンジンは開発されていない。

これまでのところ、デトネーションの応用として最も成功しているのは、おそらく破壊目的における、その巨大なパワーの活用だろう。2回の世界大戦中に爆発物に関する仕事に動員された一流の科学者たちによって、デトネーション理論の主要な発展がなされたのだ。デトネーション研究者の人口が最も集中しているのは、いまだに政府の武器研究所の中である。デトネーションには建設作業における土木応用という重要な応用先もある。そのパワーは、誇張なしに人が山を動かすことを可能にし、巨大なスケールの建築プロジェクトを実現可能にしている。しかし、そのような地球の表面形状の大幅な改変は、長期的には人類に対して恩恵とはなりえない。もっと環境的に受け入れられる代わりの何かがおそらく見つかるだろう。

デトネーション現象の知見が、爆発事故におけるデトネーションの予防や調査に使えるということにも留意すべきである。実際、Mallard and Le Châtelier（1883）によるデトネーションの発見は、炭鉱爆発を理解するための努力の結果だった。鉱山や化学工業における爆発事故によって、これまでに数えきれないほどの命が奪われ、また毎年数十億ドルの物的損害が出ている。それらの防止は、我々の現代社会の経済発展にとってとても重要である。

科学者というものは、研究している現象を理解しようとするものである。善いことのためであれ悪いことのためであれ、研究成果の社会への応用が、真実を求める研究者の意欲を妨げるべきではない。

Mallard, E. and H. Le Châtelier. 1883. Recherches experimentales et theoriques sur la combustion des mélanges gazeux explosifs. *Ann. Mines Ser.* 4, 8:274-618.

# 人 名 索 引

# 事 項 索 引



## [あ行]

## [か行]

## [さ行]

## ［た行］

## [な行]



## [は行]

## [ま行]



## [や行]

## [ら行]

◎**訳者略歴**

**笠原 次郎**（かさはら じろう）

1967 年生まれ、大阪府出身、1997 年名古屋大学大学院工学研究科航空宇宙工学専攻博士後期課程修了（博士（工学））、日本学術振興会特別研究員（PD）、1999 年室蘭工業大学機械システム工学科助手、2003 年筑波大学機能工学系講師、2007 年同システム情報工学研究科准教授を経て、2013 年より名古屋大学大学院工学研究科教授。

**前田 慎市**（まえだ しんいち）

1982 年生まれ、兵庫県出身、2012 年筑波大学大学院システム情報工学研究科構造エネルギー工学専攻博士後期課程修了（博士（工学））、日本学術振興会特別研究員（PD）を経て、2013 年より埼玉大学研究機構助教。

**遠藤 琢磨**（えんどう たくま）

1962 年生まれ、東京都出身、1990 年大阪大学大学院工学研究科電磁エネルギー工学専攻博士後期課程修了（工学博士）、1989 年日本学術振興会特別研究員（DC, PD）、1991 年財団法人レーザー技術総合研究所研究員、1994 年名古屋大学助手、1996 年名古屋大学助教授、2003 年広島大学助教授・准教授を経て、2009 年より広島大学教授。

**笠原 裕子**（かさはら ひろこ）

1971 年生まれ、岡山県出身、1995 年 University of Kent, Faculty of Social Sciences 卒業。


# デトネーション現象

笠原次郎／前田慎市／遠藤琢磨／笠原裕子　訳


2018年2月27日　初版 1 刷発行

発行者　織 田 島　　修

発行所　化学工業日報社

〒 103-8485　東京都中央区日本橋浜町 3-16-8

電話　　　03（3663）7935（編集）

　　　　　03（3663）7932（販売）

振替　　　00190-2-93916

**支社**　大阪　**支局**　名古屋、シンガポール、上海、バンコク

印刷・製本：平河工業社

DTP・カバーデザイン：タクトシステム





ISBN978-4-87326-697-8　C3053